지리수업과 학습자

저자 강창숙

충북대학교 지리교육과(학사·석사), 한국교원대학교(박사) 졸업
경기도와 충청북도에서 중등학교 교사로 근무
현재 충북대학교 사범대학 지리교육과 교수

지리수업과 학습자

초판 1쇄 발행 2018년 7월 20일

지은이 강창숙

펴낸이 김선기
펴낸곳 (주)푸른길
출판등록 1996년 4월 12일 제16-1292호
주소 (08377) 서울시 구로구 디지털로 33길 48 대륭포스트타워 7차 1008호
전화 02-523-2907, 6942-9570-2
팩스 02-523-2951
이메일 purungilbook@naver.com
홈페이지 www.purungil.co.kr

ISBN 978-89-6291-462-7 93980

지리수업과 학습자

강 창 숙

푸른길

오랫동안 많은 사람들이 좀 더 나은 수업을 위해서 "무엇을 어떻게 가르칠 것인가"를 고민해 왔지만, 지금은 "수업을 왜 하는가"라는 질문을 마주하고 있다. 수업을 논의하고 설명하는 방식은 참 다양하다. 넓은 세계, 그곳에 살고 있는 다양한 사람들의 삶의 환경과 모습을 공부하는 지리수업에서 나타나는 현상은 정말 역동적이고 다채롭다.

이 책의 내용은 저명한 학자들의 이론적 지식을 정리한 것도 아니고, 요리 레시피처럼 방법이나 과정을 그대로 따라하면 맛있는 수업이 만들어지는 내용을 담고 있지도 않다. 우리나라 지리수업의 의미를 지리심리학의 관점에서 학습자의 이해나 인식 특성을 설명하려는 시도와 수업을 관찰하고 논의한 소산을 정리해 놓은 것이다. 관찰 내용이 저자의 주관적 인식이나 이미지에 불과할 수도 있지만, 내용의 대부분은 교실에서 실제로 진행되는 지리교육 현상을 설명하는 사실들로 의미를 갖는다. 여러 관점에서 지리수업을 관찰하고 탐구하면, 지리수업의 특성을 좀 더 이해할 수 있고 잘 설명할 수 있을 것이다.

음악에서 소나타 형식은 아름다운 클래식 음악의 가장 기본이면서 널리 쓰이는 악곡 형식이라 한다. 주제가 제시되는 제시부, 갈등과 발전을 거치는 전개부(발전부), 제시부의 주제가 더 높은 차원으로 승화되는 재현부의 세 부분으로 구성된 고전적 형식은 수업의 형식과 많이 닮았다. 고전적 형식은 각 부분에서의 형식 변형과 변주, 생략과 단축 등으로 오늘날 새롭고 다양한 소나타 형식으로 발전했지만, 특정 주제 중심의 형식은 여전히 기본 특징이다. 지리수업도 다양한 관점에서 탐구하고 비판하면서, 본질에 충실하고 학습자의 삶에 유의미한 수업으로 거듭 발전해 왔다.

저자는 지리수업에 대한 전문적 식견이 턱없이 부족하지만 사회과 교사로서의 경험과 예비 지리교사 교육자로서의 경험을 바탕으로 그동안의 연구 결과를 정리해 보았다. 이 책이 수업을 잘 해 보려는 예비교사나 학습자를 이해하려고 노력하는 교사들에게 작은 도움이 되길 바란다. 그리고 지리수업에서 나타나는 학습자의 특성을 고찰하고 이해하는 자료가 되고, 책의 각 장은 자유로운 비판과 한 걸음 더 나아가는 실천의 출발점이 되길 바란다.

함께 논문을 작성하고 공부한 공저자들과 부족한 원고를 책으로 만들어 주신 ㈜푸른길 출판사 관계자분들께 감사드린다.

2018년 3월 개신동 연구실에서

강창숙

· 감사의 글 ·

이 책의 각 장은 다음과 같은 논문을 수정, 보완한 것이다. 공동 연구의 내용을 책으로 편찬하는 데 동의해 주신 김일기 교수님, 최혜순, 박재희, 박상윤, 이소라, 공은애 선생님께 감사드린다.

1. 강창숙·김일기, 2001, 지리개념의 발달과 학습에 대한 인지심리학적인 고찰, 대한지리학회지, 36(2), 161-176.

2. 강창숙, 2002, 지리개념 발달과 상보적 교수-학습, 한국지리환경교육학회지, 10(2), 41-60.

3. 강창숙, 2002, 협동적 상호작용을 통한 지리개념 발달과 근접발달영역에 관한 연구: 중학생의 수도권 개념을 사례로, 대한지리학회지, 37(4), 425-441.

4. 강창숙, 2004, 지리 수업에서 나타나는 성별 차이와 젠더 특성, 대한지리학회지, 39(6), 971-983.

5. 강창숙, 2005, 중학생의 '지도 읽기' 탐구활동에서 나타나는 지리적 메타인지, 한국지역지리학회지, 11(2), 263-277.

6. 강창숙, 2008, 중학생들의 '북부지방'에 대한 이해 특성과 지역 이미지, 한국지리환경교육학회지, 16(2), 79-96.

7. 강창숙, 2005, 중학생의 사회과부도 자료 활용에서 나타나는 이해 특성, 한국지도학회지, 5(1), 21-29.

8. 박상윤·강창숙, 2013, 2007 개정 중학교 「사회1」 교과서 지리영역 시각자료의 유형과 기능, 사

회과교육연구, 20(2), 61-76.

9. 최혜순·강창숙, 2008, 사회교과서 지리 영역 구성자료에 대한 학습자의 이해 특성: 전문계 고등학생을 사례로, 사회과교육연구, 15(3), 65-87.

10. 박재희·강창숙, 2015, 고등학교 사회교과서 지리 영역 텍스트의 상호텍스트성 분석, 사회과교육연구, 22(1), 145-163.

11. 이소라·강창숙, 2017, 한국지리 교과서에 나타난 동기유발 전략 분석, 사회과교육연구, 24(1), 105-121.

12. 공은애·강창숙, 2016, 대학수학능력시험 지리 문항에서 제시되는 그래프의 유형과 특징, 한국지리환경교육학회지, 24(1), 119-137.

13. 강창숙·김완수, 2018, 지리수업에서 토론과 글쓰기 전략의 개발과 실행, 한국지역지리학회지, 24(2), 308-327.

차 례

제1부   지리심리학과 지리수업

제1장 지리학습과 지리심리학

제2장 지리개념 발달과 상보적 교수-학습

제1부
지리심리학과 지리수업

윌리엄 호가스, 강의실의 학자들(1736년), 뉴욕 메트로폴리탄박물관 소장
이 그림은 영국 최고의 풍자 화가, 윌리엄 호가스(William Hogarth)가 18세기 옥스퍼드대학교 강의실의 풍경을 그린 것이다.
교수는 노트에서 눈을 떼지 않은 채 목청껏 강의 중이지만, 진지하게 강의에 귀를 기울이는 학생은 없다는 점을 풍자하고 있다.

제1장 지리학습과 지리심리학

1. 개념발달과 지리학습

그동안 지리교육에서 개념과 관련된 논의는 지리교육 내용이 지나치게 많은 개념 혹은 개념적 사실들의 나열로 이루어져 있으며, 이것이 지리학습에서도 그대로 계속되었다는 비판이 대부분이었다. 이러한 비판은 타당한 면도 있으나, 이는 지리교육의 본질에 대한 이해 부족과 교수–학습 방법에서 기인한 문제였기 때문에 지리교육의 내용을 단순 사실들로 나열하여 전달할 것이 아니라 지식의 구조를 가르쳐야 한다는 논의로 강조되기도 했다. 문제는 지리교육 내용이 대부분 개념 혹은 개념적 사실들로 구성되어 있기 때문이 아니라, 그것들의 교수–학습 방법에 있다는 것이다.

이에 교수–학습 내용보다는 방법에 관한 것을 논의하는 경우가 많았지만, 내용과 방법은 별개의 과정으로 논의될 대상이 아니다. 내용에 따른 방법이 논의되어야 좀 더 실제에 가까워질 수 있는 것이며, 이는 내용과 방법에 대한 이론적 체계화가 선행되어야 함을 전제로 한다. 이론적 체계화를 통해서 효과적인 방법에 대한 다양한 접근이 이루어질 수 있으며, 이론적 체계화가 선행되지 못하면 실제에 있어서도 논리적 근거가 부족하여 극히 부분적인 현상에 대한 언급이나 일회적인 시도로 제한될 수밖에 없다.

교수–학습에 대한 연구는 교수에 비해 상대적으로 관심이 부족했던 학습에 대한 것이 필요하지만, 더 나은 교수를 위한 연구도 결국은 학습자의 학습을 위한 것이기 때문에 양자를 상호의존적인 과정(interdependant processes)으로 고려하는 맥락에서 이루어져야 한다. 이점에서 인지심리학은 교수와 학습을 통합적이고 상호의존적인 과정으로 새롭게 개념화하고 있어서(Armento, 1991), 지리 교수–학습 이해와 향상을 위한 이론적 기초가 된다.

인지심리학에서 이루어지고 있는 교수–학습에 대한 패러다임은 두 가지 관점으로 대별된다. 하나는 학습자의 발달에 따라 학습이 이루어져야 한다는 것이고, 다른 하나는 학습에 의해서 발달이 이루어진다는 관점이다. 전자는 지금까지 지배적인 패러다임이었던 Piaget를 중심으로 한 발생적 인식론의 관점이고, 후자는 Vygotsky를 중심으로 한 사회문화적 관점이다. 본 장에서는 이들 두 관점을 비교하는 논의를 통해서 지리개념 발달과 학습에 보다 효과적인 이론적 토대를 모색고자 한다.

1) 지리적 개념과 공간적 개념

지리학과 지리교육의 논의에서 지리적 개념(geographical concept)과 공간적 개념(spatial concept)은 연구자에 따라 같거나 다른 것으로 혼용되어 왔지만, 본 장에서는 이에 대한 의미 구분이 필요하므로 간단히 논의하고자 한다.

지리교육에서 지리적 개념은 체계적인 지리 교수–학습의 결과로 획득되는 과학적 개념(scientific concept)이라는 점에서 일상적 개념(everyday or spontaneous concept)과 구분되며, 기본적으로 다른 개념과의 관계에 의해서 획득되므로 일상적 개념에 비해 좀 더 추상적이고 일반적인 개념이다. 지리개념의 교수–학습은 학습자의 일상적 개념을 지리적 개념으로 발달시키는 과정이므로 보다 중요한 것은 지리적 개념이다.

지리 교수–학습을 통해서 획득되는 개념으로서의 지리적 개념의 바탕은 지리학의 개념이며, 지리적 개념은 대부분 공간적 개념과 관련하여 논의·설명되었으므로, 공간적 개념과의 의미 구분이 필요하다. 일반적으로 지리적 개념과 공간적 개념에 대한 이해는 다음과 같이 두 가지 관점으로 정리할 수 있다.

첫째, 지리적 개념과 공간적 개념이 같다고 보는 관점이다. 이는 지리학의 연구 대상이 되는 인간 거주지로서의 지구, 지표, 지역, 장소, 경관, 환경, 위치 등은 모두 인간이 생활하는 공간이므로, 지리학을 공간을 대상으로 연구하는 학문으로 정의하는 입장이다. 여기서 사용되는 공간의 개념은 매우 포괄적이고 추상적인 의미를 내포한다. '공간'이라는 단어의 의미에는 인간의 의식주 생활이 이뤄지는 장소는 물론 인간의 기술 발달 정도에 따라서 무한하게 변화할 수 있는 자연상태 그대로의 지표까지를 포함한 역동적인 공간과 정태적인 공간 모두가 포함된다(이희연, 1999). 이러한 관점에 의하면, '공간'은 지리학의 모든 개념을 포괄하는 상위개념이므로, 공간적 개념이 곧 지리적 개념으로 이해된다.

둘째, 시대에 따라 변화한 지리학의 여러 연구사조 중에서, 한 사조를 대표하는 개념으로 '공간'의 의미를 한정짓는 관점이다. 이는 1950년대 후반 이후 경험주의와 논리실증주의 지리학을 배경으로 한 연구사조에서는 법칙추구를 목적으로 '공간'을 연구하고 설명하는 관점에서 의미하는 공간이다. 여기서 공간개념은 지리학의 연구대상이 되는 인간 거주지로서의 지구, 지표, 지역, 장소, 공간, 경관, 환경, 위치 등의 개념과 동위관계에 있으므로, 지리적 개념의 일부로 한정된다.

한편 지리교육의 관점에서는 Piaget의 공간인지발달론에 의거하여 아동의 공간지각, 공간인지 등에 대한 연구에서 '공간' 관련 개념이 중점적으로 논의되었다. Piaget의 공간인지발달에 대한 관점은 이른바 '발생적 인식론(Genetic epistemology)'이다. 이는 공간을 객관적으로 실재하는 실체로 인식하는 Kant의 인식론적 관점에서 공간을 기하학적인 형태로 전제하고, 아동이 공간을 이해하고 인식해 가는 발달과정을 과학적으로 분석, 실증하려는 관점이었다. 이러한 인식은 전체 지리학의 연구 사조 중에서, 문화지리학이나 경관학파들이 Kant의 객관적 의미로서의 공간개념과 같은 관점에서 공간을 인식하려던 사조, 그리고 공간이 기하학적 형태로 환원될 수 있다고 보는 1950년대 이후의 논리실증주의 지리학의 관점에서 인식하던 것과 같은 맥락에서 공간의 의미를 한정짓는다.

이렇게 공간적 개념은 지리적 개념과 같은 것으로 혹은 그것의 일부로 이해되거나 사용되어 왔지만, 지리교육에서는 그 의미의 분명한 구분이 필요하다. 지리교육 내용으로 구성되고 지리 교수-학습을 통해서 전달, 이해되는 지리 교과의 개념은, 학습자가 지리적 현상을 포괄적으로 이해하는 데 도움을 줄 수 있는 개념이어야 한다. 따라서 지리교과의 내용으로 구성되는 개념들은 일부 영역에 한정되는 객관적이고 물리적인 공간적 개념 이상의 것으로, 사회문화적 가치가 내재된 보다 포괄적인 개념이어야 한다.

이 장에서는 지리적 개념을 지리 교수-학습을 통해 획득되는 보다 포괄적인 과학적 개념으로 정의하고, 공간적 개념은 그것의 일부 개념으로 정의하며, 맥락에 따라 지리개념과 공간개념으로도 기술한다.

2) 개념발달과 지리학습

학습자의 사고와 이해에 대한 변화들을 인지발달이라고 한다. '인지'를 연구하는 것은 모든 인간에게 유사한 점을 연구하는 것이고, '발달'을 연구하는 것은 인간에게 유사하지 않은 점에 관심을 두는 것이다. 교육이란 공통적으로 가진 것에서 시작하여 개인이 자신의 힘으로 자신의 개별성을 만들어 내도록 돕는 과정이라고 볼 때(유승구 역, 1993), '인지발달'은 지리교육에서 개인적 적합성의 문제에 중요한 함의를 갖는다.

사고의 변화인 인지발달은 기존 정보를 보존하고 새로운 사실과 개념을 추가하는 것 이상의 것으로 '사회적 전달' 또는 타인으로부터 학습함으로써 영향을 받는 발달이다. 따라서 인지발달과 학습이 지리 교수–학습의 향상과 이해의 바탕이 되는 것이다. 인지발달의 첫 번째 이론이 Piaget에서 시작된 이후, 발달과 학습 혹은 학습과 발달과의 관계에 대한 논의는 ① 발달과 학습의 과정은 독립적이며 발달은 항상 학습에 선행한다는 입장, ② 학습과 발달을 동일시하여 학습이 곧 발달이라는 입장, ③ 학습과 발달은 동일하게 결합되는 과정이지만 학습은 항상 발달에 포함되는 과정이라는 입장 그리고 ④ 학습이 발달에 선행한다는 입장에서 이루어졌다(조희숙 외 3인 역, 1994).

이들 네 가지 관점은 오늘날, 발달은 학습에 선행한다는 Piaget의 관점과 학습에 의해 발달이 이루어질 수 있다는 Vygotsky의 관점으로 대별되고 있으며, 지금까지 지리교육의 인지심리학적 기초는 Piaget의 이론이었다. Piaget와 그를 추종하는 제네바학파의 연구들은 발달이 학습의 선행조건이며, 아동이 학습을 할 수 있는가의 여부는 그 아동이 도달해 있는 인지발달단계 또는 인지발달수준에 달려 있다고 보았기 때문에 학습보다는 발달을 강조하였으며, 학습은 발달단계를 따르는 부차적인 과정이었다.

이에 비해 Vygotsky의 이론은 Piaget와 다른 통찰에 근거하여 학습과 발달의 관계를 이해하고 있다. 정형화된 인지발달단계를 상정하고 구체적인 아동의 발달수준을 그것에 근거하여 판단하는 Piaget 관점의 인지발달단계를 주장하는 학자들과는 달리, 학습에 의해 발달이 이끌어진다고 보았으며, 성장과 변화라는 역동적이고 실제적인 상황에 관심을 두었다. 그는 학습과 인지발달이라는 인간의 고등정신과정은 생물학적 유기체로서의 발달과정을 넘어서 사회적 기원을 지니는 것이기 때문에 발달보다는 학습이 중요하며, 발달은 학습에 의해 이끌어진다고 보았다.

학습과 개념발달에 대한 최근의 관점은 개념학습이 학습자와 개념 간의 단순한 생물학적인 적응정도의 상호작용으로 이루어지는 것이 아니라, 사회적 맥락 즉 언어적, 문화적 환경에 기원한 것이며 각기 다른 상황에 있는 개인 간의 상호작용 속에서 일어난다고 본다. 이처럼 학습이 능동적인 정신과정이라는 인식이 증가하면서 학습자들이 어떻게 사고를 하고 개념을 학습하며 문제를 해결하는지에 관심을 갖게 되었다. 즉 과거에는 형식적 지식으로서의 개념의 '획득'을 강조했으나, 보다 새로운 관점들은 개념 학습의 과정에 역점을 둔다. 그래서 학습자의 다양한 학습상황을 연구하고, 학습자 개개인의 인지과정(cognitive process), 인지발달(cognitive development), 인지구조(schema) 등의 차이에 초점을 두기 때문에 일반적인 학습원리보다는 이들의 개인차를 고려하는 데 관심을 갖는다.

개념에 대한 이론은 오랫동안 논리학에서 다루어져 왔기 때문에 철학이었으나, Saussure에 의해 언어를 개념으로 보는 언어의 개념관이 처음으로 대두되었다. Chomsky의 변형생성문법은 모든 표면문장 즉, 표층구조(surface structure)는 심층구조(deep structure)의 변형에 의해서 유도되어 나온다는 사상으로 많은 논란이 있지만, 이의 영향으로 종래의 표층구조 위주이던 언어관이 심층구조 언어관으로 전환되면서 언어는 본질적으로 심리적인 것으로 인식되고 있다(김봉주, 1992). 이러한 맥락에서 학습에 있어서 개념은 인지심리학을 중심으로 언어적, 심리적 관점에서 접근되고 있다.

일반적인 인지발달심리의 관점에서 개념 혹은 개념의 학습은 아동의 사고력 발달, 지각, 인지 등의 문제와 밀접히 관련되기 때문에 잘 알려진 Piaget, Bruner, Gagné, Vygotsky 등 여러 심리학자들은 언어적 사고의 관점에서 아동의 개념발달에 대해서 많은 관심을 가졌으며, 이들의 연구 성과는 개념의 교수–학습에 심리적 기초가 되었다. 그러나 Slater(1982)의 지적처럼 지리교육에서는 이들의 연구 성과가 제대로 알려지지 않았으며, Piaget, Bruner, Gagné, Ausubel의 이론이나 사상만이 부분적으로 지리교육의 실제에 영향을 미쳤다. 이처럼 학습에 있어서 언어의 역할에 대한 이들 심리학자들의 연구 성과가 주고 있는 메시지가 지리교육 분야에 제대로 알려지지 않고 폭넓게 공감대를 형성하지 못한 이유를 Slater는 언어의 두 가지 기능에 대한 혼란 때문이라고 보았다. 즉 교실에서 언어의 기능을 주로 널리 알려져 있는 의사소통의 기능으로만 보고, 또 하나의 주요 기능인 사고과정으로서의 기능에 대해 좀 더 주의를 기울이지 못한 점에 있다고 지적한다.

특히 Piaget와 Vygotsky는 언어적 사고의 관점에서 일상적 개념과 비일상적 개념 즉 과학적 개념 간의 긴밀한 관계의 중요성에 대해 관심을 가졌지만, Piaget는 과학적 개념이 일상적 개념의 범주로 변형되는 것으로 인식했고, Vygotsky는 일상적 개념이 과학적 개념으로 변형되는 것으로 인식했다. 개념발달에 대한 이러한 인식의 차이는 Piaget가 의미하는 발달과 Vygotsky가 의미하는 발달 간의 결정적인 관점의 차이를 나타내는 것이다(Feldman and Fowler, 1997). 요컨대 Piaget는 발달에 의한 학습을 주장하고, Vygotsky는 학습에 의한 발달을 주장하는 것이다.

2. 발달에 의한 학습

1) Piaget의 인지발달단계와 개념발달

인간의 인지기능, 인지능력은 연령에 따라 점차 발달해 간다는 것을 경험적으로 연구하여 인지발달을 처음 이론화한 Piaget에 의하면, 지적 활동이나 지적 능력의 일부로서 개념을 어느 정도 동화하고 수용할 수 있느냐는 학습자의 인지발달 수준에 달려 있다. 학습자가 새로운 개념을 학습할 수 있는 인지발달 수준에 도달해 있다면, 스스로 사고과정을 심리학적 구조로 조직화할 수 있는 능력을 가지고 있다는 것이다. 이러한 심리학적 구조는 세계에 대한 이해와 상호작용을 위한 체계로 되어 있고, 단순한 구조들은 계속적으로 더 정교하게 결합되고 조정됨에 따라서 더 효율적으로 발달하게 된다.

Piaget는 이러한 심리학적 구조를 스키마(scheme)라고 했으며, 이것은 사고의 기본단위로 인간이 사물과 사건에 대해 정신적으로 표상하거나 '생각해 보도록' 하는 조직화된 행동 또는 사고의 체계로 보았다. Piaget가 쓰는 프랑스어 scheme는 통상 schema(세마, 복수는 schemata)라는 영어 단어로 번역되고 있으며, scheme는 '도식'으로, schema는 '스키마'로 번역하기도 하지만(서창렬 역, 1999, 75) 일반적으로 인지구조(cognitive structure)로 이해되고 있다.

인지발달에 대한 Piaget의 관심은 아동들의 자기중심적 사고가 어떤 과정을 통해 탈중심화되고, 자신의 관점과 다른 사고를 받아들이는가에 있었다. 그는 이러한 과정을 동화(assimilation), 조절(accommodation), 평형화(equilibration)라는 개념으로 설명했다. 심리적인 측면에서 동화란 스키마가 형성되고 그 스키마에 따라 어떤 인식대상을 흡수하고 해석하는 과정이며, 조절은 주어진 인식대상의 새로운 특성과 압력에 의해 이미 가지고 있던 스키마가 변형되는 과정이다. 여기서 스키마는 다양한 사태와 맥락에서 일반화되어 반복되는 행동유형을 뜻하며, 이는 단순한 감각적 행위부터 고도로 상징적인 논리수학의 도식까지 포함한다. 이러한 스키마는 인지적 조직화의 기능에 의해서 서로 관련되는 구조의 성질을 갖게 된다(장상호, 1996, 33).

새롭게 경험한 정보나 인식대상을 자신의 인지구조 속에서 해석하고 분류하는 동화나 자신의 인지구조를 수정, 변형하는 조절이 이루어지는 것은 평형화 때문이다. 평형화란 자아와 세계의 조화로운 관계를 통해서 어떤 평화나 안정에 이르고자 하는 유기체의 본능이라 할 수 있다. 이렇게 인간은 무한대의 자극을 끊임없이 정리하며 살아가며, 이러한 인지구조의 변화 동기를 '평형화'에서 찾고자 한 Piaget의 통찰은 인간의 인지와 정서에 대한 이분법적 접근을 극복하는 이론적 계기를 제공했다.

그에 의하면 개인은 일생동안 계속해서 그의 환경에 적응해야 하고 그의 반응을 조직화해야 한다. 적응과 조직화는 어느 순간이나 동일하게 작용하지만, 개인이 그것을 달성하는 도구인 심리적 구조는 연령에 따라 변한다. 즉 지적 발달이 서로 상이한 종류의 구조로 특징지어지는 일련의 규칙적인 단계를 거친다는 가설이다. 대체적으로 발달과정에서 지적구조는 인식주체와 인식대상 간의 관계가 더욱 완벽하게 평형한 상태를 유지하도록 하는 방향으로 발달한다.

Piaget는 이러한 발달의 과정을 인지발달단계로 설명하였으며, 이는 전통적인 인식론의 과제인 '지식은 어떻게 형성되는가?'의 문제를 생물학적인 방법, 즉 과학적 방법으로 해결하고자 한 발생적 인식론으로 그는 자신의 이론을 가끔 '정신적 발생학' 혹은 '지능의 생물학적 이론'이라고 칭하기도 했다. Piaget는 지식이 개인에 의해서 적극적이며 능동적으로 구성되는 것이라는 Kant의 주장에 동조한다. 다만 Kant와는 달리 시간과 공간 혹은 여타의 범주 개념들이 선험적으로 주어진 것이 아니고, 경험적인 발견도 아니다. 지능이나 지식은 개인과 환경 간의 상호작용에 의해서 부단히 쇄신되고 재구성된다고 보았다. 그래서 Piaget의 주장은 '상호작용주의(interactionism)' 혹은 '발생적 구성주의(developmental constructionism)'라는 말로 지칭되기도 한다.

그는 공간, 시간, 인과성, 수, 논리-수학적인 분류 등과 같은 물리적 개념들을 대상으로 지식이 집단적, 개인적으로 어디에서 연유되어 어떻게 변형되는지에 대한 가설과 이론을 구성하고 이것을 인지발달단계로 일반화한 것이다. 개념은 이와 같은 인지발달단계에 따라 '내부에서 외부로' 발달하며, 그 발달은 구체적인 환경의 맥락보다는 생리학적인 성숙(physiological maturation)의 수준에 의해 결정된다. 인간은 생물학적인 적응 이상의 능력인 지적인 적응 능력을 가지고 있기 때문에

제1부 지리심리학과 지리수업

인식대상으로의 개념은 인식주체인 학습자의 능동적인 적응과정에 의해 획득되고, 단계에 따라 발달된다는 것이다.

지리교육에서 Piaget의 영향은 『The Child's Conception of Space』(Piaget and Inhelder, 1956)의 출간으로 영어권 학자들이 그의 이론에 관심을 갖게 되면서 시작되었다. Prior(1959)의 논문과 널리 인용된 Satterly(1964)의 글은 이러한 관심의 매개체가 되었다. 그 이후에 계속된 대부분의 연구물들은 Piaget의 실험을 지리학에 수정해서 적용해 보는 것이었고, Piaget가 제시한 일정한 단계의 일정한 연령의 아동만이 특정한 공간적 인지와 공간적 기능을 할 수 있다는 것이 결론이었다. Piaget 이론은 1970년대의 지배적인 패러다임이 되었고, 1980년대까지도 계속되었다. 이 시기는, 어린 아동들은 지도를 이해하지 못한다는 전통적인 관점을 가진 학자들에 의해 Piaget의 공간인지발달이론이 급속히 도입되었다.

2) 공간인지발달단계와 공간개념 발달

지리학이 공간과학으로 인식되면서 지표상의 입지요소와 그들 간의 관계에 관심이 집중되었고, 지리교육 연구자들도 공간적 사고발달의 방식과 그러한 사고방식이 지표상의 공간 조망에 어떻게 영향을 미치는지에 집중되었다. 그러나 이들 연구의 대부분은 학생의 공간지향(spatial orientation)에 관한 것을 강조하는 연구였으며, 지리 교수-학습에 대한 것은 거의 없었다(Stoltman, 1991). 이러한 연구들의 이론적인 틀은 Piaget가 제시한 공간인지발달단계였으며, 아동과 공

표 1-1. 인지발달단계와 공간관계의 표상단계

연령	공간인지의 조직수준	공간관계의 유형	
설명	공간적 이해는 Piaget가 제안한 인지발달단계와 관련이 있다.	공간 속에서 사물을 위치시키고 관련시키는 이해 단계	
11.5세 이후	형식적 조작기	표상단계 (Represen-tation)	유클리드적 / 투영적
7-11.5세	구체적 조작기		
2-7세	전조작기		위상적
0-2세	감각운동기	전표상단계 (Prerepre-sentation)	

간과의 관계를 인식주체와 인식대상 간의 상호작용 과정으로 이해하는 공간인지 발달을 중심으로 이루어졌다.

Hart와 Moore(1973)는 Piaget 이론을 바탕으로 공간적 개념화(spatial conceptualization)의 발달 특성을 연구하면서 공간관계를 3가지 발달 패턴으로 구분하였다(표 1-1). 즉, 위상적 관계(topological relation), 투영적 관계(projective relation), 기하학적 관계(Euclidean relation)의 세 가지 표상단계로 구분하고, 인지발달단계에 따라 나타나는 아동의 공간인지 발달 특성을 구체적으로 설명하였다(이경한 역, 1995, 65).

이러한 Piaget의 이론은 공간관계를 의미론의 기초로, 즉 모든 언어와 추리의 기초로 파악하는 局所主義(localism)의 형태를 띠는 것이며(서창렬 역, 1999), 이에 근거하여 학생들의 공간인지발달을 연구한 학자들은 모두 다음과 같은 공통된 결과를 보고했다. ① 공간 개념은 가까운 곳에서 먼 곳으로 발달한다. ② 공간배치(spatial settings)에 대한 기술은 연령이 증가할수록 좀 더 명확해진다. ③ 약 10세 이후부터 공간적 포섭(spatial inclusion)이 정치적 단위 혹은 분류 이상의 관계로 인식할 수 있다. ④ Piaget의 공간적 발달에서 제시된 일련의 단계들은 검증되었지만, 단계에 따른 발달의 변형은 연령에 의한 것만이 아니고 사회경제적 지위와 능력 등의 영향을 받는다는 것이었다(Stoltman, 1991, 440).

Piaget의 가정들은 추상적이고 일반적으로 의문시되었던 정성적인 독특한 단계들로 발달 과정이 나눠진다. 그 가정이란, 각 단계들은 공평하게 일정한 시기에 나타나며, 일부 변수들은 이에 종속된다는 것이다. 이러한 생각은 전통적인 인식론으로서, 인간의 마음은 공간, 시간, 인과관계 등의 개념을 경험 이전에 선험적으로 구성한다는 칸트의 사상을 바탕으로 한 것이었다.

예를 들어, 칸트에 있어서 공간성(spatiality)은 세계 내에 존재하는 것이 아니라, 그 자체로 존재하는 것이지만, '직관(intuition)'으로 세계에 존재한다는 것이다. '인지적 조작(cognitive operation)'에 대한 Piaget의 신념은 유클리드 기하원리에 대한 이해가 공간적 지각과 활동 그리고 인지, 경험 혹은 학습을 통해서 점진적으로 성장하는 것이 아니라, 특정 발달 단계에서 내면적인 인지 발견으로 나타난다는 것이다. 사실 Piaget는 아동의 유클리드 공간에 대한 이해는 일정한 단계에 도달하면 표상되는 것으로 구상했다.

이러한 연구들은 방법론적으로 그리고 그 외의 기초적인 근거에 있어서 의문시되어 왔다. 즉, "공간은 유클리드적이다."라는 기본적인 가정부터 상대적 인식론에서는 의문시되고 있다. 기본적인 가정에 대한 문제와 함께 Piaget 이론을 지리에 적용하던 연구자들은 다음과 같은 문제에 직면하게 된다. 즉 Piaget가 적용한 사례와 분석적 기법들이 보편적인 것이 아니었다는 점, 그의 연구 결과는 제한적이라는 점, 각국의 사례는 Piaget의 등질적인 사례에 비해 다양하다는 점 그리고 아동의 공간발달에 관한 프로그램, TV 등과 같은 다양한 변인들의 영향을 측정하기가 어렵다는 점 등이다. 그럼에도 불구하고 Piaget의 이론을 지리 교육에 적용하는 데 관심을 가지고 연구를 계속한 학자들은, 지리적 위계(geography hierarchy)에 대한 아동의 이해는 단지 연령의 증가에 따른 정보의 확대라기보다는 인지발달에 의한 것이라는 중요한 결과를 제시하였다(Stoltman, 1991).

최근의 연구들은, 지도화를 포함한 광범위한 공간적 행동의 바탕이 되는 아동의 능력이 Piaget가 예견한 것보다도 훨씬 더 어린 연령에서 나타남을 증명하고 있다. 대다수의 연구들은 아동이 그들의 주변에 있는 대상들의 영속성(permanence of object)에 대해 상당한 자각을 가지고 있으며 규모와 형태에 대한 지각적 항구성(perceptual constancy)은 일찍부터 빠르게 발달한다는 것을 밝히고 있다. 이러한 연구들은 감각운동기에 있는 어린 아동들은 너무 자기중심적이어서 외부 환경에 대한 실재적인 이해를 '할 수 없다(Can'tianism)'는 주장에 대해(Liben and Downs, 1997) '할 수 있다(Can-ism)'는 주장으로(Blaut, 1997b) 도전한다. 아동의 인지발달을 정형화된 발달단계로 제한하는 Piaget의 관점은 지리학에서뿐만 아니라 인지심리학 일반에서도 아동의 인지능력을 과소평가했다는 것이 그 한계로 지적되고 있다.

3) 발달에 의한 개념학습

Piaget의 인지발달과정에서 발달은 개인적인 현상으로 간주된다. 발달은 개인이 성숙해감에 따라 자기중심적인 사고로부터 외부의 환경에 적응하기 위하여 자신의 사고를 일반화시키는 과정으로 설명하고 있다. 이러한 관점에서 학습이 이루어지기 위해서는 발달이 선행되어야 한다고 보았으며, 그의 이론은 학습보다는 인지발달단계 그 자체에 대한 것이었다. Piaget에게 있어서 교육은 이러한 인지발달에 필요한 요소이지만 충분조건은 아니었다. Piaget가 인지발달의 핵심으로 본 것은 여러 가지 지리학적 역사적 사회학적 사실에 대한 정보나 내용이 아니라, 그런 것들의 이해를 가능하게 하는 조작적인 인지구조와 그 기능이었다. 발달은 인식주체와 인식대상 간의 능률적인 상호작용의 과정, 즉 지적인 적응과정일 뿐이다. 따라서 그의 학습이론은 학습이 발달에 종속되는 넓은 의미의 학습이론이다.

Piaget에 의하면, 아동에게 제시된 새로운 경험의 유형과 아동이 그 순간에 가지고 있는 인지구조 간의 간격이 큰 경우엔 두 가지 결과가 나타나는데, 하나는 아동이 매우 풍부한 경험을 너무 쉽게 단순화하고 변형시켜 버림으로써 의도했던 바의 풍부한 학습이 일어나지 않는 경우이고, 다른 하나는 아동이 유동성이나 안정성을 갖지 못한 어떤 특수한 반응을 피상적으로 학습하는 경우이다. 이 두 가지는 좁은 의미의 학습으로 진정한 의미의 학습이 아니다. 진정한 의미의 학습은 발달에 토대를 둔 넓은 의미의 학습으로, 이는 아동이 새로운 경험을 의미 있게 동화시키는 데 필요한 적정한 수준의 인지구조가 준비되어 있을 때만 내면화된 지적구조의 변화, 즉 학습이 이루어질 수 있다는 것이다. 따라서 어떤 것들은 특정 발달단계에서는 배울 수가 없기 때문에 가르치려는 노력은 무의미하다는 것이다(장상호, 1996, 50-51).

학습자의 개념발달에서 결정적인 것은 학습자 자신의 자기조정 활동이지 교수-학습을 통한 학습이 아니다. Piaget가 지식의 구성에 가장 핵심적인 역할로 가정했던 것은 학습자 내부의 상태와 주변 환경의 압력 간의 평형을 찾으려는 학습자 자신의 자기조정 활동이다. 학습자가 습득해야 할 지적 능력이나 지식은 궁극적으로 학습자 자신의 활동에 의해서만 학습될 수 있으며 그 누구도 그것을 대행해 줄 수 없다. 그는 이와 같은 자기조정 활동이 교사의 적극적인 개입을 중시하고 학생을 피동체로 간주하는 전통적인 교육방법을 대치하여야 한다고 제안한다. 이는 '교사 중심의 방법'도 아니고 흔히 말하는 '학습자 중심의 방법'도 아니다. 한마디로 학습자 자신의 활동과 그것에서 비롯되는 그 나름의 창조(invention)에 있는 것이다.

학습은 이와 같은 창조적 활동이 각 학습자에게 가능하도록 보조하는 과정일 뿐이다. 기본적인 개념의 이해는 오직 학습자의 재창조를 통해서만 가능하며, 그 활동의 내용과 형식은 발달단계에 따라 달라야 한다. 아동의 이해 능력은 그의 발달수준에 따라 제한되어 있으므로, 교수-학습 과정에서 그 이해능력의 제약을 고려해야 한다는 것이다. 즉 학습자의 발달 수준에 따른 제한적인 범위 내에서 개념학습이 이루어질 수 있다.

앞에서 논의한 바와 같이 지리교육에서 이루어진 개념발달에 대한 연구는 Piaget의 공간인지발달이론에 의거해서 주로 인식주체인 아동의 인식대상인 공간에 대한 지각, 인지도를 중심으로 한 공간 개념의 이해 단계, 그리고 이와 관련한 지도 기능이나 능력 등의 문제를 중심으로 이루어졌다. 연구 결과의 대부분은 Piaget가 제시한 일정한 단계의 일정한 연령의 아동만이 특정한 지리적

인지와 공간적 기능을 할 수 있다는 것이 결론이었지만, 지리적 개념의 위계에 대한 아동의 이해는 단지 연령의 증가에 따른 정보의 확대라기보다는 인지 발달에 의한 것이라는 것도 밝혔다.

이러한 연구 성과들은 학습자의 지리학습에 대한 심리적 이해의 기초를 제공했다는 긍정적인 측면과 함께 학습자 대부분의 능력과 동기를 과소평가하는 것이었기 때문에 지리교육과정의 실제적인 적용을 제한하는 근거가 되기도 하였다. 그가 말하는 발달은 전반적인 성숙과 결부되어 있는 '자발적인 과정'이며, 전반적인 지적 구조의 변화를 가져오는 포괄적인 과정임에 비하여 학습은 외적 상황에 의하여 '유발된 과정'으로 단일한 문제 또는 단일한 구조에 관계되는 제한된 과정이다. 즉 '학습은 발달에 종속된다고 보아야 하며 그 역은 아닌' 것이었기 때문이다(박재문, 1998).

고전적인 Piaget 체제에서 지리 교수−학습을 통해 학습자의 인지발달을 극대화하려는 지리교육의 적극성은 이론적으로 제한될 수밖에 없다. 이에 대해 Blaut(1997a)는 "문제는 이론이었다."고 극명하게 말하지만, 지리교육에서의 본질적인 문제는 Piaget 이론 그 자체라기보다는 Slater의 지적처럼 이들의 연구 성과가 체계적으로 도입되지 못하고 부분적으로 실제에 도입되었다는 점이다. 게다가 이에 대한 접근이 지리교육의 관점에서 이루어진 것이 아니라, 주로 지리학의 관점에서 이루어졌으며 다만 그 결과들이 지리교육에 간접적으로 시사되었다는 점에 있다.

오늘날 대부분의 Piaget주의자들은 발달과 개념획득은 점차적으로 이루어지며, 각 단계와 하위 단계들은 그다지 확실하게 다르지 않다는 것, 발달에 있어서 개인 간의 차이는 중요하다는 것으로 완화시켰으며 일부에 대해선 Piaget 자신도 문화심리학의 영향을 인정했다(Lloyd, 1983). 하지만 이것이 그의 이론과 대안론 간의 차이가 좀 더 줄었다는 것을 의미하는 것은 아니다. 대안론의 대부분은 발달이 계단처럼 단계적으로 이루어지는 것이 아니라 점진적으로 이루어진다고 설명하지만, 일부에서는 단계적 사고의 경향이 남아 있어서 인간의 탄생부터 성인이 될 때까지의 계속적인 과정을 임의적으로 구분하기도 한다.

하지만 대안적 이론들은 생활 경험에 대한 논의에서도 고전적인 Piaget의 관점들과는 확실히 다르며, 특히 교사와의 학습은 발달 정도에 상당한 영향을 미치고, 일정한 연령에 도달하면 생각 이상의 다양한 능력을 갖게 된다는 것을 강조한다. 실재 세계의 경험과 그 영향을 강조하고 있는 이들 이론들은 학습자에 대한 사회적인 영향을 강조하는데, 이러한 사상은 Dewey, Vygotsky, Mead 그리고 Bruner에게서 계속된다. 이러한 반Piaget 혹은 신Piaget적인 접근들은 부분적인 Piaget 이론이 아닌 다른 종류의 이론을 제시하는데, 덜 이론적이고 덜 비관적이다(Blaut, 1997a). 그러나 이들 대안론들이 모두 같은 논의를 진전시키고 있는 것은 아니고 엄격한 의미에서는 서로 다르다. 그 중에서도 Vygotsky는 교수-학습 과정을, 발달을 유도하는 능동적인 과정으로 정당화하고 있어 Piaget의 관점과 비교되면서 교과교육에 많은 함의를 주고 있다.

3. 학습에 의한 발달

1) Vygotsky의 고등정신기능발달과 개념발달

Piaget 이론의 전제가 '개인으로서의 아동'이라면, Vygotsky 이론의 전제는 '다른 사람과 사회적으로 활동하는 가운데 존재하는 아동'이라고 할 수 있다. Piaget에게 있어서 사고발달, 즉 인지발달은 학습자 내부에서 외부로 발달하지만, Vygotsky는 사회적 상호작용인 심리 간(inter-psychological) 범주에서 심리 내(intra-psychological) 범주로 내면화되면서 발달하는 것으로 보았다.

Piaget 이론으로 주도된 서구 발달이론의 패러다임은 인지발달을 생리학적 또는 생물학적 성숙의 과정으로 설명하면서, 개인적인 현상으로 간주하여 발달에 대한 일반이론을 정립하려고 했다. 하지만 Vygotsky는 생물학적인 성숙보다는 사회문화적 맥락과 학습의 중요성을 강조함으로써 교수-학습에 새로운 시각과 해석을 제공해 주었다. Vygotsky 이론의 전개는 발달심리학자들의 보편적인 인지발달의 관점인 개체 발생적(onto-genetic) 발달의 관점에서 나아가 계통 발생적(phylo-genetic) 발달과 인간의 사회문화적인 관점에서 전개된다. 또한 미시 발생적(micro-genetic) 발달도 하나의 발생영역으로 다루고 있다.

Vygotsky의 저술에서 기능(function)과 과정(process)의 의미는 명확한 구분 없이 혼용되어 있기 때문에 고등정신기능은 고등정신과정과 동의어로 사용된다. 미시 발생적 발달이란 단기적으로 형성되는 심리적 과정에 관한 것으로, 과제 수행 장면에서 피험자의 반복된 시행을 관찰하는 단기 종단적 연구로 생각할 수 있다(Wertch, 1985).

그는 개인의 고등정신기능(higher mental function) 또는 인간 고유의 정신기능은 발생적으로 사회적 기원을 가지며, 어떠한 기능도 두 가지 차원에서 나타난다고 보았다. 처음에는 사람들 사이에서 심리 간 범주인 사회적 차원에서 나타나고, 그 다음에 심리 내 범주인 심리적 차원에서 나타난다고 보았다. 이러한 인간의 고등정신기능의 질적 변형은 자발적 주의(voluntary attention), 논리적 기억, 개념의 형성, 사고력 발달 등의 발달과정에 모두 적용된다. 그리고 인간이 가지고 있는 지각, 기억, 집중 등의 하등정신기능이 논리적 기억, 선택적 집중, 의사결정, 언어 발달 등의 고등정신기능으로 전환되는 것은 바로 사회적 심리 도구(psychological tool), 즉 기호의 매개(semiotic mediation)에 의해 이루어진다는 것이다.

인간의 고등정신기능은 사회적 상호작용의 산물이며, 이것은 외부의 사회적인 대상을 내부의 심리적인 것으로 단순하게 모방하는 과정이 아니라 의식, 즉 사고의 내적인 수준이 발달되는 과정이다. 따라서 개념발달은 사회적 상호작용이 일차적인 원인이며, 이는 기호의 매개에 의해서 이루어지는 발달과정이 된다. 그의 이론에서 '기호의 매개'는 매우 중요한 개념이다. 문화의 내면화는 유기체의 힘만으로 되는 것이 아니라 매개기제와의 상호작용에 의해 이루어진다는 것이다. 심리적 도구인 기호에는 '언어, 다양한 계산체계들, 기억술, 다수의 상징체계들, 예술 작품들, 쓰기, 도식, 도표, 지도, 그 외 모든 유형의 관습적 기호 등'이 포함되며, 그 중에서도 언어(혹은 말)는 그가 가장 중요하게 여겼던 매개로서 언어의 의미 분석을 통해 인간의 사고를 이해할 수 있다고 보았다.

그는 '도구 중의 도구'인 언어적 사고(verbal thinking)의 속성을 단어 의미(word meaning)에서 찾았다. 단어 의미는 사고와 언어의 철저한 혼합물을 나타내기 때문에 그 의미가 언어현상인지 아니면 사고현상인지 말하기가 어렵다. 의미 없는 단어는 공허한 소리일 뿐이기 때문에 의미는 단어의 기준이며 필수 불가결한 성분이다. 심리학적 입장에서 보면 모든 단어의 의미는 곧 일반화 개념이다. 일반화와 개념은 사고행위임이 명백하므로 의미를 사고현상으로 간주할 수 있다는 것이다.

그러나 단어 의미는 사고가 언어로 구현될 때에만 사고현상이며, 언어가 사고와 연계되고 사고에 의해 밝혀질 때 언어현상이 된다. 의미는 언어적 사고 또는 의미 있는 언어 즉, 언어와 사고의 통합 현상이다. Vygotsky에 있어 단어의 의미는 사고발달단계를 분석하는 기본 단위이며, 사고와 말이 언어적 사고로 결합된 것이며, 정적이기보다는 역동적인 구조이다. 아동이 발달함에 따라 단어 의미, 즉 개념은 발달하며 지각과 상이한 방식으로 현실을 반영하는 사고와 언어는 사고 기능의 여러 가지 방식에 따라서도 변화, 발달한다(신현정 역, 1985).

이와 같은 언어발달의 단계와 사고발달단계라는 독립적인 두 기능의 발달 관계를 이른바 '언어적 사고 발달이론'이라고 한다. 언어발달과 사고발달간의 관계에 대한 Vygotsky의 견해를 Thomas

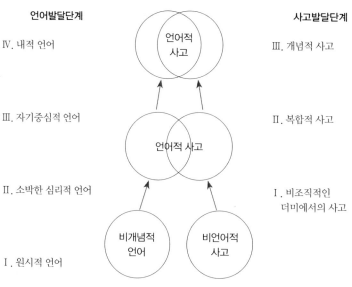

언어발달단계 　　　　　　　　　　　　　 사고발달단계

Ⅳ. 내적 언어　　　　　　　　　　　　　　 Ⅲ. 개념적 사고

Ⅲ. 자기중심적 언어　　　　　　　　　　　 Ⅱ. 복합적 사고

Ⅱ. 소박한 심리적 언어　　　　　　　　　　Ⅰ. 비조직적인
　　　　　　　　　　　　　　　　　　　　　　　　더미에서의 사고

Ⅰ. 원시적 언어

그림 1-1. 언어와 사고발달에 대한 Vygotsky의 관점

는 다음의 그림 1-1과 같이 도식화했다(Thomas, 1985; 김언주·구광현 저, 1999, 123). 여기서 언어란 입을 통해 나타나는 말, 즉 발화(speech)를 의미한다.

언어는 네 가지 발달단계, 즉 원시적 또는 자연적 단계(primitive or nature stage), 순수 심리적 언어(naive psychological speech), 자기중심적 언어(egocentric speech), 내적 언어(inner speech)의 단계를 거쳐서 내면화된다. 개념형성과정 즉 사고발달단계는 세 단계로 구분했다. 첫 번째 단계는 비조직적인 더미에서의 사고(thinking in unorganized congeries or heaps)의 단계이고, 두 번째는 복합적 사고(thinking of complexes)의 단계이다. 세 번째 단계는 개념적 사고(thinking in concepts)의 단계로 참된 진 개념(genuine concepts)이 나타나는 단계이다.

이처럼 언어와 사고의 발달은 발생적 측면에서 별도의 기원을 가지고 있으며 이들 간의 관계는 서로 떨어져 있는 두 원과 같다. 하나의 원은 비언어적 사고(nonverbal thought)이고, 다른 하나는 비개념적 언어(nonconceptual speech)이다. 비언어적 사고는 언어와 직접적으로 관계가 없는 사고 영역으로 실용 지능(practical intelligence)과 도구를 사용할 때 나타나는 사고이다. 이 두 원의 관계는 실제 이보다 훨씬 복잡하며, Vygotsky 자신도 이 두 원의 관계가 명확하게 밝혀진 것은 아니라는 점을 인정하고 있다. 그리고 다음과 같이 사고와 언어의 독립성을 강조한다.

"사고와 언어가 서로 평행하게 발달해 가는 것은 아니다. 그들 두 개의 성장곡선은 교차하고 또

교차한다. 그들은 일직선을 이루며 서로 나란히 나아가기도 하고, 또 때로는 서로 일치되기도 하지만, 결국은 언제나 다시 떨어지게 된다. 이러한 사실은 계통발생과 개체발생에 적용되는 것이다."(신현정 역, 1985).

아동이 성장함에 따라 떨어져 있던 두 개의 원은 서로 중첩되게 된다. 중첩된 부분은 언어와 사고가 일치하여 소위 언어적 사고를 형성하게 된다. 이것은 아동이 어떤 말의 명칭이 지닌 개념을 획득하기 시작함을 의미한다. 여기에서 개념이란 추상화된 어떤 것으로, 하나의 특정한 대상보다는 다양한 대상들 가운데 존재하는 공통적인 특성이나 그들 간의 관계를 표현하는 하나의 생각을 의미한다. 아동이 성장하면서 두 개의 원은 더 많이 겹쳐지게 되면서 개념은 발달하게 되지만 완전히 중첩되지는 않는다. 사고와 언어의 중첩은 아동뿐만 아니라 성인에 있어서도 제한된 영역에서만 존재한다.

따라서 어느 정도의 비언어적 사고와 비개념적 언어는 항상 존재하는 가운데 개념은 획득되며 발달하게 된다. 이러한 언어적 사고, 즉 개념은 생득적이고 자연적인 행동 유형이 아니고 문화·역사적인 과정에 의해 획득되며, 사고와 언어의 자연적인 형태에서는 찾을 수 없는 속성과 법칙을 갖는다는 것이다.

2) 근접발달영역 내에서의 개념발달

이와 같은 언어적 사고의 발달, 즉 개념발달이 심리 간 범주의 상호작용에 의해 이루어진다는 Vygotsky의 견해는 교수−학습과정을 '근접발달영역(zone of proximal development)' 개념으로 설명한다. 'zone of proximal development'는 러시아어 'zona blizhaishego razvitiya'를 영어로 번역한 것이다. Rogoff와 Wertsch(1984)는 'zone of closest or nearest development'로 번역하는 것이 옳다고 주장하지만, 'zone of proximal development'로 널리 사용되고 있으며, 약어 'Zo−ped'로 쓰이기도 한다. 우리말로는 근접발달영역 혹은 근접발달지대, 근접발달대, 근접발달지역 등으로 번역되고 있으나, 물리적 개념이 아닌 사고활동에 관한 용어이므로 본 연구에서는 근접발달영역으로 기술한다.

Vygotsky는 교수−학습의 본질적인 특징을 '근접발달영역'의 창출로 보았으며(Wertsch, 1984), 근접발달영역이란 교수−학습에 특히 민감한 영역으로써 다음과 같이 정의된다.

"소위 우리가 말하는 근접발달영역은 독자적으로 문제를 해결함으로써 결정되는 실제적 발달수준(actual development level)과 성인의 안내 혹은 보다 유능한 또래들과 협동하여 문제를 해결함으로써 결정되는 잠재적 발달 수준 간(potential development level)의 거리가 근접발달영역이다. … 근접발달영역은, 아직 성숙되지는 않았지만 성숙의 과정 중에 있는, 즉 현재는 발아 상태에 있으나 미래에는 성숙하게 될 기능들로 정의한다. 이런 기능들은 발달의 '열매'보다는 발달의 '싹'이나, '꽃' 혹은 '꽃봉오리'로 정의될 수 있다. 실제적 발달 수준이 정신발달을 회고적으로 특징짓는 반면, 근접발달영역은 정신발달을 예견하여 특징짓는다."(조희숙 외 3인 역, 1994).

그러므로 교사는 학습자의 근접발달영역에서 학습을 고무시킬 수 있는 환경의 창출을 기본적인 역할로 수행해야 한다. 하지만 Vygotsky는 근접발달영역이나 잠재적 발달 수준을 어떻게 측정하고 평가해야 하는지, 또한 아동이 성인의 안내하에서 혹은 보다 유능한 또래로부터 어떤 성질의 도움을 받는지 그리고 발달 수준이 서로 다른 아동들이 받는 도움은 양적으로나 질적으로 같은 수준이어야 하는지, 다른 수준이어야 하는지에 대해 구체적으로 언급하지 않았다. 따라서 근접발달영역의 개념을 명료화하는 노력이 중요해졌다. 대표적인 경우로 Wertsch(1984)는 근접발달영역을 명료하게 이해하기 위해서는 몇 가지 이론적 구인들(constructs)이 필요하다고 보았으며, 그러한 것들로 상황정의(situation definition), 상호주관성(inter- subjectivity), 기호의 매개(semiotic mediation)를 제시하였다.

근접발달영역을 교수-학습의 중요 개념으로 확립한 Moll(1992)은, 이를 Vygotsky 이론의 주요 요소들을 연결하는 개념(connecting concept)으로 설명한다. 즉 사고의 기원으로서 사회적 활동과 문화적 실제에 대한 강조, 인간의 심리적 기능에서 매개의 중요성, 발달에 있어서 교육의 중요성 및 사회적인 것과 불가분의 관계에 있는 개인적인 것 등은 모두 근접발달영역의 개념 내에서 통합된다는 것이다. 다시 말해 Vygotsky 이론을 구성하고 있는 주요 요소들이 통합적으로 연결되고 있는 개념이 근접발달영역이므로, 사회·문화·역사적 맥락은 이들의 미시적인 맥락인 학습 환경으로 구체화되며, 학습자의 개념발달은 교실에서의 실제 활동을 통해서 이루어질 수 있다는 것이다.

Piaget에게 있어서 학습자의 환경은 물리적 공간이었다면, Vygotsky의 학습 환경은 사회문화적 환경이다. 학습자의 사회문화적 환경은 또 다른 사회의 축소판이라고 할 수 있는 교실에서의 사회적 상호작용인 교수-학습 과정이 된다.

결국 이러한 논의들은 개념발달의 근접발달영역이 교수-학습의 실제적 활동을 통해서 발달함을 설명하는 것이다. 이들의 설명에 의하면, 개념의 교수-학습에 있어서 교사와 학습자 혹은 학습자 간의 상황정의는 서로 다를 가능성이 높기 때문에 교사는 처음부터 교사의 상황정의에 기초해서는 안 되며, 학습자 나름의 상황정의에 기초해야 한다. 그리고 이를 위해서는 학습자의 상황정의가 표출되도록 계속되는 활동과정의 피드백에 기초하여 상호주관성을 형성할 수 있는 언어를 사용해야 한다.

상호주관성 또한 학습자 각각의 수준에 따라 다르게 나타나는 현상이므로 개념의 난이도와 학습자의 상황정의 수준에 적절한 지시와 힌트가 될 수 있도록 언어를 융통성 있게 사용하는 것이 무엇보다 중요하다. 즉 교사 혹은 보다 나은 수준의 또래와의 융통성 있는 언어의 사용은 서로 다른 수준의 상황정의와 상호주관성의 문제를 절충할 수 있는 도구가 되며, 이를 통해서 학습자의 근접발달영역은 발달한다는 것이다.

이러한 근접발달영역에 근거한 교수-학습은 학습자의 개념발달을 이끄는 미래지향적인 과정이 된다. 미래의 학습가능성에 대한 발달 과정의 실제적 관계를 발견하기 위해서는 이미 완료된 개념발달의 수준보다는 앞으로 발달할 수 있는 잠재적 개념발달의 수준이 보다 중요해진다. 교실에서 많은 수의 학생들을 전체적으로 상대하는 교사에게 개개 학습자의 삼재적 개념발달 수준을 파악하도록 요구하는 것은 무리일 수 있다. 그러나 교실에는 현실적으로 실제적 개념의 발달수준은 동등하지만 잠재적 발달수준에는 차이가 있는 학생들이 항상 존재하기 때문에, 가장 효율적인 교수-학습을 위해서는 학습자 개개인의 잠재적 발달수준을 파악하는 것이 무엇보다 중요하다.

이러한 맥락에서 근접발달영역 개념은 개별화수업의 이론적 근거가 된다. '개별화 수업'을 '학습자의 능력, 적성, 필요, 흥미에 대한 개인차를 고려한 수업'이라고 정의할 때, 근접발달영역의 개념은 개별화 수업의 이론적 근거가 된다(허혜경, 1996). 개별화 수업이 '개개 학습자의 근접발달영역에 상응하는 상호작용적 수행보조가 최적의 수업'이라는 관점을 구체화하려는 연구자들은 근접발달영역 내에서의 비계설정(scaffolding)을 제시하고 있다. 비계설정은 Vygotsky가 제안한 개념은 아니지만, 그의 이론을 적용하여 효과적인 개별화 교수의 주요 요소를 파악하려 했던 Wood 등에 의해 소개된 용어로(한순미, 2000), 학습자의 근접발달영역 내에서의 효과적인 교수-학습을 위해 성인과 아동의 상호작용 중 도움을 적절히 조절하며 제공하는 것을 묘사하기 위해 은유적으로 사용하는 개념이다.

비계설정의 목표는 학습자로 하여금 '자신의 근접발달영역에서 과제를 해결하게 하는 것'과 '자기 조절'을 증진시키는 것이다(홍용희 역, 1995). 보다 능력 있는 협력자가 과제에 대한 학습자의 수행 능력에 따라 도움을 조절해 가는 것으로, 학습자의 능력이 증가함에 따라 도움을 줄여 나가며, 점차적으로 학습자가 과제에 대한 보다 많은 책임을 맡게 함으로써 학습자의 자율성, 독립성, 책임감을 길러 주는 것이다. 비계설정이 적정하게 이루어지면, 교수-학습의 과정은 단순히 교사가 학습자에게 지식을 전달하는 과정이 아니라, 학습자가 교사와의 상호작용을 통해서 능동적으로 자신의 근접발달영역을 이끄는 과정이 된다.

3) 학습에 의한 개념발달

학습자의 인지발달에 관하여 Vygotsky는 정형화된 인지단계를 상정하고 그것에 자동적으로 맞추어 나가는 인지과정에 관심을 갖는 발달단계론 주창자들과 달리, 성장과 변화라는 동적이고 실제적인 상황에 있어서의 인지과정의 전개에 관심을 둔다. 인간의 발달 즉 개념 형성, 사고력 발달 등과 같은 고등정신기능 혹은 고등심리기능은 생물학적 유기체로서 획득되고 발달하는 성숙의 과정에서 그치는 것이 아니라 사회적 상호작용인 학습에 의해 이끌어지는 발달과정이기 때문이다. 발달과 학습에 관한 그의 견해는 다음과 같다(신현정 역, 1985).

"아동 발달에서 모방과 학습은 주된 역할을 한다. 이들은 인간 심리의 독특한 자질을 유발시키며 아동을 새로운 발달수준으로 이끌어 간다. 말하기를 배울 때도 교과를 배울 때와 마찬가지로 모방이 필수적이다. 아동이 오늘 도움을 받아 할 수 있는 것을 내일은 혼자서 할 수 있게 된다. 따라서 좋은 학습이란 발달에 앞서 나아가 발달을 유도하는 교육이다. 교육의 목적은 성숙된 기능이 아니라 성숙하고 있는 기능들에 두어야 한다. 특정 교육을 시작하려면 기능의 최소한도의 성숙이 요구되는 하한치를 결정할 필요도 있지만, 상한치도 고려해야만 한다. 교육은 과거가 아니라 미래를 지향해야 한다."

여기서 학습 즉 교수-학습이 학습자의 현실적 발달 수준에 앞서야 한다는 Vygotsky의 생각은 분명히 드러나 있다. 즉 교수-학습은 발달을 낳고 그것은 다시 교수-학습이 이루어질 수 있는 발판이 된다. 이들 두 과정은 복잡한 나선형으로 맞물려 상보적(reciprocal)으로 진행된다. 교수-학

제1부 지리심리학과 지리수업

습의 기본적 형태는 근접발달영역을 창출하는 것으로, 아동이 학습 환경 속에서 사람들과 상호작용을 할 때만 조작될 수 있는 다양한 내적 발달 과정들을 불러일으키는 내면화 과정을 인지발달(개념발달)이라고 생각하였다.

이는 단순히 외부의 지식이 그대로 전수되는 내면화가 아니라, 내부적으로 의미 있게 재구성되는 과정이다. 이에 따라 학습자의 독립적인 발달이 부분적으로 성취되므로 학습은 발달에 의한 것이 아니다. 적절하게 조직화된 학습은 정신발달을 유도하고 학습과 뗄 수 없는 여러 가지 발달 과정들의 활동으로 정착하게 된다. 그래서 학습은 문화적으로 조직된, 특히 인간에게 있어서 심리적 기능을 발달시키는 과정의 필수적이고 보편적인 측면이 되는 것이다.

무엇보다 중요한 것은 Vygotsky가 말하는 학습은 다른 발달심리학자들의 학습 혹은 교수와는 그 의미가 다르다는 점이다. Vygotsky가 사용한 용어 obuchenie가 영어권 학자들에 의해 'learning'과 'instruction'으로 혼용되어 번역되었다. 여기서 'instruction'의 의미는 『옥스퍼드 러-영 사전』에 근거하여 'teaching'이나 'training' 등과 같은 의미로 이해됨에 따라 교사가 하는 일에 초점을 맞추면서 학습자의 능동적 참여는 빠진 다소 일방향적인 의미로 이해되었다. 반대로 'learning'은 학습자의 학습에 초점을 둔 의미로 이해되었다. 그러나 Vygotsky가 사용한 'obuchenie'는 능동적인 공동 활동에서 교사와 학생 양쪽을 모두 포함한다. 따라서 가장 정확한 영어 번역은 교사와 학생의 교수-학습 상호작용일 것이다. Vygotsky에 있어서 학습은 일반적으로 통용되는 교수-학습이며, 교사와 학생의 공동 활동을 강조한 점에서 교수-학습 상호작용이 더 적절한 의미이다(한순미, 2000).

교수-학습은 교사 중심의 'teaching'과 학습자 중심의 'learning'의 단순한 융합이 아니라 교사와 학습자, 교수와 학습이 각기 능동성을 가진 주체로 상호작용하는 상보적인 교수-학습(reciprocal teaching-learning)으로 이해되어야 한다. 이것은 학습자의 개념발달이 교사의 일방적인 교수에 의한 것도 아니고, 학습자 자신의 내면적 구성에 의한 것만도 아닌, 양자의 능동적인 상호작용인 교수-학습을 통해서 이루어질 수 있음을 강조하는 것이기도 하다.

4) 지리개념 교수-학습에의 함의

Vygotsky의 이론이나 사상을 지리 개념발달을 위한 교수-학습의 이론적 토대로 원용할 때, 지리 교수-학습은 더욱 적극적이고 능동적인 과정으로 정당화될 수 있지만, 이를 바탕으로 한 연구가 본격적으로 이루어지지 않고 있다. 언급한 바와 같이 사회문화적 구성주의의 관점에서 실제화가 시도되고 있지만, 좀 더 다양하고 구체적인 실제화를 위해서는 이론적 체계화가 선행되어야 한다. 여기에서는 그의 이론이나 사상이 지리개념의 교수-학습에 시사하는 바를 이론적으로 제시해보고자 한다.

그의 관점에 의거하면, 학습자의 지리 개념발달은 발생학적인 성숙인 연령의 증가에 따라 일반적으로 이루어지는 것이 아니라, 지리개념의 교수-학습에 의해서 이루어진다. 지리개념을 교수-학습하는 목적은 학습자의 개념발달이지만, 교수의 결과가 그대로 모든 학습자에게서 학습된 결과로 나타나는 것은 아니다. 교수의 결과가 학습된 결과와 일치하지 않는다는 것은, 학습자의 학습이 교수에 의한 것만이 아니라, 학습자의 학습 가능한 영역에 의한 것임을 의미한다. 학습자의 학습 가능한 영역인 근접발달영역이 학습자에 따라 다르기 때문에 학습된 결과는 학습자에 따라서 다르게 나타난다.

그러므로 지리개념의 교수와 학습은 학습자의 상호주관성을 상보적으로 고려하는 과정으로 이루어져야 한다. 즉 지리개념의 교수-학습은 교수와 학습이 학습자의 개념발달을 위해서 상보적으로 전개되는 활동이기 때문에 교사의 교수는 학습자가 할 수 있는 것, 다룰 수 있는 것에 집중하도록 학습자를 이끌면서 학습자의 학습에 적극적으로 참여하는 활동이 된다.

교사는 학습자가 발달하기를 기다리지 않고 발달을 가속화시키는 역할을 해야 한다. 객관적인 지식을 교수하고, 학습은 학습자의 몫으로 남겨두는 것이 아니라, 학습자가 학습을 통해 개념을 발달시킬 수 있도록 학습자의 학습과정에 참여해야 한다. 학습자 또한 자신보다 발달이 앞선 사람들과의 공동 활동을 통해 다른 이의 참조 틀(frame of reference)을 공유토록 해야 한다.

무엇보다 교사는 학습자와 상호주관성에 이르기 위해 특정 발달 시점에 있는 학습자의 관점으로 사물을 볼 수 있어야 하며, 그들의 사회문화적 배경을 이해할 수 있어야 한다. 학습자가 자신들의 변화하는 지식에 민감한 교사와의 상호작용을 통해서 그 의미를 공유할 기회를 갖지 못한다면 근접발달영역에서의 발달은 어렵기 때문이다.

지리개념 발달을 위한 교수-학습은 간접적 시사, 일방적 강의, 지리개념만의 교수가 아니라 직접적인 도움, 교육적 대화, 학습자의 근접발달영역의 이해, 학습자의 일상적 개념에 근거한 지리적 개념의 교수-학습으로 전개되어야 하며, 이러한 활동을 매개하는 도구인 언어를 상보적으로 사용해야 한다. 이러한 과정들은 학습자의 근접발달영역 내에서 이루어져야 하며, 교사-학습자 간 또는 또래 간 상호작용을 매개하는 언어를 대화적이고 상호작용적인 기제로 사용해야 한다. 교육적 대화의 기회를 극대화할 수 있도록 활동환경을 설정하고 학습자들의 능동적 참여를 통해 상호작용의 기회를 극대화하는 것 또한 매우 중요한 교수-학습 과정이기 때문이다.

4. 정리

이 장에서 이루어진 논의는 Piaget와 Vygotsky 이론의 차이점을 강조하기 위한 것이 아니라, 이들 두 관점의 비교를 통해서 특징을 파악하고, 학습자의 지리개념 발달에 보다 효과적인 교수-학습의 이론적 토대를 모색하기 위한 것이었다.

발달의 근접 소재지가 개별 아동에게 있다고 본 Piaget에게도 사회적 맥락은 있었고, 발달의 근접 소재지를 사회적 과정에 있다고 본 Vygotsky에게서도 개인은 강조되었다. Piaget도 사회적 변화에 따른 개념의 논리적 혹은 체계적 발달의 중요성을 언급했지만, 개념발달은 선행하는 인지발달단계 다음에 발달할 수 있는 것이었고, Vygotsky에 있어서 체계적인 개념발달은 이처럼 선행하는 인지발달에 의한 것이 아니라, 사회문화적 상호작용인 교수-학습에 의해 이루어진다는 것이었다. Piaget는 학습자가 개념을 획득, 발달해 가는 내면적인 인지구조에 초점을 두었다면, Vygotsky는 개념이 획득되는 사회적 맥락에 근거하여 그 발달과정을 설명한다(Panofsky et al., 1992).

이처럼 두 사람의 이론은 인지발달심리의 범주에서 이루어진 논의로 유사점을 지니면서, 동시에 인간 발달의 조건에 대해 서로 다른 종류의 가정에 기초한다. 따라서 두 접근을 상호보완적으로 결합하여 문제를 해결하기보다는, 두 패러다임에서 각각의 패러다임을 확장시키는 경험적인 연구가 일관성 있게 수행되어야 한다. 특히 이들에게 있어서 '학습'과 '발달'은 각기 다른 이론적 틀에서 서로 다른 의미를 취하기 때문이다.

지리 교육에서 Piaget의 이론은 학습자 일반이 공간개념발달에 특히 민감한 시기를 알려 준다면, Vygotsky는 교수-학습을 통해서 개별 학습자의 지리개념발달의 민감영역(근접발달영역)을 발달시킬 수 있는 관점을 제공하므로, 이들의 관점은 서로 다른 맥락에서 접근되어야 할 것이다. 즉 Piaget는 지리 교사에게 학습자 일반이 공간개념을 언제 배울 준비가 되어 있는지에 대한 통찰을 제시했다면, Vygotsky는 학습자의 지리개념 발달을 위해 교사가 무엇을 어떻게 해야 하는지에 대해 좀 더 실제적인 관점을 제공해 준다. 무엇보다도 지리 교수−학습을 통해서 학습자의 개념발달을 바탕으로 지리적 사고력 발달을 목적으로 하는 지리교육은 학습에 의해 발달이 이끌어진다는 관점을 바탕으로 할 때보다 더 적극적이고 능동적인 과정으로 정당화될 수 있을 것이다.

실제의 지리교수−학습과정에는 수많은 변인들이 산재하고 있으며, 이러한 변인들은 교수−학습 과정에 중요한 영향을 미친다. 그렇기 때문에 많은 것을 제한하는 이론에 근거한 교수−학습 과정이 실제의 과정으로 적용되는 데에는 언제나 무리가 있어 이론으로 남는 것이다. 이 점에서 Vygotsky의 이론은 Piaget의 고전적인 인지발달이론에 비해서 덜 제한적이고 덜 이론적이다. 그의 논의에서 교수−학습과정은 교사와 학습자를 '교수'와 '학습'의 각 주체로 인식하는 상호주관적인 (intersubjective) 과정으로 전개된다. 즉 학습자의 학습에 실지로 영향을 미치는 사회−문화−역사적인 측면이 중요시된다. 이러한 관점은 지리개념을 발달시키기 위한 교수−학습에 보다 현실적이고 맥락적으로 접근하는 바탕이 될 것이다.

교수−학습이 학습자의 개념발달 과정에 직접적으로 관련된다 할지라도 모든 학습자들의 발달 수준이 결코 똑같은 수준으로 이루어질 수는 없다. 교수의 결과가 그대로 학습자의 학습으로 달성될 수 없다는 것은, 이 두 과정 간에 매우 복잡한 역동적 관계가 존재함을 의미한다. 명백히 이러한 관계는 학습자의 근접발달영역의 개념에 기초한 폭넓고 매우 다양한 구체적 연구가 이루어질 때 제대로 설명될 수 있을 것이다. 이에 교수−학습을 통해서 성취되는 지리개념의 발달을 설명하는 이론적, 실제적 연구가 지리교육의 현실적 과제로 제기된다.

개념발달과 Piaget의 인지발달이론

지적 활동이나 지적 능력의 일부로서 개념을 어느 정도 동화하고 수용할 수 있는가는 아동들의 인지발달 수준에 달려 있다. Piaget의 인지발달단계에 따르면 아동의 개념발달은 다음과 같은 유형으로 구분된다.

Ⅰ. 감각적 운동기(The sensori-motor period, 0-18개월): 아기가 인접환경을 시각·촉각을 통해 알게 되고, 같은 행동을 반복하는 능력이 발달한다. 예를 들면 작은 공이나 장난감을 손으로 잡을 수 있다.

Ⅱ. 구체적 조작기(The period of concrete operations, 18개월-12세): 이 시기 아동들은 언어를 사용하고 개념적으로 사고하는 능력이 발달한다. 분류, 관계, 수에 관한 구체적 조작이 이루어지는 이 시기는 다음과 같은 세 단계로 세분된다.

1. 전 개념단계(The pre-conceptual substage, 18개월-4.5세): 이 시기의 아동은 언어를 사용하기 시작하며 언어, 놀이, 그림, 글 등을 이용하여 사물을 상징적으로 나타낼 수 있다. 그러나 자신이 사용한 언어에 대한 진정한 개념을 파악하고 있는 것은 아니다. 예를 들어 어떤 사람은 아버지라는 개념으로 분류하지만, 왜 다른 사람들은 아버지로 분류되지 않는가에 대해서는 잘 이해하지 못한다. 주어진 환경에서 다수의 사물을 동일하게 여기며, 그 개념에 대한 본질적인 속성을 명확히 알지 못하며, 논리적 추론은 기대할 수 없다.

2. 직관적 사고단계(The intuitive substage, 4.5세-7세): 이 시기 아동은 자신의 주변 환경에 대해 어느 정도 경험하게 되면서 단순하고 기술적인 개념을 이해하기 시작한다. 예를 들면, 나무를 정확하게 기술하며 관목과 풀은 다르다는 것을 이해한다. 어떤 종류의 개념을 획득하는가는 아동의 생활환경에 따라 달라지는 시기로, 아동의 사고는 생활환경과 직접적인 자극에 지대한 영향을 받는다. 이 시기 아동의 사고는 본질적으로 자기중심적이며, 자신이 포함되지 않은 상황, 즉 멀리 떨어진 지역의 상황에 대해서 생각하기 어렵다. 또한 부분과 전체와의 관계도 이해하지 못한다.

3. 구체적 조작단계(The concrete operation substage, 7-12세): 이 시기는 아동의 조작활동이 내면화된다는 점에서 지적 조작이 가능하게 된다. 즉, 사고과정의 각 단계에서 직접 사물을 조작하지 않고도 아동의 머릿속에서 사물을 조작하기 시작하는 것이다. 이 시기의 아동들은 다음과 같은 것을 지적으로 조작할 수 있다.

① 위계구조의 파악: 개념을 형성할 수 있을 뿐만 아니라, 어떤 개념은 다른 개념들을 포함한다는 것을 알 수 있다. 즉, 지구상의 육지면적은 대륙으로 나누어지며, 각 대륙은 많은 나라들을 포함하고 있고, 각 나라는 흔히 주, 부 혹은 군 등의 행정구역으로 세분된다는 것을 이해할 수 있다.

② 연속이나 크기의 순서: 각 항목의 크기에 따라서 자료를 배열할 수 있고, 길이, 면적 혹은 부피에 따라서도 배열할 수 있다. 이러한 능력은 국가의 면적을 비교하거나 특정 상품의 생산량 또는 인구 크기를 비교하는 데 중요하다.

③ 보충성에 대한 사고: 벨기에 국민의 경우, 불어를 사용하는 국민을 제외하면 플랑드르(Flanders)어를 사용하는 국민만 남게 된다는 것이 분명하지만, 이 시기 아동들이 이러한 관계를 늘 그리고 모두 이해할 수 있는 것은 아니다. '대체(substitution)' 개념을 다룰 수 있는 아동들은 벨기에 국민들이 어떤 식으로 구분되든지 간에 전체 국민의 수는 항상 같다는 것을 알 수 있다.

④ 대칭적 관계: A지점과 B지점의 거리는 B지점과 A지점 간의 거리와 같다는 것을 인식한다. 이 시기의

아동들은 유럽공동체(EU) 회원국들은 서로가 파트너이고, 각 파트너들은 다른 파트너들과 유사한 관계에 있다는 것을 이해할 수 있다. 그리고 '가역성(可逆性)'의 개념을 이해할 수 있는 시기이다. 즉, 동쪽으로 5km 떨어진 지점에서 다시 서쪽으로 5km 떨어진 지점은 0km(원래의 위치) 지점이라는 것을 이해할 수 있다.

⑤ 분류 항목의 증가 혹은 둘 이상의 기준에 따라 사물을 분류할 수 있는 능력: 만일 학생들에게 불어가 공용어의 하나로 사용되고 있는 국가 중 인구 1000만 이하의 서부유럽국가의 이름을 제시하라고 한다면, 이것은 세 가지 기준으로 나라를 선택하라고 요구하는 것이다.

⑥ 둘 이상의 준거적용능력: 주어진 항목을 선택하기 위하여 일련의 계열로 배열된 두 가지 이상의 기준을 사용할 수 있는 능력이다. 예를 들면, 1/5만 지도상에 어떤 한 지점을 표시하기 위해서 일련의 숫자 두 가지 075, 634(동위, 북위)를 사용하는 것이다.

이상과 같이 구체적 조작단계의 아동들은 지적 발달이 상당히 일어난다고 할 수 있지만, 아동들 간의 발달 정도는 매우 다를 뿐만 아니라 같은 연령층 간의 전반적인 지적능력과 부분적인 능력에도 큰 차이가 나타난다. 구체적 조작단계에 있는 학생들의 사고능력을 제한하는 몇 가지 이유는 다음과 같다.

첫째, 학생들은 언어적인 제한성 때문에 어떤 주장을 만족스럽게 표현하지 못할 수 있다.

둘째, 학생들은 자신들의 경험과 모순되는 것처럼 보이는 전제는 거부하는 경향이 있다. 학생들은 가설적인 상황이 무엇인가를 쉽게 인식할 수 없기 때문이다.

셋째, 학생들은 특정한 사례를 구체화하는 사고기능이 고착되어 있기 때문에 일반적인 이론이나 법칙을 사용하여 어떤 사건을 설명할 수 없다. 즉 이 시기 학생들은 자신들에게 친숙하거나 구체적인 특정 사건을 중심으로 사고하거나, 때로는 미숙하게 사고한다.

넷째, 학생들은 언어로 정의하거나, 어떤 정의에 의미를 부여하는 지적 조작을 수행할 능력이 없다. 학생들이 언어로 어떤 개념을 정확하게 기술할 수 있기 전에 개념을 먼저 획득하기 때문이다. 즉 사행천, 우각호 등의 사례를 인식할 수는 있지만, 각각을 정의하는 것은 어렵기 때문에 어떤 정의를 반복적, 기계적으로 암기하도록 하는 것은 교육적 효과가 없을 수 있다.

Ⅲ. 형식적 조작기(The period of formal operations, 12세 이상): 이 시기에는 가설-연역적으로 사고하는 능력이 발달하며, 주변 환경이나 경험에 기초한 사고방식에서 벗어나게 된다. 눈으로 관찰할 수 없는 사물에 대해서도 인식할 수 있게 되며, 전제를 가정하여 주장을 내세울 수도 있고, 그 전제가 암시하는 것을 지적으로 해결할 수도 있다.

예를 들면, 만일 해수면이 10m 상승한다면 영국 남동부 육지의 크기와 모습은 어떻게 변화할 것인가라는 질문에 대해 이 시기 학생은 시행착오를 거듭하면서 사고하기보다는 물리적인 실험이나 내면적인 사고과정을 통해 그 답을 찾으려고 노력한다.

학생들은 개념을 정의해야 할 필요성과 정의의 정확성이 매우 중요하다는 것을 알게 된다. 또 직접적으로 경험할 수 없는 사상과 무한대에 대한 논리적 사상을 받아들이며, 관계들 간의 관계들을 이해할 수도 있다. 즉, Piaget는 개념획득(concept attainment)과 회상에 의한 논리적 사고(logical thinking by recalling)는 감각 운동기-구체적 조작기-형식적 조작기를 거쳐 지적 발달(mental development)이 이루어지며, 형식적 조작기에서는 완전한 성인의 사고력을 나타낸다고 보았다.

출처: Graves, N. J., 1984, Geography in Education(3rd), 171-180. 이희연 역, 1984, 지리교육학개론, 219-229.

제2장 지리개념 발달과 상보적 교수-학습

1. 지리개념과 상보적 교수-학습

1) 지리개념과 개념발달

　지리교과의 주요 내용이면서 학습자 인지발달의 기본요소인 지리개념을 어떻게 가르치고 학습하는 것이 효과적인가에 대한 논의는 매우 중요하다. 어떠한 교수-학습이 '보다 효과적인 교수-학습 방법'인지는 관점에 따라 다르겠지만, 지리개념의 지식구조가 학습자의 인지구조로 적극적이고 능동적으로 내면화되도록 하는 것이며, 그 목적은 학습자의 개념발달이다.

　개념발달은 대표적인 인지발달로 학습자의 사고력 발달, 지각, 인지 등의 문제와 밀접히 관련되기 때문에 여러 학자들이 관심을 가졌다. 그 중에서도 Piaget와 Vygotsky는 언어적 사고의 관점에서 일상적 개념(everyday or spotaneous concepts)과 비일상적 개념인 과학적 개념(scientific concept)과의 긴밀한 관계의 중요성에 대해 많은 관심을 가졌다. Piaget는 과학적 개념이 일상적 개념의 범주로 변형되는 것으로 인식했지만, Vygotsky는 일상적 개념이 과학적 개념으로 변형되는 것으로 인식했다. 개념발달의 범주화에 있어서 이러한 차이는 Piaget가 의미하는 발달과 Vygotsky가 의미하는 발달 간의 결정적인 관점의 차이를 나타낸다(Feldman and Fowler, 1997, 200). 즉, 전자는 발달에 의한 학습을 주장하고 후자는 학습에 의한 발달을 주장하는 것으로, 이들 각각이 교수-학습에 주는 의미는 다른 것이다.

최근의 관점은 과학적 개념에 대한 교수-학습으로 학습자의 개념발달이 이루어진다는 후자의 관점이다. 이들 관점에서는 교사의 교수와 학습자의 학습은 각기 능동성을 가진 주체로 상호작용하는 또 다른 차원의 실체로 학습자의 인지발달을 이끄는 기제가 된다. 따라서 학습자의 인식상태나 인식과정 등에 실지로 영향을 미치는 사회와 문화 그리고 역사적인 측면이 중요시되고, 교수-학습 과정은 학습자의 개념발달을 이끄는 능동적인 과정으로 정당화된다. 특히 교수와 학습을 교사와 학습자의 상호주관성이 상보적으로 전개되는 과정으로 인식하는 관점과 근접발달영역의 개념은 개별 학습자의 지리개념 발달을 위해 교사가 무엇을 어떻게 해야 하는지에 대해 좀 더 실제적인 관점을 제공해 주기 때문에 지리 교수-학습 과정에 보다 현실적이고 맥락적으로 접근하는 바탕이 된다(강창숙·김일기, 2001).

이 장에서는 이들의 이론과 사상을 배경으로 학습자의 지리개념 발달을 위한 교수-학습을 상보적 교수-학습의 관점에서 이론적으로 고찰하였다. 지리개념 발달을 위한 상보적 교수-학습에 대한 논의는, 지리개념의 교수-학습이 왜 상보적으로 이루어져야 하는지 그리고 그것은 어떻게 이루어져야 학습자의 지리개념 발달에 좀 더 효과적으로 기능할 수 있는가를 모색하기 위한 것이다. 이를 위해서 상보적 교수-학습 과정을 방법과 활동 환경의 측면에서 고찰하였다.

2) 상보적 교수-학습

교수와 학습은 사람과 사람 사이에 이루어지는 실제적 활동이다. 교사 즉 교수를 하는 사람의 상대역은 학습자 일반이 아니라 교실에서 교사와 함께 공부하는 학습자이다. 교수와 학습이 일어나는 곳은 우리와 동떨어진 이상적, 추상적 세계가 아니라 우리가 몸담고 있는 바로 이 세계이다. 이 세계는 우리가 인식할 수 있는 경험 세계이며, 실재 세계로 모든 것을 초월하는 절대적 가치로서가 아니라 사회적, 문화적, 역사적으로 의미 있는 세계이다. 교수와 학습은 이러한 사실 세계에 대한 이해를 바탕으로 이루어지는 활동임에도 불구하고 교수의 결과는 학습의 결과와 반드시 일치하지 않으며, 학습자에 따라 다양하게 나타난다.

지리개념을 교수하고 학습하는 목적은 학습자의 지리개념 발달이며, 교사가 교수할 개념은 교과 내용의 체계적 지식구조로 표현되고, 학습자가 학습한 개념은 학습자의 인지구조로 내면화되지만 이들 양자가 반드시 일치하지도 않으며 학습자에 따라 다양하게 나타난다. 이것은 학습자가 피동적인 교수의 대상으로 교과내용의 체계적 지식구조에 종속적으로 자신의 인지구조를 변화시키는 존재가 아니라, 스스로의 내면적인 재구성 활동으로 인지구조를 형성하는 능동적인 존재임을 시사한다.

지리개념의 체계적 지식구조에 대한 학습자의 인지구조의 재구성 혹은 재조직 과정인 지리개념의 교수–학습 과정에서 대부분의 학습자들은 인지적 어려움이나 갈등을 겪게 된다. 교수–학습 과정은 학습자가 겪는 이러한 인지적 어려움이나 갈등을 최소화하거나 감소시켜 줄 수 있는 효과적인 방법을 모색하는 과정이어야 한다. 학습자의 인지적 어려움이나 갈등을 최소화하거나 감소시켜 줄 수 있는 효과적인 방법은 체계적 지식구조와 학습자의 인지구조의 일치와 조화를 극대화할 수 있는 방법을 모색하는 것이다. 이는 지리개념의 교수–학습 내용과 방법 그리고 교수–학습 활동의 질적 향상에 영향을 주는 중요한 문제이다(Shi Xuan, 1996).

학습자에게 유의미한 학습이 이루어지지 못하면 교수 역시 그 의미를 잃게 된다. 더불어 학습자에게 유의미한 학습은 학습자의 인지구조 혹은 인지능력에 의한 것만이 아니라, 치밀한 교수설계와 교수과정에 의해서 보다 효율적으로 이루어질 수 있는 것이다. 이것은 지리개념의 교수와 학습이 교수이론과 학습이론, 혹은 교수심리와 학습심리의 각각에 의한 것이 아니라, 양자의 능동적인 상호작용에 의해서 가능함을 의미하는 것이다.

따라서 지리개념의 교수와 학습은 개별적으로 강조될 수 있는 현상이 아니라, 그 각각이 주체로서 상호작용하는 과정으로 이해되어야 한다. 교수–학습은 교사의 교수행위와 학습자의 학습행위가 능동적인 주체로 상호작용하는 과정이며, 그 목적은 지식구조로서 지리개념의 일방적인 전달이 아닌 학습자의 인지구조 변화를 통한 개념발달이다. 이 과정에서 학습자의 실제적 믿음과 주관적 의미는 새로운 인식의 기초로 인정되는 것이지, 학습자의 학습만을 강조하기 위한 것은 아니다.

이렇게 볼 때, 개념발달에 대한 논의는 구성주의와 밀접한 관계를 갖는다. 사회문화적 구성주의 관점에서 이루어지는 논의들 역시 지식의 내면화과정에서 상호주관성을 중요하게 생각한다. 그것은 한 공동체 집단의 역사를 통해서 문화의 형태로 이미 존재하는 지식들을, 개인들 간의 상호작용을 통해 개인이 내면화하는 과정을 지식의 구성 과정으로 보기 때문이다.

학습자의 학습에서 학습자 자신의 구성 과정이 매우 중요한 것임에는 틀림이 없지만, 그것이 학습만으로 이루어지는 것은 아니다. 사회문화적 구성주의 본래의 이론적 관점은 이러한 논의를 바탕으로 하고 있지만, 이즈음 이러한 관점이 '구성주의', '자기주도적 학습' 등의 학습 이론으로 강조되면서, 상대적으로 교사의 역할은 마치 덜 중요한 듯, 혹은 거의 중요하지 않은 것처럼 이해되는 경향이 있다. 단지 역할의 변화가 왔을 뿐이지 역할이 축소된 것은 아니다(강인애, 2001).

수업은 교사의 교수와 학습자의 학습이 능동적으로 상호작용하는 과정이라고 볼 때, 학습자의 학습이 강조되는 만큼 교사의 교수도 더 전문화되고 다양화된다. 교수와 학습이 별개의 과정이 아닌 바, 학습자 중심의 학습이론이나 교수자 중심의 교수이론은 항시 교수-학습의 관점에서 상보적으로 작용하는 과정으로 논의되어야 한다.

이는 학습자를 교수의 대상이 아닌 주체로 인식하고, 교수-학습을 교사와 학습자가 각각의 주체로 상호작용하는 역동적인 과정으로 이해해야 함을 의미하는 것이다. 학습자의 학습 가능한 영역은 학습자에 따라 다르기 때문에 학습된 결과는 학습자에 따라서도 다르게 나타난다. 그러므로 지리개념의 교수-학습은 교수와 학습 각각의 상호주관성을 상보적으로 고려하는 맥락에서 이루어져야 한다. 이러한 관점에서 지리개념의 교수-학습을 교사와 학습자가 서로 의미 있는 영향을 주고받는 상호보완적인 활동으로 명료화시켜 상보적 교수-학습(reciprocal teaching-learning)으로 정의한다.

2. 지리개념 발달을 위한 상보적 교수-학습 방법

1) 일상적 개념을 지리적 개념으로 이끄는 교수-학습

전통적으로 인지발달 연구자들은 학습자의 경험 환경을 집과 교실이라는 두 종류의 장소로 한정지어 왔고, 학습자는 이 두 종류의 시공간적 장소에서 일상적 개념 혹은 자발적 개념과 과학적 개념을 획득한다고 보았다(White and Siegel, 1984, 238). 개념연구의 선구자였던 Piaget는 이들 개념을 아동이 주로 자신의 정신적 노력을 통해 발달시킨 현실에 대한 개념과 어른의 영향을 결정적으로 받은 개념으로 구분했다. 전자를 자발적(spontaneous) 개념, 후자를 비자발적(non-spontaneous) 개념이라고 지칭하고, 후자도 독립적인 연구를 할 가치가 있음을 인정하지만, 자발적 개념만이 아동 사고의 특수한 자질을 진정으로 밝힐 수 있다고 가정한다. 그러나 비자발적 개념의 본질에 관한 그의 견해가 옳다면 학교 교육과 같은 사고의 사회화의 중요한 요인이 아동의 내적 발달 과정과는 무관하다는 말이 된다.

반면에 Vygotsky는 비자발적 개념의 발달이 각 발달 수준에 있는 아동의 사고에 특유한 모든 특성을 보유한다고 전제하고, 비자발적 개념과 자발적 개념의 발달은 서로 관련되어 있으며 끊임없이 서로 영향을 미친다고 반박한다. 비자발적 개념과 자발적 개념은 단일 과정의 부분으로서 변화무쌍한 내적, 외적 조건의 영향을 받는 개념형성 과정으로, 개념발달은 상호 배타적인 심리 형태 간의 갈등이 아니라 단일 과정의 각 부분으로 이루어진다는 것이다. 때문에 교육은 어린 학생이 개념을 획득하게 해 주는 기본 원천의 하나이고 그 발달을 방향 짓는 강력한 힘이라고 보았으며, 과학적 개념의 교수와 학습이 그 획득과정에서 선도적 역할을 담당한다고 보았다.

Vygotsky가 말하는 과학적 개념은 지식의 문화적 축척(culture's store of knowledge)으로 이루어진 개념으로, 본질상 형식적이다. 그가 말하는 과학적 개념은 학문적으로 정의된 논리적 개념이므로, 경제적 개념, 지리적 개념에서 기본적인 수 개념까지 모든 과학적 개념을 일컫는 것이다 (Feldman and Fowler, 1997, 200).

지리교과의 과학적 개념인 지리적 개념의 발달과정은 모든 제도적 혹은 형식적 교육의 영향을 받기 때문에, 학습자는 지리적 개념을 학습하는 과정에서 대상을 의식적으로 고려하고 조작하게 된다. 이러한 과정에서 지적인 활동과 함께 의식적인 자각과 의지가 확립되지만, 일상적인 개념의 자발적인 특징은 이와 다르다. 어떤 개념을 일상적인 개념으로 충분히 이해하고 있는 아동이라 할지라도 그 개념을 논리적, 개념적으로 정의하지 못하는 경우가 대부분이다. 학습자의 사고에 있어서 학교에서 획득한 개념과 집에서 획득한 개념을 분리할 수는 없지만, 이들 개념은 전적으로 다른 역사를 가지고 있다.

일상적 개념과 지리적 개념의 서로 다른 역사는 아동이 그의 개념을 사용하고 표현하는 방식에서도 다르게 적용된다. 이상적인 경우, 지리적 개념은 실질적으로 아동에게 구체적인 의미를 획득하게 해 주고, 그에 따라 일상적인 개념도 의식적이고 의도적인 언어전략에서 합리적으로 사용할 수 있게 되며, 이러한 개념발달을 통해 아동의 사고에서 지리적 개념과 일상적 개념은 유사한 방식으로 사용될 수 있게 된다. 이렇게 지리적 개념에 의해 일상적 개념이 발달하게 되므로 보다 중요한 것은 지리적 개념이며, 무엇보다 지리적 개념은 고등정신기능의 발달 기제가 되기 때문에 심리적 그리고 교육적으로 매우 중요한 개념이 된다.

일상적 개념과 지리적 개념은 그 특성과 획득 방식에서도 서로 다르다. 지리적 개념에 비해 일상적 개념은 4가지 특성, 즉 일반성(generality), 체계적 조직(systematic organization), 의식적 자각 (conscious awareness) 그리고 자발적인 조절(voluntary control)이 결여된 개념이다. 일상적 개념 은 일상생활의 경험을 통해서 직접적으로 획득되기 때문에 상대적으로 일시적인 방식으로 획득되 지만, 지리적 개념은 기본적으로 다른 개념과의 관계에 의해서 획득되므로 좀 더 추상적이며 일반 적인 개념이다. 이러한 지리적 개념은 일상적 개념과는 달리 학습자가 속해 있는 사회공동체 내에 서의 참여 활동을 통한 사회적 상호작용에 의해서 획득된다. 즉 지리적 개념은 교육적 환경에서 정 교하고 체계적인 교수-학습의 결과로 획득되는 개념이다(Wells, 2000, 1-2).

획득방식에 있어서 일상적인 개념은 어린 아동이 부모와의 상호작용, 대상에 대한 명명화 그리 고 의사소통을 위한 말하기에서부터 시작되며, 직접적인 일상생활의 경험을 통해서 비형식적으로 상향 발달하는 구체적인 개념이다. 반면에 지리적 개념은 체계적으로 조직된 지식으로 대부분 학 교에서 가르치는 지리 교과 영역과 관련된 개념이며 특정한 단어로 표현된다. 따라서 지리적 개념 은 때때로 '교육으로 획득되는' 개념으로서, 교사 혹은 보다 능력 있는 동료와의 정교화된 교수-학 습을 통해서 형성되며, 일상적 개념과는 반대로 하향 발달한다. 교수-학습을 통해서 이루어지는 언어의 사회적 상호작용의 과정에서, 지리적 개념은 의사소통의 수단으로서뿐만 아니라, 의사소통 의 대상 혹은 초점이 된다. 학습자는 교수-학습을 통해서 지리개념의 의미론적 혹은 논리적 의미 에 직접적으로 주의를 기울이게 되며, 개념들을 설명·비교하고, 반성·정교화함으로써 개념들 간 의 관련성을 이해하게 된다(Lisbeth Dixon-Krauss, 1996, 44-45).

지리적 개념과 일상적 개념이 반대 방향으로 발달한다 하더라도 두 과정은 밀접하게 연관되어 있다. 일상적 개념의 발달이 특정 수준에 도달해야만 관련된 지리적 개념을 흡수할 수 있다. 또한 일상적 개념이 위로 서서히 발달해 가면서 과학적 개념의 아래로의 발달을 위한 경로를 명확하게 해 준다. 일상적 개념은 지리적 개념에 형체와 생명력을 부여하는 보다 초보적이고 기본적인 측면 의 발달에 필요한 일련의 구조를 생성한다. 지리적 개념은 다시 의식과 의도적 사용을 향한 일상적 개념의 상향적 발달을 위한 구조를 제공한다. 이렇게 지리적 개념은 일상적 개념을 통해서 아래로 발달하며, 일상적 개념은 지리적 개념을 통해서 위로 발달하는 이중적인 과정으로 전개되기 때문 에(Hedegaard, 1996, 180), 지리개념의 교수-학습은 상보적으로 전개되어야 한다.

교사가 설명하는 지리적 개념은 일반적이고 추상적인 수준에서 구체적인 것으로 하향해 가는 반 면에 학습자는 일반적이고 추상적인 개념들이 표현되는 구체적인 현상이나 사물에 근거하고 있는 일상적인 개념을 기초로 좀 더 일반적이고 추상적인 개념을 서술하는 단계로 상향 발달하기 때문이다. 이러한 상보적 교수–학습을 통해서 지리개념의 교수–학습은 일상적 개념을 지리적 개념으로 발달시키는 과정이 되지만, 궁극적인 것은 지리적 개념을 통해서 실질적으로 학습자에게 일상적 개념의 구체적인 의미를 획득하게 해 주는 것이다. 예를 들어 마을 앞을 흐르고 있는 낯익은 실개천을 한 나라의 국경을 이해하는 실마리로 사용할 때, 그 낯익은 실개천은 새로운 의미를 갖게 되는 것이다. 즉 학습자가 일상적인 개념도 의도적인 언어전략을 통해서 지리적 개념과 유사한 방식으로 사용할 수 있도록 하는 것이다.

본래 일상적 개념은 비의식적이고 비체계적인 것으로, 일상적 개념을 조작하는 데 있어 아동의 주의는 항상 사고행위 자체가 아니라 개념이 참조하는 사물에 집중되기 때문에 그 개념을 의식하지 못한다. 즉, 체계의 부재(absence of a system)가 일상적 개념과 지리적 개념 간을 구분하는 중요한 심리적 차이이다(신현정 역, 1985, 116). 학습자가 학교에서 획득하는 지리적 개념은 위계적인 상호관계 체제를 가지고 있으며, 이는 다른 개념과 관련된 특정 위치 즉 개념체계 내에서의 위치를 시사한다. 체계화의 기초는 학습자의 마음속에서 지리적 개념과의 접촉을 통해서 시작되며 나중에 일상적 개념으로 전이되어 상위수준에서 하위수준으로 진행하면서 심리적 구조를 변화시킨다.

일상적 개념의 수용은 일반적으로 구체적 상황에서의 직접 관찰에 근거하는 반면, 지리적 개념의 수용은 처음부터 사물에 대한 '매개적' 태도를 수반한다. 일상적 개념을 단어로 정의하고 의도적으로 조작할 수 있는 능력은 개념을 획득하고 상당한 시간이 지난 후에야 나타난다. 개념을 가지고는 있지만, 다시 말해 개념이 지시하는 사물을 알고는 있지만 자신의 사고행위 자체를 의식하지 못한다.

반면에 지리적 개념의 발달은 일반적으로 언어적 정의와 비자발적 조작의 사용, 즉 개념 자체에 대한 체계화로 시작된다. 체계화된 지리적 개념으로 학습자의 개념이 발달함에 따라 학습자는 단어들을 그것들이 참조하는 대상들과 연결시키면서 사용할 수 있을 뿐만 아니라 논리적 진술의 진위 여부를 다룰 수 있게 된다. 이에 따라 개념발달에서 구체적 맥락의 역할은 점차 감소하는 반면, 사회문화적으로 진화된 기호인 언어의 역할이 점차 더 중요한 역할을 하게 되는 것이다. 개념발달과 단어 의미의 발달은 같은 과정으로 진행되고, 이러한 과정을 통해 학습자의 사고는 고등정신 기능으로 질적 변형을 하게 된다. 학습자가 일상 경험으로부터 획득한 일상적 개념을 지리적 개념으로 이끌기 위해서는 지리교과의 내용을 구성하고 있는 의미 있는 단어, 즉 지리개념의 체계화가 선행되어야 한다.

2) 체계화된 지리개념의 교수-학습

모든 개념은 체계를 전제로 한다. 고립된 개념이란 존재할 수 없다. 각 연령 수준에서 아동의 개념에 관한 연구를 보면 일반성의 정도가 기초적인 심리적 변인이며, 개념은 이 변인에 따라 의미 있게 배열됨을 알 수 있다. 각 개념이 일반화라면, 개념 간의 관계는 일반성의 관계다. 모든 개념은 한 수준에 있으며, 사물을 직접 참조하고, 사물 자체가 한정되는 것과 같은 방식으로 다른 개념으로부터 한정된다. 즉 개념 전체가 지구의 표면 위에 분포되어 있는 것으로 생각하면, 모든 개념의 위치는 경도와 위도에 따른 좌표체계를 이용하여 정의할 수 있다.

예컨대, 식물과 동물이라는 개념의 경우 경도는 다르지만 위도는 동일한 것으로 생각할 수 있다. 이것은 각 개념이 적절하게 규정되려면 두 연속체(객관적 내용을 나타내는 연속체와 내용을 이해하는 사고행위를 나타내는 연속체)내에 위치해야 한다는 생각을 전달해 준다. 이들 두 연속체의 교집합이 개념들 간의 모든 관계, 즉 상위 개념(superordinate concept), 하위 개념(subordinate concept), 동위 개념(coordinate concept)을 결정한다. 전체 체계 내에서 각 개념의 위치는 일반성의 측정치라고 말할 수 있다(신현정 역, 1985, 113-114).

체계성이 결여되어 일반성의 관계가 발달하지 못하는 일상적 개념은 수용할 때부터 일반성의 관계, 즉 체계의 근거를 보유하는 지리적 개념에 의존하기 때문에 지리개념의 교수-학습은 일상적 개념의 구조를 점차적으로 변형시키고 체계화하는 과정이 된다. 이를 통해서 학습자의 개념은 상위수준으로 발달할 수 있게 되므로 지리개념의 교수-학습에서는 지리개념의 체계화가 선행되어야 한다.

교수-학습을 위한 지리개념의 체계화는 두 가지 문제와 관련된다. 하나는 지리학 각 분야의 개념 혹은 개념적 사실들이 표현되어 있는 교과 내용에서 무엇을 교수-학습할 내용으로 선정할 것인가의 문제이고, 다른 하나는 선정한 개념 혹은 개념적 사실들을 어떻게 논리적으로 관련지을 것인가의 문제이다. 개념의 체계화는 이러한 교수-학습의 문제를 해결하는 하나의 접근방법이기도 하다. 교과내용을 구성하고 있는 지리개념을 꼭 학습해야 할 주요 혹은 기본개념 중심으로 선정, 분류하고, 이들 간의 관계를 위계화하여 논리적인 지식구조로 체계화해야 한다는 것이다. 그렇지 않으면 지리는 관련 없는 단편적 지식들을 뒤죽박죽 모아 놓은 것이 되고, 지리개념들은 오로지 학교에 다니기 때문에 배워야 하는 단어와 문장으로서 기계적인 암기 대상으로 인식되기 때문이다.

(1) 교수할 지리개념의 체계화

지리개념의 체계화에서는 개념들의 분류가 선행된다. 일반적으로 개념은 그 자체의 특성이나 속성에 따라 추상적 개념(abstract concept)과 구체적 개념(concrete concept), 정의가 잘된 개념(well-defined concept)과 그렇지 못한 개념(ill-defined concept) 그리고 공접 개념(conjunctive concept)과 이접 개념(disjunction concept), 인공적 개념(artificial concept)과 자연적 개념(natural concept) 등 이분법적으로 분류되어 왔다.

하지만 실제 교과내용으로 진술된 개념들은 명확하게 이분할 수는 없는 것들이 대부분이며, 이들 간의 관계 또한 연속적이기 때문에 이를 기준으로 개념을 분류할 수는 없다. 예를 들어 추상적 개념과 구체적 개념은 개념의 추상성에 의한 구분으로, 이 두 개념을 비교하여 단순/복잡, 비언어적/언어적, 인식 가능함/인식하기 어려움과 같이 이분법적으로 구분하기도 하지만, 추상적인 것과 구체적인 것은 실제로 연속선상에 위치하고 있다(최병모 외 공역, 1995, 98). 다만, 추상적 개념은 실제적인 경험과 거리가 있고 그 구성 속성도 불명확하며 다양한 것에 비해, 구체적인 개념은 상대적으로 좀 더 실제적이고 명확하다는 것일 뿐이다.

개념들은 다른 개념들과의 일반성의 관계에 의해 분류되어야 전체 체계 내에서의 위계와 맥락상의 의미를 좀 더 명료하게 구분할 수 있다. 앞에서 말한 바와 같이 다른 개념과의 일반성의 관계에 의해 분류되는 개념이 상위개념, 하위개념, 동위개념이다. 상위개념은 개념 간의 분류학적 관계 내에서 수직관계 중 상위에 위치한 개념이고, 하위개념은 상위개념의 종류로서 상위개념 아래에 위치하며, 이들 하위개념 간의 관계는 수평적인 관계상의 위치가 동등하기 때문에 동위개념 혹은 등위개념이라고 한다. 상위개념일수록 포괄적이고 추상적인 개념이며, 하위개념일수록 구체적이고 세밀한 개념이라고 할 수 있다.

지리교육에서 이루어진 개념의 체계화와 관련된 논의는, 교육과정 내용 구성을 위한 기본개념의 분류와 위계화의 관점에서 개념 그 자체의 특성이나 속성을 바탕으로 한 인지적 위계화가 주로 이루어졌지만, 교수-학습을 위한 지리개념의 체계화에 기초가 될 수 있는 논의를 살펴보면 다음과 같다.

먼저, Marsden(1976)은 개념들의 복잡한 성격을 분명히 하기 위해서 추상적인 것-구체적인 것(abstract-concrete)과 기능적인 것-일상적인 것(technical-vernacular)의 두 차원으로 구분하고, 이를 조합하여 개념을 추상적-기능적 개념, 추상적-일상적 개념, 구체적-기능적 개념, 구체적-일상적 개념의 네 가지 종류로 분류하였다.

그는 추상적-기능적 개념을 단원의 명칭으로 사용될 수 있는 원리에 가까운 상위개념이고, 추상적-일상적 개념은 지리교과의 핵심개념 내지 기본개념으로 보았으며, 이들 개념을 이해하기 위한 전제조건으로서의 하위개념을 구체적-기능적 개념으로, 그리고 구체적-일상적인 개념을 이들 세 가지 개념들의 자료가 되는 최하위개념으로 위계화하였다(서태열, 1993, 55에서 재인용).

Naish(1982, 36)는 개념을 추상성과 구체성을 기준으로 분류하였다. 추상적인 복합개념이나 주요사고를 상위개념으로, 그에 비해 좀 더 구체적인 개념들을 기본개념으로 그리고 구체적으로 관찰할 수 있는 개념들을 하위개념으로 분류하고, 이들을 그림 2-1과 같이 위계화하였다.

Graves(1984, 169-170)는 개념 그 자체의 특성을 바탕으로 구체적인 사례를 관찰할 수 있는 개념들을 Gagné의 용어로 '관찰에 의한 개념', 언어적 정의에 의한 개념을 '정의에 의한 개념'으로 분류하였다. 또한 상호관련이 있는 개념들을 복합하여 만들어진 입지분석, 지역연합, 공간적 상호작용 등과 같은 개념을 복합개념(organizing concepts)으로 분류했지만, 이들 간의 관계를 위계화하지는 않았다. 다만, 위에서 분류한 관찰에 의한 개념을 단순한 기술적 개념(simple descriptive concept), 좀 더 어려운 기술적 개념 그리고 매우 복잡한 기술적 개념으로 분류하고 이들의 인지적 위계구조를 제시했다. 그는 하천, 지류, 강어귀 등과 같은 개념을 단순한 기술적 개념으로, 선행하

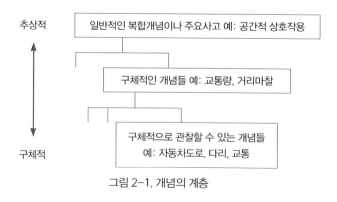

그림 2-1. 개념의 계층

천과 같은 개념을 특정한 가설을 포함한 설명을 필요로 하는 매우 복잡한 개념으로 분류했다.

　　Darvey(1996, 126)는 주요 개념(major concepts), 추상적-기능적 개념(abstract technical concepts), 추상적-일상적 개념(abstract vernacular concepts), 구체적 개념(concrete concepts)으로 분류하였다. 구체적 개념은 기능적 혹은 일상적 개념일 수도 있으며, 이들 분류된 개념들은 주요개념을 이해하기 위한 바탕일 뿐 서로 관련이 없다고 설명하면서, 분류한 개념들 간의 관계를 위계화하지 않았다. 하지만 Marsden의 분류와 거의 같은 관점에서 분류되었기 때문에 그에 준한 위계화가 가능하다.

　　사실 이들의 논의는 단원 혹은 단위 시간별로 이루어지는 교수-학습을 염두에 둔 것이 아니라, 지리교육과정을 구성하기 위한 내용으로서의 개념을 분류하거나 위계화한 것이기 때문에 공통적으로 개념 간의 수직적인 위계관계가 명시되지 않고 있으며, 분류한 개념들의 정의도 제각각이다. 마찬가지로 교과내용을 구성하고 있는 개념들 역시 그들 간의 관계가 인지적 위계관계에 의해 체계적으로 기술되지 않는 경우도 많다. 실제 교수-학습을 위해서는 단원 혹은 단위 시간별로 적용할 수 있는 체계화의 틀이 필요하며, 언어적 효율성을 도모하기 위해서는 좀 더 보편적이고 개념들 간의 수직적인 위계구조가 분명하게 인식될 수 있도록 분류되고 정의되어야 한다. 이들 학자들의 분류를 개념 간의 수직적인 위계관계에 따라 정리하고, 그들의 공통된 속성을 바탕으로 지리개념의 일반성의 관계를 상위주제개념-기본요소개념-하위요소개념-구체적 사실로 위계화하면 표 2-1과 같다.

　　상위의 개념은 매우 복잡하고 추상적인 개념으로 대부분 단원의 제목이나 주제로 제시되므로 상위주제개념으로 정의하고, 이러한 상위주제개념을 설명하는 하위개념으로 추상적이고 일상적 혹

표 2-1. 지리개념의 위계화

분류	Marsden(1976)	Naish(1982)	Graves(1984)	Darvey(1996)	위계화
상위개념	추상적-기능적 개념	조직개념이나 주요사고	매우 복잡한 기술적 개념	주요개념	상위주제개념
기본개념	추상적-일상적 개념	구체적인 개념들	좀 더 어려운 기술적 개념	추상적-기능적 개념	기본요소개념
하위개념	구체적-기능적 개념	구체적으로 관찰할 수 있는 개념	단순한 기술적 개념	추상적-일상적 개념	하위요소개념
구체적인 사실들	구체적-일상적 개념			구체적 개념들	구체적 사실

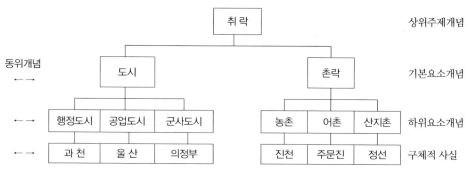

그림 2-2. 취락 개념의 체계화 사례

은 기능적인 개념들은 교과내용을 구성하는 기본개념이므로 기본요소개념으로 정의한다. 기본요소개념을 좀 더 구체적이고 일상적으로 설명해 주는 개념들은 위계적인 관계에서 하위에 위치하므로 하위요소개념으로, 이를 구체적으로 설명해 주는 사실들은 구체적 사실로 각각 정의한다. 구체적인 사실들도 의미 있는 단어라는 점에서는 보다 구체적이고 일상적인 개념으로 분류될 수 있지만, 지리교과의 내용구성 특성상 구체적 사실로 분류한다.

그림 2-2는 취락이라는 상위주제개념을 이러한 위계화의 틀로 체계화한 예시이다. 여기서 취락은 상위주제개념이고, 도시와 촌락은 이를 설명하는 기본요소개념이며, 행정도시, 공업도시, 군사도시는 도시를, 농촌, 어촌, 산지촌은 촌락을 설명하는 하위요소개념들이다. 과천, 울산, 의정부, 진천, 주문진, 정선은 하위요소개념을 설명해 주는 구체적인 사실들이다. 이들 개념들 간의 관계는 수직적인 위계관계와 수평적인 동위관계를 기초로 체계화한 것이다.

(2) 일반화와 변별화를 통한 교수-학습

수직적인 위계관계와 수평적인 동위관계는 이들 개념을 일반화(generalization)하고 변별화(discrimination)하여 개념을 이해하는 바탕이 된다. 일반화란 둘 이상의 개념 간의 관계를 진술한 것이다. 이러한 진술은 매우 단순한 것에서 매우 복잡한 것에 이르며, 종종 원리나 법칙으로 언급된다(최병모 외 공역, 1995, 107). 최하위의 구체적인 사실들은 하위요소개념을 설명하는 근거 혹은 자료가 되며, 하위요소개념들은 기본요소개념들을 일반화하는 바탕이 된다. 기본요소개념들은 상위주제개념을 일반화하는 바탕이 되며, "취락은 도시와 촌락으로 분류된다."와 같이 상위수준의 일반화는 종종 법칙이나 원리가 되기도 한다.

하위수준의 개념들은 상위개념의 종류이므로 상위개념을 일반화할 수 있지만, 동위관계에 있는 기본요소개념이나 하위요소개념들 간의 동위개념들은 다른 개념들을 서로 설명하거나 일반화할 수 없기 때문에 변별화되어야 한다. 도시의 하위개념인 행정도시, 공업도시, 군사도시는 상위개념인 도시의 속성을 공유하고 있기 때문에 도시라는 개념으로 일반화되거나 일반화할 수 있다. 하지만 하위개념인 행정도시, 공업도시, 군사도시는 각각의 속성이 서로 다른 변별적인 동위관계에 있는 개념들이다.

동위관계에 있는 개념들의 속성은 서로 다르기 때문에 이들 각각은 변별되어야 한다. 동위관계에 있는 개념들의 변별화를 위해서는 최적의 사례 즉 긍정적인 사례의 제시가 효과적이다(배원자, 1989). 행정도시는 과천이라는 최적의 긍정적인 사례의 제시를 통해 동위관계에 있는 공업도시나 군사도시와 변별하는 것이 가장 효과적이다. 학생들은 보스톤, 파리, 동경과 같은 도시의 보기가 바티칸이나 동베를린과 같은 특수한 경우와 혼동되지 않을 때, 관련된 속성을 식별할 수 있으며 적절히 구분할 수 있기 때문이다(최병모 외 공역, 1995, 103).

변별화와 일반화에서 구체적인 사실은 학습자의 학습이 시작되는 실마리가 된다. 교사의 교수는 가장 추상적이고 포괄적인 상위주제개념을 중심으로 상위수준에서 하위수준으로 하향 일반화하는 반면에 학습자는 자신의 일상적인 개념으로 가장 쉽게 이해할 수 있는 구체적인 사실에서부터 상위수준으로 상향 일반화하는 것이 보통이다. 이러한 지리개념의 체계, 즉 지식구조의 특성을 제대로 알지 못하는 사람들은 지리교과를 '이 산의 높이와 저 강의 이름, 여러 나라의 수도 등' 자질구레한 사실들로 나열되어 있다고 비판한다. 이렇게 지나치게 사소하고 주변적인 정보는 곧 잊어버리기 때문에 가르칠 필요가 없다고 생각하거나, 성인으로서 사회 생활을 하는 데 유용하지 않다고 생각하기도 한다(이혁규, 1996, 89). 그러나 인지심리학적인 관점에서 지리교과의 대표적인 구체적 사실인 지명이 갖는 의미는 다음과 같다.

"주로 학교 교육을 통해서 아동들은 점차 과학적 세계관과 그것을 근거로 한 세계상을 형성해 가지만, 그때 일정량의 지명 기억은 불가결한 것이다. … 기억은 획득한 정보의 내면화이고, '생각하는' 것은 그것들을 포함한 정보의 처리임에 틀림없기 때문이다. 실제로, 가장 '생각하는' 것을 필요로 할 만한 수학(산수) 교육도 구구단의 암기부터 시작되고, 원주율과 각종의 공식에서 보듯이, 기초적인 개념을 중심으로 기억은 적어도 강요되고 있는 것을 상기해야 할 것이다."(齋藤 毅, 1988, 637).

물론 지명을 아는 것이 목적이 아니고, 어떤 지역이나 지리적 현상을 이해하는 것이 목적이지만, 교과내용으로서의 기초적인 개념인 구체적인 사실들은 그러한 목적에 도달하기 위한 실마리가 된다. 이들은 사실적인 지식(facts)으로서 지각에 의해 증명되거나 될 수 있는 사건, 사물, 사람 혹은 그 밖의 현상에 관한 특정한 자료로 구성된다. 사실은 사건이나 사물의 특정한 보기가 대부분이기 때문에 단순하고 긍정적인 형태로 진술되는 것이지, 그것이 교수-학습에서 갖는 의미가 단순하거나 쓸데없이 잡다하고 무의미한 용어로 나열되는 것은 아니다.

"런던이 서울보다 훨씬 더 북쪽에 있는데도 왜 겨울 날씨는 서울이 더 추운가? 가령 이런 문제에 대해 서울이 대륙 동안에 위치해서 시베리아에서 불어오는 차가운 북서 계절풍의 영향을 받는 데 비해 런던은 해양성 기후라서 따뜻한 편서풍과 멕시코 난류의 영향을 받기 때문이라는 것을 지리 공부를 하면서 알게 되었을 때 그것이 내게는 기쁨이 되었다. 고교 시절에는 이런 용어들이 그저 까다롭고 복잡해서 무지막지하게 머리에 집어넣어야 하는 것들인 줄 알았다. 그러나 대륙 동안에 위치해 있다는 게 어떤 의미인지, 시베리아 고기압은 어떻게 형성되는지, 멕시코 난류는 어떻게 만들어져 어디로 흘러가는지 이해하게 되자 더 이상 이런 용어나 문장들도 고통스럽게 다가오지 않았다."(장승수, 1996, 39).

이렇듯 학습자는 지리적 사실들의 의미를 능동적으로 이해하고, 그것에 관해 추론하기 시작하는 것에서부터 보다 높은 수준으로의 사고활동을 시작하는 것이다. 그러면 더 이상 무조건 외어야 하는 잡다한 용어나 문장이 아닌, 의미를 가진 개념으로서 그리고 낱낱의 개별적인 용어가 아닌, 다른 개념과의 관계에서 형성되는 의미를 논리적으로 이해하게 된다. 이렇게 이해된 개념들은 학습자의 인지구조로 내면화되어 장기기억으로 저장됨으로서 다음 학습을 더 높은 수준의 사고활동으로 이끄는 바탕이 되는 것이다.

체계화된 지리개념이 교사가 교수할 지리개념의 지식구조로 표현된다면, 학습자가 학습한 개념의 체계화는 인지구조의 재구성으로 내면화된다. 보통 교과영역 학습에서는 교육과정이나 교과서가 중요한 텍스트로서, 모학문의 지식구조를 담고 있다. 지식구조는 일반교육과정의 과제나 특정 수업 계획의 작성 및 지도와 연관된 것으로서, 교사가 가르치기를 원하고 학습자가 파악하기를 원하는 가장 중요한 아이디어들과 그의 관계들, 즉 사실, 개념, 일반화 그리고 이론으로 형성되어 있다. 따라서 학습자는 텍스트의 해석과정에서 주어진 지식구조를 학습하게 되는 것이며, 그러한 지식구조를 수동적으로 받아들이는 것이 아니라 학습자의 내부에서 능동적으로 조직하고 재구성하게 된다(Ghaye and Robinson, 1989, 123).

학습자의 기억 속에 가지고 있던 기존의 인지구조가 새로운 지식을 설명하기에는 적절하지 못할 때 인지구조의 재구성이 이루어진다. 인지구조의 재구성은 범영역에 걸쳐 영역 일반적으로 이루어지는 것이 아니라, 영역 특수적인 형식으로 이루어진다. 특정 교과영역에 대한 학습자의 인지구조는 학습자의 연령에 근거하여 학습자의 인지수준이 'x 단계에 있다'는 발생적인 성숙에 의해 형성되는 결과라기보다는, 교과영역에 대한 경험이나 학습에 의해 발달된 사회문화적 지식의 산물로 형성되는 것이다. 따라서 지리적 지식에 대한 학습자의 인지구조는 지리 교과 영역에 대한 경험이나 교수–학습에 의해 늘어난 지식의 산물로 형성된다. 학습자의 지리개념 발달은 학습자가 지리개념에 대해 자신의 인지구조를 얼마나 적극적으로 재구성하느냐에 달려 있으며, 이는 학습자의 근접발달영역 내에서 가장 효과적으로 이루어지기 때문에 학습자의 근접발달영역을 파악하여 그에 따른 도움을 적절히 제공하는 일이 무엇보다 중요해진다.

3) 근접발달영역에 상응하는 교수–학습

학습자의 근접발달영역을 분별하는 것은 교육의 실제에 있어서 중요한 의미를 지닌다. 학습자의 발달이라는 측면에서 효과적인 교수–학습은 근접발달영역의 범위로 한정되기 때문에 학습자의 발달을 돕기 위한 교사는 당연히 학습자의 근접발달영역을 알고 있어야 한다. 교수–학습에서 학습자 학습의 민감 영역인 근접발달영역에 적합한 도움을 제공하기 위해 교사는 학습자의 현재 수준에 대한 자신의 판단을 끊임없이 정리하고 재정리해야 한다.

각 교과의 교육에는 학습자가 수용할 수 있음으로 해서 효과가 매우 큰 시기가 있는데, Montessori와 여러 교육전문가들은 이 시기를 민감기(sensitive period)라 불렀다. 즉 모든 교과에는 민감기가 존재한다는 것이다(신현정 역, 1985, 106). Piaget의 인지발달단계에 의거해서 이루어진 연구성과들이 지리교과의 공간개념의 연령에 따른 일반적인 민감기를 밝히려는 것이라면, Vygotsky의 근접발달영역에 근거한 지리개념 발달에 대한 연구는 학습자가 가지고 있는 지리개념의 민감영역(sensitive zone)을 교수–학습을 통해서 확장시키고자 하는 것이다. 이것은 학습자의 근접발달영역의 수준에 관한 묵시적 진단활동이 교사의 교수활동에 내포되어야 함을 의미한다.

근접발달영역 개념은 학습자의 개념발달이 인위적인 작용, 즉 교수-학습에 의해 이루어질 수 있음을 의미하는 것으로 교수-학습의 의도적인 활동을 적극적으로 정당화해 주는 개념이다. 근접발달영역이 넓은 학습자일수록 일반적인 수준의 수행 보조만 이루어져도 스스로 과제를 쉽게 해결할 수 있으며, 필요로 하는 도움의 양도 적지만, 좁은 학습자는 구체적인 도움을 많이 필요로 한다. 근접발달영역은 역동적으로 변화하므로,

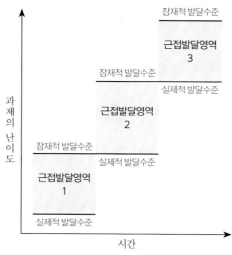

그림 2-3. 근접발달영역의 역동적 특성

어제의 잠재적 발달 수준이 내일의 실제적 발달 수준이 되면서, 근접발달영역은 확장되고 학습자의 개념은 더 높은 수준으로 발달하게 되는 것이다. 이를 시각적으로 나타내면 그림 2-3과 같다(황해익, 2000, 34).

지리개념의 교수-학습은 교육과정 설계자와 교사의 눈에 중요하다고 판단되는 지리적 개념을 그 내용으로 하며, 그것의 교수-학습을 통해서 학습자의 지리개념에 대한 근접발달영역을 발달시키려는 의도적인 과정이다. 학습자의 지리개념에 대한 근접발달영역은 다음과 같이 설명할 수 있다.

"아동이 일상적 개념을 체득한 수준이 그 아동의 실제적 발달수준이고, 과학적 개념을 획득한 수준이 그 아동의 근접발달영역을 나타낸다."(Hedegaard, 1996, 172).

학습자의 지리개념에 대한 근접발달영역은 일상적 개념과 지리적 개념 간의 거리가 된다. 지리개념의 발달을 위한 교수-학습에서는 실제적 개념발달의 수준인 일상적 개념보다는 잠재적 발달수준인 지리개념이 보다 중요하게 된다. 잠재적 개념발달의 수준을 나타내는 지리적 개념에 대한 학습자의 수준은 각각 다르게 나타난다. 교사가 교수한 지리개념이 그대로 학습자의 개념으로 학습되지 않는 것은, 학습자의 새로운 개념에 대한 인지구조의 재구성은 교사의 교수에 의한 것만이

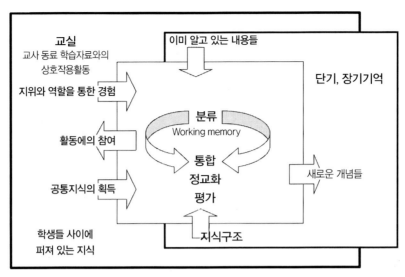

그림 2-4. 협동적 상호작용과 Working memory(Nuthall, 1999, 181)

아니라, 학습자가 이미 가지고 있는 인지구조에 의해 스스로 변형하여 이루어지기 때문이다(그림 2-4).

교사가 가르쳤다고 해서 학습자의 학습이 이루어지는 것은 아니다. 학습자가 완전히 알게 된 것은 학습된 것이고, 알지 못하는 것은 학습되지 않은 것이다. 이것이 학습자의 근접발달영역이고, 학습이 가능한 범위를 나타내는 것이며, 이 범위 내에서 학습자는 스스로 학습활동에 참여함으로써 새로운 지식을 습득하고 이해하게 된다. 학습자의 근접발달영역은 다른 학습자와 같을 수 없으며, 각기 다르기 때문에 학습자들의 근접발달영역은 동일시될 수 없다(Slater, 1989, 15).

학습자의 각기 다른 근접발달영역을 알기 위해서는 학습자의 잠재적 발달수준인 지리적 개념에 대한 역동적 평가가 이루어져야 한다. 종래의 IQ 검사 상황처럼 아동이 스스로의 힘으로 문제를 해결하는 상황에서의 성취를 재는 측정 방식을 정적(static)인 평가라고 한다면, 교사나 성인의 도움 혹은 가르침이 개입되는 상황에서의 측정방식을 역동적(dynamic) 측정 혹은 역동적 평가라고 한다(한순미, 1993, 3).

많은 수의 학생들을 전체적으로 상대하는 교사에게 개개 학습자의 잠재적 학습능력을 파악하는 것은 무리일 수 있다. 그러나 교실에는 실제적 발달수준은 동등하지만 잠재적 발달수준에는 차이가 있는 학생들이 항상 존재하기 때문에 효율적인 교수-학습을 위해서는 그들의 잠재적 발달수준,

즉 학습자 개개인의 근접발달영역을 파악하는 것이 무엇보다도 중요하다. 학습은 체계적이고 조직적으로 그리고 일관되게 이루어지지만, 그것은 다른 사람들로부터 체계적이고 조직적인 것의 학습이 가능할 때, 학습자 자신이 이해할 수 있는 범위 내에서 스스로의 구성 활동으로 이루어지기 때문에, 학습자의 근접발달영역에 적절한 도움 혹은 수행보조로 이루어지는 교사의 교수는 학습자의 개인적 적합성에 역동적으로 작용하는 효과를 가져온다.

학습자의 근접발달영역 내에서의 적절한 도움이나 수행보조는 교사에 의해서만 이루어지는 것은 아니다. 교사와 동료 그리고 잘 쓴 책이나 학습자료, 누군가의 상세한 설명 혹은 스스로의 새로운 경험에 의해서 이루어지기도 한다(Slater, 1989, 15). 교사가 할 일은 학습자가 다른 학생들이나 교사로부터의 지지가 가능한 상황이 되도록 교수-학습 활동환경을 구성하는 일이다. 학습자의 근접발달영역 내에서의 적절한 도움이나 수행보조에 가장 좋은 교사는 그 문제를 막 이해한 다른 학생일 수도 있다. 왜냐하면 그러한 학생은 학습자의 근접발달영역으로부터 가장 가까운 수준에서 기능하고 있기 때문이다.

학습자의 근접발달영역 내에서의 개념발달은 스스로의 학습에 참여하는 사회적 활동을 통해서 가능하므로, 학습자가 지리개념에 대한 설명이나 예증 그리고 다른 학생들과의 협동적 상호작용의 기회를 갖도록 해야 한다. 또 이에 대한 자신의 사고를 조직하기 위하여 언어를 사용하도록 격려해야 하고, 그가 성취하려고 노력하는 것이 무엇인지에 대해 말로 표현할 수 있도록 활동 환경(activity setting)을 조성하는 일이 무엇보다 중요하다(그림 2-4).

3. 상보적 교수-학습을 위한 활동 환경

1) 교육적 대화에 의한 교수-학습

학습이 이루어지는 활동 환경의 어원은 다양하나 대체로 협동적 상호작용, 상호주체성 또는 수행보조가 이루어지는 국면을 활동 환경이라고 일컫는다. 활동 환경이라는 용어에는 두 가지 의미가 내포되어 있다. 인지적, 물리적 행동이라는 의미의 활동과 활동상황의 외부적, 환경적, 대상적 특징을 의미하는 환경이 결합된 말이다. 교실에서 교사와 학생 간 혹은 학생 간의 상호작용을 통한 효율적 수업을 위해서는 가능한 한 다양한 종류의 활동 환경을 많이 설정할 필요가 있다. 설정된 활동 환경은 이를 통해서 이루어지는 협동적 상호작용에 수반되는 언어들의 발달, 개념의 내면화, 대화 의미의 발전 및 보다 높은 인지적 과정의 발달을 위한 수단이 될 뿐만 아니라, 그러한 활동 환경의 구성은 교육적 대화를 가능케 하는 바탕이라는 점에서 매우 중요하다(허혜경, 1996, 322-323).

학습자의 개념발달은 자신의 근접발달영역 내에서 다른 사람과의 상호작용을 통해서 이루어진다. 다른 사람과의 상호작용은 언어를 매개로 이루어지기 때문에 상보적 교수-학습에서는 교육적 대화(instructional conversation)가 중요하다. 학습자는 자신의 근접발달영역 내에서 학습 과제를 파악하며, 교사나 다른 학생과의 상호작용에 의해 제공된 발판을 필요로 한다. 교육적 대화는 이러한 기회를 제공한다. 교육적 대화는 학습을 촉진시키도록 계획되었기 때문에 교육적이고, 강의나 전통적 토론이 아니기 때문에 대화이다. 교육적 대화에 대해서 Tharp와 Gallimore(1992, 196)는 다음과 같이 정의한다.

"교사와 학습자가 각자 자신이 습득한 지식과 이해를 바탕으로 말과 글을 주고받는 담화는 몇몇 측면으로 나타난다. … 이러한 측면들은 언어를 매개로 이루어지는 교수-학습에서 나타나는 자연적인 대화 방법이다. … 이러한 대화의 포괄적인 명칭은 교육적 대화이다. … 교육적 대화라는 개념 그 자체는 역설적으로 모순이다. '교육적'이라는 것과 '대화'라는 것은 서로 모순적인 것으로, 전자는 권위와 계획을 함의하고 후자는 평등과 반응을 함의하고 있다. 가르침은 이러한 모순을 해결하는 것이다. 진실로 가르치기 위해서는 대화를 해야 한다. 즉 진실로 대화하는 것이 가르치는 것이다."

교수-학습이 학습자의 근접발달영역 내에서 또는 학습자의 근접발달영역에 상응하여 이루어지기 위해서는 교사와 학습자 간에 교육적 대화가 상보적으로 이루어져야 한다. 그러나 실제 교실에서는 교사와 학습자 간의 상보적인 대화보다는 교사의 일방적 말하기가 계속되고 있다. 이에 대해한 연구는 다음과 같이 보고하고 있다.

"직접적 관찰에 의해 밝혀진 것을 보면 교실에서 교사가 대부분의 말을 한다는 것이다. … 교사와 학생이 갖는 상호작용에서 반 이상의 학생들은 아무 말도 하지 않는다. … 학생이 반응을 할 때에도, 전형적으로 그들은 단지 단순한 정보 회상 진술만을 한다. 이러한 패턴의 교사-학생 상호작용은 학생들이 언어를 창조하고 조작하는 기회를 제한할 뿐 아니라, 더 복잡한 학습에 참여하는 학생의 능력을 제한한다."(김아영 외 5인 공역, 1997, 84).

우리의 교실 상황도 마찬가지다. 사실은 교사의 일방적 말하기가 미국의 경우보다 더 심각할 수 있다. 중학교 사회과 교실수업의 대화이동양식과 그에 대한 사회적 참여구조를 분석한 연구는 교사가 주된 화자가 되며, 교사의 선도 발화에 대해 많은 학생들이 동시에 청자 혹은 화자가 되어 대화를 통한 상호작용에 참여함을 보고하고 있다(이혁규, 1996, 170-176). 이 경우 교실에는 하나의 대화의 장이 존재하며, 대화의 이동 양식은 교사에 의해 불특정 다수의 학생을 대상으로 한 대화 배분과 개별 학생을 지명한 대화 배분이 주로 나타나는 반면, 학생 스스로 대화에 참여하는 거수-개별 학생 지명식의 대화 배분은 거의 관찰되지 않음을 밝히고 있다. 이는 교사 주도의 강의식 교실 수업에서는 학생들이 발화에 대한 참여 경쟁보다는 과소 참여로 인한 곤란을 겪을 가능성이 더 크며, 교사-학습자 간의 교육적 대화는 거의 이루어질 수 없음을 시사한다.

교실에서 교사와 학습자 간의 언어를 매개로 한 상호작용, 즉 교육적 대화가 이루어지지 못하는 것은 다인수 학급이라는 제도적인 문제에서 기인한 것이지만, 학습자들의 말하기에 대한 사회문화적인 관습도 또 다른 이유로 지적되고 있다. 많은 연구에서 지적한 바와 같이 교실도 우리 사회의 문화적 축소판이라고 볼 때, 일상생활에서 강하게 나타나는 유교적인 전통에서의 권위의 문제가 교실에서도 중요하게 고려된다는 것이다. 이러한 권위의 문제는 교사와 학습자 간의 상호작용에서 교사의 권위로 강하게 나타나기도 하지만, 학습자 간의 상호작용에도 상당한 영향을 미치게 된다. 한국 교실의 상호작용을 연구한 사례는, 한국의 교실에서는 눈치와 체면이 매우 중요한 상호작용의 수단으로 작용한다는 것을 지적하였다(박형준, 1999, 31).

제도적인 문제와 사회문화적인 관습 외에도 교사와 학습자 간에 상보적인 교육적 대화가 이루어지지 못하는 이유로는 다음의 두 가지가 지적되고 있다. 하나는 교사가 학습자의 발달수준을 제대로 파악하지 못했기 때문이고, 다른 하나는 교사가 교육적 대화의 방법을 모르기 때문이라는 것이다(Moll, 1992, 198). 즉, 교사가 학습자의 근접발달영역 수준을 모르는 상황에서는 교사와 학습자의 대화가 상보적인 관계의 교육적 대화로 이루어질 수 없다는 것이다. 우리의 다인수 교실 상황에서는 학습자의 근접발달영역에 대한 주의 깊은 관찰도 어렵고 대화가 이루어질 수 있는 기회도 매우 제한적일 수밖에 없지만, 그 제한적인 대화의 장에서도 교사의 언어사용이 학습자의 잠재적 발달수준을 이끌어 줄 수 있는 교육적 대화였는가는 고려해야 할 문제이다.

학습자가 학습해야 할 학습 내용으로서의 개념의 절대적 가치가 교사의 교수에 의해 일방적으로 강의되는 교수–학습 상황에서, 교사는 일반적으로 학습자를 무시하고 억눌러 말하면서 교수–학습을 주도하게 된다. 가정환경이 열등한 학습자는 가정에서와 마찬가지로 학교에서도 적절한 개념 발달의 기회를 갖지 못하는 이중적인 악순환을 경험하게 된다. 이것은 학교가 학습자 발달 부진의 원인으로 나쁜 가정환경을 탓하면서, 그러한 방식의 잘못을 되풀이하는 심각한 아이러니를 계속하는 것이다. 교육적 대화는 이러한 교사의 일방적 말하기에 대한 하나의 대안이다.

지리교육에서 교사의 일방적 말하기의 문제는 학습자의 말하기와 쓰기에서 듣기의 역할에 관한 문제로 연구되고 있다. 지리 학습에서 학습자의 언어활동은 듣기와 말하기 그리고 쓰기로 나타나며, 이들은 학습에서 매우 중요한 과정이다. 특히 말하기는 듣기와 밀접하면서도 상대적인 관계에 있다. 교사 중심의 말하기가 주도적인 지리수업에서 학습자의 언어활동은 듣기와 쓰기로 표현된다. 학습자의 학습은 교사의 교수를 '듣기에 집중된' 활동이 되고, 듣기의 결과는 학습자의 쓰기로 나타난다(Butt, 1996, 183–184). 교사 중심의 말하기 수업에서 학습자 스스로 말할 기회는 거의 없으며, 교사의 중재로 최소한의 기회를 갖게 된다(그림 2–5).

교사 중심의 말하기 수업에서 학습자는 교사를 학습을 이끌어 주는 촉진자보다는 평가자로 보게 된다. 실제로 많은 연구들이 학습자의 학습은 평가자로서의 교사보다는 그와 동일시될 수 있는 다

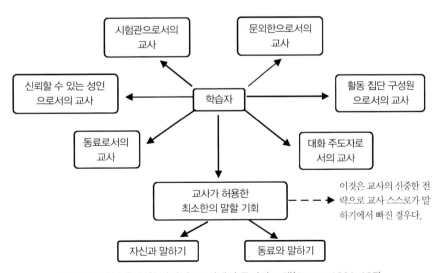

그림 2–5. 학습을 위한 말하기: 교실에서 듣기의 모델(Carter, 1991, 185)

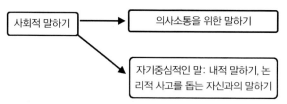

그림 2-6. 사회적 말하기의 기능(Slater, 1989, 13)

른 사람과의 의사소통에서 더 고무적으로 활동함을 밝히고 있다(Butt, 1996, 183). 또한 교사 한 사람으로부터의 듣기의 결과로 나타나는 학습의 결과는 그만큼 제한적일 수밖에 없다.

이에 대해 Slater(1989, 12-13)는 '다양한 듣기와 다양한 기능의 습득'을 주장한다. 그녀는 학습자의 말하기 기능의 중요성을 Vygotsky의 이론을 근거로 설명한다(그림 2-6). 즉 학습자는 다른 말하기를 통한 사회적 상호작용으로 의사소통을 위한 말하기뿐만 아니라, 자신과의 내적인 말하기로 논리적 사고의 발달에도 영향을 준다. 따라서 다양한 대상으로부터의 듣기를 통해 학습을 위한 여러 가지 기능, 즉 말하기와 쓰기 그리고 듣기에 좀 더 의미 있는 도움을 얻도록 해야 한다는 것이다.

학습자의 학습에서 다양한 듣기의 기회를 제공하게 되면 학습자의 쓰기와 말하기 기능 및 학습의 효과도 증진되지만, 교실에서 진행되는 교수-학습 과정에서 학습자의 학습에 도움을 줄 수 있는 대상자는 교사와 동료들로 한정된다. 이 중에서 교사가 그림 2-5와 같이 숙련된 전문가로서 다양한 역할을 수행한다 할지라도, 교사와 학습자 간의 개념적, 경험적 차이는 현실로 존재한다. 한 사람의 교사가 학습자의 근접발달영역에 근접하여 상보적으로 교육적 대화를 주고받을 수 있는 학습자의 수는 1~2명이 이상적이며, 많아야 5~6명 정도이다(Gredler, ed., 2000, 306). 우리 교실의 사회문화적 특성은 정도의 차이는 있겠지만 교사의 권위가 지배적인 하나의 대화의 장에 학습자는 눈치와 체면으로 반응하기 때문에 대화의 장에 적극적으로 참여할 수 없게 된다. 그리고 학습자의 근접발달영역 내에서의 적절한 도움이나 수행보조에 가장 좋은 교사는 그 문제를 막 이해한 동료 학생일 수도 있다고 한다.

이러한 맥락에서 교사 중심의 일방적인 강의에 대한 대안은 학습자 간의 협동적 상호작용으로 모색되고 있다. 학습자 간의 협동적 상호작용의 환경에서는 대화의 장이 여러 개로 구성되기 때문에 학습자 스스로 다른 사람과의 대화를 통한 상호작용을 극대화할 수 있고, 자신의 개념발달을 위한 인지구조의 재구성에 좀 더 적극적으로 참여할 수 있게 된다. 교수-학습이 협동적 상호작용의

방법으로 이루어진다고 해도 교사의 교수자로서의 역할은 여전하기 때문에 교육적 대화의 기능을
내면화하려는 노력이 무엇보다 중요하다.

2) 협동적 상호작용에 의한 교수-학습

교수-학습에 있어서 권위적, 감독적 요소는 학습자를 억압하고 교사와 학습자 간의 상호작용을
위축시키는 등 효율적인 상호작용 혹은 수행보조와 활동 환경에 장애가 될 수 있다. 교수-학습에
있어서 권위적 요소와 감독적 요소를 제거한 비감독적 보조는 또래활동에서 많이 발견된다. 따라
서 학교에서 이루어지는 교수-학습의 상호작용을 극대화하기 위해서는 또래활동 혹은 이에 상응
하는 협동적 활동 환경을 구조화할 필요가 있다.

협동적 상호작용(collaborative interaction)에 의한 교수-학습은 소위 말하는 협동학습
(cooperative learning)과는 구별되는 교수-학습 방법이다. 협동학습은 학생들을 소집단으로 구
성하여 집단 내 협동과 집단 간 경쟁을 유도하거나 집단 내 및 집단 간 협동을 강조하는 학습으로
서, 교수-학습에서 협동 혹은 경쟁을 촉진시키는 외부의 변인들을 학습 환경으로 구성하는 데 초
점을 둔다. 반면에 협동적 상호작용은 사회적 상호작용으로 학습자의 내부에서 일어나는 인지구조
또는 인지능력과 같은 인지적인 변화를 통한 인지발달에 초점을 두고, 이를 인지심리학적인 이론
을 바탕으로 구성하고 검증해 온 교수-학습 방법이다. 교실에서의 실제 모습은 협동학습의 형태를
띤다.

협동학습은 보통 4~5명의 소집단으로 구성되며, 이들 소집단은 성취수준이 높거나 낮은 학생
그리고 남녀 학생 등의 이질적인 요소가 혼합된 집단으로 집단별로 공동의 목표 혹은 보상이 주어
진다(Bennett, 1987, 21). 이에 비해 협동적 상호작용은, 학습자 개개인의 사고와 인지발달을 위
해 대면적인 상호작용을 중시하므로 주로 2명의 짝(dyadic pairs) 간의 상호작용으로 이루어진다
(Nicolopoulou and Cole, 1993, 283).

이들 짝은 학습자의 근접발달영역을 근거로 한 단계 앞선 동료와 짝을 이루게 되는데, 보다 낮은
단계의 학습자는 동료와의 대화를 통한 협동적 상호작용으로 자신의 인지를 발달시킨다. 그리고
보다 높은 단계의 학습자는 동료에게 설명하는 과정에서 개념을 더욱 깊게 이해할 수 있게 되며,
자신의 인지를 더욱 정교화하게 된다. 따라서 협동적 상호작용의 결과는 모든 학생의 인지발달이

므로 공동의 목표나 보상은 부여되지 않는다. 개인의 인지발달에 영향을 주는 중요한 변인으로 협동적 상호작용을 연구하는 실험에서는 2명이 짝을 지어 상호작용하도록 한다. 상호작용의 구성원을 둘로 제한하는 이유는 구성원이 많을수록 상호작용하는 데 더 많은 시간이 걸리기 때문이다(박형준, 1999, 107).

협동적 상호작용은 학습자 개인의 인지발달이 목적이므로 협동적 목표구조를 취한다. 이는 현행의 경쟁적 목표구조를 바탕으로 한 교수이론에 대한 대안적 교수–학습방법이며 무엇보다도 학습자의 인지발달에 효과적임이 여러 실증적 연구로 입증된 방법이다. 이러한 협동적 목표구조는 Dewey가 말하는 교육목적으로서의 인간발달, Bruner가 말하는 지력의 성숙, Piaget의 인지구조의 발달 등 '교육을 통한 총체적인 인간발달'에 적극적으로 그리고 긍정적으로 그 기능을 행사하는 것으로 밝혀지고 있다(문용린, 1988, 68). 이뿐만 아니라 학생들의 정서적 측면인 긍정적 대인관계 형성에도 기여하며, 보다 많은 학생들이 학습에서 성공의 경험을 갖도록 한다는 점에서도 효과적이다.

상호작용이라는 관점에서 협동적 상호작용은, 교사–학습자 간의 상호작용, 학습자–수업매체 간 상호작용 그리고 학습자–학습자 간 상호작용의 세 가지 유형으로 대별할 수 있다. 지리개념의 상보적 교수–학습은 사람 간의 대면관계를 바탕으로 한 사회적 상호작용을 중심에 둔 교수–학습이라는 점에서 학습자–수업자료 간 상호작용은 그 의미를 잃게 된다. 또한 교사–학생 간 상호작용은 제한된 상호작용으로, 학습자의 개인차가 무시되고 수동적 학습을 조장하게 된다는 점이 제한점으로 지적된다. 이들 제한점들과 함께 학습자의 근접발달영역을 발달시키기 위해, 학습자의 수준을 고려한 개별화 수업을 위한 방법으로서 협동적 상호작용에 의한 교수–학습은 학습자–학습자 간 협동적 상호작용을 중심으로 한 교수–학습 전략으로 적용되고 있다.

연구자에 따라 또래 간 상호작용(peer interaction)을 그들 간 관계에서 동등성의 정도(degree of equality of relationship)와 영향력의 정도(degree of mutual involvement)에 따라 peer interaction, peer tutoring, peer collaboration 등으로 그 의미를 분명하게 구분하여 사용하는 경우도 있지만(Tudge, 1992, 168), 일반적으로 또래, 즉 학습자 간 협동적 상호작용(collaborative interaction)을 의미하는 용어로 이해되고 있다.

Damon(1984)은 또래 간 협동적 상호작용의 특징을 표 2–2와 같이 지적하고 있다(박형준, 1999, 36에서 재인용). 이러한 특징들은 협동적 상호작용이 학습자의 인지발달에 효과적인 교수–

표 2-2. 또래 간 협동적 상호작용의 몇 가지 특징

- 서로에 대한 피드백과 토론을 통해, 학생들은 오개념을 수정하고 더 좋은 해결책을 찾을 수 있다.
- 또래 간 의견교환의 경험을 통해, 학생들은 참여와 논증 등의 사회적 과정과 증명과 비판 등의 인지적 과정을 숙달하게 된다.
- 또래 간 협동은 발견학습을 위한 토론의 장을 제공하며, 창조적 활동을 자극한다.
- 학생들은 또래와의 상호작용을 통해 사고를 일반화시키는 과정을 밟게 된다.

학습이지만, 가치·태도의 목표나 기능의 목표와 같은 정의적 발달도 동시에 도모할 수 있는 교수-학습방법임을 시사한다. 인지심리학자들은 협동적 상호작용이 학습자의 인지발달을 이끄는 매우 중요한 메커니즘으로 설명한다. Vygotsky는 개념발달의 직접적인 기원을 다른 사람과의 사회적 상호작용이라고 설명했으며, 이것은 근접발달영역의 개념을 중심으로 한 교수-학습으로 구체화되고 있다. 이에 의하면 또래와의 협동적 상호작용의 활동은 비슷한 나이의 학생들이 서로의 근접발달영역 내에서 서로를 자극하고 발달을 촉진한다.

Piaget 역시 또래와의 공동 활동이 학습자의 인지발달에 영향을 미친다고 주장했다. 또래 간의 공동 활동은 인지적 갈등을 낳고 이러한 인지적 갈등이나 불일치를 통해서 아동들은 자신의 견해와 타인의 견해 사이의 차이점을 깨닫게 되고, 이에 따라 자신의 인지구조를 조절하거나 재조직하게 된다는 것이다. 그리고 아동이 자기중심성을 극복할 수 있는 시기인 구체적 조작기에 이르러서야 진정한 의미의 공동 활동을 할 수 있다고 보았다. 이에 비해 Vygotsky는 또래 간 인지적 갈등은 공동 활동에 참여하는 아동들이 서로 그 과제 상황에 대한 공동의 의견을 모으고 상호주관성에 도달할 수 있을 때 인지발달을 촉진할 수 있다고 보고, 인지적 갈등보다는 공동활동의 과정에 주의를 기울였으며, 모든 연령에서 가능한 것으로 보았다.

Forman과 Cazden(1985)은 아동들이 또래 교수 상황에서 매우 효과적으로 서로를 가르칠 수 있음을 보여 주었다. 가끔 한 아동이 다른 아동에 비해 더 많이 알아 교사의 역할을 하지만, 능력 수준이 동일한 아동들끼리는 때로는 질문자나 시범자가 되었고, 또 반응자나 청취자가 되는 등 서로 역할을 바꾸어 가면서 상보적인 방식으로 공동 활동하는 것을 관찰했다. 이들은 이러한 공동 활동에서 가장 중요한 특징은 사회적 조정(social coordination)에 개입하는 짝의 능력이라고 보았다. 협동적 상호작용이라는 관점에서 또래 간 교수-학습에서 가장 중요한 요소는 학생들에게 자신의 견해를 주장하고 토론하게 하며, 다른 사람의 견해를 귀담아 들을 수 있도록 하는 것이다.

많은 사회심리학자들은 이를 사회적 관점의 채택 능력으로 보고, 학생들이 협동을 위해서는 다른 사람의 관점을 채택할 줄 아는 것이 기본요소 중의 하나임을 전제한다. 마찬가지로 인지심리학자들 역시 협동과 사회적 관점 채택 능력의 관계를 인정한다. 사회적 관점 채택 능력은 사회적 적응능력, 타인과의 효과적인 의사소통 능력, 자율적 판단력, 마음의 개방성 및 개인차의 인정 등 심리적 특성과 밀접한 관계가 있기 때문이다.

협동적 상호작용의 대상이 성인이나 보다 유능한 또래였다는 점을 생각하면, 협동적 상호작용이 효과적으로 일어날 수 있는 곳은 아마도 혼합연령집단, 혼합능력집단이 될 것이다. 어떤 연구에서는 아동들이 그들보다 더 유능하거나 나이가 약간 더 많은 또래들과 협동할 때 가장 많은 도움을 받았다는 사실을 밝히고 있으며, 몇몇 연구자들은 이러한 학급이 보다 능력이 있는 아동들에게도 유익하다는 점을 제안하고 있다. 실제로 우리의 교실 상황은 엄밀한 의미에서 학생들의 연령이 대략 한 살이 더 많거나 더 적은 혼합연령집단이며, 능력이나 발달수준에 있어서 현저한 개인차를 보이는 혼합능력집단이다(한순미, 2000, 137-138). 이러한 혼합능력집단에서 협동적 상호작용의 효율성은 교사가 활동 환경을 어떻게 구성하고 학습자의 근접발달영역에 얼마나 역동적으로 기능하느냐에 달려 있다.

4. 정리

지리개념의 발달은 교과내용으로서의 지리개념 지식구조에 대한 학습자 개개인의 인지구조의 재구성으로 이루어진다. 그리고 이는 학습자의 근접발달영역 내에서 다른 사람과의 협동적 상호작용을 통해서 보다 적극적으로 이루어지기 때문에 교수-학습은 상보적으로 이루어져야 한다. 상호주관적인 교수와 학습이 교실이라는 사회문화적 환경 속에서 상보적으로 이루어져야 하는 것은, 교수전략이 교수만을 위한 것이 아니라 학습을 위한 것이며, 학습 또한 학습된 결과로 끝나는 것이 아니라 교수전략의 바탕이 되기 때문이다.

교사는 학습자와 상호주관성에 이르기 위해 특정 발달 시점에 있는 학습자의 관점으로 사물을 볼 수 있어야 하며, 그들의 사회문화적 배경을 이해할 수 있어야 한다. 교사가 학습자들이 공유하고 있는 사회문화적 맥락에 참여한다는 것은 중요한 의미를 갖는다. 학습자가 자신들의 변화하는 지식에 민감한 교사와의 상호작용을 통해서 그 의미를 공유할 기회를 갖지 못한다면 학습자의 개념발달은 어렵기 때문이다.

이러한 관점에서 학습자의 지리개념 발달에 보다 효과적인 교수-학습 과정인 상보적 교수-학습 과정을 그 방법과 활동 환경의 측면에서 고찰한 결과를 정리하면 다음과 같다.

첫째, 지리적 개념은 교사의 교수를 통해서 하향 발달하지만, 학습자의 개념발달은 일상적 개념에서 지리적 개념으로 상향 발달한다. 따라서 교수-학습은 이러한 과정을 상보적으로 고려하여 일상적 개념을 지리적 개념으로 이끌어야 한다.

둘째, 체계성이 결여되어 일반성의 관계가 발달하지 못하는 일상적 개념은 지리적 개념에 의존하여 보다 상위 수준으로 발달하게 되므로, 교수할 지리개념은 하나의 지식구조로 체계화되어야 한다. 이를 위해서 개념들 간의 일반성의 관계를 기초로, 상위주제개념-기본요소개념-하위요소개념-구체적 사실로 체계화된 틀을 구성하였다. 여기서 개념들 간의 위계관계와 동위관계는 개념들의 맥락적 의미를 일반화하고 변별화하여 학습자의 사고를 고차적으로 이끄는 바탕이 된다.

셋째, 이러한 과정으로 이루어지는 학습자의 지리개념 발달은 자신의 근접발달영역에서 가장 민감하게 발달하기 때문에 교수-학습은 이에 상응해서 이루어져야 한다. 지리개념에 대한 학습자의 근접발달영역은 실제적 개념발달 수준인 일상적 개념과 잠재적 개념발달 수준인 지리적 개념 간의 거리가 된다. 교사의 교수가 학습자의 근접발달영역에 적절히 상응할 때, 학습자의 개념발달은 더욱 효과적으로 이루어질 수 있기 때문에 이에 대한 역동적 평가가 이루어져야 한다.

넷째, 교육적 대화에 의한 교수-학습이다. 학습자의 개념발달은 자신의 근접발달영역에서 다른 사람과의 상호작용을 통해서 이루어진다. 다른 사람과의 상호작용은 언어를 매개로 이루어지기 때문에 다양한 대상으로부터의 듣기와 말하기의 기회를 제공하는 것이 중요하다. 학습자 간의 협동적 상호작용의 환경에서는 학습자 스스로 다른 사람과의 대화를 통해 상호작용을 극대화할 수 있으며, 자신의 인지구조 재구성에 좀 더 적극적으로 참여할 수 있게 된다.

다섯째, 협동적 상호작용에 의한 교수-학습이다. 협동적 상호작용에 의한 교수-학습은 사회문화적 상호작용을 통해 학습자의 내부에서 일어나는 인지구조의 변화와 발달에 초점을 둔다. 능력과 발달수준 간의 차이가 현저한 혼합능력집단인 실제 교실에서는 근접발달영역이 비슷한 2명의 짝 간에 상호작용이 이루어질 수 있는 공동 활동 기회를 주는 것이 필요하다. 다른 사람과의 교육적 대화를 통한 협동적 상호작용은 모든 학생의 인지발달로 나타나기 때문에 혼합능력집단에서 효과적으로 일어날 수 있다. 하지만 보다 중요한 것은 교사가 이러한 활동 환경을 어떻게 구성하고 개별 학습자의 근접발달영역에 얼마나 역동적으로 기능하는가에 달려 있다.

이상과 같은 상보적 교수-학습이 학습자의 개념발달 과정에 직접적으로 관련된다 할지라도, 지리개념의 교수-학습과 학습자의 지리개념 발달 과정 간에는 교과 나름대로의 독특한 관계를 가지고 있다. 이는 학습자의 지리개념에 대한 인지구조 변화의 특성과 근접발달영역에 기초한 실증적 연구가 경험적으로 이루어질 때 좀 더 구체적으로 설명될 수 있다.

제3장 지리수업과 근접발달영역의 발달

1. 학습자의 인지구조와 개념발달

지리교육의 주요 내용은 지리개념이고, 이를 교수-학습한 결과로 나타나는 인지발달은 개념발달이다. 지리개념을 교수-학습하는 목적은 학습자의 개념발달이지만, 교수의 결과가 모든 학습자의 개념발달로 나타나는 것은 아니다. 교수의 결과가 학습된 결과와 일치하지 않는다는 것은 학습자의 학습이 교수자의 교수에 의한 것만은 아님을 의미한다. 이는 학습자 나름대로 학습 가능한 영역이 실재함을 의미하는 것이다.

일반적인 인지심리학의 관점에서 보면, 학습은 능동적인 인지과정이며 교수는 학습자의 능동적인 과정을 자극하는 활동이다. 이러한 과정은 상보적(相補的)으로 상호작용한다. 학습자는 더 이상 교수의 대상자가 아닌 학습 과정의 적극적인 참여자이지만, 학습에 특히 민감한 영역이 학습자에 따라 다르기 때문에 인지발달 정도는 개별적으로 나타난다. 이렇게 학습자에 따라 다른 민감 영역이 근접발달영역이며, 이는 교수-학습으로 창출되는 발달 영역이다. 이러한 인식은 교실이라는 사회문화적 환경에서 학습자의 발달을 극대화하기 위해서 무엇을 어떻게 교수하는 것이 효과적인가를 판단하는 바탕이 된다.

지리개념의 교수-학습이 모든 학습자의 개념발달을 도모하고 학습자 자신의 개별성을 만들어내도록 이끄는 과정이라고 할 때, 개념발달은 개별 학습자의 근접발달영역이 발달되는 과정이다. 지리개념에 대한 학습자 개별의 근접발달영역은 개념발달 과정은 물론 지리교육의 개인적 적합성의 문제를 설명해 주는 개념이다. 교수-학습이 학습자의 발달 과정에 직접적으로 관련된다 할지라도 각 교과 나름대로의 독자적인 관계를 가지고 있다. 지리개념의 교수-학습과 학습자의 지리개념 발달 간의 관계는 이에 대한 구체적인 연구가 누적될 때, 제대로 설명될 수 있을 것이다.

학습자의 지리개념 발달은 교과내용으로 제시된 지리개념의 지식구조를 학습자 자신의 인지구조로 새롭게 내면화하는 과정을 통해서 이루어진다. 따라서 학습자의 인지구조를 이해하기 위한 노력은 보다 효과적인 교수-학습을 이끌기 위한 바탕이 된다. 이에 본 장에서는 학습자가 자신의 인지구조를 재구성하는 데 있어 보다 적극적으로 참여할 수 있는 동료와의 협동적 상호작용을 통해서 지리개념의 발달, 즉 지리개념에 대한 인지구조를 어떻게 변화시키는지를 살펴보았다. 아울러 지리개념에 대한 학습자의 근접발달영역을 분석했으며, 이들 결과를 지리개념의 교수-학습이 학습자의 근접발달영역에 따라 상보적으로 이뤄져야 한다는 주장의 실증적 자료로 제시코자 한다.

2. 개념도 평가와 평정척도

1) 학습자의 인지구조와 개념도

지리교육이 단위 수업 시간을 통해 실현된다고 할 때, 매 단위 시간에 이루어지는 교수-학습에 대한 경험적이고 분석적인 이해가 필요하다. 이에 실제 교수-학습 과정에 따라 사례 연구를 진행하였으며, 학습자의 개념발달을 측정하는 도구로는 학습자가 작성한 개념도(concept map)를 이용하였다. 이것은 개념도가 학습자가 새롭게 획득한 개념들과 그 개념들의 재구성을 표상하는 인지구조의 양적, 질적 변화를 잘 보여줄 수 있는 평가 도구이기 때문이다.

학습자 내면의 인지구조는 직접적으로 나타날 수 없는 대리 현상이기 때문에 무엇인가의 표상일 수밖에 없다. 학습자가 구성한 개념도는 학습자가 학습의 주체로서 지리개념을 단순히 대상으로서만 인식하는 것이 아니라, 스스로의 인식이 의거하고 있는 논리를 명백히 하고, 역동적인 사회문화적 관계 속에서 자신의 인식을 재구성해 가는 과정을 개념과 그들의 관계망 구조로 나타내는 하나의 표상이다.

개념도를 자료로 학습자 개개인의 인지구조 변화를 탐색하기 위한 지리개념의 사례는, 중학교 사회 1의 대단원 '중부지방의 생활' 중에서 중단원 주제인 '수도권'에 대한 개념이다. 수도권 개념은 학습자의 수준별 탐구 활동을 중심으로 개정된 7차 교육과정의 대표적인 지리개념이다. 지리영역의 여타 개념들에 비해 비교적 하위 개념들이 위계적으로 제시되어 있고, 이러한 하위개념들을 설명해 주는 구체적인 사실들에 대한 학습자들의 경험 정도가 거의 비슷하였다. 그렇기에 수도권에 대한 교수-학습의 효과로 나타나는 학습자 개개인의 인지구조 변화를 파악하는 데 적합한 주제로 판단되어 연구 주제로 선정하였다. 사례 연구가 실제 교수-학습 과정에 따라 이루어졌다고 하는 것은, 연구 대상과 교수-학습 시간 그리고 장소 등을 인위적으로 구성하거나 사례 연구 과정에 영향을 줄 수 있는 변인들에 대한 통제가 없었음을 의미한다.

본 사례 연구를 위한 테스트는 2001년 3월 말부터 4월 말까지 약 1개월에 걸쳐 이루어졌다. 사례 연구 기간 동안 일반적인 개념도 작성 교육, 사전 개념도 1(이하 개념도 1) 작성, 협동적 상호작용에 의한 교수-학습, 사후 개념도 2(이하 개념도 2)의 작성이 이루어졌다. 사례 연구에 참여한 학생들은 충북 00군에 소재하고 있는 남녀공학 중학교 1학년으로, 학부모의 대부분이 농업이나 농업 관련 직종에 종사하는 평범한 사회경제적 배경을 가진 학생들이다. 학생들의 평균 나이는 만 12세이며, 분석 대상 자료는 총 38명(남학생 17명, 여학생 21명)이 작성한 개념도 1과 2이다. 개념도 분석 과정에서 특정한 개념에 대한 학생의 의미를 결정할 수 없을 때 그리고 왜 두 개념을 관련시켰는지를 파악할 수 없는 경우, 보조적으로 개별 면담을 실시하였다.

학생들이 작성한 개념도에 대한 평정 작업에는 연구자와 두 명의 교사가 참여하였다. 세 명의 평정자는 대학과 대학원에서 지리교육을 전공한 경력 5, 9, 15년의 교사들이며, 연구자는 협동적 상호작용을 통한 교수-학습의 교사로 참여하였다. 평정은 원칙적으로 세 사람의 평정자 중에서 두 사람 이상이 일치하는 것으로 하며, 평정자 간의 신뢰도는 단계적으로 확보하였고, 평정된 개념도는 다음을 평가하는 도구로 활용하였다.

첫째, 개념도 1은 사전 인지구조를, 개념도 2는 사후 인지구조를 나타내며, 협동적 상호작용에 따른 인지구조의 변화, 즉 개념발달의 정도를 평가하는 자료가 된다.

둘째, 개념도 1은 지리개념에 대한 실제적 발달 수준을, 개념도 2는 잠재적 발달 수준을 나타내는 지표로 수도권 개념에 대한 개별 학습자의 근접발달영역을 측정하는 자료가 된다.

이들 자료를 바탕으로 실제 교수-학습 과정에서 나타나는 학습자의 지리개념 발달과정과 그 특성을 분석하였다.

2) 개념도 평가와 평정척도

개념도는 최상위에 가장 포괄적이고 추상적인 개념이 위치하고, 하위로 갈수록 좀 더 구체적인 개념들이 위치하는 위계적 구조를 취하며, 동위 수준에서는 개념 간의 관계가 수평적으로 조직되는 등 개념들 간의 상호관계가 다양하게 조직되어 가는 과정을 나타낸다. 개념도는 역동적인 것으로, 주제가 변함에 따라 상위개념과 하위개념들의 관계가 변할 수 있다. 학습자의 이해력이 증가되고 새로운 지식이 습득되면 개념도는 달라지므로, 학습자 인지구조의 역동적인 변화 과정을 볼 수 있는 도구가 된다(Novak and Gowin, 1984, 15-16).

Novak(1984, 7)이 Ausubel의 유의미 학습을 실현하는 유용한 도구로 개념도를 처음 사용한 이래로 개념도에 대한 정의는 여러 가지로 이루어지고 있지만, 보통 학습자가 느끼는 방식대로 개념들 사이의 관계를 설정하고 만들도록 하는 구성기법의 한 종류라고 정의할 수 있다(Ghaye and Robinson, 1989, 119). 즉 주제를 중심으로 주요 개념들(nodes)을 위계화하고, 이들 개념들 간의 의미론적 관계를 명명된 선(labeled lines)으로 타당하게 연계(links)시킨 학습자 나름의 체계화된 인지구조를 나타내는 다이아그램이나 그림이라고 할 수 있다.

학습자가 작성한 개념도를 평가하는 인지구조의 수준은 Novak과 Gowin 등에 의해 개발된 점수체제를 통해서 정량적으로 평가되거나, Torney-Purta(1992)의 인지적 연속체 모형(The Continuum from Pre-Novice to Expert)을 바탕으로 정성적으로 평가되어 왔다.

Novak과 Gowin의 점수모형은 주로 과학 영역에서 일반적으로 이용되어 왔다. 그러나 최근에는 그들의 점수모형이 인위적이라는 비판이 제기되고 있다. 대부분의 점수모형은 개념도에 표현된 개념들의 수와 위계화 정도 그리고 이들 개념들 간의 연계의 타당도에 점수를 부여하여 평가한다. 개념도의 구성 요소가 복잡해지는 중·고등학교 수준 이상에서는 학생들의 수준 차이를 적절히 평가하는 데 부적절한 면이 있으며, 개인차를 평가하는 데 있어서 평정자 간에 일치를 보기 어렵다.

반면에 Torney-Purta의 인지적 연속체 모형은 실제로 중·고등학교 수준의 학생들을 대상으로 인지구조 수준을 진단하고 있다는 점에서 점수모형의 한계를 극복하고 있다. 특히 학습은 인지구조의 계속적인 변화라는 것과 관련해서 볼 때, 인지적 연속체 모형은 학습자의 사전, 사후 인지구조의 변화 과정을 연속선상에서 파악하게 해 준다는 점에서도 의미가 있다(허인숙, 2000, 51-53). 인지적 연속체 모형이란, 사람들의 인지발달은 pre-novice→novice→ post-novice→pre-expert→true-expert로 인지적 재구성이 지속되는 연속체에 있다고 가정하고, 개념도에 나타난 인지구조의 수준을 진단하여 인지구조를 평가한다(Torny-Purta, 1992, 15-17).

이러한 연속체 모형 역시 좀 더 복잡한 인지구조의 형태, 담론에 대한 좀 더 정교한 이해 그리고 좀 더 복잡한 문제해결전략을 상대적으로 단순화시킨다는 방법론적인 단점이 있다. 하지만 젊은이들의 사회문화적 세계에 대한 정보 획득은 대부분 성인과의 말 혹은 글을 통한 담론(개인적으로 이뤄지는 담론, 텍스트 혹은 신문이나 TV 등을 통해서 이뤄지는 담론 등)을 통해서 이루어지며, 그 발달과정이 매우 복잡하고, 결과로 나타나는 인지구조의 표상 역시 매우 복합적이고 복잡하다. 이러한 인지발달 과정과 결과는 성인과의 말 혹은 글, 즉 언어를 매개로 한 담론을 무시한 채 단지 물리적 세계에 대한 행동의 결과를 관찰하여 구축된 Piaget의 인지발달단계와는 다른 설명 모델이 필요하다는 인식에서 연구 개발된 것이다(Torney-Purta, 1992).

더불어 사회과와 관련된 주제들의 연구 결과로 나타난 학습자들의 인지 표상의 복잡성(complex cognitive representation)을 4가지 특성으로 정리하여, 역사, 지리 등의 사회과 관련 영역의 수행평가가 실제적인 평가(authentic assessment)를 위한 출발점이 될 수 있는 지표로 제시하고 있다(Torney-Purta, 1990).

3) 수도권 개념의 평정척도

위와 같은 논의를 바탕으로 본 연구에서는 수도권 개념에 대한 학습자 개개인의 인지구조 변화를 평가하는 평정척도로서 Torney-Purta가 제시한 인지적 연속체 모형을 활용하였으며, 그 구성 과정은 다음과 같다(표 3-1 참조). 그리고 개별적으로 인지구조의 수준에서 차이가 있는 학생들의 수도권 개념에 대한 교수-학습의 결과로 인지구조의 변화는 각기 다르게 나타날 것이라고 보고, 이들을 평가할 평가요소와 평가준거를 구성하였다.

먼저 수도권 개념도에 대한 평가요소로 개념도 1, 2의 구성요소를 크게 세 범주로 구분하였다. 즉 수도권에 대해 표상한 개념의 수, 수도권에 대해 정확하게 표현된 개념의 수와 타당한 link의 수 그리고 수도권이라는 상위주제개념을 설명하는 5개 범주의 기본요소개념(중심도시 서울, 위성도시, 주변 농촌지역, 최대의 공업지역, 지역문제)을 얼마나 포괄적으로 표현하는가를 평가하였으며, 이를 바탕으로 다음과 같이 평가 준거를 구성했다.

첫째, 수도권에 대한 개념의 수는 수도권이라는 상위주제개념을 설명하는 기본요소개념과 하위요소개념 그리고 구체적인 사실들에 대해 표현하는 정도, 즉 개념도에 표현된 총 개념의 수(node의 수)로 평가한다.

둘째, 수도권에 대해 정확하게 표현된 개념의 수의 정도는 수도권에 대한 개념 간의 관계를 구분하는 정도와 유의미하게 연계 짓는 정도, 즉 개념도에 표현된 개념들 간의 관계를 얼마나 타당하게 연계 짓고 있는가(타당한 link의 수)로 평가한다.

셋째, 수도권이라는 상위주제개념을 얼마나 포괄적으로 표현하는가의 정도는 기본요소개념의 5개 범주를 얼마나 다양하게 나타내는가를 평가한다.

이와 같은 평가 준거로 수도권 개념에 대한 학습자 각각의 인지구조 수준을 질적으로 평가하기 위해서, 수도권 개념에 대한 인지구조의 수준과 각 수준을 평정할 구체적인 평정척도를 구성하였다. 구체적인 평정척도를 구성하기 위해 학습자들이 구성한 개념도 1과 2를 검토한 결과, pre-novice, novice, post-novice의 수준만 나타났고, pre-expert와 true-expert의 수준에 해당하는 인지구조를 나타내는 학생은 없었다.

인지적 연속체 모형을 그대로 적용할 경우, 기존의 학교에서 학습자들의 수준을 상, 중, 하(혹은 심화, 기본, 보충)의 3개 수준으로 집단을 구성하는 정량적인 구분과 다를 바가 없게 되며, 학습자 각각의 인지구조 변화에 대한 질적인 평가가 이루어질 수 없다. 기존의 학교에서 학습자들의 수준을 상, 중, 하의 3개 수준으로 구분하는 것은 학습자들의 학습을 고려한 '학습집단(learning group)'의 구성이 아니라, 교사의 교수 혹은 강의식 수업의 편의를 위하여 '학급집단(classroom group)'으로 나누는 경우가 대부분이었다. 학생의 능력 수준을 고려한 교사의 교수가 이루어지기 위해서는 개별 학습자의 내면적인 인지구조, 즉 질적인 수준에 근거한 '학습집단'이 구성되어야 하며, 이에 대한 교사의 이해가 교수-학습의 출발점이 되어야 한다.

이에 pre-novice, novice, post-novice의 3개 수준 내에서 나타나는 유의미한 차이를 바탕으로 각각의 수준을 low와 high로 세분하여 표 3-1과 같이 8개의 연속되는 인지수준으로 구체적인 평정척도를 구성하였다.

인지적 연속체 모형에 의거하여 수도권에 대한 평정척도를 구체화했지만, 정성적 평가의 척도이기 때문에 각 수준 간을 구분하는 정도가 상대적이다. 사례 연구에서는 좀 더 객관적인 구분을 위해서, 개념도 1과 2에서 측정된 개념의 수와 연계된 개념의 수의 분포를 나타내는 그래프(그림 3-5

표 3-1. 수도권 개념에 대한 인지구조 수준과 평정척도

수준		평정척도
pre-novice (초보자 입문)	low	수도권과 관련된 지리적인 개념을 전혀 표현하지 못하거나 거의 보여 주지 못하는 경우. 예를 들어 수도권에 대해 일상적인 개념을 1~2개 정도로 나타내는 경우이다.
pre-novice (초보자 입문)	high	수도권과 관련된 지리적인 개념을 거의 표현하지 못하는 경우. 예를 들어 수도권에 대한 개념을 일상적인 몇몇 개념으로 표상하고, 지리적인 개념은 1~2개 정도로 표현하거나, 전혀 표현하지 못하는 경우이다.
novice (초보자)	low	수도권과 관련된 지리적인 개념들을 약간 표현하지만, 연계 짓지 못하는 경우이다. 예를 들어 어느 한 범주에 대해서 지리적 개념과 일상적 개념으로 표현하지만, 각 개념들 간의 관계를 잘 구분하지 못하고, 연계 짓지도 못하는 정도이다.
novice (초보자)	high	수도권과 관련된 지리적 개념들을 어느 정도 표현하고 연계 짓는 경우이다. 예를 들어 1~2 범주에 대해서 지리적 개념과 일상적 개념을 어느 정도 표현하고, 각 개념들 간의 위계관계나 인과관계를 구분하며, 어느 정도는 유의미하게 연계 짓는 경우이다.
post-novice (능숙한 초보자)	low	수도권과 관련된 지리적 개념들을 좀 더 풍부하게 표현하고 유의미하게 연계 짓는 정도이다. 예를 들어 2~3개 범주에 대해서 지리적 개념을 좀 더 풍부하게 표현하고, 각 개념들 간의 위계관계나 인과관계를 구분하며, 그들 간의 관계를 거의 유의미하게 연계 짓는 경우이다.
post-novice (능숙한 초보자)	high	수도권과 관련된 개념들을 지리적 개념을 중심으로 좀 더 풍부하게 표현하고 유의미하게 연계 짓는 정도이다. 예를 들어 3~4개 범주에 대해서 지리적 개념을 중심으로 표현하고, 각 개념들 간의 위계관계를 구분하며, 그들 간의 관계를 거의 연계 짓는 경우이다.
pre-expert (전문가 입문)		post-novice 수준보다 수도권에 대한 개념을 더 많이 보여 주면서도 정확할 뿐만 아니라, 각 개념 간의 관계를 더 잘 구분하고, 또 유의미하게 연계 짓는 경우이며, 모든 범주에 대해서 표상한다.
true-expert (진정한 전문가)		pre-expert에 비해서 개념들 간의 관계가 복잡하지만 정확하게 구분하여 유의미하게 연계 짓고 있는 수준으로, 수도권에 대해 모든 범주에서 복잡하고 정확한 인지구조를 나타낼 뿐만 아니라 관련 학문 분야의 개념까지 연계 짓는 경우이다.

와 6의 누적 그래프)에서 이들의 분포가 불연속성을 보이는 단절점(break point)을 기준으로 구분하였다. 또한 인지구조 수준이 가장 높은 학습자가 표현한 개념의 수는 26개 정도였고, 22개 정도를 연계했다. 전문가 수준인 평정자 3인이 수도권에 대한 개념도를 그려 본 결과, 표현한 개념의 수는 67~70개였고, 이들 개념을 연계 짓는 수는 70~76개(횡적 연계 포함)로 나타났기 때문에 pre-expert 수준 이상에 해당하는 경우는 없다고 판단하였다.

3. 중학생들의 개념발달 측정

1) 사전 인지구조의 측정

학습자의 교과 영역에 대한 경험이나 학습에 의해 늘어난 지식의 차이, 즉 사전지식(prior knowledge)의 차이에 따라 학습의 효과도 다르게 나타난다. 학습자 수준에 따른 이들 차이는 지식의 양적 차이에 있기보다는 이들 지식이 어떻게 구조화되어 있는가에 달려 있다. 학습자들의 수도권에 대한 사전 인지구조가 얼마나 밀도 있게 구성되어 있고, 또 얼마나 타당하게 체계화되어 있느냐에 따라 인지구조 변화는 다르게 나타날 것이다.

결국 학습자의 사전 인지구조는 질적, 양적으로 그리고 적극적으로 학습에 관여하게 되므로, 이에 대한 평가는 교수-학습이 학습자 수준에 따라 어디서 어떻게 이루어져야 하는가를 판단하는 지표가 된다. 학습자가 가지고 있는 수도권에 대한 사전 인지구조를 잘 표현할 수 있도록 개념도의 의미를 설명하고 작성 방법을 연습시켰다.

지리교과에서 개념도의 활용을 이론적, 경험적으로 연구한 Leat와 Chandler(1996, 108)는 지리교과가 다양한 요소들의 상호작용을 통해서 잘 이해될 수 있는 주제들을 다루고 있으며, 이러한 주제들이 명백하게 위계적이지 않기 때문에 지리수업에서는 인과관계적 개념도가 적합하다고 제안한다. 수도권을 설명하는 개념들을 지식구조로 체계화한 결과 역시, 이들 개념들의 관계가 모두 위계적이지 않았기 때문에 인과관계적 설명에 적합한 중핵형 개념도를 기본 유형으로 채택하였다.

인과관계의 설명에 적합한 중핵형 개념도는 개념들 간의 의미론적 관계를 표현하는 연계에 따라 위계적 개념도, 범주적 개념도, 인과적 개념도로 구분할 수 있으며, 위계적인 관계를 바탕으로 범주적인 형태가 혼합되기도 하고, 인지구조의 수준이 높아질수록 인과적 관계를 설명하는 횡적 연계(cross link)가 나타나 개념도 구조가 복잡해진다.

개념도 1을 작성하기 전에 2회에 걸쳐 개념도 작성 방법을 연습하였으며, 대부분의 학생들이 중핵형 개념도를 이해하고 있고, 그릴 수 있는 능력을 가졌다고 판단되어 본 연구 실험을 진행하였다. 학생들은 개별적으로 수도권에 대해 사전에 알고 있었던 지식을 30여분 동안 개념도 1로 작성하였다. 개념도 1은 학습자 개개인의 사전 인지구조로, 이 사전 인지구조의 수준에 따라 동료와의 협동적 상호작용을 통한 수도권 개념에 대한 발달, 즉 사후 인지구조가 어떻게 변화되었는가를 분석하는 자료가 된다.

또한 개념도 1은 수도권 개념에 대한 실제적 개념발달수준으로서 학습자의 근접발달영역을 측정하는 자료가 되며, 동료와의 협동적 상호작용을 위한 조를 구성하는 근거이자 수준별 학습자료를 구성하는 자료가 된다. 개념도 1을 평정한 결과, 학습자들의 사전 인지구조의 수준은 pre-novice low 수준이 38명 중 29명(76.32%), pre-novice high 수준이 6명(15.79%) 그리고 novice low 수준이 3명(7.89%)으로 나타났다. 이를 통해서 수도권 개념에 대한 학습자들의 사전 인지구조가 대부분 가장 낮은 수준인 pre-novice low 수준에 해당함을 알 수 있다(표 3-3).

2) 협동적 상호작용 중심의 교수-학습

먼저 수도권을 상위주제개념으로 교수할 개념들을 표 3-2와 같이 체계화하였다. 교수할 개념들의 체계화는 교과 내용의 지식구조를 나타낸다. 만약 교사가 교수할 개념들을 체계화된 지식구조로 교수하지 않을 경우, 이에 대한 학습자의 인지구조 재구성은 보다 활발하게 이루어질 수 없다. 따라서 교수할 개념들의 체계화는 학습자의 개념발달, 즉 체계화된 인지구조로 내면화되기 위해서 반드시 전제되어야 한다. 이를 위해서 교수할 지리개념들을 다른 개념들과의 위계와 맥락상의 의미관계에 따라 상위주제개념-기본요소개념-하위요소개념-구체적 사실로 위계화하였다.

교사의 학습 내용에 대한 전반적인 설명을 들은 학생들은 학습지와 교과서 및 사회과부도를 교재로 3차시에 걸쳐 동료와의 협동적 상호작용을 통한 교수-학습을 실시하였다. 학습자들의 사전 인지구조가 대부분 pre-novice low 수준으로 낮게 나타났기 때문에 학습지는 개념들의 위계 관계와 인과관계를 바탕으로 재구성하였다.

교수-학습이 진행되는 과정에서 학습자 간의 대화를 위한 자리 이동과 소음은 필요한 혼잡으로 인정되었고, 교사와의 상보적 활동은 개별적인 질문과 조언 그리고 참여 조언으로 이루어졌다. 동료 간의 협동적 상호작용으로 인한 인지발달은 서로의 근접발달영역에서 각자의 관점을 이해할 수 있는 2명의 짝으로 구성된 학습자 사이에서 더욱 활발하게 이루어질 수 있다. 이를 위해 개념도 1에서 나타난 사전 인지구조와 그 밖의 자료를 참고하여 모둠과 분단을 편성하였으며, 분단 내 조별 자리 배치 및 분단 간 배치도 또한 근접발달영역에 상응하도록 구성하였다.

먼저 1차시에는 상위주제개념 수도권에 대한 기본요소개념인 중심도시로서의 서울과 위성 도시

표 3-2. 수도권 개념의 체계화

대단원	중단원	소단원(학습목표)	기본요소개념	하위요소개념	구체적 사실
Ⅱ. 중부지방의 생활	2. 인구와 산업이 집중된 수도권	1) 수도권의 빠른 성장 (서울의 도시구조와 그 기능)	서울 (중심도시)	도심 (중심업무지구)	사대문 안 고층빌딩
				부도심 (도심기능 분담지)	신촌, 영동, 잠실, 미아리, 청량리, 영등포 등
				외곽지역	주택가, 공장지대
		(위성도시의 분포와 그 기능)	위성도시 (기능분담도시)	인구	성남(신도시)
				공업	안산
				행정	과천
				군사	의정부
		(수도권 주변의 토지이용 변화)	주변 농촌	상업적 농업지역	벼농사, 근교농업
				그린벨트	개발제한구역
		2) 우리나라 최대의 공업지역 (수도권 공업의 발달 과정)	최대의 공업지역 (공업발달조건) *공업입지조건	노동력 풍부	경공업발달
				교통(기술, 자본)	중화학공업발달
				기술, 자본	첨단산업발달
		3) 수도권의 문제점과 대책 (수도권의 인구와 기능 집중에 따른 문제점과 대책)	지역문제	도시문제	주택문제
					교통문제
					시설부족문제
				환경문제	대기오염
					수질오염
					쓰레기문제

그리고 주변 농촌 지역을 설명하는 하위요소개념과 구체적 사실들을 위계적으로 체계화한 학습지로 교수-학습하였다. 이러한 개념들은 서울과 주변의 위성도시 및 농촌 지역의 발달 과정과 그 주요 기능을 통해서 수도권의 발달 과정을 체계적으로 이해하기 위한 것이다.

2차시에는 상위주제개념 수도권을 기본요소개념인 우리나라 최대의 공업 지역을 설명하는 하위요소개념과 구체적 사실들 간의 관계를 위계적으로 체계화한 학습지로 교수-학습하였다. 이는 수도권이 우리나라 최대의 공업 지역으로 발달하게 된 과정과 공업 입지 조건을 체계적으로 이해하기 위한 것이다.

3차시에는 상위주제개념인 수도권으로의 지나친 집중에 따른 지역 문제를 기본요소개념 지역문제로 설명하는 하위요소개념과 구체적 사실의 관계를 인과관계를 중심으로 체계화한 학습지로 교수-학습하였다. 이는 수도권에서 발생하는 지역 문제는 어떤 것이며, 그 해결책은 무엇인가를 알아보기 위한 것이다.

3) 사후 인지구조의 측정

수도권에 대한 3차시의 교수-학습을 마친 1주일 후 개념도 2를 작성했다. 개념도 2를 평정한 결과, 학습자들의 사후 인지구조 수준은 전체 38명 중 pre-novice low가 4명(10.53%), pre-novice high가 9명(23.68%)이고, novice low가 8명(21.05%), novice high가 13명(34.21%)이며, post-novice low가 2명(5.26%), post-novice high가 2명(5.26%)인 것으로 나타났다. 전문가 수준에 해당하는 pre-expert와 true-expert의 수준에 해당하는 경우는 나타나지 않았다(표 3-3).

표 3-3. 개념도 1과 2에 대한 인지구조 수준

인지구조 수준		개념도 1(%)	개념도 2(%)
pre-novice	low	29(76.32)	4(10.53)
	high	6(15.79)	9(23.68)
novice	low	3(7.89)	8(21.05)
	high	–	13(34.21)
post-novice	low	–	2(5.26)
	high	–	2(5.26)
pre-expert		–	–
true-expert		–	–
계(%)		38(100)	38(100)

개념도 1과 개념도 2의 분석을 통해서 동료와의 협동적 상호작용 중심의 교수-학습 후, 인지구조의 변화가 일어난 경우는 89.47%(34명)이었고, 변화가 일어나지 않은 경우는 10.53%(4명)으로 나타났다. 따라서 학습자 대부분이 동료와의 협동적 상호작용 중심의 교수-학습을 통해서 수도권에 대한 개념을 발달시킨 것으로 나타났다.

인지구조의 변화 정도를 전체적으로 살펴보면, pre-novice low 수준에서 그대로 머문 4명을 제외한 나머지 모두는 인지구조 수준이 향상되었으며, 퇴보된 경우는 없었다. 즉 사전 인지구조의 수준은 pre-novice low, pre-novice high 그리고 novice low의 3개 수준으로 나타났지만, 사후 인지구조의 수준은 pre-novice low와 pre-novice high, novice low와 novice high 그리고 post-novice low와 post-novice high의 6개 수준으로 향상되고 다양화되었다(표 3-3과 4).

4. 근접발달영역과 개념발달 특성

수도권 개념에 대한 학습자들의 근접발달영역은 38개의 유형이라고 할 수 있을 만큼 각기 다른 인지구조를 가지고 있었다. 이렇게 학습자에 따라 각기 다른 사전 인지구조를 실제적 개념발달로, 사후 인지구조를 잠재적 개념발달 수준으로 유형화한 결과, 9개 유형의 근접발달영역이 나타났다. 이하 각 유형을 A, A1, A2, A3, B1, B2, B3, C1, C2 유형으로 기술한다(표 3-4). 이들 근접발달영역 유형별 인지구조 변화에 따른 개념발달의 양적, 질적 특성을 살펴보면 다음과 같다.

표 3-4. 근접발달영역과 그 유형

구분	실제적 개념발달 수준 (학생 수, %)	⇒	잠재적 개념발달 수준 (학생 수, %)
A	pre-novice low (29명, 76.32)	⇒	pre-novice low (4명, 10.53)
A1			pre-novice high (9명, 23.68)
A2			novice low (6명, 15.79)
A3			novice high (10명, 26.32)
B1	pre-novice high (6명, 15.79)	⇒	novice low (2명, 5.26)
B2			novice high (3명, 7.89)
B3			post-novice low (1명, 2.63)
C1	novice low (3명, 7.89)	⇒	post-novice low (1명, 2.63)
C2			post-novice high (2명, 5.26)
계	38명(100)		38명(100)

1) 개념발달의 양적 특성

먼저 학습자의 근접발달영역은 그 역동적인 발달 정도가 중요하기 때문에 일정한 급간을 가진 영역으로 도식화하면 그림 3-1과 같다.

그림 3-1에서 보는 바와 같이 근접발달영역의 양적인 변화는 유형별로 각기 다르게 나타났다. 일반적으로 사전 인지구조의 수준(실제적 개념발달 수준)이 높을수록 사후 인지구조의 수준(잠재적 개념발달 수준)도 높게 나타나는 것으로 본다. 본 사례 연구에서도 전체적으로, 사전 인지구조의 수준이 가장 낮은 A, A1, A2, A3 경우보다는 B1, B2, B3의 경우에 사후 인지구조의 수준이 높게 나타났고, B1, B2, B3의 경우보다는 C1, C2의 경우가 더 높게 나타났다.

그러나 유형별 양적 변화의 특성을 좀 더 자세히 살펴보면, 개념발달 정도가 반드시 사전 인지구조 수준에 따른 것이 아님을 알 수 있다. A, A1, A2, A3의 유형은 모두 사전 인지구조가 pre-novice low의 수준으로 같았지만, 사후 인지구조의 수준은 각기 다르게 나타났기 때문이다. 마찬가지로 B1, B2, B3의 유형은 pre-novice high의 수준, C1, C2의 유형은 novice low의 수준으로 각각 사

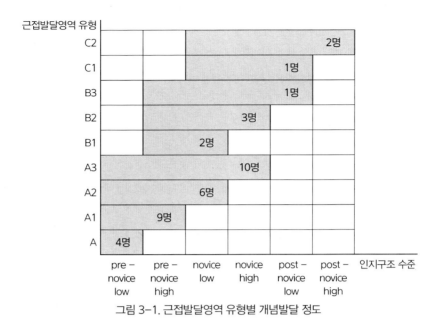

그림 3-1. 근접발달영역 유형별 개념발달 정도

전 인지구조 수준이 같았지만, 사후 인지구조는 각기 다르게 나타났다.

사전 인지구조의 수준이 높다고 해서 사후 인지구조의 수준이 높게 나타나는 것도 아니다. A3 유형은 B2나 B3 유형보다 사전 인지구조의 수준이 낮지만 사후 인지구조의 수준은 높거나 같은 것으로 나타났다. B3 유형의 경우도 C1 유형의 경우보다 낮았지만 사후 인지구조는 같은 수준으로 나타났다.

이를 통해 학습자의 사전 인지구조 수준이 낮다고 해서 사후 인지구조의 발달 수준도 상대적으로 낮게 나타나는 것은 아님을 알 수 있다. 이는 학습자의 근접발달영역이 얼마나 역동적인지를 나타내는 것으로, 개념발달에서 실제적 개념발달 수준보다는 교수-학습을 통해서 얼마나 자신의 인지구조를 적극적으로 내면화하느냐에 따라 잠재적 개념발달 수준이 달라진다는 것을 의미한다.

2) 개념발달의 질적 특성

근접발달영역 유형별 인지구조 변화를 통한 개념발달의 질적 특성을 살펴보면 다음과 같다. 먼저 A 유형의 경우는 인지구조 수준이 변화하지 않은 경우였다. 즉 나름대로의 인지구조가 형성되어 있지 않아 수도권에 대한 지리적 개념을 거의 표현하지 못하는 수준이었지만, 사후 인지구조에서는 일상적인 개념들 속에서 서울, 산업단지 등 지리적 개념 1~2개 정도를 표현하는 질적인 변화가 미미하게 이루어졌다.

A1 유형의 사전 인지구조는 수도권을 서울에 대한 일상적인 개념으로 표현했지만, 사후 인지구조에서는 어느 한 범주에 대한 지리적 개념과 일상적 개념이 혼재되어 나타났다.

A2 유형의 사전 인지구조는 일상적인 개념으로 이루어진 나름대로의 인지구조로 수도권을 표상한다. 사후 인지구조에서는 지역문제와 중심도시 서울 등의 1~2 범주에 대해서 구체적인 사실들로 표현했다. 하지만 개념들 간의 관계를 유의미하게 연계 짓지 못하며, 하위요소개념과 기본요소개념을 나타내지 못했다.

A3 유형 역시 사전 인지구조에서는 수도권을 서울의 일상적인 개념으로 표현하지만, 사후 인지구조에서는 도심, 부도심, 도시문제, 환경문제 등의 하위요소개념과 위성도시, 서울 등의 기본요소개념으로 수도권을 표상한다. 그러나 이들 하위요소개념과 기본요소개념들 간의 관계를 위계적으로 잘 구분해서 연계 짓지는 못했으며, 서울과 위성도시 그리고 지역문제의 3개 범주를 표현했다(그림 3-2).

이처럼 A, A1, A2, A3 유형은 사전 인지구조가 모두 pre-novice low의 수준으로 같았지만, 나름대로의 사전 인지구조가 형성되어 있는지 그리고 어떻게 형성되어 있는지에 따라서 사후 인지구조 수준은 다르게 나타났다.

B1 유형의 사전 인지구조는 수도권을 도시라는 일상적인 개념으로 단순하게 표현한다. 사후 인지구조에서도 수도권이라는 상위주제개념에 대해 도시라는 기본요소개념으로 표현하고 있어, 사

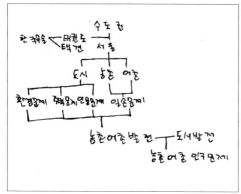
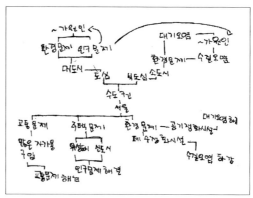

그림 3-2. A3 유형의 사전, 사후 인지구조

전 인지구조의 재구성이 이루어지지 않았음을 보여 준다. 다만 사전 인지구조 내에서 표현된 개념의 수적 증가와 그들 간의 연계 정도가 증가했다.

B2 유형의 사전 인지구조는 수도권을 도시와 환경에 대한 일상적인 개념으로 표현하며, 표현된 개념들 간의 관계가 체계화되지 못한 경우였다. 사후 인지구조에서는 중심지, 위성도시, 서울 등에 대한 지리적인 개념으로 표현한다. 즉 도심, 부도심, 도시문제, 환경문제 등의 하위요소개념과 위성도시, 서울 등의 기본요소개념으로 수도권을 표상했지만, 이들 간의 관계를 위계적으로 잘 구분해서 연계 짓지는 못했다.

B3 유형은 사전 인지구조가 어느 한 범주에 대해서 일상적인 개념으로 표현하지만, 표현된 개념들 간의 관계는 비교적 잘 구분해서 연계 짓는 경우였다. 사후 인지구조는 4개 범주에 대해서 지리적 개념으로 표현하기 시작하고 하위요소개념과 기본요소개념들 간의 관계를 위계적으로 잘 구분해서 연계 짓지만, 기본요소개념들을 분명하게 잘 나타내지 못하고 그들 간의 관계를 잘 구분하지 못한다. 표상 범주는 확대되었지만, 전체적으로 단순한 구조로 나타난다(그림 3-3). 이들 B1, B2, B3 유형의 경우도 사전 인지구조가 모두 pre-novice high의 수준으로 같았지만, 사전 인지구조가 교수-학습을 통해 재구성되었는가의 여부 그리고 표현한 개념들을 얼마나 잘 구분해서 연계 짓는가의 질적인 정도에 따라 사후 인지구조의 수준은 다르게 나타났다.

C1 유형의 경우, 사전 인지구조가 일상적 개념에 비해 지리적 개념이 조금 더 나타나지만, 지리적 개념들 간의 관계가 체계화되지 못한 경우였다. 이 경우는 사전 인지구조가 상대적으로 높은 수

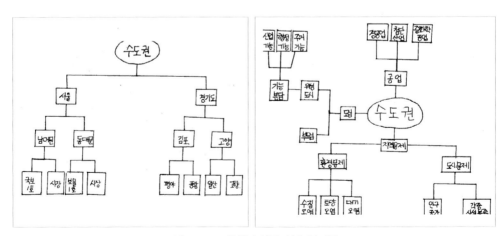

그림 3-3. B3 유형의 사전, 사후 인지구조

준이었음에도 불구하고 사후 인지구조는 post-novice low의 수준으로, 사전 인지구조 수준이 같았던 C2 유형보다 상대적으로 낮게 나타났다. 사후 인지구조는 4개 범주에 대해서 지리적 개념으로 표현하기 시작하고, 하위요소개념과 기본요소개념들 간의 관계를 위계적으로 잘 구분해서 연계짓고 있으나, 기본요소개념들을 분명하게 표현하지 못하며 그들 간의 관계를 잘 구분하지 못한다. 전체적으로 표현 범주는 확대되었지만 단순한 구조로 표현한다.

C2 유형은 사전 인지구조가 C1 유형과 같은 경우였지만, C1 유형에 비해 표현된 지리적 개념들 간의 관계가 체계화된 경우였다. 이 경우는 사후 인지구조가 더 높게 발달했다. 즉 post-novice low 수준에 비해서 좀 더 많은 개념을 표현하고, 표현한 개념들을 잘 연계 짓는다. 그러나 기본요소개념들을 분명하게 표현하지 못하고, 그들 간의 관계도 잘 구분하지 못한다. 4개 범주에 대해서 표현하지만, 범주 간의 인과관계를 나타내는 횡적 연계가 이루어지지 않는 구조로 expert 수준에 비해 단순한 구조를 나타낸다(그림 3-4).

C1, C2 유형의 경우도 사전 인지구조가 novice low 수준으로 같았지만, 사전 인지구조가 지리적 개념들 사이의 관계를 얼마나 체계적으로 표현하는가에 따라 사후 인지구조의 수준은 다르게 나타났다.

전체적으로 사전 인지구조가 일상적 개념보다는 지리적 개념을 얼마나 더 많이 그리고 더 체계적으로 표상하는가의 질적 차이에 따라 개념발달 정도는 다르게 나타났다. 또한 인지구조 수준이 높아질수록 일상적인 개념에서 벗어나 지리적 개념으로 표현하게 되며, 지리적 개념의 표현은 구체적인 사실들에서 하위요소개념 그리고 기본요소개념의 위계적인 순서로 상향 발달하였다. 개념발달 수준이 가장 높은 경우에도 전체 5개 범주의 기본요소개념들을 분명하게 표현하지 못하고 그

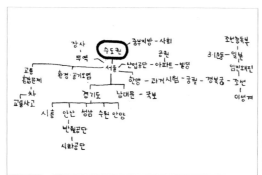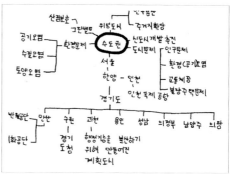

그림 3-4. C2 유형의 사전, 사후 인지구조

제1부 지리심리학과 지리수업

들 간의 관계도 잘 구분하지 못하였다.

이것은 지리개념의 교수와 학습이 상보적으로 이루어지는데, 학습자에게 가장 어려운 개념이 기본요소개념이라는 것을 의미한다. 교사의 교수는 상위주제개념(지리적 개념)에서 하향하고, 학습자의 학습은 구체적인 사실들(일상적 개념)에서 상향하는 이중적 전개 과정이 상보적으로 상호작용할 때, 학습자의 개념발달은 보다 효과적으로 이루어지게 된다. 수도권 개념을 교수-학습하는 과정에서, 상보적인 상호작용이 제대로 이루어지지 않은 부분이 기본요소개념이라는 것을 시사한다. 물론 상대적으로 수준이 낮은 학습자는 이보다 더 낮은 위계 수준에 있는 개념에서 어려움을 겪는 것으로 나타났다.

이와 같은 개념발달의 양적, 질적 변화 과정을 표현한 개념 수(node의 수)의 증가와 표현한 개념을 타당하게 연계 짓는 수(link의 수)의 증가를 그래프로 나타내면 그림 3-5, 3-6과 같다. 그래프에서 node의 수는 수도권에 대해 표현한 개념의 수를 나타내는 것이고, link의 수는 표현한 개념들을 타당하게 연계 짓고 있는 수이다.

예를 들어 그림 3-5에서 node의 수 0과 link의 수 0이 일치하는 곳에 위치하고 있는 ⑤는 수도권에 대한 지리적 개념을 전혀 표상하지 못하고 연계 짓지도 못한 학생이 전체 38명 중 5명임을 나타낸다. 사전 인지구조(실제적 개념발달 수준)를 나타내는 그림 3-5에서 수도권에 대한 개념을 가장 많이 표현한 경우는 12개(1명)이지만, 표현한 개념을 의미 있게 연계 지은 수는 7개 정도이다. 대부분의 학생들이 2개 정도의 개념을 표현하고 연계 짓는다는 것을 알 수 있다.

사후 인지구조(잠재적 개념발달 수준)를 나타내는 그림 3-6에서 수도권에 대한 개념을 가장 많이 표현한 경우는 26개(1명)이지만, 표현한 개념을 의미 있게 연계 지은 수는 22개 정도이다. 대부분의 학생들이 3개 이상의 개념을 표상하고 연계 짓는 수준에서 16개 정도를 표현하고, 15개 정도를 연계 짓는 연속선상에 분포하고 있음을 알 수 있다.

A면으로 갈수록 표현한 개념을 잘 연계 짓지 못하는 경우이고, B면으로 갈수록 표현한 개념을 잘 연계 지을 뿐만 아니라 횡적인 연계도 이루어지며 인지구조가 좀 더 복잡해지는 경우이다. 그러나 본 연구에서 후자의 경우는 나타나지 않았다. 그림 3-5와 6을 통해서 학습자들의 수도권에 대한 개념발달 과정이 개념들의 양적인 증가를 바탕으로 한 질적 변화의 과정으로 이루어졌음을 알 수 있다.

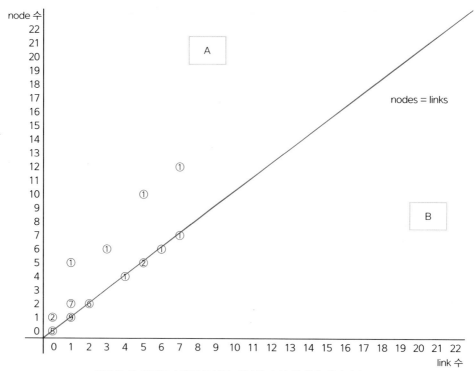

그림 3-5. 개념도 1에서 표상된 개념의 수와 연계된 개념의 수

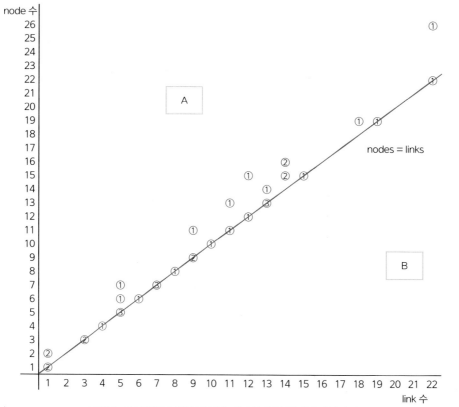

그림 3-6. 개념도 2에서 표상된 개념의 수와 연계된 개념의 수

5. 정리

학습은 교수의 결과나 대상이 아닌 학습자의 능동적인 과정이다. 지리 교육의 주요 내용은 지리 개념이고, 이를 교수-학습한 결과는 학습자의 개념발달이다. 지리개념의 교수-학습이 보다 효과적인 과정이 되기 위해서는 학습에 대한 경험적이고 분석적인 이해가 전제되어야 한다.

이에 본 장에서는 학습자가 자신의 인지구조를 재구성하는 데 보다 적극적으로 참여할 수 있는 동료와의 협동적 상호작용을 통한 교수-학습하에서 지리개념이 어떻게 발달하는지를 연구하였다. 실제 연구는 중학생의 수도권 개념에 대한 사례 연구로, 학습자의 인지구조 변화를 통한 개념발달 과정과 근접발달영역 유형별 개념발달 특성을 분석한 결과를 정리하면 다음과 같다.

첫째, 수도권 개념에 대한 학습자의 사전 인지구조는 3개 수준으로 나타났고, 대부분 가장 낮은 pre-novice low 수준에 해당하는 인지구조를 가지고 있었다. 동료와의 협동적 상호작용을 통한 교수-학습 후 학습자들의 사후 인지구조 수준은 6개 수준으로 향상되고 다양화되었다. 학습자 대부분의 인지구조가 상향 발달했고 퇴보된 경우는 없었으며, 양적인 변화가 일어나지 않은 경우에도 유의미한 질적 변화가 이루어지는 과정으로 학습자의 지리개념은 발달했다. 이렇게 학습자들의 인지구조 변화가 더 나은 수준으로 변화했지만, pre-expert의 수준 이상으로는 향상되지 못했다. 이는 여러 가지 관점에서 논의될 수 있으나, 학습자들의 지리개념 발달에 상대적인 한계가 있음을 나타낸다.

둘째, 학습자의 수도권 개념에 대한 근접발달영역은 각기 다르게 개별적이었지만, 구체적인 평정척도에 의거하여 측정한 결과 다양한 수준의 9개 유형으로 나타났다. 근접발달영역 유형별 개념발달 특성은 실제적 개념발달 수준이 같은 경우에도 사전 인지구조가 일상적 개념보다는 지리적 개념을 얼마나 더 많이 그리고 더 체계적으로 표상하는가의 질적 차이에 따라 잠재적 개념발달 수준이 달라지는 것으로 나타났다. 이러한 결과는 학습자 개념발달의 개별성과 근접발달영역의 역동성을 재인식시켜 주는 것이었다.

셋째, 학습자의 개념발달은 인지구조 수준이 높아질수록 일상적인 개념에서 벗어나 지리적 개념을 표현하는 것으로 나타났다. 지리적 개념의 표현은 구체적인 사실들에서 하위요소개념 그리고 기본요소개념의 위계적인 순서로 상향 발달하였다. 개념발달 과정에서 학습자가 인지구조로 내면화하는 데 가장 어려운 개념은 기본요소개념이었다. 상대적으로 수준이 낮은 학습자는 이보다 더 낮은 위계 수준에 있는 개념에서 어려움을 겪는 것으로 나타났다.

넷째, 전체적으로 학습자의 개념발달은 수도권을 서울에 대한 일상적인 개념으로 표현하는 수준에서 다양한 범주의 지리적 개념을 표현하는 수준으로 발달하였다. 이러한 발달 과정에 영향을 미친 것은 학습자의 사전 인지구조 수준보다는, 교수–학습을 통해서 자신의 인지구조를 얼마나 적극적으로 재구성하느냐의 능동성이었다. 또한 개념발달은 개념의 양적 증가를 바탕으로 한 질적 변화의 과정으로 이루어졌다.

이상과 같은 연구 결과는 학습자의 지리개념 발달에 대한 일부를 밝히는 정도로 제한적이지만, 학습자의 개념발달 과정과 특성을 분석하고 이해하는 자료가 될 것이다. 또한 교사의 교수가 학습자의 학습에 보다 상보적으로 상호작용하기 위해서는 무엇을 어떻게 해야 하는지를 생각하고 고민하는 계기가 될 것이다.

제4장 지리수업과 젠더

1. 지리학습과 성별차이

지리 교수–학습 연구의 주요 목적은 능력이나 발달 수준에 있어서 개인차를 보이는 학습자들의 지리적 이해와 발달을 보다 효과적으로 장려할 수 있는 방법을 모색하는 데 있다. 지리 교수–학습 연구에서 특히 심각한 문제는 교수에 대한 관심만큼 학습자들의 발달에 관한 관심이 충분하지 못하다는 것이다. 학습자의 학습에 대한 이해를 바탕으로 교수를 계획할 때, 지리 교수–학습의 효율성은 실제화될 수 있다. 학교와 사회에서 지리학습에 영향을 미치는 영역에 대한 긴밀한 분석을 바탕으로 교수 전략을 계획하고 이를 의도적으로 적용할 때, 교실에서의 지리수업은 학습자의 발달에 유의미한 교육 과정으로 발전할 것이다.

학생들의 지리적 이해와 개념 발달 그리고 기능 습득 등이 복합적인 배경 변인의 영향을 받고 있음이 점점 더 분명해지고 있다. 복합적인 배경 변인 중에서 성별 차이는 오랫동안 지리학자와 심리학자의 관심 대상이었다. 이에 대한 지리학자 및 심리학자들의 초기 연구 결과는 모두 일상적인 지리적 지식 및 공간적 지식의 성별 차이(sex differences)를 강조하는 것이었다. 최근의 연구들은 여성과 남성의 지식 그리고 질문에 대답하는 능력 및 공간적 사고에 원용하는 전략에는 매우 미미한 차이가 있을 뿐이며, 이러한 차이들은 성적 고정관념(gender stereotype)을 강화하는 사회문화적 요인들에서 비롯된 것임을 밝히고 있다(Kitchin, 1996, 273).

그동안 성별 차이에 대한 연구는 주로 남성과 여성의 공간적 지식이나 기능 습득을 비교하는 관점에서 이루어졌으며, 대부분 성별 차이에 바탕을 둔 것으로 지나치게 단순한 점이 있었다. 이뿐만 아니라 연구 결과는 "남자는 여자보다 공간적 인지능력이 우월하다."와 같은 정태적 형태로 진술되었다. 이와 같은 형태는 과학적 이론 구성을 위해서는 적절하지만, 교실에서 적용할 수 있을 정도의 실제적인 형태는 아니다.

교수–학습 과정에는 '남자의 우월한 공간적 인지능력' 특성보다는 "어떻게 모든 학생들의 공간적 인지능력을 발달시킬 것인가."의 문제가 더 중요하다. 즉 특성에 대한 기술보다는, 특성이 기능하는 과정을 이해하는 것이 보다 중요하다. 교수–학습 과정에 관련된 현상을 과정 변인으로 파악하고 이해한다는 것은 교수–학습 실제에서 무엇을 어떻게 할 것인가에 대한 방향과 방법을 제시해 주기 때문에 좀 더 구체적이고 현실적이다.

지리학습에 영향을 미치는 주요 변인으로 고려되는 성별 차이는 고정된 성의 단순한 차이 그 자체보다는, 다면적인 젠더에 대한 과정 변인으로 진술되고 탐구되는 것이 바람직하다. 그동안 성별 차이에 관한 많은 연구들이 진행되었고, 그 결과는 지리 교육에 간접적으로 시사되었다. 성별 차이에 근거한 특성과는 달리 젠더 특성(gender traits)과 역할은 상당히 인위적이고 가역적이므로, 지리학습에 대한 젠더의 영향과 그에 따른 교수 처치에 대한 고찰이 필요하다.

지금까지의 연구들은 주로 초등학생의 공간인지나 대학생 혹은 성인의 공간적 능력과 기능 수행의 결과로 나타나는 성별 차이에 초점을 두는 경우가 대부분이었다. 이에 본 장에서는 중학교에서 지리를 학습한 학생들의 젠더 유형을 조사하고, 중학교 지리 교육과정과 직접 관련되는 학습 지역과 학습내용 그리고 학습활동에 대한 성별 차이와 젠더 특성을 학습자의 지리학습을 이해하는 과정으로 연구, 분석하였다. 연구 과정과 방법이 시론적이지만, 연구 내용과 결과는 학습자의 지리학습 과정을 이해하고 교수를 계획하는 기초 자료가 될 것이다.

2. 지리적 지식과 공간능력에서 나타나는 성별차이

1) 지리적 지식과 공간능력에서 나타나는 성별차이

생물학적인 성별차이에 관심을 둔 지리학자 및 심리학자들의 연구는 모두 여성과 남성의 일상적인 지리적 지식 및 공간적 능력에는 차이가 있다고 보고하고 있으며, 대략 4세부터 나타나기 시작한 공간적 지식과 능력에서의 차이는 일생 동안 지속되는 것으로 보고 있다. 이에 대한 연구들은 주로 공간적 지식 혹은 능력에 대한 성별 차이에 집중되고 있다. 연구 내용은, 주로 공간적 능력에서 나타나는 차이나 근원적인 지식의 차이 혹은 두 가지를 결합하는 능력의 차이를 인지적 지도를 완성하는 능력에서의 차이로 설명하고 있다(Kitchin, 1996, 274). 인지적 지도화는 일상적인 공간에 대한 지식 그리고 그러한 지식을 어떻게 획득하고, 저장하며, 회상하고 번역하는지를 나타내 주는 표상이기 때문이다.

Self 등(1992)은 일반적인 여성과 남성의 구체화된 공간적 표상이 다른 이유를 설명하는 이론을 다음의 세 가지로 제시한다. 먼저, 결핍이론(The deficiency theory)의 지지자들은 심리학적 그리고 호르몬상의 변이 때문에 성별로 차이가 난다고 보았다. 여성들은 공간적 능력이 떨어지기 때문에 인지도의 작성 과제 수행 능력이 뒤떨어진다고 보는 것이다. 두 번째 차별이론(The difference theory) 지지자들은 아동기 때의 교육과 기대 수준, 부모와 제도적인 기대, 고정관념과 경험 그리고 학교 교육과정에서의 차이 등과 같은 사회문화적 요인들 때문에 성별로 차이가 난다고 주장한다. 세 번째 비능률이론(The inefficiency theory) 지지자들은 공간적, 인지적 지도화 능력과 지식은 근본적으로 남녀가 같지만, 측정과제가 남성에게 유리한 문제 해결 전략을 요구한다고 보았다.

모두가 성별 차이를 주장하는 것은 아니다. 성별 차이보다는 유사성이 더 많다는 연구 결과도 있다(Gonzalez and Gonzalez, 1997, 123). 일부 연구자들은 똑같은 조건에서 공간적 능력 혹은 인지지도 작성 테스트를 실시했을 때 남녀의 차이는 발견할 수 없었으며, 남녀 간의 차이란 태도에 있어서 신중함의 차이일 뿐이라고 주장하기도 한다.

이경한(1988)은 인지도(Cognitive Mapping)를 이용하여 초등학생의 공간인지능력의 발달을 연구하면서, 공간인지능력과 성별 및 사회성 그리고 도농 간의 차이에 대한 관련성을 분석했다. 분석 결과, 공간인지능력과 성별 및 사회성과의 관계는 상관도가 없고, 도농 간의 지역적 차이만 나타났다. 서태열(1996) 또한 5세에서 14까지의 학생들을 대상으로 장소 개념의 발달 과정을 분석한 연구에서 성별 차이는 나타나지 않는 것으로 보고하였다.

그러나 지금까지의 연구 성과를 통해서 알 수 있는 것은, 그러한 차이를 설명하는 근거가 불확실하고 단지 몇몇 요인에 근거한 결과이긴 하지만, 공간적 지식과 인지능력에 있어서 남녀가 다르다는 것이다. 남녀 혹은 여학생과 남학생의 공간적 지식과 인지능력에 있어서 차이가 있다는 것은,

지리 교육에 중요한 질문을 던진다. 즉 교수–학습 과정에서 그리고 지리적 기능을 요구하는 과제를 수행하는 능력을 평가하는 데 있어서, 남녀 학생들이 똑같은 조건에서 평가받는 것은 불공평하지 않은가? 또한 성별 차이에 따른 불균형을 교정할 도구와 교육적 처치가 필요하지 않겠는가?

혹자는 이러한 차이가 남학생들에게는 좀 더 정교한 공간적 기능을 지도하도록 되어 있는 비공식적인 학교 교육과정의 차이 때문이라고 보기도 하고, 지리적 훈련을 고려하지 않기 때문에 발생되는 문제로 보기도 한다. 좀 더 구체적으로 Liben(1981)은 남학생들은 공간적 기능을 발달시키는 데 유리한 과학과 수학에 중점을 두는 과정을 수강하지만, 여학생들은 자신들에게 좀 더 유리한 언어에 중점을 둔 과정을 수강한다는 점에 주목했다. 그러나 Self(1992) 등은 전문적인 교육이 남녀 모두를 증진시키지만, 특히 여자의 경우는 그 효과가 크다는 점을 지적했다.

2) 지리학습에 영향을 미치는 젠더 특성

사람은 누구나 타고난 성별에 관계없이 '여성적인' 특성과 '남성적인' 특성을 공유할 수 있다. 남녀는 뚜렷이 다른 성격을 지녀서 일반적으로 여성은 여성성만을 가지며, 남성은 남성성만을 가지고 있다고 보던 기존의 시각과는 달리, 여성성이나 남성성이라는 것이 실제로는 사회적으로 형성된 고정관념을 반영하는 것이라는 게 성에 대한 변화된 인식이다(정진경, 1994, 285).

성에 대한 변화된 인식인 양성적 시각은 그 자체가 하나의 사회적 가치관을 반영하는 것으로, 문화와 사회의 변화에 따라서 특정 특성 역시 여성적인 것인지 남성적인 것인지로 평가된다. 예를 들어 소녀들이 스포츠와 같은 강건한 활동에 참여하는 것이 고무적이지 않았던 시대에 비해, 오늘날에는 강건함의 정체성이 남성다운 특성으로 평가되는 정도가 낮다.

최근 성에 따른 지리적, 공간적 지식과 능력의 차이는 성적 고정관념을 강화하는 사회문화적 요인들에서 기인한 것이라는 주장들이 제기되고 있다. Kitchin(1996)은 젠더가 지리적 수행에서 주요한 역할을 한다고 주장한다. 정량적인 과제 수행과 질적인 인터뷰를 통해, 18세 이상의 남성과 여성이 동일한 지리적 훈련에서 나타내는 지리적 지식의 차이는 단지 소수의 경우에 불과하다는 것을 밝혔다. 그는 성별로 나타나는 지리적 능력의 차이에 관한 연구들에서 발견된 차이도, 젠더의 고정관념을 강화하는 사회문화적 요인들에서 기인한 것이라고 주장한다.

Gilmartin과 Patton(1984)은 남성과 여성은 사회적으로 프로그램화된 것이기 때문에, 서로 다른 패턴의 공간적 행위를 이끄는 것은 젠더 역할이라고 주장한다. 따라서 환경과 사회적 고정관념 및 대중 매체의 압력으로 좀 더 빈도가 낮은 여성의 상호작용은 공간적, 인지적 능력을 형성할 수 있는 활동으로부터 더욱 멀어지게 된다는 것이다. 페미니스트 지리학자들은 여성들이 어떻게 공간적으로 상호작용하고 어떻게 지식을 얻게 되며, 성적인 제한 범위 내에서 공간적 행위 패턴이 어떻게 구조화되는가의 과정에 대해서 연구한 결과들을 보고하고 있다. 어떤 특정 공간에 대한 여성의 상호작용은 개인적인 범죄에 대한 두려움 때문에 제한적이라고 주장한다. 여성의 일상 활동에 대한 제한은 여성에게 요구되는 사회적 기대에 의해 구조화된다는 것이다(Rose, 1993, 16).

성별 차이에 대한 사회문화적 관점의 연구들 또한 공간 학습에서 나타나는 젠더적인 특성들을 측정하려는 것이지만, 실제로 그것은 단순히 남녀의 차에 근거한 인성을 비교하는 경우가 대부분이었다. 젠더 개념에 근거한 연구들의 원초적인 문제점은 남녀가 실제로 다르다는 것을 인정하지는 않지만, 고정관념적인 여성성과 남성성의 내용을 기초로 이루어진 개념이기 때문에 여전히 이분법적인 논리를 완전히 벗어나지 못하고 있는 점이다(정진경, 1994, 296).

양성적 관점에서 공간적 능력과 관련 있는 요인들을 조사한 일부 연구는, 남성과 여성의 공간적 능력에서 나타나는 차이는 의미 있는 것임을 발견했다. 그러나 공간적 능력에 근거한 남성다운 것, 여성다운 것, 양성적인 것 그리고 획일적인 것과의 차이점을 구별하지는 못했다. 결국 공간적 능력에서 생물학적인 성별 차이점은 구분했지만, 젠더에 따른 차이점은 발견하지 못했다(Hardwick et al., 2000).

지리학습의 성공이 성과 젠더 혹은 양자와 어떤 상관관계가 있는지를 설명하는 구체적인 연구가 Hardwick 등(2000)에 의해 시도되었다. 이들은 대학생들을 대상으로 젠더 특성을 조사하였다. 조사된 젠더 범주별 특성들은 기본적인 지리 평가 도구에 대한 수행과 비교하여, 젠더 특성과 지리학습과의 상관관계를 조사한 연구였다. 연구 결과, 지리적 수행에 영향을 미치는 변인은 남성성, 지리 전공, 생활 경험, 그리고 성별 차이인 것으로 나타났으며, 젠더 범주의 영향은 의미 있는 정도가 아닌 것으로 나타났다. 남성성 단독으로는 영향을 미치는 정도가 미미하지만, 생활 경험이나 지리 전공 등과 같은 변인들과 결합했을 때는 훨씬 더 많은 영향을 미치는 것으로 나타났다. 비록 통계적 의미는 약하지만 성과 젠더 그리고 지리 전공은 다른 특성들보다 좀 더 많은 것을 설명해주는 것으로 나타났는데, 이것은 남성적인 젠더와 남성의 영향을 시사한다.

학교 교과로서의 지리에 대한 선호도를 조사한 한 연구는, 여학생들은 본능적으로 약한 공간적 기능 때문에 지리를 선호하는 경우가 더 적다고 결론짓는다. 그리고 이러한 차이의 기반은 성별 심리적인 차이와 매우 어린 나이부터 경험한 사회화 과정에 있다는 것이다. 학생들의 지리적 능력에 영향을 미치는 중요한 심리적 차이는 다음과 같은 네 가지로 규정되기도 한다(Gonzalez and Gonzalez, 1997, 120-121).

- 여자는 보다 우수한 언어 능력을 가지고 있다.
- 남자는 좀 더 적극적으로 행동한다.
- 남자는 전체적으로 수학에서 보다 수준 높은 기능을 가지고 있다.
- 남자는 가시적-공간적 과제에서 좀 더 우수한 기능을 가지고 있다.

이러한 심리적 차이를 배경으로, 공간적 기능에서 나타나는 젠더 관련 변인에 대한 많은 연구들은 다음과 같은 결과를 제시한다(Gonzalez and Gonzalez, 1997, 120-121).

- 여학생들의 인지적 지도는 남학생들보다 덜 정확하다.
- 남자는 여자보다 공간적 가시화의 능력이 우월하다.
- 도시 환경에 대한 인지에서는 개인차가 있다.
- 공간적 기능에서 나타나는 젠더에 따른 차이는 발달 패턴에서도 계속된다.
- 그래프와 지도 읽기에서 남학생은 여학생보다 우수하다.
- 개략도의 정확성과 젠더 간에는 관련성이 있다.

지리학습에 대한 남녀 학생의 선호도 차이와 함께 학습에서 곤란을 경험한 빈도, 다양한 학습활동 그리고 학습 과제에 대한 선호 등에서 현저한 젠더 차이가 발견된다는 연구 결과도 제시된다. 여학생들은 노트 필기, 연습장과 교과서를 이용한 학습활동, 그래프 그리기, 협동 학습, 게임 등을 선호하고, 남학생들은 지도나 다이아그램 완성하기, 비디오 시청하기, 지도에서의 조사활동 등을 선호한다는 것이다. 또한 여학생들은 자연환경, 농업, 촌락, 제3세계에 대한 연구 등을 선호하는 경향이 있고, 남학생들은 자연지리학, 교통, 산업, 세계의 선진국 등에 대하여 더욱 선호하는 경향이 있다(Gonzalez and Gonzalez, 1997, 122-123).

이러한 결과들은 테스트 그 자체 혹은 제시된 지리적 개념이나 과제의 특성상 나타날 수밖에 없는 편견일 수도 있다. 남성적인 사람들은 상대적으로 테스트에 유리하고, 감성적이고 부드러운 사람들은 그렇지 않다는 사실은 테스트 그 자체의 인위적 산물일 수도 있다. 연구 방법론적인 문제에도 불구하고, 연구 결과는 젠더와 성별 차이 그리고 지리학습에 미치는 영향에 대한 윤곽을 제시하고 있다. 좀 더 일반적으로, 교사들이 학생들의 수행을 평가하는 과정이 젠더적인 편견이 강화된 요소로 구성될 수도 있음을 시사한다. 교사들 중의 일부는 수행에 대한 보상을 하는 경우가 있는데, 여성적인 젠더나 남성적인 젠더와 연관이 있는 경우에 그러한 경향이 더욱 강화될 수 있다. 또한 이러한 차이들은 젠더가 형식적인 교실 수업 환경 그리고 비형식적인 교육 환경 모두에서 지리적 지식과 기능을 교수-학습하는 과정에 영향을 미친다는 점을 시사한다.

3) 성별차이와 젠더 특성이 지리학습에 미치는 문제

남녀 혹은 여학생과 남학생의 공간적 지식과 인지능력이 다르다는 사실이 지리학습에 어떤 영향을 미치며, 그것이 교수-학습 과정에서는 어떻게 고려되어야 하는가를 고민해 보는 것이 관련 연구들의 주된 목적이다. 본 연구에서는 성별 차이와 젠더 특성이 지리학습에 미치는 문제를 메타인지의 문제와 기회의 균등성 문제로 접근해 보고자 한다.

지리적 지식을 대표하는 공간적 지식과 인지능력에서 여학생과 남학생의 차이가 있다는 것은, 지리 교육을 통해서 이루어져야 하는 학습자의 발달에 영향을 미치게 된다. 공간적 지식과 인지능력을 지리학습에서 매우 중요한 임계필터(critical filter)라 할 때, 남녀 학생의 차이는 단순한 공간적 인지와 기능에서의 차이로만 존재하는 것이 아니라, 지리적 지식의 전체에서 상대적인 열등으로 영향을 미칠 수 있다. 학습 과정에서 나타나는 이러한 문제는 일반적으로 학습을 위한 모든 사고 과정에서 메타인지적인 문제로 나타난다(강창숙, 2002a).

학습자의 개인차가 강조됨에 따라, 교육심리학자들이 교육 현장에서 교사들이 훈련 가능하고 조작 가능한 변인을 탐색하기 위해 노력한 결과의 하나가 메타인지 개념이다(이달석, 1991, 39). 즉 성별 차이로 인한 지리학습 문제에 대한 교육적 처치는 여러 가지 관점에서 접근될 수 있지만, 교사 혹은 교수의 측면에서 가장 현실적으로 처치 가능한 측면이 메타인지적인 관점이라고 할 수 있다.

메타인지가 자기 자신의 인지체제에 대한 지식이라고 정의되면서, 메타인지는 두 가지로 설명되어 왔다. 하나는 자신이 아는 것에 대한 사고이고, 다른 하나는 자신의 학습 방법을 제어하는 것에 대한 사고이다. 메타인지 기능이 교수–학습의 전 과정을 통해서 활성화된 점검기능(monitoring skills)을 계속하는 고차적 사고력이라는 것이 밝혀지면서, 인지과정에 관련된 일반적인 메타인지의 특성을 구명하는 많은 연구가 이루어져 왔고, 최근에는 학습 과정의 특성에 다양한 메타인지가 존재한다는 것이 밝혀지고 있다(이달석, 1991).

지리학습 과제를 수행하는 데 있어서 자신감이 부족한 여학생들은 메타인지적인 문제로 고통 받을 수 있다. 이러한 메타인지는 두 가지 메타메모리로 구분된다. 하나는 무엇을 알아야 하는지에 대한 혼란을 해결하기 위해 '아는 방법을 아는 것(knowing how to know)'이고, 다른 하나는 알고 있는 것에 대한 자신감을 확신하기 위한 '알고 있는 것에 대해 아는 것(knowing about knowing)' 이다.

자신감을 잃게 되면 판단능력도 멈추게 되고 공간적 행위를 두려워하거나 회피하게 되며, 그러한 혼란은 공간적 지식과 능력의 발달을 지체시키게 될 것이다. 메타인지능력의 부진함은 사회적 편견에 의해 더욱 강화될 수 있다. 일반적으로 공간인지나 지각에 관련된 질문을 했을 때, 남자들의 자기만족도는 여자보다 상대적으로 높게 나타나는 것으로 알려져 있다. 즉, 남자들은 자신의 공간적 능력이 동료들보다 우월하다고 생각하고, 실제로 여성들은 자신의 능력을 과소평가하는 반면에 남성들은 과대평가하는 것으로 나타났다(Kitchin, 1996, 277).

좀 더 나은 결과를 도출할 수 있다는 자신감을 가진 사람과 그 수행 능력 간에는 분명히 관련성이 있다. Liben(1981)은 남녀 간 메타인지의 차이는, 남성은 어려운 문제에 직면했을 때 스스로 해결해야 한다고 배웠지만 여성들은 조력자를 찾아야 한다고 배웠다는 것과 관계가 있는 것으로 보았다. 메타인지적인 문제는 반드시 여학생들에게만 국한된 문제가 아니다. 젠더적인 관점에서 볼 때, 남성적인 특성을 상대적으로 적게 가지고 있는 남학생에게서도 나타날 수 있는 문제이다.

무엇보다도 지리수업에서 메타인지는 단순하게 학습자 자신의 인지를 의미하는 용어로 이해하기보다는 그것의 활용에 의미를 두어야 한다. 즉, 학습자들이 문제 또는 상황 등을 인식하고, 그에 적절한 전략 또는 합리적인 패턴 등을 적용토록 하는 사고력으로 증진시켜야 한다. 교실에서 학생 자신이 토론을 위하여 정당하고 가치가 있는 것에 초점을 두고 사고하는 것, 또는 학습자가 스스로 문제를 해결하기 위해 어떻게 노력했는지 등으로 개념화하여 적용하는 것이 실제적인 메타인지의 활용이다(Leat, 1997, 147).

성별 차이와 젠더 특성이 지리학습에 미치는 두 번째 문제는 기회의 균등성 문제이다. 기회의 균등성 문제는 전체 교육과정 내에서 지리 교사가 생각해야 할 역할을 설명하는 것으로, 모든 학생들이 지리수업의 교과 내용, 방법, 적절성 등에서 균등한 기회를 갖도록 해야 한다는 것이다(Gonzalez and Gonzalez, 1997, 117). 즉, 학생들은 그들의 성과 관련된 차이가 있다는 편견을 넘어서 동등한 가치를 지닌 존재로서 균등한 학습 기회를 제공받을 수 있도록 교수적 처치가 이루어져야 한다.

성별 차이에 관한 연구 결과들이 지리 교육에 주는 시사점은 지리 교육이 성별로 다르게 이루어져야 함을 의미하는 것이 아니라, 여학생들도 과학적이고 기능적인 능력을 필요로 하는 공간적 기능을 학습하고 발달시킬 수 있는 재능을 똑같이 가지고 있다는 점을 지적하는 것이다. 남녀 간 차이의 유무 그 자체보다는, 교사의 중재(intervention) 태도가 중요함을 지적하는 것이기도 하다.

이는 교사가 지리 교수−학습 과정과 학습자의 과제 수행에 있어서, 모든 학생에게 동등한 기회를 부여하고 평가에 있어서 공정성을 확보하려는 태도를 갖도록 노력해야 함을 시사한다. 즉, 교사로부터 다르게 대우받을 수 있는 수업 장면과 남학생에게 유리한 과제 제시와 그에 대한 평가 그리고 남성 중심적 가치관에서 기술되는 교과서 및 학습 교재에서 나타나는 젠더적인 편견에 대한 교육적 처치는 적절하게 이루어졌는지, 학생들의 젠더 특성에 대한 교사의 고려는 어느 정도였는지에 대한 주의 깊은 고려가 이루어져야 한다.

특히 학습자의 사회화에 주된 기능을 담당하는 교사의 입장에서 성별 차이에 대한 강조는 남학생의 우월성과 여학생의 열등성 강조로 나타날 수 있다. 모든 사회에서 성에 대한 관점이 생물학적인 성에서 사회문화적인 성으로 다면화되고 있다. 당연히 교실에서의 성도 사회문화적인 관점에서 다면화되어야 한다. 생물학적인 성별 차이에 대한 계속적인 강조는 여성과 남성에 대한 양극적 의미의 재생산과 강화로 이어지며 이는 교수−학습의 효율성을 저해하는 요소가 될 뿐이다. 학생들에게 이미 주어진 배경 변인들 그 자체에 대한 연구도 필요하지만, 이들 변인들이 교수−학습에 미치는 직접적이고 구체적인 과정을 이해하기 위해서는 교실이라는 미시발생적 수준에서 연구가 이루어져야 한다. 교수−학습을 통한 독특한 사회적 상호작용은 다른 변인의 작용을 약화하거나 차단시키는 효과(screen effect)로 영향을 미치기 때문이다(강창숙, 2002a).

3. 중학교 지리수업에서 나타나는 성별차이와 젠더 특성

사람은 누구나 타고난 성별에 관계없이 여성적인 특성과 남성적인 특성을 공유할 수 있다는 양성적 시각에서 현재까지 널리 사용되고 있는 대표적인 검사가 Bem의 성역할검사(Bem Sex-Role Inventory, 이하 BSRI)이다. BSRI는 이 분야의 심리학적 연구가 괄목할 만한 발전을 이룩하는 데 지대한 공헌을 하였다. 그러나 미국 사회의 성역할 고정 관념을 기초로 하고 있다는 점과 번역 과정상의 오류 그리고 원래 검사와 점수 비교가 불가능하다는 문제 때문에 각 나라의 실정에 맞는 성역할 검사가 개발되고 있다. 중국의 CSRI, 호주의 ASRI 그리고 우리나라의 KSRI가 그 예이다.

심리학자 Bem은 남성적인 것과 여성적인 것은 각기 다른 두 개의 개별성으로, 독립적인 차원의 인성이며, 어느 한쪽이 개별적으로 남성적인 것과 여성적인 특성의 양자를 모두 가질 수 있다고 주장했다. 이러한 Bem(1981)의 양성성 개념은 성에 대한 인식 변화는 물론, 이와 관련된 연구 방법론 또한 획일성을 극복하고 더욱 구체적이고 포괄적인 방향으로 변화하는 데 큰 영향을 미쳤다. 특히 양성성 이론에 근거한 BSRI는 젠더에 바탕을 둔 성역할에 관심을 가진 연구자들이 가장 많이 사용하는 대표적인 측정 도구이다. BSRI를 바탕으로 한 KSRI는 우리나라의 성역할 고정관념을 기초로 양성성 이론에 입각해 만들어진 한국의 성역할 검사지이다(정진경, 1990). 이에 본 장에서는 KSRI의 수정된 성역할 분류기준점을 적용한 검사지로 충북 00시 소재 남녀공학 중학교 학생 215명을 대상으로 젠더 유형을 검사하였다. 검사 결과, 대상 학생들의 젠더 유형은 다음의 표 4-1과 같이 나타났다. 남학생들은 남성적과 양성적 그리고 미분화 유형으로 많이 분류되고, 여학생들은 미분화, 양성적, 여성적, 남성적 유형으로 분류되었다. 대부분의 학생들이 여전히 스스로를 자신의 성과 관련된 젠더로 생각하고 있지만, 과거에 비해 덜 분할적이고 남학생들이 여학생들에 비해 양성적, 남성적인 경우가 많은 것으로 나타났다.

표 4-1. 연구대상 중학생들의 젠더 유형

	남학생	여학생	계
양성적	32	27	59
남성적	39	22	61
여성적	11	27	38
미분화	27	30	57
계	109	106	215

지금까지의 연구들에 의하면, 지리는 남학생들이 공부하기에 유리하고 선호하는 교과로 나타났지만(Hardwick et al., 2000, 239), 본 연구에서는 남녀 학생 모두 좋아하는 교과로 나타났다. 여학생들에 비해서 남학생들의 선호 비중이 더 높긴 하지만 그 차이가 미미하므로 유의미한 결과는 아니라고 생각한다. 전체적으로 양성적이고 남성적인 학생들이 지리교과에 선호 정도가 높은 것으로

표 4-2. 지리교과에 대한 성별, 젠더별 선호도

	남학생	여학생	계	양성적	남성적	여성적	미분화	계
좋다	68	58	126	45	43	21	30	136
싫다	41	48	89	14	18	17	27	79
계	109	106	215	59	61	38	57	215

나타났다(표 4-2).

　중학교 지리수업에서 나타나는 성별 차이와 젠더 특성은 학습 지역과 학습내용 그리고 학습활동에 대한 성별, 젠더별 선호도와 그 이유를 중심으로 조사, 분석하였다. 연구 대상 학교에서 사용한 교과서는 다른 교과서들과 마찬가지로 대단원에서 중단원명까지 7차 교육과정을 그대로 따르고 있어서 교과서 단원 구성과 순서를 적용하여 질문지를 구성, 조사하였다.

　학습지역에 대한 선호도는 중단원명을 대상으로 우리나라의 각 지방과 세계 여러 지역을 구분하여 교육과정 순서대로 선호도를 조사하였다. 소단원명부터 교과 내용의 조직이나 진술 방식이 교과서별로 다르지만, 다루는 주제는 대부분이 자연환경, 역사·문화적 배경, 자원과 산업, 환경문제와 지역문제, 우리나라와의 관계로 구성되어 있기 때문에, 이들 순서대로 학습내용에 대한 선호도를 조사하였다. 마지막으로 학습활동에 대한 선호도는 중학교 지리학습에서 이루어지는 기본적인 활동을 읽기, 말하기, 듣기, 쓰기, 보기, 활동하기로 구분하여 조사하였다. 조사 대상은 중학교 1학년이며, 우리나라와 세계 여러 지역에 대한 학습이 모두 이루어진 10월 초에 실시하였다.

1) 우리나라 각 지방에 대한 성별, 젠더별 선호도와 그 특성

　우리나라 각 지방에 대한 성별 선호도 조사에서는 남녀 학생 모두 '제주도' 지방을 특히 선호하는 것으로 나타났으며(그림 4-1), 그 이유는 가보고 싶은 곳이며 다른 지역에 비해 호기심이 많기 때문이라고 응답했다. 남녀 학생 모두 '충청지방'은 내가 사는 곳이기 때문에, 그리고 '수도권'은 우리나라의 중심지로 가본 곳이기 때문에 선호하는 지역으로 응답했다. 우리나라 각 지방에 대한 성별 선호 이유는 전체적으로 가본 곳이거나 가보고 싶은 곳이 주된 이유로 나타났다(표 4-3). 이는 우리 고장과 가까운 곳이라는 등의 물리적인 거리보다는, 학습자 자신의 일상적인 경험이 학습 지역에 대한 선호도에 중요한 영향을 미친다는 것을 시사한다.

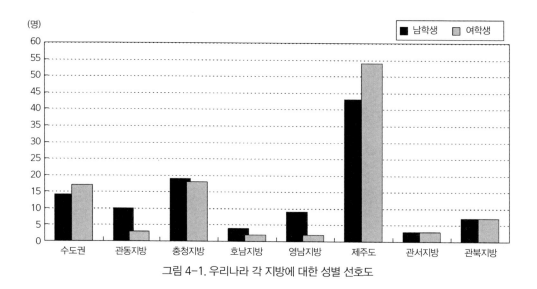

그림 4-1. 우리나라 각 지방에 대한 성별 선호도

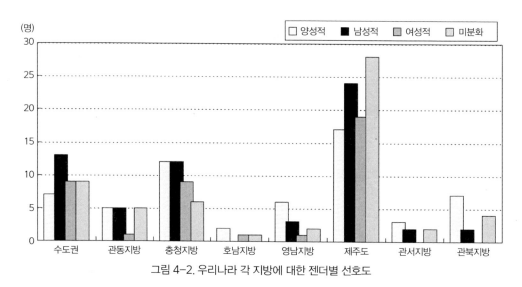

그림 4-2. 우리나라 각 지방에 대한 젠더별 선호도

선호 이유를 묻는 문항은 ① 내가(혹은 친척이) 살거나 가본 곳이어서(이하 가본 곳), ② 우리나라와 가까운 곳이니까(이하 가까운 곳), ③ 내가 평소에 가보고 싶은 곳이기 때문에(이하 가보고 싶은 곳), ④ 내가 알지 못하는 지역에 대한 호기심 때문에(이하 호기심), ⑤ TV 등 매스컴에서 많이 보거나 이야기를 들어 본 지역이기 때문에(이하 매스컴), ⑥ 기타 등이다.

우리나라 각 지방에 대한 젠더별 선호도 조사에서는 모두 '제주도' 지방을 가장 선호하는 것으로

제1부 지리심리학과 지리수업

표 4-3. 우리나라 각 지방에 대한 젠더별 선호 이유

	가본 곳	가까운 곳	가보고 싶은 곳	호기심	매스컴	기타	계
양성적	20	3	11	15	7	3	59
남성적	20	1	15	15	6	4	61
여성적	13	2	12	8	3	0	38
미분화	16	2	25	9	5	0	57
계	69	8	63	47	21	7	215

나타났으며, 미분화와 남성적인 학생들의 경우에 특히 선호하는 것으로 나타났다. 양성적인 학생들에 비해서 여성적이거나 미분화된 학생들의 경우는 학습 지역에 대한 선호도가 상대적으로 편향적인 것으로 나타났다(그림 4-2).

우리나라 각 지방에 대한 젠더별 선호 이유를 보면, 양성적인 경우와 남성적인 경우는 가본 곳이고 지역에 대한 호기심 때문에 선호하는 것으로 나타났고, 미분화된 경우의 선호 이유는 가보고 싶은 곳이라는 막연하고 정서적인 이유로 나타났다. 여성적인 경우는 가본 곳, 가보고 싶은 곳, 지역에 대한 호기심 등이 주된 이유로 나타났다(표 4-3). 조사대상 8개 지방에 대한 선호도는 제주도와 충청지방 그리고 수도권에 편중되어 있으며, 호남지방과 관서지방에 대한 선호도나 관심은 특히 적은 것으로 나타났다. 이는 이들 지역에 대한 내용 구성이나 교수 방식, 학습 자료 구성 등에 대한 주의 깊은 고려가 필요함을 시사한다.

2) 세계 여러 지역에 대한 성별, 젠더별 선호도와 그 특성

세계 여러 지역에 대한 성별 선호도를 보면, 남녀 학생 모두 앵글로 아메리카와 서부 및 북부 유럽 그리고 오세아니아와 극지방에 대해 특히 선호하는 것으로 나타났다(그림 4-3). 이들 지역에 대한 선호 이유는 가보고 싶은 곳이며, 이들 지역에 대한 호기심 때문이라고 응답했다. 상대적으로 중부와 남부아프리카, 동남 및 남부아시아 그리고 동부 유럽 및 러시아에 대한 관심은 매우 낮게 나타났다. 우리나라 각 지방의 경우와 마찬가지로 선호하는 지역과 그렇지 않은 지역에 대한 정도가 상당히 편향적이다. 또한 학생들은 대체로 선진 지역에 관심과 호기심이 많고, 상대적으로 개발이 늦은 지역에 대한 관심은 매우 낮게 나타나 이에 대한 고려가 필요하다. 이러한 현상은 지리교육과정이나 지리수업에서 해당 지역에 대한 학습경험(학습시간, 학습내용 등)의 영향을 받은 것으

로 생각할 수 있다.

　세계 여러 지역에 대한 젠더별 선호도를 보면, 학생들은 '가보고 싶은 곳'을 가장 선호하는 것으로 나타났다. 양성적인 학생들은 특히 앵글로 아메리카를 선호하고, 남성적인 학생들은 오세아니아와 극지방, 앵글로 아메리카, 그리고 서부 및 북부 유럽을 선호하는 것으로 나타났다. 여성적인 학생들은 앵글로 아메리카와 서부 및 북부 유럽을, 미분화된 학생들은 서부 및 북부 유럽과 앵글로

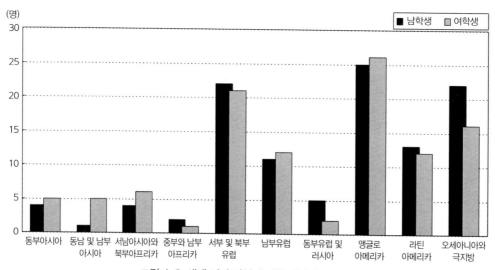

그림 4-3. 세계 여러 지역에 대한 젠더별 선호도

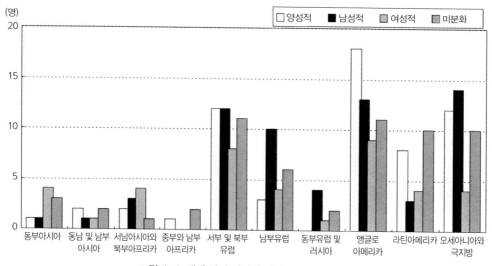

그림 4-4. 세계 여러 지역에 대한 젠더별 선호도

표 4-4. 세계 여러 지역에 대한 젠더별 선호 이유

	가본 곳	가까운 곳	가보고 싶은 곳	호기심	매스컴	기타	계
양성적	6	0	19	20	11	3	59
남성적	3	0	28	25	5	0	61
여성적	2	0	23	7	5	1	38
미분화	0	2	23	22	8	2	57
계	11	2	93	74	29	6	215

아메리카, 라틴 아메리카, 오세아니아와 극지방을 선호하는 것으로 나타났다(그림 4-4). 세계 여러 지역에 대한 선호 이유를 보면 양성적, 남성적, 미분화된 경우는 가보고 싶은 곳이고 호기심 때문이라고 응답한 경우가 많았으나, 여성적인 학생들은 가보고 싶은 곳이기 때문이라고 응답한 경우가 특히 많았다(표 4-4).

3) 학습내용에 대한 성별, 젠더별 선호도와 그 특성

성별로 선호하는 학습내용을 보면, 남녀 학생 모두 역사·문화적 배경을 특히 선호하고, 자연환경과 환경 및 지역문제를 선호하는 것으로 나타났다. 상대적으로 자원과 산업 및 우리나라와의 관계에 대한 학생들의 관심은 매우 낮은 것으로 나타났다(그림 4-5). 학생들이 이들 내용을 선호하는

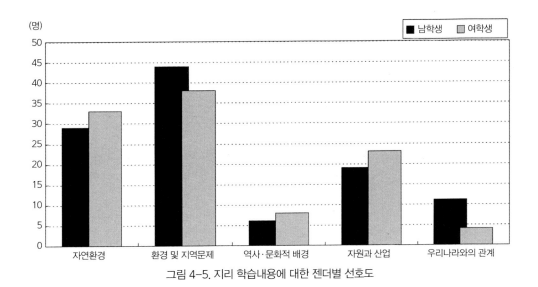

그림 4-5. 지리 학습내용에 대한 젠더별 선호도

이유는 내용을 이해하기가 쉽다는 것이 가장 큰 이유였다. 그 다음은 실제 생활과의 관련성, 새로운 내용, 관심이 많은 분야 그리고 재미있기 때문이라는 순으로 응답했다. 역사·문화적 배경과 자연환경은 교과 내용 구성에서 상대적으로 비중이 높은 내용이기 때문에 선호하는 정도가 높게 나타났을 수 있다. 학생들의 학습내용에 대한 선호도 역시 편향적인 경향이 두드러지게 나타나는데, 자원과 산업 및 우리나라와의 관계는 내용이 쉽고 실제 생활과의 관련성이 높은 내용임에도 불구하고 선호 비중이 특히 낮게 나타났다는 점이 주목된다.

　젠더별로 선호하는 학습내용을 보면, 남성적인 학생들은 자연환경 및 역사·문화적 배경을 특히 선호하였고, 양성적인 경우는 역사·문화적 배경을 선호하는 것으로 나타났다. 여성적인 경우와 미분화된 경우도 자연환경 및 역사·문화적 배경을 선호하는 것으로 나타났다(그림 4-6).

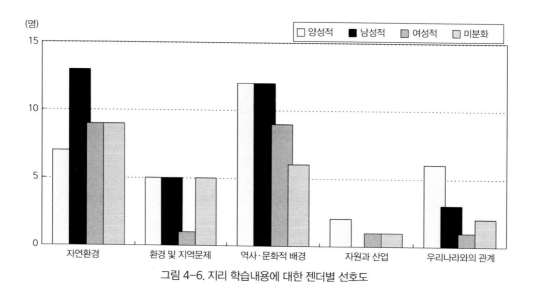

그림 4-6. 지리 학습내용에 대한 젠더별 선호도

표 4-5. 지리 학습내용에 대한 젠더별 선호 이유

	내용이 쉬워서	실제 생활과 관련되어	새로운 내용이어서	성격과 맞아서	관심이 많은 분야	재미있어서	계
양성적	13	9	7	1	17	12	59
남성적	12	14	14	4	14	3	61
여성적	12	9	7	2	2	6	38
미분화	21	12	9	0	4	11	57
계	58	44	37	7	37	32	215

양성적인 학생들은 자신의 관심이 학습내용을 선호하는 주요 이유이지만, 남성적인 학생들은 학습내용을 선호하는 이유가 비교적 다양하게 나타났다. 여성적인 경우와 미분화된 경우는 특히 내용이 이해하기 쉬운 경우를 선호하고 있어서, 이들의 특성은 교수 계획에서 고려해야 할 요소임을 알 수 있다(표 4-5).

4) 학습활동에 대한 성별, 젠더별 선호도와 그 특성

학습활동에 대한 성별, 젠더별 선호는 연구 대상 학교의 지리수업에서 일반적으로 이루어지고 있는 활동을 읽기, 말하기, 듣기, 쓰기, 보기, 활동하기로 구분하여 질문하였다. 그 구체적인 내용은 다음과 같다.

- 읽기 – 본문내용 예습·복습으로 읽어보기 등
- 말하기 – 질문하기, 질문에 대답하기, 과제 발표하기, 본문 내용 대표로 읽기 등
- 듣기 – 선생님 설명 듣기, 친구들의 발표 듣기 등
- 쓰기 – 노트 필기하기, 학습지 완성하기 등
- 보기 – 동영상(플래시 포함) 보기, 비디오 보기, ppt 자료 보기 등
- 활동하기 – 지도에서 찾아보기, 지도 완성하기, 그래프 그리기, 활동 과제 완성하기 등

성별로 선호하는 학습활동을 보면 남학생들은 '보기'를 가장 선호했으며, 그 다음으로 '듣기', '쓰기' 그리고 '읽기'를 선호하는 것으로 나타났다. 여학생들은 '보기', '읽기' 그리고 '듣기'를 가장 선호하고 다음으로 '쓰기'를 선호하는 것으로 나타났다. 전체적으로 학생들은 '보기', '듣기', '읽기', '쓰기'의 수동적이고 비활동적인 학습활동을 가장 좋아하고 재미있는 활동이라고 응답했다(그림 4-7). 이것은 학습자의 자기주도적 탐구활동을 강조하는 7차 교육과정을 교실에서 실천하는 데 근본적인 어려움이 되고 있음을 시사한다.

그렇지만 학생들은 자신의 실력 향상이나 공부에 도움이 되는 활동을 묻는 질문에는 '쓰기'와 '읽기'가 매우 중요하고, '듣기'와 '활동하기' 그리고 '말하기'가 중요하다고 응답했다(그림 4-8). 이는 학습자들이 좋아한다고 응답한 활동보다는 실력 향상에 도움이 된다고 응답한 활동들을 중심으로

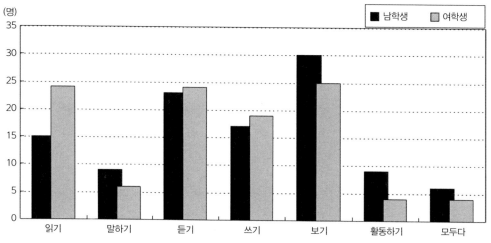

그림 4-7. 지리 학습활동에 대한 성별 선호도

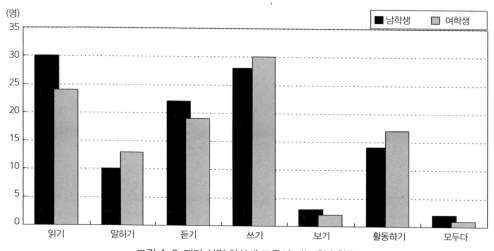

그림 4-8. 지리 실력 향상에 도움이 되는 학습활동

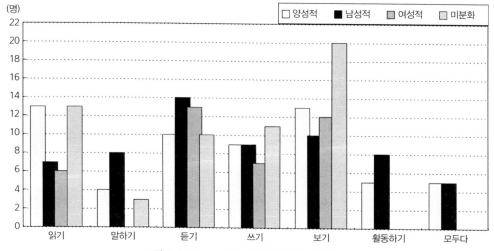

그림 4-9. 지리 학습활동에 대한 젠더별 선호도

학습자의 흥미와 참여를 유도하는 교수-학습이 이루어져야 함을 의미한다.

젠더별로 선호하는 활동을 보면, 양성적인 학생들은 '보기', '읽기'를 가장 선호하고 '듣기'와 '쓰기'도 선호하는 것으로 나타났다. 남성적인 학생들과 여성적인 학생들은 '듣기'와 '보기'를 선호하고, 미분화된 경우는 '보기'만을 매우 선호하는 것으로 나타났다. 양성적인 학생들일수록 선호하는 활동이 다양하게 나타나고, 미분화된 경우는 극단적으로 수동적이고 비활동적인 활동을 선호하므로 이에 대한 교수전략이 필요하다(그림 4-9).

4. 정리

오늘날의 교수-학습 환경은 남녀 학생들로 하여금 '타자로서의 다른' 젠더들과의 활동에 적극적으로 참여할 것을 권장한다. 교실에서의 성 역할도 변화하고 있는 것이다. 여학생들은 좀 더 독립적이고 강건할 것을, 남학생들은 좀 더 섬세하고 희생적이고 봉사적일 것을 권장받는 것이 현실이다. 이러한 환경에서 지리 교수-학습이 학습자의 개인차에 좀 더 적극적으로 상응하기 위해서는 성별 변인에 대한 연구가 어떠한 내용들을 고려해야 하는지와 더불어 어떻게 이루어져야 좀 더 바람직할 것인가를 살펴보는 것이 필요하다.

이에 본 장에서는 중학교 지리수업에서 이루어지는 학습지역과 학습내용 그리고 학습활동에 대한 성별 차이와 젠더 특성을 조사, 분석하였으며, 그 내용을 정리하면 다음과 같다.

첫째, 학생들의 젠더 유형을 조사한 결과, 대부분의 학생들이 남성적, 양성적, 미분화된 경우로 구분되었고 여성적인 학생들이 가장 적게 나타났다. 학생들은 스스로를 자신의 성과 관련된 젠더로 생각하는 경향이 있지만 과거에 비해 덜 분할적이다. 교과에 대한 성별 선호도는 남녀 모두 좋아하는 교과로 나타났으며, 양성적이고 남성적인 학생들이 특히 선호하는 것으로 나타났다.

둘째, 학습 지역에 대한 선호도에서 성별 차이는 없었으며, 우리나라 각 지방과 세계 여러 지역에 대한 지역 선호도의 편향성이 뚜렷하게 나타났다. 또한 학습자 자신의 일상적인 경험이 학습 지역에 대한 선호도에 중요한 영향을 미치는 것으로 나타났다.

셋째, 학습내용에 대한 선호도에서 성별 차이는 없었으며, 좋아하는 내용과 그렇지 않은 내용에 대한 편향성이 큰 것으로 나타났다. 선호하는 학습내용에 대한 젠더별 특징은 다양하게 나타났지만, 여성적인 경우와 미분화된 경우는 내용이 이해하기 쉬운 경우를 특히 선호했다.

마지막으로 학습활동에 대한 선호도에서 성별 차이는 없었으며, 대체로 학생들은 수동적이고 비활동적인 학습활동을 좋아하는 것으로 나타났다. 양성적인 학생들일수록 선호하는 활동이 다양하고, 미분화된 경우는 수동적인 활동을 매우 선호했다. 학생들이 "자신들의 실력 향상이나 공부에 도움이 된다."고 응답한 활동들은 '좋아한다'고 응답한 활동에 비해 상대적으로 능동적이고 적극적인 활동으로 나타났다.

이러한 연구 결과는 지리학습에서는 성별 차이보다는 유사성이 더 많이 나타나므로, 젠더별로 다양하게 나타나는 특성들을 고려하는 것이 학습의 개인차를 고려하는 데 적절하다는 것을 시사한다. 즉, 단순한 성별 차이보다는 좀 더 구체적이고 다면적인 젠더 특성을 학습내용 구성이나 교수 방법, 학습자료 구성 등 교수–학습 전 과정에서 고려해야 함을 시사한다. 더불어 이러한 특성들이 학생들의 학습을 장려하는 데 어떠한 영향을 미치는지에 대한 설명이 이루어지면, 교수 방법을 개선하는 데 직접적인 도움이 될 것이다.

제5장 지리수업과 지리적 메타인지

1. 지리교육과 메타인지

교과교육의 관점에서 메타인지(metacognition) 개념의 도입은 80년대 초반, 주요 논제로 등장한 문제해결 교육의 구체적인 방안을 모색하면서부터 비롯되었다고 할 수 있다. 학생들의 문제해결 수행의 실패 원인을 학생들이 가지고 있는 관련 지식이나 기능의 부족에서 찾기보다는 이미 가지고 있는 지식이나 기능을 활용하고 관리하는 능력의 부족함에서 찾고자 하는 관점의 변화가 메타인지 개념과 부합하였던 것이다.

1970년대 초반 심리학자 Flavell이 아동의 암기 수행상의 결함을 설명하기 위해 메타기억(metamemory)이라는 개념으로 메타인지에 대해 논의한 후(김연식·김수미, 115), 메타인지에 대한 개념은 다양한 측면으로 확장되고 있으며, 최근에는 학습자의 사고력 함양과 관련하여 메타인지적 사고가 가지는 역할의 중요성에 대해 교과교육적 관심이 증가하고 있다. 교과교육의 관점에서 메타인지는, 학습자의 성공적인 학습을 위해서 학습자 스스로가 자신의 학습 상황을 스스로 인식하고 조절·규제하는 자기조절기제로서 중요한 의미를 갖는다. 또한 메타인지는 최종적인 도달점이 아니라 다른 인지활동과 동시에 진행되는 과정적인 기제로서, 교사에게는 학습자의 학습을 효율적으로 조력할 수 있도록 해 주는 개념이다.

이러한 메타인지에 대한 지리교육에서의 논의는 그 중요성을 인식하고 있는 정도에 그치고 있다. 교수–학습 과정의 다양한 맥락에서 학습자의 학습을 효율적으로 도울 수 있을 뿐만 아니라 교수 차원의 의미도 큰 메타인지에 대해 지리교육적 논의나 실제 적용이 부진한 이유는 다양한 관점에서 살펴볼 수 있지만 두 가지를 지적할 수 있다.

첫째는 메타인지 개념에 대한 지리교육적 관심의 부족이다. 메타인지 개념은 인지심리학에서 독해나 암기 활동과 관련하여 개발된 것이지만, 개념 학습이나 문제해결 학습 등의 학습 활동에서 학습자의 사고 과정과 관련하여 광범위하게 적용되는 개념이다. 메타인지에 대한 인식이 확대되면서 수학을 비롯한 각 교과 차원의 논의와 적용이 활발하지만, 지리교육에서의 관심은 상대적으로 부족하다.

둘째는 메타인지 개념에 대한 혼란이다. 메타인지 개념에 대해 지식과 기능이라는 매우 보편화된 이분법적 해석에도 불구하고, 심리학 분야에서는 메타인지 개념의 여러 측면 중에서도 지식적 측면에 관심이 집중하는 경향이 있다. 반면에 교과교육 분야에서는 기능적 측면에 관심이 집중되고 있다. 또한 메타인지 개념이 인간의 사고 과정에 반드시 수반되는 정의적 특성을 내재하고 있는 것이 사실이지만, 심리학 분야에서는 정의적 특성을 그다지 중시하지 않는다. 심리학 분야에서도 메타인지 개념의 정의적 특성을 완전히 무시하는 것은 아니지만, 기본적인 입장은 메타인지를 순수한 인지적 개념으로 간주한다. 그러나 교과교육의 관점에서는 메타인지를 인지적 특성과 정의적 특성이 결합된 복합체로 이해하는 것이 최근의 경향이다(김연식·김수미, 118). 메타인지에 대한 순수 심리학 분야의 이해와 관련한 혼란이 지리교육적 논의에서도 계속되고 있어서 메타인지에 대한 이론적, 실제적 적용을 어렵게 하는 문제가 되고 있다.

이에 본 장에서는 메타인지가 지리 교수–학습을 보다 효율화할 수 있는 중요한 개념이라는 관점에서, 메타인지에 대한 개념적 고찰을 통해 지리적 메타인지를 개념화하고자 한다. 그리고 이를 바탕으로 중학생의 '지도읽기' 탐구활동 과정에서 나타나는 학습자의 지리적 메타인지의 양상을 실제적으로 분석해 봄으로써, 메타인지에 대한 지리적 이해의 사례를 탐구하고자 한다.

2. 메타인지에 대한 개념적 고찰

Flavell이 메타인지의 모개념으로 '메타기억'이라는 용어를 처음 사용하면서 메타인지의 초기 개념은 메타기억과 거의 동일한 것으로 간주되었다. 그러나 최근에 혼돈되어 사용되는 메타기억, 메타이해(metacomprehension), 메타주의(metaattention), 메타언어(metalanguage)에서의 기억, 이해, 주의집중, 의사소통, 언어 등은 인지의 한 유형으로 간주될 수 있기 때문에 가장 포괄적인 의미를 가지는 것은 메타인지라고 할 수 있다.

포괄적 의미에서 인지 그 자체를 대상으로 하는 지식이면서, 인지 그 자체에 대한 이해라 할 수 있는 메타인지는 철학사적 관점에서 보면 전혀 새로운 개념이라고 할 수 없지만, 심리학 분야에서 명시적으로 거론되기 시작한 것은 1970년대 초반이다. 교과교육학에서는 80년대 문제해결 교육과 더불어 새로운 아이디어로 인식되기 시작했으며 도입 초기에는 암기나 독해 분야에 국한되어 사용되었다. 하지만 최근에는 문제해결 분야뿐만 아니라 개념학습 분야에서도 논의가 심화되고 있으며 다양한 분야로 확대되고 있다. 이렇게 메타인지가 교과교육학에서 특히 새로운 아이디어로 인식되고 있는 것은, 학습자를 적극적이고 능동적인 인지 주체로 간주하는 구성주의 사조와 관련이 깊다. 구성주의적 관점에서 볼 때 메타인지는 학습자가 지식을 구성해 가는 모든 과정의 인지 활동과 밀접하게 관련되기 때문이다.

메타인지에 대한 이와 같은 인식의 진전에도 불구하고, 메타인지 개념에 대한 혼란과 불명확성은 교과교육 연구의 진전이나 교실 수업에서의 활용을 어렵게 하는 근본적인 문제가 되고 있다. 사실상 메타인지 개념은 도입 초기부터 최근에 이르기까지 그 애매함이나 불명확함이 지속적으로 지적되었고, 개념의 불명확성에 대한 원인이 다각적으로 탐색되어 왔지만, 그 원인은 다음의 네 가지로 요약된다. 첫째, 구체적 행동에 대해 그것이 메타인지인지 아닌지에 대한 객관적 합의가 없다. 둘째, 여러 다양한 개념이 메타인지라는 하나의 용어로 대표되고 있다. 셋째, 메타인지 개념에 대한 대부분의 정의가 열린 정의 방식을 취하고 있다. 넷째, 메타인지 개념은 아직까지 체계적으로 이론화되지 않은 미완의 개념으로서, 과학적 이론화의 중간 단계에 놓여 있다고 할 수 있다(김수미, 1996, 6).

지리교육에서 메타인지에 대한 이론적, 실제적 논의를 진전시키기 위해서는 무엇보다 먼저 메타인지 개념에 대한 보다 명확한 이해와 개념적 규명이 선행되어야 한다. 이를 위해서 메타인지 개념을 먼저 인지와 대비시켜서 고찰하고, 혼돈되어 사용되고 있는 선행개념을 살펴본 다음, 이를 바탕으로 메타인지의 하위개념을 규명하고자 한다.

1) 인지와 메타인지

메타인지 개념의 명확화를 위한 하나의 접근 방법은 인지와 메타인지를 대비시켜 고찰하는 것이다. 인지와 메타인지를 구분하는 준거는 ① 무엇을 의도로 하는 행동인가에 따른 구분이다. 이것은 단순히 인지적 진전을 위해 채택된 행위인가, 아니면 그것을 점검하거나 조정하기 위해서 채택된 행위인가에 따라서 구분되는 것이다. ② 행위 자체에 따른 구분이다. 이것은 그 행위가 단순한 지적 행위인가, 아니면 계획, 선택, 점검 행위인가에 따라서 구분된다. ③ 지식의 내용에 따른 구분이다. 즉 단순한 영역적 지식인가, 아니면 그 지식을 잘 활용할 수 있는 방법에 대한 지식인가에 의해 구분된다. ④ 시간적 순서에 따른 구분이다. 이것은 시간적으로 먼저 발생했는가, 아니면 나중에 발생 했는가에 의해 구분되는 것이다. 이를 정리하면 표 5-1과 같다(조희연, 2000, 14).

위와 같은 기준을 바탕으로 인지와 메타인지에 대한 개념을 다음과 같이 분류할 수 있다.

첫째, 행위자의 의도에 따라 그것이 모니터링을 위한 것이면 메타인지적 행동으로, 단순히 인지적 진전을 위한 것이면 인지적 행동으로 간주한다.

둘째, 행위자의 의도와 상관없이 그것이 계획 활동, 전략 등의 선택 활동, 모니터링 활동이면 메타인지로 간주한다.

셋째, 같은 조절행위라도 의식성을 기준으로 그것이 행위자에 의해 의식적으로 채택되었다면 메타인지적이지만, 무의식적으로 채택되었다면 메타인지적이라 할 수 없다.

넷째, 메타인지를 지식으로 보았을 때 그 내용에 따라 구분한다. 즉 교과 내용 그 자체에 대한 지식이면 인지적 지식이고, 교과 내용을 공부하는 방법에 대한 지식이면 메타인지적이다. 보다 구체

표 5-1. 인지와 메타인지의 구분

구분의 준거	주장한 학자	인지	메타인지
1. 행위의 의도	Flavell	• 인지적 진전을 위한 지적 활동	• 인지적 활동을 통제하는 기능
2. 행위 자체	Meichenbaum	• 전략의 실제적 처리	• 자신의 인지에 대한 자각 • 인지를 통제하는 능력
	Garofalo & Lester	• 행하기	• 행위를 선택, 계획, 점검
3. 지식의 내용	Brown	• 지식의 단순한 이해	• 지식의 적절한 활용 • 자신의 지식상태를 자문하는 것
4. 시간적 순서	김수미	• 선행 행위	• 후행 행위

적으로 전략 자체에 대한 지식이면 인지적이지만, 그러한 전략을 사용하는 방법에 대한 지식이면 그것은 메타인지적이다.

다섯째, 행위가 발생한 시간적 순서에 의한 구분이다. 즉 후발 행동이 선발 행동의 고찰 결과에 의한 것이라면, 그것은 선발 행동에 대한 메타인지라고 할 수 있다. 그리고 또다시 후발 행동에 이어 그에 대한 후발 행동이 일어났다면, 전자의 후발 행동은 후자의 인식 대상으로서 인지적인 것으로 구분된다.

이와 같이 인지와 메타인지를 대비하는 것은 메타인지 개념의 불명확성 문제를 해결하기 위한 하나의 연구 방식이지만, 이러한 방식이 사고 활동의 복잡성을 간과한 데서 비롯된 발상이라는 지적 또한 만만치 않다. 즉, 인간의 사고는 끊임없는 상호작용을 통해 인지적 차원과 메타인지적 차원을 빈번히 넘나들며, 이 두 차원이 거의 동시에 발생하기도 한다. 이러한 관점에서 볼 때, 인간의 구체적인 행동을 인지적인 것과 메타인지적인 것을 구분한다는 것은 판단에 대한 객관성의 문제를 가지므로 의미 없는 일이 될 수도 있다. 그러나 인지와 메타인지를 대비시키는 과정들은 그들 간의 상호작용을 완전히 배제함을 의미하는 것은 아니며, 무엇보다도 그 필요성 때문에 이루어지는 것이다. 지식의 적절한 활용이라는 관점에서 본 지식과 그 지식의 단순한 이해 사이에는 큰 차이가 있으며, 이러한 시각은 구체적인 상황에서 메타인지 개념의 다양성을 조망할 수 있게 하는 안목을 제공해 주는 데 매우 유용하기 때문이다(김수미, 1996, 40).

2) 메타인지와 선행개념

현재의 메타인지 개념을 철학사적 입장에서 보면 완전히 새로운 개념이 아니다. 즉 메타인지 개념은 Flavell에 의해 만들어진 것이 아니라, 용어의 출현 이전부터 여러 철학자들에 의해 그 핵심적 특성이 이미 인지되고 있었다. 반성적 독해(reflective reading)를 강조한 Dewey에 의하면, 학습이란 사고하는 방법을 배우는 것(learning to think)이며, 독서는 교재로부터 자극 받는 사고활동(thinking stimulated by texts)이다. 그리고 사고는 새로운 어떤 것을 찾기 위해 탐구, 조사, 뒤집기, 파고들기를 하는 것이다. 즉 사고는 탐구활동이다. 이처럼 메타인지라는 용어가 직접 사용되지는 않았지만 그와 매우 유사한 개념이 상당히 오래전부터 여러 학자들에 의해 이미 인지되고 있었음이 여러 자료를 통해 밝혀지고 있다.

특히 '반성'과 '자기조절(self-regulation)'은 메타인지 개념을 규정하기 위해 사용되는 용어로 '인지에 대한 반성'과 '인지에 대한 조절'은 메타인지 개념의 가장 대표적인 정의라 할 수 있다. 최근에는 메타인지 개념이 다면적인 개념으로 인식되면서 그에 대한 기원이 여러 방향에서 탐색되고 있는데 Brown의 '실행적 제어' 개념과 Vygotsky가 제시한 사회적 상호작용을 통한 자기조절적 행위의 내면화 과정, 즉 '타 조절(other—regulation)'이 그것이다.

'타 조절'은 타인과의 사회적 상호작용을 통해 내적 인지가 형성되는 Vygotsky의 이론을 Piaget의 자기조절 개념과 대비시키기 위해 Brown이 만든 용어이다(김수미, 1996, 27). 이처럼 메타인지 개념의 기원과 관련된 대부분의 논의는 반성, 자기제어, 자기조절, 타조절이 그 바탕을 이룬다. 이 네 가지 개념을 현재의 메타인지 개념의 기원으로 간주하고 각각에 대해 간략히 고찰하면 다음과 같다(김수미, 1996, 15–16).

첫째, '반성'은 그 의미가 매우 다양하지만, 기본적으로 사유의 대상이 정신 조작, 즉 자신의 인지과정이라는 점에서 메타인지 개념의 핵심과 일치한다. 실제로 메타인지는 '인지에 대한 반성'으로 일컬어지기도 한다. 그러나 메타인지는 내적 정신세계의 존재성에 대한 명확한 통찰을 전제로 한다는 점에서 반성 개념과는 구분된다. 그렇다면 메타인지 개념은 반성 개념과 어떻게 다른가? 대략적으로 말해 반성은 메타인지의 여러 핵심적인 측면 중의 한 부분이라 할 수 있다.

둘째, '실행적 제어'는 정보처리 모델에서 비롯된 개념으로, 메타인지의 기능적 측면과 밀접히 관련되어 있다. 정보처리 관점에서는 인간의 정보처리 과정을 컴퓨터의 정보처리 과정과 동일시하지만, 인간은 기계와 달리 수많은 요인에 의해 영향을 받는 매우 복잡한 인지시스템이라 할 수 있다. 따라서 메타인지는 기존에 간과되어 온 인지과정에서 인간의 심리적, 정서적 측면을 고려하고 있다는 점에서 단순한 정보처리 모델과 구분된다. 그러나 인지와 메타인지를 구분하기 어려운 만큼, 메타인지 개념이 병합된 문제해결 모델을 정보처리 관점에서 문제해결 모델과 구분한다는 것은 매우 어려운 작업이다.

셋째, '자기조절'은 메타인지 개념이 출현하기 전부터 Piaget에 의해 많은 연구가 이뤄진 주제이다. Piaget는 자기조절의 세 가지 수준을 고려했는데, 최상의 수준은 의식적 조절로서 무의식적 자동조절이나 행동의 차원에서 발생하는 행동적 조절과는 구분된다. 그러나 현재 사용되고 있는 메타인지 개념은 여러 수준의 자기조절 행위를 동시에 포괄하고 있다. 특히 학습 활동에 대한 무의식적인 자기조절 행위와 의식적인 사고 간의 기본적인 구분도 이뤄지지 않는 경우가 대부분이다.

제1부 지리심리학과 지리수업

넷째, Vygotsky가 제안한 사회적 상호작용에 의한 인지적 내면화, 즉 '타조절(other-regulation)'이다. 이것은 어떤 개념이 내면화되기까지의 과정에 관한 것으로, 일반적으로 그러한 과정에서 필수적인 메커니즘으로 간주되는 자기조절적 행위 이전의 것을 의미한다. 어린 아동의 경우는 교사나 부모의 중재 없이 스스로 조절 행위에 도달하지 못하며 교사나 부모, 혹은 친구들에 의한 타율적인 조절행위가 필요하고, 이것이 결국 내면화됨으로써 자기조절적 기제를 획득하게 된다는 것이다. 이와 같은 타율적 조절 행위는 메타인지 개념과 직접적인 관련이 있기보다는, 메타인지적 조절 행위를 획득하기 위한 하나의 중재적 수단으로서의 성격이 강하다고 할 수 있다.

3) 메타인지의 하위개념

메타인지는 흔히 '인지에 대한 인지', '사고에 대한 사고', '인지에 대한 반성' 등으로 정의되지만, 이러한 정의를 해석하는 관점은 매우 다양하다. 메타인지의 초기 개념은 주로 인지 현상에 대한 지식을 일컫는 것이었지만, 최근에는 그러한 인지적 현상을 점검하고 조절하는 기능으로 그 의미가 확장되고 있다. 메타인지에 대한 분석적 이해를 위해 시작된 메타인지의 구분은 Flavell의 분류를 모체로 다양한 연구가 진행되었으며, 그 내용은 다음의 표 5-2와 같다(조재영, 1996, 24).

Flavell은 메타인지의 영역을 메타인지적 지식(metacognitive knowledge)과 메타인지적 경험(metacognitive experience)으로 분류하면서, 초기의 연구자들은 메타인지를 주로 지식적 관점

표 5-2. 메타인지의 분류

연구자	지식면	기능면	경험면
Fravell	• 메타인지적 지식: 개인(인간), 과제, 전략		• 메타인지적 경험
Brown	• 정적인 지식: Flavell의 범주	• 전략적 지식: 계획, 예측, 추측, 감시	
Garofalo & Lester	• 인지의 지식: Flavell의 범주	• 인지의 조절: 감시, 평가, 제어	
Paris, Jacobs & Cross	• 인지에 관한 의식: 서술적 지식, 절차적 지식, 조건적 지식	• 자기 감시: 평가, 계획, 조절	
重松敬一	• 메타인지적 지식: 환경, 과제, 자기, 전략	• 메타인지적 기능: 감시, 자기평가, 제어	
岩合一男	• 메타인지적 지식: Flavell의 범주	• 메타인지적 기능: 감시, 자기평가, 제어	

표 5-3. 메타인지적 지식과 메타인지적 기능

구분	의미
메타인지적 지식	• 인지적 사실들과 관련하여 습득한 일상적 지식 • 자신의 인지 작용의 상태를 판단하기 위해 저장된 지식
1. 개인	• 인지적 주체자인 인간에 대하여 사람들이 획득하게 되는 모든 종류의 지식과 신념체계(동기, 불안, 인내 등) • 인지적 활동의 수행자로서 자신과 다른 사람에 대해서 믿고 있는 것 • 인간 내, 인간 간 인지적 차이에 대한 지식
2. 과제	• 인지적 과제의 수행 과정에 직면하거나 다루는 정보에 대한 성질, 과제가 가지고 있는 성질과 관련된 것들 • 과제 수행에 영향을 주는 과제의 특징에 대한 개인적 의식(내용, 상황, 구조, 문장 구조, 과정)
3. 전략	• 인지적 행위에 관한 정보를 제공하거나 또는 그 행위의 진전에 관한 정보를 제공하는 것 • 이해, 조직, 계획 실행, 검사, 평가하는 데 도움을 주는 의식
메타인지적 기능	• 메타인지적 지식에 비추어 인지 작용을 직접적으로 조정하는 기능
1. 점검	• 인지 작용의 진행 상태를 직접적으로 체크하는 기능 • 메타인지적 지식에 비추어 자기의 인지활동의 진행을 감시하는 기능
2. 평가	• 인지 작용의 결과를 메타인지적 지식과 조합해 직접적으로 평가하는 기능 • 자신의 인지활동 성과를 평가하는 기능
3. 제어	• 평가에 기초하여 인지 작용을 직접적으로 제어하는 기능 • 자기의 인지 활동에 지시를 하고 그 후의 활동을 속행, 수정하는 기능

에서 다루었으나, Brown이 전략적 지식으로서의 기능적 특성을 부여하면서 메타인지적 지식과 메타인지적 기능(matacognitive function)로 분류되는 것이 일반적인 입장이다. 이러한 관점에서 메타인지를 분류하고 그에 따른 의미와 그 예를 제시하면 표 5-3과 같다(조재영, 1996; 조희연, 2000).

메타인지적 지식은 인지 작용의 상태를 판단하기 위해 저장된 개인(person), 과제(task), 전략(strategy)에 관한 지식의 세 가지 범주로 분류된다. 개인변인에 관한 지식은 학습자 자신의 인지적·정의적인 것과 관련된 심리적 특성에 관한 지식을 말한다. 즉, 학습자 자신의 인지적인 강점, 약점, 능력, 동기, 태도 등에 대한 지식을 포함한다. 이런 지식은 학습자의 개인적 동기, 흥미, 호기심, 불안감 같은 정의적 상태에 관한 이해뿐 아니라 환경과 상호작용할 수 있는 자기 자신의 능력과 신념도 포함하고 학습자가 좋아하는 학습 양식에 관한 자각과 그러한 형태의 탐색도 포함한다.

과제변인은 과제의 성격이나 특성에 관한 지식을 말한다. 이러한 지식은 개개인이 특정한 수업 상황에서 과제의 특성은 무엇이며, 과제의 특성에 비추어 볼 때 어떠한 인지 형태를 취해야 하는가에 대하여 아는 것 그리고 그 과제를 어떻게 다루어야 하는가에 대하여 아는 것을 포함한다. 또한 과제의 난이도는 어느 정도인지, 과제를 단순히 암기해야 할 것인지, 아니면 종합할 것인지 등을 판단하는 것 등에 관한 지식도 포함한다.

전략변인은 전략을 어떻게 사용해야 하는지, 어떤 전략이 사용 가능한지 또는 어떤 전략이 어떻게 작용할지에 대한 지식이다. 즉 이 변인은 전략을 선택하고, 전략 활용을 점검하며, 전략에 관한 평가를 하는 등에 관한 지식을 포함한다. 학습자가 가장 좋은 학습 결과를 얻기 위해서는 어떤 전략이 가장 효과적인지를 안다면, 그 사람은 전략변인에 대하여 안다고 말할 수 있다.

메타인지를 일종의 기능으로 간주하는 것은 그것을 지식으로 간주하는 것과 마찬가지로 메타인지 개념에 대한 일반적인 입장이라고 할 수 있다. 일반적인 학습 활동에 사용되는 메타인지적 기능에는 계획(planning), 점검(monitering), 검토(checking) 등이 있는데, 이것은 각각 학습에 들어가기 전, 학습 중, 학습 후의 행동이라고 할 수 있다. 또한 메타인지 기능을 평가(evaluation), 계획(planning), 조절(regulation) 등으로 구분하기도 하고, 정보처리적 관점에서는 메타인지를 지식이 아닌 기능으로만 간주하기도 한다. 다양한 구분이 이루어지고 있지만, 기능 영역의 세분화에서 주목받는 것은 Garofalo와 Lester(1985)의 구분이다. 즉, 그들은 기능적 영역에 해당하는 인지적 조절을 점검(moniter), 평가(evaluation), 제어(control)의 세 가지 요소로 구분한다(김수미, 1996; 조재영, 1996; 조희연, 2000).

점검은 인지활동 중에 인지작용의 진행 상태를 직접적으로 확인하는 것이다. 즉 메타인지적 지식에 비추어 자신의 인지진행 상태를 점검하는 기능이라고 할 수 있다. 평가는 자신의 인지 활동의 결과에 대하여 객관적으로 판단하는 기능이다. 제어는 자신의 인지활동을 지시하고 그 후의 활동을 진행, 수정하는 기능으로 평가에 기초하여 인지작용을 직접적으로 통제하는 기능이다.

이와 같이 기능으로서의 메타인지는 인지적 과제를 효과적으로 수행하기 위한 전략적인 행동 혹은 의사결정과 관련된 기능이라고 할 수 있다. 이러한 개념과 관련되어 공통적으로 제시되는 몇 가지 행동 유형들이 있다. 예를 들면, 문제에 착수하기 전에 문제가 무엇인지를 이해하는 것, 과제의 성격에 대해 고찰하는 것, 전반적인 계획을 세우는 것, 적절한 전략을 구상하는 것, 주의, 노력, 시간 등을 적절하게 배분하는 것, 필요한 경우 비생산적인 전략 혹은 계획을 수정하거나 포기하는 것, 전략이나 계획의 실행 결과에 대하여 평가하는 것 등이 그것이다.

3. 지리교육에서 메타인지의 이해

1) 교수-학습 과정과 메타인지

앞에서 고찰한 바와 같이 메타인지란 일반적으로 '인지에 대한 인지' 또는 '사고에 대한 사고'라고 정의된다. 이러한 개념을 지리교과에 적용한다면, '지리적 인지에 대한 인지' 또는 '지리적 사고에 대한 사고'라고 정의할 수 있다. 여기서 지리적 인지와 지리적 사고는 동일한 의미이며, 사고는 지식을 도구로 사용할 때 가능하기 때문에 지리적 사고는 지리적 지식을 바탕으로 한다. 유의미한 지리적 지식은 단순한 내용으로서의 지식뿐만 아니라 문제를 해결하고 탐구해 가는 방법에 관련된 다양한 지식을 포함한 지식이다. 이렇게 교과 내용으로서의 지리적 지식과 사고는 기본적으로 분리가 불가능하며 역동적으로 상호작용한다. 이들 간의 동시적이고 통시적인 상호작용을 통해 지리적 사고력은 발달하게 된다.

지리적 사고력은 지리적 지식을 바탕으로 세계 여러 지역의 지리적 특징을 체계적으로 이해하고 지리적 문제를 해결하기 위해 의도적이고 복합적인 사고 기능을 수행하는 총체적인 사고 능력이다. 이러한 지리적 사고력은 적절한 사고 기능과 전략을 바탕으로 한 교수-학습 과정에서 지리적 지식과 사고 과정이 역동적으로 상호작용한 결과로 발달하는 총체적인 사고 능력으로서 영역 특수적이다. 즉, 지리적 지식을 바탕으로 한 지리적 사고 과정에서 작용하는 인지적 조작은 다른 교과 영역의 사고 과정과는 다르다는 것이다(강창숙·박승규, 2004, 584).

그러므로 지리적 사고력은 지리 교수-학습을 통해서 가장 적극적으로 발달할 수 있다. 교사와 학생의 실제적 활동으로 이루어지는 지리 교수-학습은, 교수와 학습 각각의 상호주관성을 상보적으로 고려하는 맥락에서 이루어지는 과정이다. 즉, 교수-학습 활동은 교사와 학습자가 서로 의미 있는 영향을 주고받는 상호보완적이고 역동적인 활동이다. 이렇게 교사와 학생의 상호작용으로 이루어지는 교수-학습 활동 중에는 많은 메타인지가 발생할 수 있는데 그것을 그림으로 나타내면 그림 5-1과 같다[Grows(ed.), 1992; 조재영, 1996에서 재인용].

이러한 메타인지는 교사와 학생 양자가 교수-학습 과정 중에 서로에게 작용하며, 궁극적으로 학생의 메타인지 개념 형성에 도움이 될 뿐만 아니라 문제해결력 신장에도 기여하게 되는 것이다. 교사의 교수활동을 위한 메타인지도 결국은 학습자의 학습 활동을 효율적으로 돕기 위한 것이다. 교

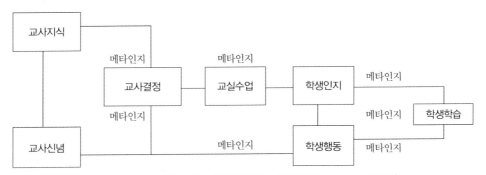

그림 5-1. 교수-학습 과정에서 발생하는 메타인지(Grows, ed., 1992)

수-학습 활동은 교사와 학생의 상호 인지 작용을 통하여 전개되며, 학습된 내용 지식은 시간이 흐름에 따라 학생의 장기 기억에서 지워지더라도 메타인지적 적용의 기능은 지속되기 때문에 교수-학습에서 메타인지는 학습자의 학습 효율성을 조력할 수 있는 개념으로 주목받는 것이다.

지리교육의 내용을 구성하고 있는 지리적 지식이 항상 모든 학생들을 고차적 사고력으로 이끄는 것이 아니다. 특정 과제나 개념이 어떤 학생에게는 고차적인 것이 될 수도 있고, 어떤 학생에게는 그와 같은 것이 일상적인 수준의 저차적인 것이 될 수도 있기 때문에 상대적이다. 또한 학습자 개별의 근접발달영역에 따라 다르기 때문에 관계적이고 상황 구체적이다. 그러므로 개별 학습자의 지리적 사고력은 학습자가 직면하고 있는 구체적인 환경과 조건에 따라 다르기 때문에, 사고가 일어나는 구체적인 환경과 사회문화적 맥락에서 이해해야 한다(강창숙·박승규, 2004). 마찬가지로 메타인지적 교수-학습 활동은 제한된 내용 영역의 특별한 상황에서 일어날 때 가장 효과적이며, 교사에 의해 체계적으로 조직된 방법 내에서 작용할 때 가장 효과적이라고 한다.

지리교육에서 학습자의 메타인지에 대한 논의는 주로 공간적 인지 능력과 관련된 인지적 지도화 과제 해결과 관련하여 간접적으로 언급되었고, 최근 지도 학습과 관련하여 좀 더 구체적이고 직접적으로 논의되고 있다. 먼저, 공간적 인지 능력과 관련된 인지적 지도화 과제 해결과 관련한 성별 차이에서 간접적으로 언급되고 있는 내용에 대해 살펴보면 다음과 같다.

생물학적인 성별 차이에 관심을 둔 지리학자 및 심리학자들의 연구는 모두 여성과 남성의 일상적인 지리적 지식 및 공간적 능력에는 차이가 있다고 보고하고 있으며, 대략 4세부터 나타나기 시작한 공간적 지식과 능력에서의 차이가 일생 동안 지속되는 것으로 설명한다. 이에 대한 연구들은 주로 공간적 지식 혹은 능력에 대한 성별 차이에 집중되고 있다. 연구 내용은, 주로 공간적 능력에서 나타나는 차이나 근원적인 지식의 차이 혹은 두 가지를 결합하는 능력의 차이를 인지적 지도를 완성하는 능력에서의 차이로 설명하고 있다. 인지적 지도화는 일상적인 공간에 대한 지식 그리고 그러한 지식을 어떻게 획득하고, 저장하며, 회상하고 번역하는지를 나타내 주는 표상이기 때문이다(강창숙, 2004, 972).

학교 교과로서의 지리에 대한 선호도를 조사한 한 연구는, 여학생들은 본능적으로 약한 공간적 기능 때문에 지리를 선호하는 경우가 더 적다고 결론짓는다. 그리고 이러한 차이의 기반은 성별 심리적인 차이와 매우 어린 나이부터 경험한 사회화 과정에 있다는 것이다. 학생들의 지리적 능력에 영향을 미치는 중요한 심리적 차이를 다음과 같은 네 가지로 규정했다(Gonzalez and Gonzalez, 1997, 120-121; 강창숙, 2004).

- 여자는 보다 우수한 언어 능력을 가지고 있다.
- 남자는 좀 더 적극적으로 행동한다.
- 남자는 전체적으로 수학에서 보다 수준 높은 기능을 가지고 있다.
- 남자는 가시적-공간적 과제에서 좀 더 우수한 기능을 가지고 있다.

이러한 결과들은 테스트 그 자체 혹은 제시된 개념이나 과제의 특성상 나타날 수밖에 없는 편견일 수도 있다. 연구 방법론적인 문제에도 불구하고, 이러한 연구 결과들은 형식적인 교실 수업과 비형식적인 교육 환경 모두에서 지리적 지식과 기능의 교수-학습 과정에 영향을 미치게 되는데, 대표적인 것이 메타인지적 문제라는 것이다. 즉, 지리 학습 과제를 수행하는 데 있어서 인지적 능력이 부진한 여학생들은 메타인지 차원의 자신감도 잃게 되는 문제로 어려움을 겪을 수 있다는 것이다.

메타인지적 문제의 하나는 무엇을 알아야 하는지에 대한 혼란을 해결하기 위해 '아는 방법을 아는 것'이고, 다른 하나는 알고 있는 것에 대한 자신감을 확신하기 위한 '알고 있는 것에 대해 아는 것'이다. 자신감을 잃게 되면, 판단능력도 멈추게 되고, 공간적 행위를 두려워하거나 회피하게 되며, 그러한 혼란은 공간적 지식과 능력의 발달을 저해하게 된다. 좀 더 나은 결과를 도출할 수 있다는 자신감을 가진 사람과 그 수행 능력 간에는 분명한 관련성이 있기 때문이다(강창숙, 2004).

다음은 좀 더 구체적이고 직접적인 연구들이다. 이에 관련된 연구 역시 그 논의가 활발하지는 않지만, 전자에 비해 메타인지의 개념적 이해 등에 있어서 인식의 진전이 이루어졌으며, 주된 연구 내용으로 다루고 있다는 점에서 좀 더 구체적이고 직접적이다.

이에 대한 연구는, 지리적 기능의 개발 그리고 지도읽기와 해석 방법을 함양하는 데 유용한 메타인지적 접근과 메타인지적 원리들을 개략적으로 제시한 Cox(1988)의 연구, 구성주의적 관점에서 학습자의 인지를 촉진할 수 있는 주요 개념으로 메타인지를 제시한 Leat(1997)의 연구, 지도를 통한 지리 학습의 인지적 촉진을 위해 지도 기능(map skills)을 상세화하고, 이러한 기능들의 개발에서 메타인지의 중요성을 강조한 Weeden(1997)의 연구, 메타인지적 접근 방법에 의한 지도 학습을 위한 기능들을 나름대로 제시하고 개략적으로 설명한 임덕순(2002)의 연구 등이 있다. 특히 영국의 국가 교육과정에서 제시하는 사고기능을 지리교육과정으로 구체화한 Leat 등(2002)의 연구와 Nichols와 Kinniment(2003)의 연구는 메타인지를 사고력 교수–학습 과정의 맥락에서 좀 더 구체적으로 제시한다.

메타인지에 대한 위와 같은 지리교육적 논의에서 알 수 있는 것은, 공간적 인지 능력과 관련된 인지적 지도화 과제 해결과 관련하여 메타인지의 중요성이나 문제점을 간접적으로 언급하는 논의들은 주로 메타인지적 지식의 측면에서 메타인지를 이해하고 있다는 것이다. 그리고 메타인지에 대해 좀 더 구체적이고 직접적으로 논의하고 있는 후자의 경우는 메타인지적 기능에 대해서도 개념적으로 이해하고 그 중요성을 부분적으로 언급하는 경우도 있지만, 메타인지에 대한 지리교육적 번안이나 구체적인 설명은 이루어지지 않고 있다는 점이다. 학습자의 학습을 효율적으로 이끄는 개념으로 메타인지를 실제화하기 위해서는, 그 중요성을 강조하는 선언적 수준에서 벗어나 지리교과 내용의 좀 더 영역 특수적인 측면에서 지리적 메타인지를 개념화하고 구체화하는 것이 선행되어야 한다.

2) '지도읽기' 탐구활동과 지리적 메타인지

현재, 우리 교실에서 이루어지는 지리수업은 크게 교사의 설명과 학생의 탐구활동으로 구분할 수 있다. 무엇보다도 현행 제7차 중학교 사회과 교육과정은 학습자 중심의 교육을 기본 정신으로 한다. 학습자 중심이란 한편으로는 수준별 교육과정을 의미하며, 다른 한편으로는 자기주도적 학습을 의미한다. 학습자 중심의 수준별 교육은, 학습자의 자기주도적 탐구활동을 바탕으로 하며, 학습자의 능력과 요구에 따른 다양한 개인차를 고려토록 하는 것이다. 그에 따라 10종의 검정 교과서들이 개발·보급되었으며, 그 구성체제는 대부분 학습자 활동 중심의 탐구모형이다.

탐구활동을 통한 학습자의 탐구는 소위 말하는 발견학습이나 문제해결학습 혹은 창의적 활동이나 실험 실습으로 불리는 학습 경험들의 범주를 통해서 이루어지는 학습 경험들이다. 지리 교과에서 이루어지는 탐구활동을 대표하는 것 중의 하나가 지도를 이용한 탐구활동(혹은 지도를 통한 탐구활동, 이하 지도학습)이다. 지도 학습은 지리학습의 기본적인 기능이면서도 일상생활에서 가장 실질적으로 유용성을 갖는 지도 기능(map skill)을 중심으로 이루어진다. 지리적 사고력 함양의 토대가 되는 지리적 기능의 하나인 지도 기능은 다양하지만, 지리수업을 통해서 학습하게 되는 기능은 지도읽기(reading maps), 지도이용(using maps), 지도해석(interpreting maps), 그리고 지도화(making maps)가 일반적이다(Weeden, 1997; 임덕순, 2002).

간단히 말하자면, 지도읽기는 지도상의 언어(기호)가 의미하는 바를 잘 해독하는 것이며, 지도이용은 지도상의 지형을 지표상의 지형과 직접 관련짓는 것이고, 지도해석은 지도상에서 관찰되는 지형과 패턴들을 자신이 알고 있는 지리적 지식과 관련지어 이해하는 것이며, 지도화는 여러 가지 정보를 지도 형식으로 기호화하는 것이다(Weeden, 1997, 169). 이중 가장 기본적이면서 탐구활동에서 가장 많이 활용되는 것은 지도읽기라고 할 수 있다. 이에 '지도읽기' 탐구활동에서 가정할 수 있는 지리적 메타인지를 표 5-3을 바탕으로 구성하면 다음의 표 5-4와 같다.

일차적 인지에 대한 지식이라고 할 수 있는 메타인지적 지식은 인지 활동을 통해서 의식적 혹은 무의식적으로 획득되는 인지에 대한 지식이라고 할 수 있다. 따라서 학습자 자신이 반드시 의식하는 것은 아니며, 의식하지 못하는 상태에서 인지 활동에 영향을 미치는 경우도 있다. 지도읽기에 대한 메타인지적 지식은 자기 자신에 대한 지식(개인), 과제에 대한 지식(과제), 전략에 대한 지식(전략)으로 나눌 수 있다.

자기 자신에 대한 지식은 평소 자신에 대해 지니고 있는 자기 평가적 지식 또는 신념으로써, 문제 해결의 성공 여부에 중요한 역할을 한다. 즉, 문제 해결에 영향을 줄 수 있는 정의적 특성(동기, 불안, 인내 등)과 같은 개인적 신념, 자신의 인지적 능력, 어떤 문제에 대한 약점과 강점 알기, 자신의 부주의나 실수를 인식하기, 자신이 공간적이고 시각적인 처리에는 약하다는 것을 인식하기 등을 포함하는 지식이다. 이러한 지식은 객관성이나 타당성이 결여되어 있는 경우도 있으며, 주관적인 지식으로 오히려 자기 신념에 가까운 경우가 많다.

제1부 지리심리학과 지리수업

표 5-4. '지도읽기' 탐구활동에 대한 지리적 메타인지

구분	의미	예
메타인지적 지식	• 지도인지에 관련된 일상적 지식 • 자신의 지도인지 상태를 판단하기 위한 지식	• 인지 활동의 주체자인 인간과 인지 활동의 대상인 과제, 그리고 인지 활동을 수행하는 데 필요한 전략에 관한 지식
1. 개인	• 지도에 대한 자기 평가적 지식이나 신념 '지도읽기'라는 인지 활동의 수행자로서 자신 과 다른 사람에 대해서 믿고 있는 것	"나는 지리(사회)를 좋아한다." "지도에 대한 문제는 자신 있다."
2. 과제	• 지도읽기 탐구활동에서 직면하거나 다루는 정보의 특성과 관련된 것들 • 지도읽기 탐구활동에 대한 개인적 의식	"지도 나오는 문제는 어렵다." "지도 나오는 문제는 많이 해 보아서 쉽다." "기호와 방위를 알면 쉽게 풀 수 있다." "실제 거리는 축척을 이용해서 풀면 된다."
3. 전략	• 지도읽기에 관한 정보를 제공하거나, 탐구활동의 진전에 관한 정보를 제공하는 것 • 이해, 조직, 계획 실행, 검사, 평가하는 데 도움을 주는 의식	"문제를 다시 잘 읽어 보자." "지도에 표시하면서 문제를 풀면 더 쉽게 할 수 있다."
메타인지적 기능	• 메타인지적 지식에 비추어 지도읽기 탐구활동을 직접적으로 조정하기	• 메타인지적 지식에 비추어 자신의 인지 활동을 직접적으로 감시, 평가, 제어하는 기능
1. 점검	• 지도읽기 탐구활동의 진행 상태를 직접적으로 감시, 수정, 재조직하는 기능	"전에 해 본 문제인가?" "지금까지 풀이 한 것은 틀리지 않았는가?"
2. 평가	• 지도읽기 탐구활동의 결과나 성과를 메타인지적 지식과 관련지어 직접적으로 평가하는 기능	"재미있다." "이 답은 문제의 뜻에 맞는 것 같다."
3. 제어	• 지도읽기 탐구활동의 결과나 성과에 대한 평가에 기초하여 인지 작용을 직접적으로 제어하고, 그 후의 활동을 속행, 수정하는 기능	"해 본 대로 해라." "답을 확인해 보자."

과제에 대한 지식은 과제 수행에 영향을 주는 과제의 특성에 대한 개인의 의식으로, 내용, 상황, 구조 등이 있다. 내용은 과제의 지리적 내용 특성과 관련된 것이며, 상황은 과제에 대한 친근감의 정도와 관련되는 것으로 교과 내용과는 거리가 멀다. 구조는 과제에서 제시된 요소들(기호, 방위, 축척 등) 간의 논리적 관계를 의미한다. 과제에 대한 지식은 학습자가 문제 해결 과정에서 가장 먼저 직면하게 되는 것으로, 제시된 과제의 특성을 잘 이해할 때 좀 더 쉽게 문제를 해결할 수 있다. 과제의 특성 혹은 문제의 성질을 이해하지 못하여 더 이상 진전하지 못하는 경우가 많으므로 평소 수업에서 과제의 특성을 올바르게 이해하는 훈련이 필요하다.

전략에 대한 지식은 이해, 조직, 계획, 실행, 검사, 평가에 도움을 주는 전략에 대한 학습자 개인의 의식과 관련된 것이다. 즉, 지도 인지 활동의 진전을 위해서 어떠한 전략이 가장 효과적인가를

아는 것이며, 문제를 해결하기 위한 하나의 접근법이 다른 접근법보다 언제 더 효과적인가를 아는 것이며, 대안적 방법이 언제 제시되어야 하는지를 아는 것이다.

이러한 메타인지적 지식의 각각은 개별적으로 작용할 뿐만 아니라 서로 관련되어 상호작용하기도 한다. 예를 들어, 개인-과제는 과제의 곤란에 대한 평가와 과제의 특성에 대한 선호로, 개인-전략은 가능하고 유효한 전략을 사용하는 것에 대한 친근감과 자신감으로, 과제-전략은 지도가 나오는 과제는 지도에 나오는 기호나 방위를 잘 알아야 한다는 것을 의식하기 등이다.

일반적인 인지 활동의 조절 작용이라고 할 수 있는 메타인지적 기능은 점검, 평가, 제어로 구분할 수 있으며, 실행적 기능의 성격을 가지고 있다. 점검은 '지도읽기' 탐구 활동 중에 학습자 자신의 인지 상태를 지속적으로 감시함으로써 자신의 활동 과정을 수정하고 재조직하는 것을 의미한다. 이러한 과정을 통해서 학생들은 자신의 인지를 인식할 수 있으며, 탐구 활동의 진전을 위해 좀 더 적절한 전략과 방법들을 사용할 수 있게 된다.

평가는 자신에게 부여된 과제 자체와 자신의 과제 수행 활동을 객관적으로 평가하고 검토하는 활동으로, 과제를 평가하는 능력과 자신의 수행을 평가하는 능력으로 구분된다. 과제와 수행 상황을 평가하는 능력의 부족은 문제 해결에서 최종적인 실패를 가져올 수 있다. 성공적인 문제 해결자는 과제 수행 중에 수시로 자신의 문제 해결 활동을 평가하면서 활동을 진행한다. 자신의 과제 수행 활동을 잘했다고 평가하는 경우는 문제 해결 활동이 더 발전적으로 진전될 것이며, 잘못했다고 평가하는 경우는 새로운 전략의 사용을 모색할 것이다. 때문에 평가는 성공적인 문제 해결의 필수적인 메타인지적 기능이라고 할 수 있다.

제어는 문제에서 주어진 조건을 해석하고 탐구하는 데 필요한 인지 활동의 과정을 위하여 계획을 세우거나, 전략을 선택하고 조직하며, 문제 해결 활동의 전진을 통제하고, 비생산적인 계획과 전략을 수정하거나 포기하는 활동과 관련이 있다. 성공적인 학습자일수록 자신의 문제 해결 활동에 대한 제어 활동을 잘 한다고 한다.

메타인지적 지식간의 상호작용과 마찬가지로, 메타인지적 기능간의 상호작용도 이루어진다. 즉, 점검-평가, 점검-제어, 평가-제어 등의 메타인지적 기능간의 상호작용이 이루어질 수 있으며, 더 나아가 메타인지적 지식과 메타인지적 기능의 상호작용을 통해서 학습자의 문제 해결 활동은 좀 더 적극적이고 효율적으로 이루어질 수 있다.

4. '지도읽기' 탐구활동에서 나타나는 지리적 메타인지

1) 지리적 메타인지에 대한 코딩 설계

본 조사의 목적은 중학생의 '지도읽기' 탐구활동에서 나타나는 지리적 메타인지 특성을 알아보는 데 있다. 본 연구에서는 KSRI 검사지로 충북 00시 소재 남녀공학 중학교 1학년 학생 215명을 대상으로, KSRI의 수정된 성역할 분류기준점을 적용하여 젠더 유형을 검사하였다. 검사 결과, 각 젠더 유형(양성적, 남성적, 여성적, 미분화) 중에서 특히 미분화에 해당되는 학생들의 경우 지리학습 우수아가 2명으로 나타났다. 그래서 남성적인 경우와 여성적인 경우만을 대상으로 성별, 젠더별 양상을 조사하였다.

예비 조사를 실시한 결과, 일정 학력 이하의 학생들은 '지도읽기'라는 지리적 인지활동 그 자체를 제대로 수행하지 못할 뿐만 아니라, 메타인지에 대한 질문을 잘 이해하지 못하거나 인지활동과 혼동하는 경향이 있어서 지리학습 우수아를 대상으로 조사를 실시하였다. 지리학습 우수아란, 주로 지리를 학습한 1학기 성적 평어가 '수'이고, 2학기 성적이 '수 혹은 우' 이상인 학생이다.

조사 대상 학생은 이들 지리학습 우수아 중에서, 지극히 남성적인 남학생 5명과 여성적인 남학생 5명, 그리고 지극히 남성적인 여학생 5명과, 여성적인 여학생 5명이다. 20명의 학생들을 대상으로 '지도읽기' 탐구활동과 메타인지에 대한 질문 조사를 약 40분간 실시하였다.

본 연구는 학생들의 인지 과정보다는 메타인지의 형성 여부와 학습자별 양상을 알아보기 위한 것이기 때문에, 학생들의 탐구활동을 조력할 수 있는 질문이나 학생들 간의 상호작용 및 학습 자료 이용하기를 가능한 허용하였다.

지리적 메타인지를 조사하기 위한 코딩 조직과 '지도읽기' 탐구활동 과정 중에 연구자가 관찰한 내용 그리고 탐구활동 후에 실시한 면담 조사를 위한 질문 내용은 표 5-5와 같다.

2) '지도읽기' 탐구활동에서 나타나는 지리적 메타인지

지리학습 능력이 우수한 중학생들의 '지도읽기' 탐구활동에서 나타난 지리적 메타인지의 결과는 다음의 표 5-6과 같다.

표 5-5. 지리적 메타인지의 코딩 조직과 질문

구분			코딩 조직	관찰 내용과 질문
메타인지적 지식	개인변인	P1	탐구활동을 하는 동안 동기 또는 불안과 같은 정의적 특징을 나타내는가?	탐구활동을 하는 동안 문제가 잘 풀리지 않자 불안해하는 언행을 함.
		P2	'지도읽기' 탐구활동(인지활동)에 대한 자신의 능력에 대해 믿음이 있는가?	'지도'가 나오는 문제는 자신이 있다.
	과제변인	T1	'지도읽기' 과제에 대한 지식이나 믿음을 가지고 있는가?	'지도'가 나오는 문제는 어렵다.
		T2	'지도읽기'에서 다루는 과제(정보)의 특성에 대한 개인적인 의식이 있는가?	'실제 거리'는 축척을 이용해서 풀면 된다고 생각했다.
	전략변인	S1	'지도읽기' 과제를 이해, 조직, 계획 실행, 검사, 평가하는 데 도움을 주는 의식을 가지고 있는가?	문제를 다시 잘 읽어 보거나, 지도를 천천히 생각하면서 다시 보았다.
		S2	'지도읽기' 과제를 해결하는 데 좀 더 효과적인 전략이 무엇인지에 대해 생각하거나 알고 있는가?	모르는 문제를 해결하기 위해 친구에게 물어 보거나 다른 학습 자료를 찾아 보았다.
메타인지적 기능	점검변인	M1	'지도읽기' 탐구활동의 진행 상태를 직접적으로 점검하는가?	이전의 수업 시간이나 문제지에서 풀어 본 적이 있는지를 생각해 보았다.
		M2	'지도읽기' 탐구활동의 진행 상태를 직접적으로 감시하고 수정하는가?	문제를 풀면서, 제대로 잘 풀고 있는지 혼자서 생각해 본 적이 있다.
	평가변인	E1	'지도읽기' 탐구활동의 결과나 성과를 메타인지적 지식과 관련지어 직접적으로 평가하는가?	'지도읽기' 탐구활동은 재미있다.
		E2	'지도읽기' 탐구활동에서 자신의 인지 활동 결과를 평가하는가?	내가 쓴 답이 맞는지 틀리는지를 다시 혼자서 확인해 보았다.
	제어변인	C1	'지도읽기' 탐구활동의 결과에 대한 평가에 기초하여 인지 작용을 직접적으로 제어하는가?	이전의 수업 시간이나 문제지에서 풀던 대로 풀기로 했다.
		C2	자신의 인지 활동에 지시를 하고 그 후의 활동을 진행하거나 수정하는가?	내가 쓴 답이 맞는지 친구들과 비교해 보고 틀렸다고 생각되는 문제는 다시 풀었다.

중학생들의 '지도읽기' 탐구활동에서 지리적 메타인지의 성별 차이는, 메타인지적 지식의 개인 변인 P1에서만 나타났다. 즉, 대부분의 남학생들(A, D 학생은 제외)은 자신들의 젠더와 상관없이 '지도'가 나오는 문제에는 자신이 없으면서도 탐구과제에 대해 불안함을 느끼거나 불안해 하는 언행을 하지 않았다. 반면에 대부분의 여학생들(자, 차 학생은 제외)은 자신들의 젠더와 상관없이 '지도'가 나오는 문제에 자신이 없다고 응답하고, 불안감을 느끼거나 불안해 하는 언행을 하였다. 이것은 지리적 메타인지적 지식에서 남학생들은 자신들을 과대평가하거나 우월한 자신감을 드러내는 남성 특유의 반응 편파(response bias)의 경향을 나타내는 것이다. 반응 편파란, 측정하고 하는 응

표 5-6. '지도읽기' 탐구활동에서 나타난 학습자별 지리적 메타인지

구분	코딩조직		메타인지적 지식						메타인지적 기능					
			개인변인		과제변인		전략변인		점검변인		평가변인		제어변인	
			P1	P2	T1	T2	S1	S2	M1	M2	E1	E2	C1	C2
남학생	남성적	A		O	O	O	O			O		O	O	
		B			O	O	O	O		O		O		
		C			O	O	O		O		O	O	O	
		D		O	O	O	O	O		O		O		O
		E	O		O	O	O	O		O	O	O		
	여성적	F	O		O	O	O	O	O			O	O	O
		G			O	O	O		O			O	O	
		H	O		O	O	O		O		O	O	O	
		I			O	O	O			O			O	
		J			O	O	O	O		O		O	O	O
여학생	남성적	가	O		O	O	O			O	O	O	O	
		나	O		O	O		O		O		O	O	
		다	O		O		O	O	O			O	O	O
		라	O		O				O		O		O	
		마			O	O	O	O				O	O	O
	여성적	바	O		O	O	O		O		O		O	O
		사	O		O	O	O			O				O
		아	O		O	O	O			O				O
		자	O	O	O	O	O	O	O	O		O	O	O
		차	O	O	O		O	O	O	O	O	O		

답자의 특성 이외에 다른 응답자 요인이 개입하여 편파된 반응을 유발하는 것을 말한다.

중학생들의 '지도읽기' 탐구활동에서 지리적 메타인지의 젠더별 차이는, 메타인지적 기능의 '점검(M1)과 제어(C2)' 변인에서 나타났다. 남녀 모두 남성적인 학생들의 경우, '지도읽기' 탐구활동을 이전의 경험을 회상하여 직접적으로 점검하거나(M1), 자신들의 현재 '지도읽기' 인지활동에 지시를 하거나 활동을 수정하는 제어(C2)의 전략적 채택이 여성적인 학생들에 비해 상대적으로 부진한 것으로 나타났다.

'지도읽기'라는 지리적 인지활동을 수행하는 데 있어서 학생들의 지리적 메타인지는 전체적으로, 메타인지적 지식에서는 개인변인 P1, P2, 전략변인 S2, 메타인지적 기능에서는 점검변인 M1, 평가변인 E1, 제어변인 C2에 대한 전략적 활용이나 접근이 부진한 것으로 나타났다. 특히 메타인

지적 지식의 개인변인 P1, P2 그리고 메타인지적 기능의 평가변인 E1의 경우는, 통계적 유의미성을 검증하지 않더라도 학습자의 지리적 인지활동에 큰 영향을 미치는 변인으로 고려할 수 있다. 즉, 대부분의 학생들이 '지도읽기'라는 지리적 인지활동에 대한 동기가 불안하고 자신이 없으며, 활동 과정이나 결과에서 재미나 흥미를 느끼지 못한다는 것이다.

지리적 메타인지에서 메타인지적 지식 간의 상호작용은, 개인-전략 변인간의 상호작용 가능성이 가장 클 것으로 가정할 수 있다. 이것은 학생들이 가능하고 유효한 전략을 사용하는 것에 대한 친근감과 자신감을 가질 수 있음을 간접적으로 설명해 주는 변인들이다. 따라서 남학생들에게는 자신이 알고 있다고 자신하는 것을 '더 잘 알기 위한 방법을 알도록' 해 주는 것이 필요하고, 여학생들에게는 자신이 '알고 있는 것에 대해 확신하거나 자신감을 가지도록' 해 주는 것이 필요함을 시사하는 것이다(강창숙, 2004).

지리적 메타인지에서 메타인지적 기능 간의 상호작용은 점검(M1)-평가(E1), 점검(M1)-제어(C2), 평가(E1)-제어(C2) 간의 상호작용 가능성을 고려할 수 있다. 이것은 학생들이 '지도읽기'의 인지활동을 자신들의 메타인지적 지식에 비추어, 직접적으로 점검, 평가, 제어하는 기능의 활용 능력이 상대적으로 부진하다는 것을 시사한다. 학생들의 메타인지적 지식과 기능을 비교하면, 상대적으로 메타인지적 기능에 대한 전략적 접근이나 활용이 부진하다고 평가할 수 있다. 메타인지적 지식과 메타인지적 기능 간의 상호작용은, 개인변인과 평가변인(E1), 그리고 개인변인과 제어변인(C2) 간의 상호작용 가능성을 가정할 수 있다.

5. 정리

이 장에서는 지리적 메타인지를 개념화하고, '지도읽기' 활동에서 나타나는 구체적 특징을 살펴보았다. 즉, 학습자의 사고와 밀접하게 관련되어 있으면서, 학습자의 학습을 효율화하는 개념으로 중요하게 논의되고 있는 메타인지를 지리적 메타인지로 개념화하고, 중학생의 '지도읽기' 탐구활동에서 나타나는 지리적 메타인지 특성을 연구한 결과는 다음과 같다.

먼저, 지리적 메타인지를 개념화하기 위해, 메타인지의 선행 개념과 하위 개념을 분석, 고찰한 결과를 바탕으로 지리적 메타인지를 메타인지적 지식(개인, 과제, 전략)과 메타인지적 기능(점검, 평가, 제어)으로 개념화하였다. 그리고 이러한 지리적 메타인지 개념을 바탕으로 중학생의 '지도읽기' 탐구활동에서 나타나는 지리적 메타인지 특성을 20명의 지리학습 우수아를 대상으로 조사하였다.

조사 결과, 중학생들의 '지도읽기' 탐구활동에서 지리적 메타인지의 성별 차이는, 메타인지적 지식의 탐구과제에 대한 정의적 특성을 나타내는 개인변인에서만 나타났다. 젠더별 차이는, 남녀 모두 남성적인 학생들의 경우, '지도읽기' 탐구활동을 이전의 경험을 회상하여 직접적으로 점검하거나, 자신들의 현재 '지도읽기' 인지활동에 지시를 하거나 활동을 제어하는 전략적 접근이나 활용이 여성적인 학생들에 비해 상대적으로 부진한 것으로 나타났다.

'지도읽기'라는 지리적 인지활동을 수행하는 데 있어서 학생들의 지리적 메타인지는 전체적으로, 메타인지적 지식에서는 개인변인, 전략변인, 메타인지적 기능에서는 점검변인, 평가변인, 제어변인에 대한 전략적 활용이나 접근이 부진한 것으로 나타났다. 지리적 메타인지에서 메타인지적 지식 간의 상호작용은, 개인-전략 변인간의 상호작용 가능성이 가장 클 것으로 가정할 수 있고, 메타인지적 기능 간의 상호작용은 점검-평가, 점검-제어, 평가-제어 간의 상호작용 가능성을 고려할 수 있다.

이러한 연구 결과는 소수의 지리학습 우수아를 대상으로 조사한 결과이므로 지리적 메타인지 특성이라고 단정할 수는 없지만, 지리적 메타인지로 충분히 발생 가능한 양상으로 고려할 수 있다. 또한 본 연구의 과정과 결과는 메타인지에 대한 지리적 이해의 기초가 될 뿐만 아니라, 교사가 학습자의 학습을 이해하고, 좀 더 적극적이고 효율적으로 조력하는 데 도움이 될 것이다.

제6장 지리수업과 지역 이미지

1. 지역학습과 북부지방

지리교육에서 '지역'은 학습 주체인 학생들의 인식 대상이고, 지역에 대한 인식은 궁극적으로 지역정체성 형성을 추구한다. 현행 7차 중학교 지리교육과정에서 주요 학습내용으로 제시되고 있는 '북부지방'에 대한 교실 밖에서의 일반적인 인식은 '북한'이다. 우리 헌법은 한반도 전체를 영토로 규정하고 있지만, 북한 지역은 우리 정부의 실효적 통치권(관할권)이 미치지 못하는 곳이며, 북한은 유엔에 독립국으로 가입 해 있는 특수한 관계이다. '북부지방'과 '북한'의 지리적 경계는 분명히 다르고 그 영역의 스케일도 다르기 때문에 지역정체성 또한 다른 것임에도 불구하고 지리교육에서는 구분 없이 혼용되고 있다.

그동안 우리나라의 지역구분은 여러 지리학자들에 의해 주로 중·고등학교 지리교과와 관련하여 시도되어 왔다. 중·고등학교에서는 경기도, 강원도, 충청남·북도를 중부지방, 전라남·북도, 경상남·북도, 제주도를 남부지방, 북한을 북부지방으로 나누고, 이 세 지방을 중심으로 여러 하위 지역을 구분하는 것이 보통이다(제29차 세계지리학대회 조직위원회, 2000).

한반도 전체가 '하나의 국가'라면 북부지방과 중부지방 간의 지리적 경계는 멸악산맥(서쪽 대부분)−마식령산맥(동쪽 일부)−봉황산(1259m)−추가령−철령−동해변 선이 되지만, 현실적으로 남·북한이 별개의 정권으로 나뉘어져 있기 때문에 휴전선을 그 경계로 한다. 그래서 북부지방에 대한 논의가 곧 북한지리에 대한 논의가 되는 것이 현실이다(임덕순, 1992). 또한 반세기 이상 단절된 상태가 계속되어 주민 생활환경의 격차가 커짐에 따라 지역구분에서 중부, 남부, 북부지방으로 구분하는 경우보다는 남한과 북한으로 구분하는 것이 우선 고려되어 온 측면도 있다.

　지리교육에서는 일반적으로 남한-북한의 관점에서 인식하고 있는 '북한'을 지리적으로 하위지역인 '북부지방'의 스케일에서 동일한 물리적 공간으로 학습해 왔다. 즉, '북부지방'에 대한 지리적 지식의 습득을 통해서 이 지역을 좀 더 체계적으로 이해함과 동시에 민족국가로서의 단일성과 이 지역의 다양성 혹은 지역성을 조화롭게 인식토록 하고 있다.

　우리나라에서 지역지리 학습이나 교육과정의 지역화를 통해서 육성코자 하는 시민성은 다차원적인 것으로 민족국가로서의 단일성과 각 지역의 다양성을 조화시키는 모습으로, 교육과정이나 교과서에서는 민족정체성과 지역정체성으로 재현된다. 민족정체성이나 지역정체성은, 개인이나 집단 주체의 동일시 과정, 장소와 경관의 영역화 그리고 사회적 관계의 스케일을 통해서 형성되는 사회적 정체성이다. 그리고 민족정체성이나 지역정체성은 스케일 측면에서 볼 때, 국지적 스케일과 지구적 스케일과의 관계 속에서 형성되는 사회적 정체성이다(남호엽, 2001).

　1990년대 중반 이후 영국을 중심으로 국가교육과정의 편협성을 지적하면서 다양성에 근거한 지리교육을 주장하고 있는 포스트모던의 관점은, 내용지식의 토대가 되는 공간개념을 물리적 공간에서 사회적 공간으로 전환할 것을 제안한다. 즉, 학생 중심의 지리교육을 위해서는 그들이 일상적인 삶을 영위하고 있는 생활공간을 사회적 공간으로 인식해야 한다는 것이다. 이는 기존의 지식 위주의 교육을 지양하고 학생들의 다양한 가치와 태도 그리고 신념에 토대한 시민성 교육, 환경 교육, 도덕 교육, 정체성 교육 등에 초점을 두어야 한다는 것을 의미한다(조철기·권정화, 2006).

　지리교육과정이나 교과서에서는 '북부지방'과 '북한'을 남북분단이라는 현실을 근거로 동일한 스케일의 물리적 공간으로 전제하고 있지만, 학습자가 이해하고 인식하는 학습대상이라는 점에서, 더 이상 물리적 공간이 아니다. 다원적인 가치와 다양성에 근거하는 포스트모던의 관점을 다소 급진적이라고 평가하기도 하지만, 학습자에게 '북부지방' 혹은 '북한'은 이미 다양한 차이를 가지고 있는 사회적 공간으로 이해되고 인식되는 것이 현실이다.

　북한을 한반도의 일부분인 북부지방의 관점에서 접근하는 것은 국지적 스케일에서 접근하는 것이고, 북한지역에 대한 이해와 통일을 대비하는 자세를 기르는 것은 지구적 스케일에서 단일 민족국가 정서에 근거한 것이다. '북부지방'과 '북한'은 이 지역을 지칭하는 최상위 스케일의 지명으로 혼용되고 있지만, '북부지방'은 지역정체성을 표상하고, '북한'은 '남한'과는 다른 정치적 실체로서 국가정체성을 표상하는 지명이다. 여기서 '북한'은 '남한'과 대비되는 지명으로서 학생들에게는 결코 적극적으로 동일시될 수 없는 대상이다. 즉, '북부지방'이라는 지역적 스케일에서 표상되는 지역정체성을 하나의 민족에 근거한 민족정체성으로 동일시할 것을 요구하고 있지만, 학생들에게 '북한'은 적극적으로 동일시할 수 없는 국가정체성을 표상하는 대상으로서 혼란과 갈등의 원인이 될 수 있다.

'북부지방'과 '북한'은 각기 다른 스케일에서 접근되고 있는 학습지역이라는 차원을 넘어 각기 표상하고 있는 지역성이나 지역정체성의 문제를 심사숙고해야 할 학습지역이다. 학생들의 학습지역으로서의 '북한'은, 민족국가로서의 단일성과 각 지역의 다양성을 조화시키기가 어려운 사회적 공간인 것이 분명한 현실이다. 그럼에도 불구하고 이에 대한 지리교육에서의 논의는 전혀 이루어지지 않았다. 지역지리 학습의 주체인 학생들이 이 지역을 어떻게 이해하고 있으며, 어떻게 인식하고 있는가에 대한 논의의 결과가 교육과정을 구성하는 바탕이 되어야 한다.

지금까지 지리교육에서 이루어진 관심은 대부분 북한의 지리교육에 대한 것으로 주로 북한의 교육과정이나 지리교과서를 분석한 연구들이다. 현행 7차 지리교육과정에서는 국민공통 기본교육과정과 고등학교 선택중심교육과정 모두에서 이 지역을 학습할 내용으로 구성하고 있지만, 이 지역에 대한 학습자의 이해나 인식은 물론 내용구성이나 조직 등에 대한 구체적인 연구는 거의 이루어지지 않고 있다. 이제는 우리가 북한을 어떻게 인식해야 하는가에 초점을 두고, 이에 대한 학습자의 지리적 인식이나 이해는 물론 그에 근거한 교육과정을 구성하고 논의해야 할 시점이다.

현행 지리교육과정에서는 대부분 '분단된 우리나라' 혹은 '분단된 국토'의 관점에서 통일의 당위성에 대해서 마지막 단원의 부분적인 소주제로 다루고 있다. 다만, 대단원 수준에서 '북부지방'에 대한 지역지리 지식으로 내용을 구성하고 있는 중학교 1학년 교육과정에서 이 지역에 대한 순수한 '지역지리' 학습이 가능할 뿐이다(표 6-1).

중학교 1학년 교육과정에서는 "북부지방의 자연 및 인문환경의 특색을 파악하고, 국토 통일에 대비하여 분단 이후 공산주의 체제 아래에서 나타난 주민 생활 및 지역성의 변화에 대하여 살펴본다."는 것을 목표로 내용을 구성하고 있다. 즉, 학생들로 하여금 이 지역에 대한 지역지리 지식을 탐구하고 통일에 대한 당위성과 적극적인 태도를 함양토록 하며, 이를 바탕으로 이 지역에 대한 지역성을 인식토록 의도하고 있으며, 이 지역에 대한 인식의 결과는 학습자의 지역정체성 형성으로 나타나게 된다.

학생들은 이 지역의 지리적 환경 특색을 중심으로 '북부지방'을 학습하고 이해하게 되지만, 시간이 지남에 따라 학생들에게 남게 되는 지리적 인식은 '북부지방'에 대한 나름대로의 지역이미지이다. 지리수업에서 '북부지방'에 대한 지역지리 학습내용을 학생들이 어떻게 이해하고 탐구했는가의 문제가 일차적으로 중요하다면, 국토 통일을 대비하는 주역으로서 학생들 각자가 가지게 되는 지역이미지와 지역정체성 또한 매우 중요한 과제이다. 학생들이 학습대상 지역을 이해함에 있어서 '이해'의 문제는 감정이입적인 것이며, 학습대상 지역 혹은 학습한 지역에 대한 이미지와 정체성은 개인적인 지역인식을 나타내는 것이다. 때문에 학생들이 '북부지방'을 어떻게 이해했으며, 어떤 이미지를 가지고 있고 지역정체성은 어떻게 표상되는가의 문제는 매우 중요한 것이다.

이에 본 장에서는 다음과 같은 내용을 주요 주제로 살펴보고자 한다.

첫째, 학생들이 '북부지방'에 대한 학습내용을 어떻게 이해하고 있으며, 그 특성은 무엇인가?

둘째, 학생들이 '북부지방'을 학습한 후에 가지게 되는 이미지는 어떻게 나타나며, 그 대상은 무

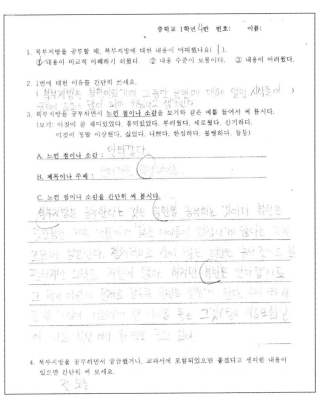

그림 6-1. 학생이 작성한 질문지 사례

엇인가?

셋째, 학생들의 '북부지방'을 학습한 후에 이 지역에 대한 정체성을 어떻게 표상하고 있는가?

본 장에서는 지리수업에서 일어나는 현상에 근거를 두고 그것의 분석을 통해서 귀납적으로 범주를 구성하고, 그 의미를 설명하고 해석한다. 지리수업에서 일어나는 현상은 중학교 학생들이 '북부지방'을 학습한 후에 가지게 되는 학습내용에 대한 이해 특성과 학습지역에 대한 이미지이며, 이러한 현상을 나타내는 근거로서의 '텍스트'는 학생들이 작성한 질문지이다(그림 6-1).

학생들의 응답 내용을 코딩 조직하여 그 범주를 구분하고, 그것의 의미를 설명하고 해석함으로써 학생들의 '북부지방' 학습내용에 대한 실제적이고 구체적인 이해 특성과 학습지역에 대한 이미지를 밝히는 것이다. 연구 대상이 된 학생들은 충북 00시 소재 남녀공학 중학교 1학년 전체 6학급 215명(남학생 105명, 여학생 110명)이다. 질문지 조사는 학생들의 탐구활동과 교사의 설명식 수업으로 이루어진 일반적인 수업(7차시)이 끝난 후에 실시되었다.

2. '북부지방' 교육과정 구성 체계와 내용 특성

지리교육에서 '지역'은 학습자의 인식 대상이다. 지리교육에서는 지역에 관한 다양한 정의와 연구 성과를 바탕으로 학습자들이 지역과 지역의 특성을 인식할 수 있도록 한다. 지리교육의 주요 목표가 지리적 사고력과 문제해결력의 육성이라면, 이를 위한 접근방법은 다양하게 이루어질 수 있지만, 지금까지 주로 이루어져 온 방법은 다음과 같은 세 가지 방법이라고 할 수 있다. 첫 번째 방법은 학습자의 직접 체험에 의해 스스로 지역의 존재를 인식하고 이해하게 하는 '지역학습'이다. 두 번째는 다양한 규모의 지역에 대한 많은 지식을 습득하게 함으로써, 지역에 대한 이해를 깊게 하는 것으로 '지역지리'를 학습하는 것이다. 세 번째는 주제별로 다양한 사례 지역을 학습하게 하는 '계통지리' 방법이다(조성욱, 2005).

지리교육과정은 학생들로 하여금 위의 세 가지 방법을 통해서 학습대상 지역을 학습하도록 구성되었지만, '북부지방'은 직접 체험하는 '지역학습'을 할 수 없는 특별한 지역이며 주제별로 다양한 사례 지역이 학습내용으로 개발되어 있는 지역도 아니다. 다만, 중학교 1학년에서 '지역지리'적 방법으로 학습이 이루어지고 있지만, 지역을 이해하거나 지역 규모를 인식하는 대상이 되는 지명이

제1부 지리심리학과 지리수업

표 6-1. '북부 지방'과 관련된 7차 지리교육과정 구성 체계

구분		학년	영역(대단원)	내용(중단원)	학습 대상(지역 스케일)
국민 공통 기본 교육 과정		초등 6학년	(1) 우리 겨레, 우리나라		
			(2) 새로운 사회, 문화로 가는 길		
			(3) 우리나라의 민주 정치		
			(4) 함께 살아가는 세계	(다) 통일과 민족의 앞날	분단된 우리나라, 통일 조국
		중학교 1학년	(1) 지역과 사회 탐구		
			(2) 중부 지방의 생활		
			(3) 남부 지방의 생활		
			(4) 북부 지방의 생활	(가) 대륙의 관문 (나) 북부 지방의 중심지 관서지방 (다) 문호를 개방하는 관북지방	북부 지방 관서 지방 관북 지방
			(5) 아시아 및 아프리카의 생활		
			(6) 유럽의 생활		
			(7) 아메리카 및 오세아니아의 생활		
			(8) 인간 사회와 역사		
			(9) 인류의 기원과 고대 문명의 형성		
			(10) 아시아 사회의 발전과 변화		
		중학교 3학년	(1) 민주 정치와 시민 참여		
			(2) 민주 시민과 경제 생활		
			(3) 시장 경제의 이해		
			(4) 현대 사회의 변화와 대응		
			(5) 자원 개발과 공업 발달		
			(6) 인구 성장과 도시 발달		
			(7) 지구촌 사회와 한국	(다) 우리 민족의 발전 과제	남북 분단, 국토 통일
고등학교 선택 중심 교육 과정	일반선택	인간 사회와 환경	(1) 인간 사회와 환경의 구조		
			(2) 인간 사회의 탐구		
			(3) 산업화와 현대 사회		
			(4) 지역화와 지방 자치		
			(5) 세계화와 세계의 이해		
			(6) 정보화와 정보 사회		
			(7) 새로운 세계의 창조	(나) 통일 한국의 미래상	통일 한국, 국토 통일
	심화선택	한국 지리	(1) 국토의 이해		
			(2) 국토의 자연 환경		
			(3) 생활권의 형성 기능		
			(4) 생활권의 형성과 변화		
			(5) 여러 지역의 생활		
			(6) 국토 통일의 과제와 노력		
			(7) 지역 간 상호의존	(가) 북부 지역의 이해 (나) 국토의 잠재력과 국토 통일	북한 국토 분단, 국토 통일

'북한', '북부지방' '북부지역' 등으로 혼용되고 있다. 초·중등 지리교육과정에서 대부분 '북한'이라는 지명을 더 많이 사용하고 있으며 중학교 1학년 교육과정에서만 '북부지방'을 명시적으로 사용하고 있다(표 6-1).

제7차 지리교육과정에서 제시되고 있는 북한 지역에 대한 내용 구성이나 조직은 일관성이 없지만, 북한에 대해서 체제·이념적 차이를 부각시키기보다는 민족 동질성 회복과 협력의 상대자로서 인정하고 수용하는 관점을 바탕으로 하고 있다(윤옥경, 2004). 초등학교와 고등학교 한국지리에서는 '분단된 우리나라' 혹은 '분단된 국토'의 관점에서 이 지역을 인식토록 하고 있으며, 남북분단과 통일의 당위성에 대해서 다루고 있다. 중학교 1학년에서는 '북부지방'의 관점에서 지역지리 방법으로 내용을 구성하고 있다.

고등학교 한국지리에서는 '북부 지역의 이해' 그리고 '국토의 잠재력과 국토 통일'에 대한 내용을 계통지리 방법으로 구성하고 있다. 초등학교 6학년, 중학교 3학년, 고등학교 '인간사회와 환경', '한국지리'에서는 모두 마지막 단원의 마지막 부분적인 소주제로 구성되어 있어, 내용 비중이나 중요도 측면에서 소홀히 다루어지고 있음을 알 수 있다. 한반도를 구성하고 있는 하나의 지역으로서 '북부지방'에 대한 지리적 지식을 구성하고, 지역을 이해할 수 있는 학습은 중학교 1학년 교육과정에서만 가능할 뿐이다.

중학교 1학년 교육과정에서는 "북부지방의 자연 및 인문환경의 특색을 파악하고, 국토 통일에 대비하여 분단 이후 공산주의 체제 아래에서 나타난 주민 생활 및 지역성의 변화에 대하여 살펴본다."는 것을 목표로 하며, 주요 학습내용은 그림 6-2와 같다(교육부, 1998, 53; 교육부, 1999, 267).

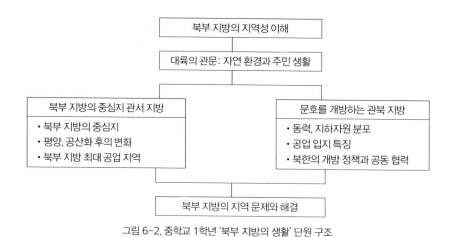

그림 6-2. 중학교 1학년 '북부 지방의 생활' 단원 구조

교과서 내용의 서술 관점을 살펴보면, 교과서별로 서술 관점이 다양하지만 6차에 비하여 긍정적이고 중립적인 서술이 늘어난 편이다. 단원 전개체제는 교과서별로 차이가 없지만, 구체적인 부분에서는 나름대로의 다양한 구성방식으로 학습의 효율성을 높이고 있다. 학습목표는 지식목표의 비중이 지나치게 크고, 학습 자료를 6차 교육과정과 비교하면 사진과 도표는 증가하였으나 지도의 비중은 감소하였다. 특히 사진자료의 경우는 크기가 작고 선명도가 떨어지며, 최근의 자료가 부족하다는 문제와 함께 북한에 대해 긍정적인 인식을 심어 줄 수 있는 사진이 매우 부족한 것이 문제점으로 나타났다(손명철·라영숙, 2003). 전체적으로 7차 지리교육과정에서 다루어지고 있는 내용은 지역지리 지식으로 '북부지방'을 이해하도록 하는 것과, 언젠가 통일되어야 할 국토라는 당위성을 인식토록 하는 두 가지 측면으로 구성되어 있다.

3. 중학생들의 '북부지방' 학습내용에 대한 이해 특성

1) '북부지방' 학습내용에 대한 이해 특성

학생들에게 가장 먼저 북부지방에 대한 학습내용의 난이도 수준이 어떠했는가를 질문했다. 질문은 "① 내용이 비교적 이해하기 쉬웠다 ② 내용 수준이 보통이다 ③ 내용이 어려웠다"의 선택형 문항과 그에 대한 이유를 간단히 쓰는 서술형 문항으로 이루어졌다. 서술형 문항에 대한 학생들의 응답 이유는 매우 개별적이었지만 이들을 분석한 결과, '내용', '내용비교', '선행학습', '교과 선호', '관심이나 태도'의 5가지 범주로 나타났으며, 이들 범주의 공통된 속성을 중심으로 인지적 문제와 메타인지적 문제로 구분하였다.

학생들의 응답 이유를 명확하게 구분하는 것은 어려운 일이지만, '내용이 쉬워서', '내용이 알기 쉽게 서술되어 있어서' 등과 같이 교과내용 그 자체를 이유로 제시하는 경우는 '내용'으로 범주화하였다. '다른 지방보다 쉬워서', '농업입지조건이 남한과 비슷하다', '공업지역이 쉬워서' 등과 같이 다른 지역과 비교하거나 특정 내용을 상대적으로 비교하는 경우는 '내용 비교'로 범주화하였으며, 이들은 '인지적인 문제'로 구분하였다.

'학원에서 이미 배웠다', '초등학교 때 배운 내용이다', '뉴스나 TV를 통해 들어 본 적이 있다' 등은

'선행학습'으로 범주화하였으며, '선생님이 설명을 잘 해주셨다', '학습지를 풀어보면 쉽다', '사회과목을 좋아해서', '지리가 어렵다' 등은 교과에 대한 선호도와 관련이 깊기 때문에 '교과 선호'로 범주화하였다. '새로운 내용이기 때문에', '그동안 북한에 대해 관심이 있었다.', '북한은 싫다.' 등은 학습자의 학습내용에 대한 관심이나 태도와 관련되기 때문에 '관심이나 태도'로 범주화하였으며, 이들은 '메타인지적인 문제'로 구분하였다. 전체 학생들의 응답 이유를 분석하여 구분하는 과정에서 애매한 경우가 많이 발생했으며 구분이 어려운 경우 개별 면담을 실시하였다. 그럼에도 불구하고 '교과 선호'와 '관심이나 태도'의 경우는 관점에 따라서는 같은 범주로 판단되는 애매함이 남아 있는 경우도 있다.

위와 같은 분석 과정을 통해서 학생들의 응답을 범주화하고, '북부지방' 학습내용에 대한 학생들의 이해 특성을 정리하면 표 6-2와 같다. '북부지방' 학습내용에 대해 '보통'이라고 생각하는 학생이 55.35%로 가장 많았으며, '쉽다'와 '어렵다'는 각각 27.44%와 17.21%의 순으로 나타났다. 학습

표 6-2. '북부지방' 학습내용에 대한 이해 특성

		쉽다			보통이다			어렵다			계		
		남	여	소계(%)	남	여	소계(%)	남	여	소계(%)	남	여	계(%)
인지적인 문제	내용	5	4	9명	22	9	31명	1	5	6명	28	18	46명 (21.40)
	내용 비교	11	5	16명	18	30	48명	1	10	11명	30	45	75명 (34.88)
	소계 (%)	16명 (7.44)	9명 (4.19)	25명 (11.63)	40명 (18.60)	39명 (18.14)	79명 (36.74)	2명 (0.93)	15명 (6.98)	17명 (7.91)	58명 (26.98)	63명 (29.30)	121명 (56.28)
메타인지적인 문제	선행학습	6	3	9명	4	6	10명	–	–	–	10	9	19명 (8.84)
	교과선호	8	3	11명	8	9	17명	1	2	3명	17	14	31명 (14.42)
	관심이나 태도	6	6	12명	2	4	6명	8	9	17명	16	19	35명 (16.28)
	소계 (%)	20명 (9.30)	12명 (5.58)	32명 (14.88)	14명 (6.51)	19명 (8.84)	33명 (15.35)	9명 (4.19)	11명 (5.12)	20명 (9.30)	43명 (20.00)	42명 (19.53)	85명 (39.53)
무응답		2	–	2명 (0.93)	2	5	7명 (3.26)	–	–	–	4	5	9명 (4.19)
계 (%)		38명 (17.67)	21명 (9.77)	59명 (27.44)	56명 (26.05)	63명 (29.30)	119명 (55.35)	11명 (5.12)	26명 (12.09)	37명 (17.21)	105명 (48.84)	110명 (51.16)	215명 (100)

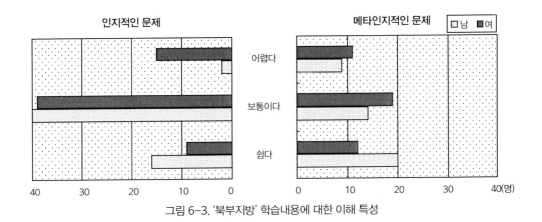

그림 6-3. '북부지방' 학습내용에 대한 이해 특성

내용에 대한 학생들의 이러한 이해는 '인지적인 문제'로 인한 경우가 56.28%로 더 높게 나타났지만, '메타인지적인 문제'의 경우도 39.53%로 나타나 상당한 비중을 차지하고 있는 것으로 나타났다. '쉽다'고 생각하는 경우에는 '메타인지적인 문제'가 상대적으로 약간 높게 나타났으며, '보통'이라고 생각하는 경우에는 '인지적인 문제'가 매우 높은 비중으로 나타났고(36.74%), '어렵다'고 생각하는 경우에는 '메타인지적인 문제'가 상대적으로 약간 높게 나타났다(표 6-2, 그림 6-3).

하위 범주에서는 '내용비교'의 경우가 34.88%로 가장 높고, '내용'의 경우는 21.40%로 높게 나타났으며 상대적으로 '선행학습'의 경우는 8.84%로 가장 낮게 나타났다. 학습내용이 '쉽다'고 생각하는 경우와 '보통'이라고 생각하는 경우는 모두 '내용비교'의 경우가 다른 하위 범주들에 비해서 높게 나타났지만, '어렵다'고 생각하는 경우에는 '관심이나 태도'의 경우가 가장 높게 나타났다.

이것은 '북부지방'의 학습내용을 이해함에 있어서, 학습내용 그 자체 혹은 학습내용의 비교와 같은 '인지적인 문제'의 영향을 받고 있는 학생들이 대부분이지만, 그에 못지않게 많은 학생들이 '메타인지적인 문제'의 영향을 받고 있음을 시사한다. 특히 학습내용을 '쉽다'와 '어렵다'로 뚜렷하게 인식하는 경우에는 '메타인지적인 문제'와 보다 관계 깊은 것을 알 수 있다. '쉽다'고 생각하는 학생들은 보다 고차적인 메타인지에 대해 의식적으로 자각하고 능동적으로 활용하는 경우이다. 메타인지는 덜 충동적이고 학습 과제나 문제를 좀 더 지적으로 해결하려는 태도와 상관관계가 있기 때문이다(강창숙, 2005a).

상대적으로 '어렵다'고 생각하는 학생들은 메타인지의 능동적인 활용에서 곤란을 겪는 학생들이다. 이러한 학생들은 학습내용 그 자체의 '인지적'인 이해를 강조하기 보다는 그와 관련된 '메타인지적'인 문제를 먼저 고려하는 것이 필요하다. 특히 인지적 과제를 효과적으로 수행하기 위한 전략적인 행동 혹은 의사결정과 관련되는 '메타인지적 기능'의 활용을 교수-학습 전략으로 고려하는 것이 필요하다.

또한 대부분의 학생들은 '북부지방'에 대한 내용을 학습함에 있어서, 교육과정에서 주어지는 학습내용에 한정하여 인식하는 것이 아니라, 다른 지역의 학습내용과 비교해서 이해하고 인식하고 있음을 알 수 있다. 그리고 '어렵다'고 인식하는 학생들은 학습내용과 관련된 인지적인 문제보다는 학습자 자신의 긍정적이거나 적극적인 '관심이나 태도'의 문제가 특히 영향을 미치고 있음을 알 수 있다.

학습내용이 '쉽다'고 생각하는 남학생(17.67%)이 여학생(9.77%)보다 많았으며, '보통'이라고 생각하는 경우는 여학생(29.30%)이 더 많았고 '어렵다고' 생각하는 경우도 여학생(12.09%)이 더 많았다. 이를 통해서 남학생들이 여학생들에 비해서 '북부지방'에 대한 학습내용을 상대적으로 보다 '쉬운 것'으로 인식하고 있음을 알 수 있다.

2) 학생들이 '북부지방'에 대해서 더 알고 싶은 내용

현행 지리교육과정은 과거에 비해서 수요자의 요구를 나름대로 고려하고 있지만, 학생들의 입장에서 보면 여전히 일방적으로 주어지는 교육과정이다. 이에 '북부지방' 교과 내용에 대한 학습자의 구체적인 요구는 무엇인지를 조사해 보았다. 이를 조사하기 위해서, 학생들에게 '북부지방'을 공부하면서 궁금했거나, 교과서에 포함되었으면 좋겠다고 생각한 내용이 있으면 간단히 써 보도록 했다. 학생들이 간단한 문장으로 서술한 응답을 정리하여 분석한 결과는 '정치', '역사·문화', '핵문제와 통일', '도시·경제', '학습자료', '또래 청소년', '기타'의 7가지 범주로 나타났으며 표 6-3과 같다.

학생들이 가장 많이 요구한 내용은 보다 자세하고 최신의 '학습자료'로 24.39% 이고, 그 다음은 '역사·문화'가 23.58%로 높게 나타났으며, '정치', '핵문제·통일', '도시·경제', '또래 청소년'의 순으로 나타났다. 남학생들은 '역사·문화'적인 내용을 가장 많이 요구했지만(17.07%), '정치'와 '핵문제·통일'에 대한 내용도 각각 15.45%, 11.38%로 높게 나타나 정치나 현실 문제에 관심이 많은 것으로 나타났다. 여학생들은 '학습자료'에 대한 요구가 14.63%로 다른 범주에 비해서 가장 높게 나타났다.

138

표 6-3. '북부지방'에 대해 더 알고 싶거나 교과서에 추가되길 원하는 내용

범주	내용	남	여	계(%)
학습 자료	자세한 지도	1	1	2
	자세한 사진이나 자료	6	7	13
	좀 더 자세한 내용	–	1	1
	실제 생활모습이나 자세한 생활모습	5	9	14
	계(%)	12명(9.76)	18명(14.63)	30명(24.39)
역사 · 문화	위인	1	–	1
	역사	2	1	3
	전통놀이	2	1	3
	전통음식이나 즐겨먹는 음식	5	1	6
	언어	2	–	2
	문화 혹은 문화재	2	5	7
	남북한의 문화 차이	1	–	1
	관광지	6	–	6
	계(%)	21명(17.07)	8명(6.50)	29명(23.58)
정치	김정일	7	–	7
	김일성과 김정일	5	1	6
	공산주의 체제	1	1	2
	사회주의 체제	2	–	2
	중국 및 러시아와의 관계	2	–	2
	한국전쟁이후 북한 정치의 변화과정	1	1	2
	북한의 國歌	1	–	1
	계(%)	19명(15.45)	3명(2.44)	22명(17.89)
핵문제 · 통일	핵, 핵무기	3	–	3
	핵발전소	1	–	1
	북핵문제	–	2	2
	군사력과 무기	4	–	4
	북한이 통일을 위해 하는 일	1	–	1
	통일에 대한 북한 사람들의 생각	2	–	2
	남한에 대한 북한 주민들의 생각	2	–	2
	통일에 대한 내용이나 정보	1	2	3
	계(%)	14명(11.38)	4명(3.25)	18명(14.63)
도시 · 경제	지역별 특산물	1	–	1
	지역별 인구분포	–	1	1
	각 지역의 공업과 공업지구	2	–	2
	교통	–	1	1
	무역	1	–	1
	개방도시	–	1	1
	아오지	1	–	1

범주	내용	남	여	계(%)
도시 · 경제	평양	1	1	2
	개마고원	2	1	3
	섬들	1	–	1
	계(%)	9명(7.32)	5명(4.07)	14명(11.38)
또래 청소년	북한의 청소년들	1	–	1
	북한 아이들의 소망	1	–	1
	아이들의 생활	–	2	2
	북한 아이들의 식량부족 문제	–	1	1
	학교나 학교생활	–	3	3
	계(%)	2명(1.63)	6명(4.88)	8명(6.50)
기타	통일이 된 후에 배웠으면 좋겠다.	–	2명(1.63)	2명(1.63)
	계(%)	77명(62.60)	46명(37.40)	123명(100)

전체적으로 학생들은 교과 내용을 이해하는 데 도움을 줄 수 있는 자세하고 다양한 자료를 요구하고 있으며, 전통적인 지역지리라고 할 수 있는 '역사·문화'적인 내용에 대한 보충을 요구하고 있음을 알 수 있다. 즉, 교과 내용 그 자체의 문제만큼이나 학생들은 자세하고 다양한 학습자료 제시를 요구하였으며, 이것은 '역사·문화적인 내용'의 보충 문제와 함께 지리교육과정의 계획과 구성에서 중요하게 고려되어야 할 문제이다.

'역사·문화적인 내용'에 대한 논의는 관련된 선행연구에서도 구체적인 조사 결과를 보고하고 있다. 즉, 중학생들의 지리 학습내용에 대한 성별, 젠더별 선호도를 조사한 연구에서도 학생들이 가장 선호하는 내용은 지역의 '역사·문화적 배경'이었으며(강창숙, 2004), 고등학생을 대상으로 한 장의선(2004)의 '지리과 내용영역 선호도 검사'에서도 '문화·역사지리' 영역의 선호도가 가장 높게 나타났다.

4. '북부지방'에 대한 이미지와 지역정체성

1) '북부지방'에 대한 학생들의 지역 이미지와 대상

그동안 통일에 대한 많은 논의는 대부분 정치·경제적인 측면의 통합과 관련된 내용들로 이루어졌다. 즉 국가단위의 구조적 통합에 대한 논의들이 주로 이루어져 왔다. 그러나 최근에는 정치·경제적인 측면에서의 통합만으로는 완전한 통일을 이루어낼 수 없다는 주장들이 제기되고 있다. 국가단위의 통합과 함께 개인들 간의 심리적 수준에서의 통일이 이루어지지 않는다면 완전한 통일은 기대하기 힘들고, 오히려 통일에 따른 부작용이 더 심각해질 것이라고 한다. 이러한 가능성은 독일 통일에서 나타나는 문제들을 통해서 쉽게 예측할 수 있는데, 독일의 통일 이후 나타난 가장 커다란 문제 중의 하나는, 동·서독 출신 젊은이들의 갈등과 반목의 발생으로 유발된 범죄와 테러 등의 공격행동이었다는 것이다(이훈구·전우영, 1998).

일반적인 의미에서 이미지란, '행동 단위의 총체적 인지, 정서, 평가구조'인 동시에 '그 자신과 우주에 대한 내부적 견해'로 정의된다. 이것이 국제체계에 적용될 경우, 행동단위는 국가이며 자국 및 국제환경을 구성하는 체계 내부의 다른 행위자에 대한 내부적 견해는 곧 국가 이미지가 된다. 타국에 대한 국가 이미지를 구성하는 주된 요소로는 우호−적대관계 및 상대적인 국력이 지적되고 있는데, 특히 한국인이 갖는 북한에 대한 국가 이미지는 동포/형제와 적이라는 이중적 이미지라는 것이다(김태현·남궁곤·양유석, 2003).

이렇게 통일의 문제는 그 자체의 정당성이나 당위성의 문제로 접근되기보다는 개인의 가치나 신념의 문제를 기반으로 하는 심리학적인 문제로 접근하는 것이 관련 연구의 최근 동향이다. 하지만, 지리교육에서는 통일의 정당성에 근거한 당위적인 태도만을 일방적으로 주장할 뿐, 통일의 주체가 될 학생들의 인식에 대한 논의는 거의 이루어지지 않고 있다. 이에 '북부지방'에 대한 학생들의 지리적인 인식으로 학습 후의 이미지를 조사해 보았다. 이에 대한 조사는 그림 6−1과 같이 '북부지방을 공부하면서 느낀 점'을 써 보는 서술형 질문으로 이루어졌다. 조사 결과는 긍정적인 경우와 부정적인 경우로 구분되었으며 다음의 표 6−4와 같다.

표 6-4. '북부지방'에 대한 이미지

이미지		남	여	계(%)
긍정적	새롭다	12	19	31명(14.42)
	흥미롭다	12	13	25명(11.63)
	신기하다	12	4	16명(7.44)
	부럽다	7	2	9명(4.19)
	기타	−	4	4명(1.86)
	소계(%)	43명 (20.00)	42명 (19.5)	85명 (39.53)
부정적	한심하다	30	17	47명(21.86)
	불쌍하다	13	26	39명(18.14)
	이상하다	6	11	17명(7.91)
	싫다	2	6	8명(3.72)
	아쉽다	5	−	5명(2.33)
	나쁘다	−	3	3명(1.40)
	기타	6	5	11명(5.12)
	소계(%)	62명 (28.84)	68명 (31.63)	130명 (60.47)
계(%)		105명 (48.84)	110명 (51.16)	215명 (100)

표 6-5. '북부지방'에 대한 이미지 대상

구분	이미지	이미지 대상	구분	이미지	이미지 대상
긍정적	새롭다	북부지방의 모든 내용	부정적	한심하다	군수공업 중심
		북한의 공산주의			집단농장
		사람 이름이 들어간 지명(행정구역)			식량난
		평양과 평양의 모습			폐쇄적인 경제정책
		공업이나 공업지역			두만강 개발계획
		경제무역지대			다락 밭과 환경파괴
		두만강개발계획		이상하다	북한의 전체적인 모습
		유역변경식 수력발전소			북한의 사상
		풍부한 지하자원			평양과 다른 지방과의 차이
		북부지방의 자연환경(지형, 기후)			사람이름으로 된 행정구역(지명)
	흥미롭다	북부지방의 모든 내용			정부의 정책
		평양의 모습			집단농장
		사람 이름이 들어간 지명(행정구역)			다락밭
		자원분포			지하자원을 제대로 활용하지 못하는 것
		공업이나 공업지역			식량난에 저항하지 않는 북한 주민
		경제무역지대			개방화 노력
		유역변경식 수력발전소		불쌍하다	독재정치
		북부지방의 자연환경(지형, 기후)			주민들의 현재 생활
		우리나라와의 공통점과 차이점			생활필수품과 식량부족
	신기하다	사람 이름이 들어간 지명(행정구역)			폐쇄적인 경제체제
		군수공업			추운 기후
		평양과 다른 지방의 차이			개방화 노력
		집단농장		싫다	북한 그 자체
		경제무역지대			공산주의 정치
		두만강개발계획			사람 이름이 들어간 행정구역
		산맥과 자원의 분포			폐쇄적인 경제정책
		남한과 비슷한 산맥 형태		아쉽다	김정일 때문에 발전이 이루어지지 않아서
	부럽다	풍부한 지하자원			북한의 자세한 사정을 알지 못해서
	기타	희망이 보인다 – 개방하고 있는 북한		나쁘다	평양과의 빈부격차
		이해하게 되었다 – 어려운 식량사정과 생활환경			전쟁과 무기
부정적	한심하다	정치제도나 정책		기타	걱정된다 – 자유 없는 주민생활
		공산주의 사상			짜증난다 – 사람 이름이 들어간 행정구역
		김정일과 독재정권			안타깝다 – 북한 사람들이 처한 상황(식량사정)
		국제적인 고립			슬프다 – 통일이 안 되어서
		핵문제			삭막하다 – 핵무기 보유
		백두산을 중국에 팔아 버려서			어이없다 – 농업생산방식과 식량배급
		지하자원을 제대로 활용하지 못하는 것			웃긴다 – 북한의 공산주의 사상

'북부지방'에 대한 학생들의 이미지는 부정적인 경우가 60.47%로 긍정적인 경우의 39.53%보다 매우 높게 나타났다. 긍정적인 이미지는 '새롭다', '흥미롭다', '신기하다', '부럽다' 등으로 나타났으며, 부정적인 이미지는 '한심하다', '불쌍하다', '이상하다', '싫다', '아쉽다', '나쁘다' 등으로 나타났다. 여러 가지 이미지 중에서도 남학생들(30명, 13.95%)은 특히 '한심하다'는 부정적인 이미지가 높게 나타났고, 여학생들(26명, 12.09%)은 '불쌍하다'는 부정적인 이미지가 높게 나타났다.

학생들이 서술한 '북부지방'에 대한 이미지와 이미지 대상이 되는 구체적인 내용들을 정리한 것이 다음의 표 6-5이고, 이미지 대상들을 범주화 한 것이 그림 6-4이다. '북부지방'에 대한 학생들의 이미지 대상은 5개 범주로 나타났으며, '정치·경제제도'와 관련된 이미지를 대상으로 하는 경우가 58.60%로 가장 높게 나타났고, '공업과 자연환경' 22.33%, '북부지방 혹은 북한 전체' 8.84%, '개방화' 6.98%, '기타' 3.26%의 순으로 나타났다. 긍정적인 이미지 대상 중에서는 '공업과 자연환경'의 범주가 16.74%로 가장 높게 나타났고, 부정정적 이미지 대상에서는 '정치·경제제도'가 48.37%로 매우 높게 나타났다.

전체 이미지 대상 범주들에 대한 남녀 학생의 차이는 거의 없다. 다만, '북부지방 혹은 북한 전체'에 대해서 남학생들은 여학생들보다 상대적으로 좀 더 긍정적인 이미지를 나타내고 있으며, '정치·경제제도'에 대해서는 여학생들이 남학생들에 비해서, 좀 더 긍정적이거나 부정적인 양면성을 나타내고, '공업과 자연환경'에 대해서는 남학생들이 좀 더 긍정적이거나 부정적인 양면성을 나타

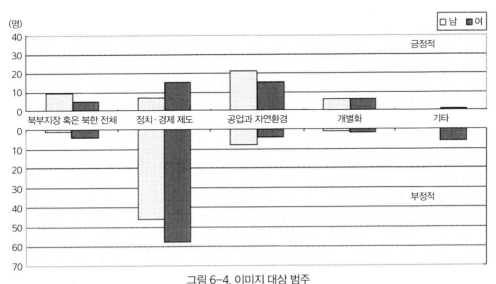

그림 6-4. 이미지 대상 범주

내고 있다(그림 6-4).

이를 통해서, '북부지방'에 대한 학생들의 이미지 형성에 가장 크게 영향을 미치는 이미지 대상은 '정치·경제제도'와 관련된 내용들이며, '정치·경제제도'와 관련된 내용들은 특히 부정적인 이미지 형성에 영향을 미치고, '공업과 자연환경'에 관련된 내용들은 긍정적인 이미지 형성에 영향을 미치고 있음을 알 수 있다. 또한 '정치·경제제도'에 관련된 내용들에 대해서는 여학생들이 좀 더 민감하고, '공업과 자연환경'에 관련된 내용들에 대해서는 남학생들이 좀 더 민감한 태도를 나타내고 있음을 알 수 있다. 이들 범주와 관련된 교육과정의 구성이나 교실 수업 전개에서 보다 신중하고 적절한 교수 전략의 필요성이 제기된다.

2) '북부지방' 학습내용에 대한 이해 특성과 이미지

앞에서 살펴 본 학생들의 '북부지방' 학습내용 이해 특성에 따라 이미지는 어떻게 나타나는지를 살펴보았다. 모든 경우에 부정적인 이미지가 더 높게 나타났다. 다만 '쉽다'고 생각하는 경우에는 그 차이가 상대적으로 적었을 뿐이다. 여학생들에 비해서 '쉽다'고 생각하는 남학생들이 더 많았지만, 부정적인 이미지를 나타내는 남학생이 상대적으로 더 많았다. '보통이다'와 '어렵다'고 생각하는 경우에는 여학생이 부정적인 이미지를 나타내는 경우가 더 많았다. 긍정적인 이미지를 나타내는 경우에는 학습내용의 수준이 '보통'이라고 생각하는 남학생(26명)이 가장 많았으며, 부정적인

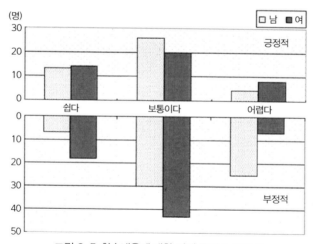

그림 6-5. 학습내용에 대한 이해 특성과 이미지

이미지를 나타내는 경우에는 '보통'이라고 생각하는 여학생(43명)이 가장 많았다(그림 6-5).

이를 통해서 학습내용에 대한 이해 특성과 이미지와는 상관관계가 거의 없다는 것을 알 수 있다. 즉 학습내용을 '쉽다'고 생각하는 학생들일수록 보다 긍정적인 이미지를 나타내거나, '어렵다'고 생각하는 학생들일수록 보다 부정적인 이미지를 나타내는 것은 아니며, 남녀 학생들 간의 성별 차이도 거의 없음을 알 수 있다.

3) 지역정체성과 이미지

앞에서 기술한 바와 같이, 현행 중학교 1학년 지리교육과정은 '북부지방'의 주민생활과 지역성의 변화에 대하여 살펴보는 것을 목표로 하고 있다. '북부지방'이 가지고 있는 지역의 성격 즉 지역성(regional characteristics)을 인식토록 하고 있으며, 그 지역성은 자연 및 인문환경 특색의 이해로 이루어진다. 지역의 자연환경과 인문환경은 지역 이해의 바탕이 되며, 이러한 지역 이해는 지명 인식에서 출발한다. 지명은 자연현상뿐만 아니라 인문, 사회적인 환경을 담아내고 표현하는 상징적 언어경관으로 그 지역에 살고 있는 사람들의 경험을 내포하고 표현할 뿐만 아니라, 이 지역에 대한 타인들의 경험도 공유할 수 있게 해 주는 매개체이다.

이렇게 타인들과 공유하게 되는 경험이 일정한 공간적 범위에 걸쳐서 나타나게 되면 지역정체성이 형성된다고 할 수 있다. 사회가 발전하고 제도가 복잡하게 분화되어가면서 타인들과 직접적인 경험을 공유하는 경우보다는 다양한 스케일에 걸쳐 다양한 매체를 통한 간접적인 경험의 공유가 더욱 중요해진다(권정화, 2001).

자연현상뿐만 아니라 인문, 사회적인 환경을 담아내고 표현하는 지명은 학생들이 지역을 인식하고 범주화하는 수단이 되며 사회적으로는 의사소통의 수단이 된다(조성욱, 2004). 특히, '북부지방'과 '북한'이라는 교육 지명은 이 지역에 대한 학생들의 인식과 지식의 범주화에 기본이 되는 지리적 지명이며, 지방적 스케일인 동시에 국가적 스케일을 나타내는 지명으로서, 이 지역에 대한 학생들의 간접적인 경험을 바탕으로 하는 지역정체성을 나타낸다. 즉 '북부지방'과 '북한'이라는 최상위 스케일의 지명은, 이 지역의 지역성을 담고 있으며 이 지역에 살고 있는 사람들이 공유하고 있는 지역정체성을 표상(presentation)함과 동시에 이 지역을 학습하는 학생들의 지역 인식과 간접적인 경험으로 공유하고 있는 지역정체성을 표상(representation)하는 지표이다.

이에 학생들이 '북부지방'을 학습한 후에 이 지역에 대한 정체성을 어떻게 표상하고 있는지를 살펴보았다. 이에 대한 조사는 '북부지방을 공부하면서 느낀 점'을 써 보는 서술형 응답에서 사용한 지명을 근거로 분석하였다(그림 6-1참고). 즉, 학생들이 서술한 내용에서 사용하는 지명이 모두 '북부지방'이면 북부지방으로, '북한'이면 북한으로, 두 가지를 혼용해서 사용하면 혼합으로 구분하였고, 구분하기가 곤란하거나 지명을 사용하지 않은 경우에는 기타로 구분하였다. 각각의 사례는 다음과 같으며, 학생들이 서술한 내용을 그대로 옮긴 것이다.

사례 1: '북부지방'으로 표상하는 경우

> A. 느낀 점이나 소감: **북부지방**에 대해서 모르는 것을 알게 되어 흥미로웠다.
> B. 제목이나 주제: **북부지방**의 산맥과 공업지역
> C. 느낀 점이나 소감을 간단히 써 봅시다.
>
> 　나는 **북부지방**의 산맥, 행정구역, 공업지역 등을 몰랐는데 알게 되면서 왜 공업지역이 해안가에 위치해 있는 것인지 알게 되었고 **북부지방**에서 위치적으로 중요한 곳과 산맥 이름을 알게 되었다(남학생).

사례 2: '북한'으로 표상하는 경우

> A. 느낀 점이나 소감: **북한**의 공산주의가 한심하다.
> B. 제목이나 주제: **북한**의 공산주의와 사회적 고립
> C. 느낀 점이나 소감을 간단히 써 봅시다.
>
> 　**북한**은 오늘날 전 세계를 통틀어서 하나밖에 없는 공산주의 국가이다. 계속 공산주의가 사라지지 않은 건 **북한**의 …… 때문이라고 난 생각한다. 공산주의가 사라져 민주주의로 바뀌면 …… 사라지니까. 결국 **북한**은 …… 아닌가. 그래서 난 **북한**의 …… 한심하다고 느꼈다. 국민을 …… 참 한심스러웠다(여학생).

사례 3: '혼합'하여 표상하는 경우

> A. 느낀 점이나 소감: 참 흥미있었다.
> B. 제목이나 주제: 대륙의 관문 **북한**
> C. 느낀 점이나 소감을 간단히 써 봅시다.
>
> 　같은 한 민족인데도 서로 갈라져 있는 **북한**과 남한. 나는 **북한**에 대해서 새로운 것을 알고 참 신기하다고 생각했다. 북한에 굶주리고 있는 아이들이 있다고는 알았지만 실제 사진으로 보니 매우 안타까웠다. 하지만 **북부지방**은 대륙쪽에 위치해 있어 우리 민족이 대륙으로부터 문화를 받아들이고 …… 알게 되었다. 또한 **북부지방**은 …… 것도 깨달았다. 이렇게 **북한**을 새로 알게 되어 흥미있었다(여학생).

사례 4: 기타

A. 느낀 점이나 소감: 한심했다.
B. 제목이나 주제: 집단농장
C. 느낀 점이나 소감을 간단히 써 봅시다.

왜 집단농장을 쓰는지 한심하다. 그 이유는 개인이 농사를 지어 수확한 것을 자신이 가지게 되면 농민들의 생산의욕이 커져 계속 농사를 열심히 짓게 된다. 농민들이 농사를 열심히 하면 식량문제가 사라지고, 경제가 좋아질텐데 말이다. 그런데도 계속 집단농장, 다락밭을 이용하는게 한심하다(남학생).

학생들이 사용한 지명을 분석한 결과, 학생들이 가장 많이 표상하는 지명은 '북한'으로 전체 학생의 54.42%로 매우 높게 나타났다. 그리고 '북부지방'은 19.53%, '혼합'해서 사용하는 경우 18.14%, '기타' 7.91%의 순으로 나타났다. 긍정적인 이미지를 가지고 있는 경우에는 '북부지방', '북한', '혼합', '기타'의 순으로 나타났고, 부정적인 이미지를 가지고 있는 경우에는 '북한'으로 표상하는 비중이 42.33%로 매우 우세하였으며, 그 나머지는 '혼합', '기타', '북부지방'의 순으로 나타났다. 전체적으로 남녀 학생들 간의 성별 차이는 거의 없으며, '기타'의 경우에 여학생의 비중이 남학생보다 상대적으로 높게 나타났을 뿐이다. '혼합'으로 표상하는 경우에 긍정적인 이미지를 가진 남학생의 비

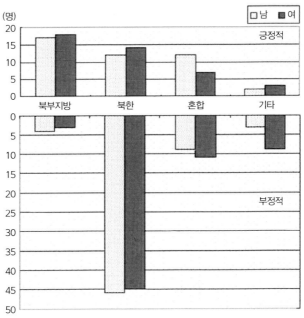

그림 6-6. 이미지와 지역정체성 *

중이 상대적으로 약간 높고, '기타'의 경우에 부정적인 이미지를 가진 여학생의 비중이 약간 높게 나타났다(그림 6-6).

이를 통해서 대부분의 학생들이 표상하고 있는 지역정체성은 '북한'이라는 것을 알 수 있다. 또한 학생들의 이미지가 긍정적인 이미지에서 부정적인 이미지로 갈수록 북부지방→혼합→북한의 순으로 지역을 인식하는 것을 알 수 있다. 즉, 학생들은 보다 긍정적인 이미지를 가진 경우는 '북부지방'이라는 지명을 더 많이 사용하고, 부정적일수록 '북한'이라는 지명을 더 많이 사용하고 있음을 볼 때, 현행 교육과정이나 교과서 내용 기술에 있어서 이에 대한 주의 깊은 고려가 필요함을 알 수 있다.

5. 정리

제7차 중학교 지리교육과정에서 주요 학습내용으로 제시되고 있는 '북부지방'에 대한 교실 밖에서의 일반적인 인식은 '북한'이다. 학생들은 이 지역의 지리적 환경 특색을 중심으로 '북부지방'을 학습하고 이해하게 되지만, 시간이 지남에 따라 각자에게 남게 되는 지리적 인식은 '북부지방'에 대한 나름대로의 이미지이다. 학생들이 '북부지방'에 대한 지역지리 학습내용을 어떻게 이해하고 탐구했는가의 문제가 일차적으로 중요하다면, 국토 통일을 대비하는 주역으로서 학생들 각자가 가지게 되는 지역이미지와 지역정체성 또한 매우 중요한 문제이다. 이에 중학교 1학년을 대상으로 학생들의 '북부지방'에 대한 학습내용의 이해 특성과 이미지 그리고 지역정체성에 대해 조사하고 분석한 주요 결과는 다음과 같다.

첫째, '북부지방' 학습내용 수준에 대한 학생들의 응답은 '보통'이라고 생각하는 경우가 가장 많았으며, 그 나머지는 '쉽다'와 '어렵다'의 순으로 나타났다. 학생들의 학습내용 이해에 영향을 준 것은 '내용'과 '내용비교'(인지적인 문제), '선행학습', '교과 선호', '관심이나 태도'(메타인지적인 문제)의 5가지 범주로 나타났으며, 다른 지역과 상대적으로 비교해서 인식하는 '내용비교'의 경우가 가장 높게 나타났다.

둘째, '북부지방'에 대한 학습내용을 '쉽다'고 인식하는 경우와 '어렵다'고 인식하는 경우에는 메타인지적인 문제가 영향을 미치고, '보통'이라고 인식하는 경우에는 인지적인 문제가 더 많은 영향을 미치는 것으로 나타났다. 그리고 남학생들이 여학생들에 비해 학습내용이 '쉽다'고 생각하는 것으로 나타났다.

셋째, 학생들이 '북부지방'을 공부하면서 궁금했거나, 교과서에 추가되었으면 좋겠다고 생각한 내용은 '정치', '역사·문화', '핵문제와 통일', '도시·경제', '학습자료', '또래 청소년', '기타'의 7가지 범주로 나타났다. 학생들이 가장 많이 요구한 내용은 좀 더 자세하고 다양한 '학습자료'였으며, 남학생들은 '역사·문화'적인 내용을 가장 많이 요구했고, '정치'와 '핵문제·통일'에 대한 요구도 높게 나타나 정치나 현실 문제에 관심이 많은 것으로 나타났다. 여학생들은 '학습자료'에 대한 요구가 다른 범주에 비해서 높게 나타났다.

넷째, '북부지방'에 대한 학생들의 이미지는 긍정적인 경우와 부정적인 경우로 구분되었으며 부정적인 이미지가 높게 나타났다. 긍정적인 이미지는 '새롭다', '흥미롭다', '신기하다', '부럽다' 등으로 나타났으며, 부정적인 이미지는 '한심하다', '불쌍하다', '이상하다', '싫다', '아쉽다', '나쁘다' 등으로 나타났다. 여러 가지 이미지 중에서도 남학생들은 특히 '한심하다'는 부정적인 이미지가 높게 나타났고, 여학생들은 '불쌍하다'는 부정적인 이미지가 높게 나타났다.

다섯째, '북부지방'에 대한 학생들의 이미지 형성에 가장 크게 영향을 미치는 이미지 대상은 '정치·경제제도'와 관련된 내용들이며, 이와 관련된 내용들은 특히 부정적인 이미지 형성에 영향을 미치고 있는 것으로 나타났다. '공업과 자연환경'에 관련된 내용들은 긍정적인 이미지 형성에 영향을 미치는 것으로 나타났다. 또한 '정치·경제제도'에 관련된 내용들에 대해서는 여학생들이 좀 더 민감하고, '공업과 자연환경'에 관련된 내용들에 대해서는 남학생들이 좀 더 민감한 태도를 나타내고 있는 것으로 나타났다.

그리고 학생들의 '북부지방'의 학습내용에 대한 이해 특성과 이미지는 상관관계가 거의 없는 것으로 나타났다. 즉 학습내용을 '쉽다'고 생각하는 학생들일수록 보다 긍정적인 이미지를 나타내거나, '어렵다'고 생각하는 학생들일수록 보다 부정적인 이미지를 나타내는 것은 아니며, 남녀 학생들 간의 성별 차이 또한 거의 없는 것으로 나타났다.

마지막으로, 대부분의 학생들이 표상하고 있는 지역정체성은 '북한'인 것으로 나타났다. 학생들은 보다 긍정적인 이미지를 가진 경우는 '북부지방'이라는 지명을 더 많이 사용하고, 부정적일수록 '북한'이라는 지명을 더 많이 사용하는 것으로 나타났다. 긍정적인 이미지를 가지고 있는 경우에는 '북부지방', '북한', '혼합', '기타'의 순으로 나타났지만, 부정적인 이미지를 가지고 있는 경우에는 '북한'으로 표상하는 비중이 매우 높게 나타났다. 전체적으로 남녀 학생들 간의 성별 차이는 거의 없는 것으로 나타났다.

'북부지방'에 대한 학생들의 이와 같은 이해 특성이나 이미지 및 지역정체성은 지리수업의 결과나 학습 특성으로 한정지을 수는 없다. 학생들이 직·간접적으로 쉽게 경험할 수 없는 '북부지방'은 부모 혹은 조부모나 사회로부터 이미 집단화된 기억을 전수받고 학습했을 가능성도 있다. 특히 우리들에게 '북한'은 민족적인 차원에서는 내집단이지만, 국가적인 차원에서는 외집단으로 지각될 수밖에 없는 매우 특별한 지역이다. 중학생들도 이러한 고정관념에서 예외적이라고 할 수는 없을 것이다. 최근 영토의 통일만큼 중요한 것이 남북한 사람들의 인식 통일이라는 연구 결과들이 설득력 있게 제시되고 있다(전우택, 2007 참고).

지리교육에서는 영토로서의 '북부지방'을 교육과정으로 구성하고 있지만, 명확한 구분 없이 혼용되고 있는 지명이나 공간 스케일의 문제와 함께 학습 주체인 학생들의 인식 상황을 깊이 있게 논의하고, 지리교육과정 구성에서 실제적으로 고려해야 한다.

제2부
지리수업, 학습자 그리고 지리교과서

니콜라이 페트로비치 보그다노프 벨스키, 암산(1895년), 모스크바 트레차코프미술관 소장

이 그림은 러시아의 니콜라이 페트로비치 보그다노프 벨스키(Nikolay Petrovich Bogdanov Belsky)가 농촌의 초등학교 수학 수업시간을 그린 것이다. 칠판의 수학 문제를 풀기 위한 학생들의 다양한 모습과 복잡한 심리상태를 표정으로 나타내고 있다.

제7장 사회과부도와 학습자 인식

1. 사회과부도에 대한 이해

사회과 혹은 지리수업에서 가장 기본적으로 사용되는 학습자료는 교과서와 사회과부도이다. 교과서는 물론 사회과부도는 문자텍스트와 지도, 그래프, 사진, 그림 등의 시각자료로 구성되어 있다. 이들 자료는 지리적 사고의 대상이며 접근방법이고 의사소통을 위한 도구로서 학습자의 지리 학습에 매우 중요한 의미를 갖는다. 특히, 학습자의 수준별 자기주도 학습을 강조하는 7차 교육과정에서 사회과부도의 역할은 매우 중요하며, 우리나라와 세계 여러 지역에 대한 학습을 본격적으로 시작하는 중학교 학생들에게는 더욱 중요한 교재이다.

사회과부도는 '부도(attached book)'라는 말이 뜻하는 바와 같이 본 교과서에 부속된 보조 교과서로서 학생들의 사회현상 이해를 위해 직접 사용되는 교재인 동시에 주 교과서인 사회교과서를 보충, 심화하는 기능을 하며 지리와 역사영역만이 가지고 있는 특별한 교과서이다. 즉, 사회과부도는 학습자의 흥미와 동기 유발 기능, 사회 현상에 대한 기본적인 학습요소 제시 기능, 사회 현상에 대한 탐구과정 유도 기능, 사회과 학습 자료의 제시 기능, 교수−학습의 절차 제시 또는 시사 기능, 학습 문제 및 연습문제 제시 기능 등을 함께 지니고 있으며, 그 중에서 사회과 학습자료의 제시 기능과 같은 특정 기능을 주로 하고 있다(리지영·김영성, 2000).

지금까지 사회과부도는 교과서를 보조하는 보조 교재로서 수동적인 관점에서 인식했지만, 학습자의 자기주도적 학습이나 탐구 활동을 능동적으로 조력할 수 있는 교재로 이해해야 한다. 특히 사회과부도는 다양한 형태의 시각자료로 구성되어 있어서 학생들에게 세계 여러 지역의 다양성을 이해시키고 흥미를 유발하는 데 매우 유용한 교재이다. 시각자료의 사용은 학생들과 텍스트 사이에 존재하는 장애물을 제거하고, 특히 열등생의 잠재된 능력을 발휘하게 하고 자기존중감을 갖게 하므로, 수준별, 능력별 학습을 위한 도구로서 매우 중요하다(진춘자, 2004).

그동안 교과서에 대한 연구는 꾸준히 이루어졌지만 사회과부도에 대한 연구는 극히 드물게 이루어졌으며, 대부분 학습자의 도해력(graphicacy) 신장이나 공간인지능력, 효과적인 시각화 자료 그리고 주제도의 효율성 등의 관점에서 간접적으로 언급되는 경우가 많았다. 교재로서의 사회과부도에 대한 연구는 자료 내용에 대한 분석이 주로 이루어졌고(신희주·박태화, 2003), 교과서와의 관련성, 교육과정에 따른 내용 구성 비율 등에 대한 연구가 부분적으로 이루어졌다.

지금까지 이루어진 사회과부도에 대한 연구는 연구자와 교사의 관점에서 그 내용에 대한 분석이 이루어졌으며, 주요 교재로 인식되기 보다는 교과서를 보충하는 시각자료로 이해되어 왔다. 사회과부도는 학습자의 탐구활동과 같은 학습자의 능동적이고 자기주도적인 학습을 조력하는 주요 교재로 이해되어야 한다. 따라서 사회과부도의 내용 구성과 체계는 학습자의 발달과 수준에 적합하여야 하며, 무엇보다도 학습자의 학습을 효율적으로 조력할 수 있는 교재이어야 하므로 이에 대한 분석과 이해가 선행되어야 한다(강창숙, 2005c).

교재로서의 사회과부도에 대한 이해는, 내용으로 담고 있는 자료에 대한 학습자 학습의 적합성과 효율성 문제를 중심으로 이루어져야 한다. 즉 구성자료들이 학습자의 수준에 어느 정도 적합한지 그리고 학습자가 이용하기에 얼마나 효율적으로 구성되어 있는지와 같은 측면에서 학습자의 이해 정도나 특성을 살펴보아야 할 것이다. 사회과부도를 구성하고 있는 자료들이 학습자 수준에 적합할 때 보다 효율적인 활용을 기대할 수 있기 때문이다. 이에 본 장에서는 사회과부도 구성자료의 효율성과 적합성을 학습자 관점에서 분석하고자 한다. 이의 사례로 사회과부도(지리 부문)에서 중부지방을 구성하고 있는 자료(지도: 일반 지형도와 주제도, 그래프, 사진, 그림)에 대한 중학교 1학년 학생들의 활용과정에서 나타나는 이해 특성을 조사해 보았다.

2. 사회과부도 구성자료의 교육적 의미

사회과부도 지리 부문을 구성하고 있는 자료는 일반적으로 지도(일반도, 주제도)가 가장 큰 비중을 차지하고, 그래프(도표), 사진, 그림으로 구분할 수 있다. 이들 자료는 핵심 아이디어나 정보를 알기 쉽도록 제시한 그래픽 자료로서 최근 들어 그 중요성이 더욱 커지고 있는 자료들이다. 구성자료 각각이 가지는 교육적 의미를 살펴보면 다음과 같다.

1) 지도

지도는 각종 정보를 얻을 수 있을 뿐만 아니라 방향, 거리, 크기 등 공간개념 형성에 절대적으로 필요하고 지리 부문에서 뿐만 아니라 사회과부도 전체에서 가장 비중이 높고 중요한 자료이다.

다양한 형태의 시각자료 중 지도는 지리학의 독특한 언어라고 할 수 있을 정도로 지도의 사용과 지도를 읽고 해석하는 능력은 지리학습에서 매우 중요하다. 지도는 지도제작자가 약속된 기호 체계로 각종 현상들을 추상화시켜서 지도로 표현하는 변환 과정을 거쳐 만들어지기 때문에 지도사용자는 지도를 해석해야 한다(이희연, 1995).

지도는 단순히 '읽는다'에서 더 나아가 지도에 나타나는 공간을 마음속에 상상해 낼 때, 비로소 진정한 지도 사용이 이루어진다(장영진, 1992). 지도학습은 도해력 향상뿐만 아니라 정보화 사회를 살아가는 학습자들에게 다양한 시각자료를 해석할 수 있는 능력을 발달시키는데도 중요한 기능을 한다.

제7차 교육과정에 의거한 사회과부도에서는 주제도가 일반도에 비해 비중이 높게 구성되어 있다. 다양한 지리 정보를 담고 있는 일반도에 비해, 주제도는 특정한 주제에 대한 공간적 변이와 지역 간의 다양성에 관한 정보를 제공하는 데 초점을 둔 지도로, 주제도의 목적은 어떤 특정 현상에 관한 공간적 분포의 구조와 패턴을 나타내고자 하는 것이다. 그러므로 위치적인 정확성보다는 특정 현상에 대한 공간적인 분포를 나타내는 데 목적을 둔 지도라고 할 수 있다(이희연, 1995).

지리교육이 학습자로 하여금 자신들과 다른 환경의 지역에 관한 공감각적 이해가 목적이기 때문에 지리 교육에서는 다양한 지역에 관한 내용을 다루고 있다. 그러므로 우리나라와 세계의 여러 지역에 대한 학습에서 가장 기본적이면서 중요한 자료는 지도라고 할 수 있다.

2) 그래프

그래프는 학습자가 어떤 내용을 대조, 비교, 요약, 설명하는 데 도움을 주는 자료이다. 그래프는 복잡한 통계 자료를 점의 수, 선의 길이, 점 및 선의 크기, 도형의 면적, 곡선의 각도 등의 변화를 통해 표현한 것으로 간단하고 보기 쉬우며, 정량적으로 파악하거나 다른 수치와 비교함으로써 전체와의 관련성이나 경향성을 파악하기에 유용하다. 특히 지리수업에 자주 사용되는 그래프는 인구, 면적, 자원, 산업, 교통 등의 통계그래프로 다양한 유형의 그래프로 구성, 제시되고 있지만, 대표적인 유형과 표현 가능한 지리적 내용의 예는 다음의 표 7-1과 같다(박현진, 2002).

그래프 유형별 특징을 간략히 살펴보면, 막대그래프는 단일 독립 변수에 대한 종속 변수들 간의 비교에 유용하며, 선그래프는 변수 사이의 관계와 전체적인 경향성을 파악하는 데 효과적이다. 원그래프는 전체 360도에 대한 해당 변수의 비율을 각도로 표현하여 부분, 부분과 전체의 비율을 쉽게 비교할 수 있는 장점이 있다. 정방형 그래프는 하나의 독립 변수에 대응하는 종속 변수들의 변화를 면적으로 나타냄으로써 종속 변수들 간의 비교뿐만 아니라 전체와의 비율을 비교하는 데 유리하다. 이 밖에도 지리 학습에서는 특정 주제를 전문적인 방식으로 표현하기 위한 기후그래프, 인구그래프 등이 유용하게 사용되고 있다.

그래프는 점의 수, 선의 길이, 점 및 선의 크기, 도형의 면적, 곡선 각도의 변화 등을 통해 다양한 통계 자료를 시각적인 형태로 표현한 그래픽 자료의 일종으로서 지리수업에서는 정량적 지리 정보의 시각화를 위한 유용한 학습 자료로서 매우 빈번하게 사용되고 있다. 지리 교과에서 그래프의 활용은 기본적인 도해력 신장과 정보의 수집, 조직 및 분석 능력을 포함한 지리적 기능의 발달에 기

표 7-1. 그래프 유형별로 표현 가능한 지리적 내용의 예

그래프 유형	표현 가능한 지리적 내용의 예
막대그래프(Bar graphs)	단일한 정성적 자료(식생의 유형, 가게 형태 등)
순환그래프(Circular graphs)	일 년에 걸친 지속적인 자료(강수량, 평균 기온 등)
선그래프(Line graphs)	기후 자료, 유량, 산업 생산량 들의 시간에 따른 변화
복합그래프(Multiple or Composite graphs)	두 지역 또는 그 이상 지역에서 다양한 농업 형태에 따른 토지 이용
원그래프(Pie graphs)	토지 이용 형태, 교통수단별 이용 비중 등
분산그래프(Scatter graphs)	고도에 따른 기온, 풍속 등의 변화
복합 막대그래프(Composite bar graphs)	어떤 지역에서 일정 기간 동안 판매된 생산 회사별 자동차 수의 비율

여할 수 있으며, 지역에 대한 실제적인 정보를 통해 지리적 현상에 보다 객관적인 방식으로 접근할 수 있는 기회를 제공해 준다는 점에서 교육적으로 가치 있는 활동이라 평가할 수 있다. 그러나 다른 교수-학습 자료와 마찬가지로 그래프가 교육 현장에서 보다 의미 있게 사용되기 위해서는 현실적인 교육 여건과 자료를 사용하게 될 학습자의 특성(학습자 수준, 자료 활용 경험, 자료에 대한 흥미, 자료 활용 특성)을 적절히 반영하고 있어야 한다(박현진, 2002).

3) 사진

사진은 다양한 지리적 정보를 가지고 있으며, databank로서의 기능을 하며 사회과 학습이나 지리 교육에 있어서 그 활용도가 매우 높은 영상교육 매체이다(신희주·박태화, 2003, 214). 사진자료는 학생들이 가장 선호하는 자료이며, 학생들의 주의 집중을 유도할 수 있다. 또한 교과서 진술과 관련된 내용을 포함하고 있을 뿐만 아니라 그 밖의 시각적인 정보를 담고 있어서, 선행지식을 회상하거나 이후에 학습할 또 다른 정보 획득을 돕는다. 그리고 학생들의 이해력, 사고력, 창의력 등의 사고력 함양에도 중요하다(황홍섭·김응교, 2003).

사진자료의 교육적 기능을 살펴보면, ① 동기유발기능을 갖고 있어 학습자의 주의를 끌고 흥미를 유발시켜 학습을 더욱 흥미롭게 할 수 있다. ② 표현 및 이해 기능을 갖고 있어 교과 내용의 이해와 기억력을 향상시켜, 학습 내용을 명확하게 제시하여 학습에 도움을 주며, 문자로 설명하기 어려운 정보를 쉽게 제시할 수 있다. ③ 조직 기능을 가지고 있어 학습자가 학습한 언어적 내용을 조직적으로 구조화할 수 있다. ④ 변형기능을 가지고 있어 심상이나 그림 기억이 언어 기억보다 더 뛰어나다는 이론적 근거를 토대로, 사진 자료의 활용이 문장만을 통해 얻는 지식보다 훨씬 오래 지속될 수 있다. ⑤ 자료처리 기능을 가지고 있어 사진 자료는 본문 내용과 관련하여 학습 내용을 바르게 이해시켜, 학습자들이 사진자료를 분석, 비판, 해석하는 자료 처리 능력을 기를 수 있다. ⑥ 정의적 기능이 있어 사진자료는 학습자의 흥미를 강화시켜, 감정과 태도에 영향을 줄 수 있다(황홍섭·김응교, 2003).

4) 그림

학습교재를 구성하고 있는 그림은 모종의 학습효과를 도모하기 위한 목적에서 의도적으로 그려진다. 그러므로 그림은 복잡한 내용에서 중요한 요소를 강조할 수 있고 무관한 부분을 제거하여 단순화 할 수 있는 장점이 있다. 학습 자료로서 그림이 갖는 교육적 의의로 생각할 수 있는 것은 다음과 같다(신윤철·임동원, 1993).

① 학습자 특성과 학습 과제의 성격은 학습 교재에 그림을 싣는 이유를 알려 주는 동시에 그림이 지니는 교육적 가치를 말해 준다. 각기 다른 사고 특성을 가진 학생들에게 '어떤 아이디어'(학습 과제)를 전달할 때, 그들에게 알맞은 다양한 표상 양식들을 동원해야 하는데 그중에서 효과적인 방식 중의 하나가 그림을 통한 전달 방식이다.

② 그림이 가지고 있는 특성이 교재에 그림을 싣는 교육적 가치를 잘 드러내 준다. 그림은 사람의 감정이나 뜻을 공간적인 조형성으로 나타내므로 다른 전달 수단이나 표상 양식이 지니지 못하는 특성을 가지게 된다. 그림은 학습자에게 흥미를 불러 일으켜 학습하고자 하는 동기를 강화시킨다. 또한 그림은 전달하고자 하는 바를 분명하게 강조, 과장 또는 의도적인 변형을 가하는 표현 기법을 사용하기 때문에 문자와 사진이 지니는 시공간적 제약을 극복하는 효과도 갖는다.

5) 학습자의 도해력과 시각적 문해력의 문제

지도 그리고 지도활용과 관련된 학습자의 도해력은 물론 사진, 그래프, 그림 등과 같은 시각자료에 대한 학습자의 도해력 문제를 생각할 필요가 있다. 지도가 주된 자료로 구성된 사회과부도를 중학생들이 활용하는 데 요구되는 기본 능력은 도해력(graphicacy)이고, 도해력의 핵심적인 요소는 축척, 방위, 기호, 독해 난이도, 색채 등의 의미를 이해하는 능력이라고 할 수 있다. 학생들의 도해력 발달 정도에 따라 지리부도의 학습 교재로서의 의미는 구성된다고 볼 수 있다.

도해력은 지리 학습의 기본적인 기능이면서 학습자의 일상생활에서도 실질적인 유용성을 발휘하는 지리적 기능으로서, 지도 학습을 통해서 가장 잘 길러지는 기능이다(강창숙, 2005c). 지역 학습을 본격적으로 시작하는 중학교 1학년 학생들은 교과서 Ⅰ단원 '지역과 사회 탐구'에서 '지도읽기 및 지역조사 방법을 익히고, 자료를 수집하여 정리하고 도표와 지도로 표현하는 능력을 기르기 위해' 지도를 구성하고 있는 요소와 지도읽기를 학습한다(교육부, 1999). 이때 학생들이 축척과 방위 그리고 기호와 지형이 높낮이 등의 지도 요소와 지도읽기를 학습하는 대상은 1:5만의 대축척 지도(일반 지형도 중심)이다. 마찬가지로 사회과부도의 첫 페이지에서 제시되는 '지도의 기호'와 '지역과 사회 탐구'에서 제시되는 기호 역시 1:5만의 일반 지형도에서 사용되는 기호이다.

분석 사례가 된 사회과부도의 중부 지방을 구성하고 있는 지도는 1: 5만5천의 '천안시 주요부'를 제외하고 모두 소축척의 일반 지형도이다. 교육과정상 학생들은 1: 5만 중심의 대축척 지도를 대상으로 지도 요소와 지도 읽기를 학습하지만, 실제로 여러 지역의 특성을 이해하기 위한 지도읽기의 대상은 소축척 지도가 되는 불균형의 문제가 발생한다. 일반 지형도의 경우는 주제도와는 달리 주로 지역의 '위치'에 대한 정보를 제공하고 있으며, 대축척 지도와 소축척 지도의 기호가 중복되거나 비슷한 경우가 많아서 학생들의 '지도읽기' 활동이 무리 없이 계속된 것은 사실이다. 동시에 이러한 불균형의 문제가 학생들의 적극적이고 능동적인 지도 학습의 바탕이 되는 흥미와 동기를 감소시키는 잠재적 원인이 되었다.

위에서 기술한 바와 같이 학생들은 '지도읽기 및 지역조사 방법을 익히고, 자료를 수집하여 정리하고 도표와 지도로 표현하는 능력을 기르기 위해' 지도를 통한 학습을 한다. 지도학습은 지리 학습의 기본적인 기능이면서 일상생활에서 가장 실질적으로 유용성을 갖는 지도기능을 중심으로 이루어진다. 지리적 기능의 하나인 지도기능은 다양하지만 학생들이 지도학습을 통해서 함양하게 되는 지도기능은 지도읽기, 지도이용하기, 지도해석하기, 지도만들기이다.

지도읽기는 지도상의 언어(기호나 상징체계)가 의미하는 바를 잘 해독하는 것이며, 지도이용은 지도상의 특징적인 지형을 지표상의 경관과 직접 관련짓는 것이다. 지도해석은 지도상에서 관찰되는 지형과 패턴들을 자신이 알고 있는 지리적 지식과 관련지어 이해하는 것이고, 지도만들기는 여러 가지 정보를 기호화하여 지도 형식으로 나타내는 것이다(Weeden, 1997; 강창숙, 2005c).

이들 지도기능은 지도학습의 과정이자 지도학습의 목표이다. 그러나 사회과부도의 지리 부문에서 학습 가능한 기능은 지도읽기와 간단한 지도이용 정도로 제한적이다. 숙련된 전문가는 지도를 이용할 때, 단지 지도상의 언어만을 읽는 것이 아니라 그들이 가지고 있는 지리적 지식을 바탕으로 공간 분포나 패턴을 이해하고 해석한다. 지도해석은 상당한 지리적 지식과 고차적인 사고를 요하는 기능이고, 지도만들기 또한 시간과 능력을 요하는 기능이지만, 중학생 수준에서 학습 가능한 정도의 지도해석과 지도만들기 활동을 위한 내용이나 자료 구성이 필요하다.

도해력과 더불어 그래프 해석 능력 또한 필수적으로 요구되며, 사진이나 그림을 단순 사실을 전달하는 사실 중심의 자료 이상의 의미를 읽어 내는 시각적 문해력(visual literacy) 또한 꼭 필요한 능력이다. 하지만 지리교육에서 이에 대한 구체적이고 실증적인 논의는 거의 이루어지지 못한 것이 현실이다.

사회과부도를 구성하고 있는 지도를 비롯한 그래프, 그림, 사진들은 모두 그래픽 자료들이다. 그래픽 자료, 즉 시각자료들은 기존의 문자와는 다른 시각적 상징체계를 가지고 있기 때문에 도해력 이상의 시각적 문해력이 필요하다. 시각적 문해력이란, 시각자료를 구성하고 있는 요소와 요소간의 관계와 체계를 파악함으로써 그것의 의미를 읽어내고 이해하는 능력이라고 볼 수 있다. 학습자들이 시각자료의 어떤 요소를 그리고 그것들을 어떻게 보느냐에 따라 제시된 자료의 본래 목적이 왜곡될 수 있다. 하지만 학생들은 적어도 형식적인 지리교육과정에서 대축척 중심의 일반 지형도 외의 시각자료들의 의미를 읽어내고 이해하는 학습이나 연습은 하지 못한 채 거듭 변화하는 시각자료를 접하게 되는 불균형의 문제가 존재한다.

3. 학습자의 탐구활동을 위한 사회과부도

인터넷을 비롯한 다양한 첨단 매체들이 지리수업에도 적극적으로 도입·활용되고 있지만, 교과서와 사회과부도는 여전히 중요한 교재이고 앞으로도 중요한 교재로 구성되고 활용되어야 한다. 학습자 측면에서 교재는 학생들의 학습 과정에서 다양한 질문 혹은 활동 환경을 통해서 조사하고 탐구하도록 고무시키는 기능을 한다. 교사 측면에서 교재는 교사 개인별로 적절하게 활용할 수 있는 사진과 지도, 그래프 등과 같은 정보와 자료를 제공하는 교재이다. 이와 같은 기능을 가진 교재는 교수스타일이나 교수전략의 측면에서 열린 교재와 닫힌 교재라는 두 가지 관점에서 정의하면 다음의 표 7-2와 같다(Waugh, 2000).

이러한 관점을 바탕으로 현재 교실에서 사용되고 있는 사회과부도를 살펴보면 교육부 지침에 따른 구성이라는 매우 제한적인 틀 속에서 편성된 것이지만 닫힌 교과서의 전형이라 할 수 있다. 즉, 전체적인 내용이나 구성 체계가 대동소이하게 구조화되어 있으며 상당히 형식적인 이미지가 강하다. 그리고 특정 디자인이나 레이아웃으로 구성되어 있어서 재구성이나 재편집이 거의 불가능하기

표 7-2. 지리 교과서(교재)의 범위

열린 교과서 ←————————————————————————————————→ 닫힌 교과서	
• 부분적으로 제한된 구조를 가진다. • 덜 형식적이다. • 다양한 접근을 장려한다. • 교사/학생 모두에게 상당한 융통성을 부여한다. • 교재로 활용하는 데 시간이 걸린다.	• 전체적으로 구조화되어 있다. • 좀 더 형식적이다. • 특정 디자인/레이아웃으로 구성되어 융통성이 부족하다. • 교사/학생 모두에게 지침서로서 영향력을 행사 한다. • 교재로 활용하기가 쉽다.

때문에 학습자 학습을 위한 융통성이 매우 부족하다고 할 수 있다. 교사와 학생 모두에게 지침서로서의 영향력을 강하게 행사하며, 실제 활용은 간단히 찾아보거나 위치 확인하기 등과 같은 단순한 수준에서 이루어지기 때문이다.

사회과부도의 시각자료들은 학습자 간의 의미 있는 상호작용을 가능케 해주는 교재로서 학습자의 지리적 탐구활동을 효과적으로 돕는 교재이어야 한다. '지리적 질문하기'에서 '지리적 질문에 답하기'의 단계별 과정으로 이루어지는 지리적 탐구활동은 학습자의 구체적인 지리적 기능을 중심으로 좀 더 고차적인 지리적 사고력을 함양케 하는 학습 활동이다(GESP, 1994; 강창숙·박승규, 2004). 지도, 사진, 통계 자료, 그래프 등의 자료로 구성된 사회과부도는 학생들로 하여금 지리적 정보를 획득하고 조직하며 분석함을 통해서 지리적 질문에 답하는 지리적 탐구활동을 효율적으로 조력할 수 있는 교재이다.

그러므로 사회과부도는 단순한 참고 교재로만 인식되는 닫힌 교재에서 벗어나 학습자가 활용하기에 적절하고 좀 더 편리하게 사용할 수 있으며, 쉽게 이해할 수 있는 용어로 구성된 학습자 활동 중심의 열린 교재로 구성될 때 그 적합성과 효율성을 도모할 수 있게 될 것이다(Waugh, 2000). 본 연구는 이러한 관점에서 우리나라와 세계 여러 지역에 대한 체계적인 학습을 본격적으로 시작하는 중학교 1학년 학생들의 사회과부도 활용에서 나타나는 이해 특성을 조사해 보고자 한다.

4. 중학생들의 사회과부도 구성자료 활용에서 나타나는 이해 특성

1) 사회과부도 구성자료의 특징

제7차 교육과정에 의거하여 편찬, 보급된 중학교 사회과부도는 8종이다. 조사대상 학생들이 사용한 사회과부도는 특정 출판사의 것이지만, 교육부의 관련 지침을 엄격히 준수한 검정교과서로 나머지 출판사의 것과 그 내용과 구성체제가 대동소이하다. 본 장의 조사내용은 대표적인 사례로 의미를 갖는다.

조사대상 학생들이 사용한 사회과부도의 전체적인 구성은 크게 지리 부문과 역사 부문 그리고 부록으로 구분되어 있으며, 지리 부문은 우리나라와 세계로, 역사 부문은 국사와 세계사로 각각 구분되어 있는 일반적인 구성 체계를 따르고 있다. 지리 부문 '우리나라'의 페이지 구성과 각 페이지별 주제와 자료는 다음의 표 7-3과 같다. 1페이지에서 3페이지까지는 전 학년 공통 자료이고, 64페이지에서 73페이지에 수록된 자료는 '사회 3'에 관련된 자료이다. 4페이지에서 25페이지 까지는 1학년의 지역 학습을 위한 자료로 크게 지역과 사회 탐구, 중부 지방의 생활, 남부 지방의 생활, 북부 지방의 생활로 구분되어 있다. 총 8페이지로 구성된 중부 지방은 남부 지방 6페이지와 북부 지방 4페이지에 비해 구성 비중이 가장 높다.

먼저 중부지방에 대한 사회과부도의 페이지 구성을 살펴보면, 중부 지방은 총 8페이지로 남부 지방 6페이지와 북부 지방 4페이지에 비해 구성 비중이 높다. 전체적인 구성은 중부 지방의 생활 I, 중부 지방의 생활 II, 중부 지방의 생활 III, 중부 지방의 생활 IV로 구분되며 각각 2페이지로 구성되어 있다.

중부 지방의 생활 I은 1: 130만 일반 지형도 '중부

표 7-3. 지리 부문 '우리나라'의 페이지 구성

페이지 제목(지도 제목)	페이지
지도의 기호	1
우리 나라 전도	2~3
지역과 사회 탐구 I	4~5
지역과 사회 탐구 II	6~7
중부 지방의 생활 I	8~9
중부 지방의 생활 II	10~11
중부 지방의 생활 III	12~13
중부 지방의 생활 IV	14
중부 지방의 생활 V	15
남부 지방의 생활 I	16~17
남부 지방의 생활 II	18~19
남부 지방의 생활 III	20
남부 지방의 생활 IV	21
북부 지방의 생활 I	22~23
북부 지방의 생활 II	24~25
우리 나라의 자연 환경	64~65
우리 나라의 자원 개발과 공업 발달	68~69
우리 나라의 인구 성장과 도시 발달	72~73

지방'이 2페이지에 걸쳐 있으며 그 여백에 1: 10만 일반 지형도 '춘천시 주요부'와 '수원시 주요부'가 수록되어 있다. 중부 지방의 생활 II는 2페이지에 걸쳐 1: 15만의 일반 지형도 '수도권 주요부'로 구성되어 있다. 중부 지방의 생활 III은 11개의 주제도와 4개의 사진, 그리고 그림과 그래프가 각각 1개씩 수록되어 있다. 중부 지방의 생활 IV의 1페이지는 1: 75만의 일반 지형도 '대전권 주요부'와 1: 15만의 일반 지형도 '대전광역시'와 1: 5만5천의 일반 지형도 '천안시 주요부'로 구성되어 있다. 나머지 1페이지는 4개의 주제도와 5개의 사진으로 구성되어 있다.

전체 8페이지에서 일반 지형도는 5페이지를 차지하며, 주제도가 약 2페이지 정도이고 나머지 1페이지는 9개의 사진과 그림 1개와 그래프 1개로 구성되어 있다. 이를 통해서 자료 구성이 지도 특히 소축척의 일반 지형도 중심임을 알 수 있다. 대부분의 구성자료가 주로 수도권과 충청 지방을 나타내는 자료로 구성되어 있으며, 관동지방을 나타내는 자료는 상대적으로 그 비중이 적다.

2) 사회과부도 구성자료의 활용 특성

(1) 페이지별 활용도

조사 대상 학생은 중학교 1학년 학생 70명(여학생 35명과 남학생 35명)이며, 중부지방에 대한 학습이 끝난 다음에 질문, 조사하였다. 학생들의 페이지별 활용도를 일반 지형도와 주제도로 구분하여 살펴보면 다음의 표 7-4와 같다.

학생들이 중부지방 학습에서 가장 많이 활용했다고 응답한 페이지는 '중부 지방의 생활 I'이었다(45.7%). 중부 지방의 생활 I은 1: 130만 일반 지형도 '중부 지방'이 주된 구성 내용으로 2페이지에 걸쳐 수록되어 있으며, 그 여백에 1: 10만 일반 지형도 '춘천시 주요부'와 '수원시 주요부'가 수록되어 있다. 3개의 일반 지형도 중에서도 가장 소축척의 일반 지형도 '중부 지방'을 가장 활발하게 활용한 것으로 나타났다. 그 이유는 중부지방을 학습하는 데 바탕이 되는 기본적인 정보를 많이 나타

표 7-4. 페이지별 활용도

	중부 지방의 생활 I	중부 지방의 생활 II	중부 지방의 생활 III	중부 지방의 생활 IV	중부 지방의 생활 IV	계 (%)
구성 자료(페이지 수)	일반 지형도(2)	일반 지형도(2)	주제도(2)	일반 지형도(1)	주제도(1)	–
응답자 수(%)	21명(45.7)	3명(4.3)	17명(24.3)	4명(5.7)	14명(20.0)	70명(100)

내고 있으며, 가장 앞 페이지에 수록되어 있기 때문이라고 응답했다.

다음으로, 주제도가 주된 구성을 이루는 '중부 지방의 생활 Ⅲ'과 '중부 지방의 생활 Ⅳ'의 활용도가 각각 24.3%와 20.0%로 높게 나타났다. 이를 통해서 중학생들의 일반 지형도와 주제도의 활용 특성은, 좀 더 넓은 지역의 다양한 정보를 비교적 이해하기 쉬운 범례로 나타내는 소축척의 일반 지형도를 가장 활발하게 활용하고, 그 다음으로 각각의 주제를 자세하게 나타내는 주제도를 활용하는 정도가 높게 나타난다고 설명할 수 있다.

이를 통해서 학생들의 페이지별 활용도는 교과서 내용의 중요도와 비중에 따라 비례적으로 활용되고 있음을 알 수 있다. 즉 학생들은 교과서에서 중요하게 다루어지거나 비중 있게 다루어지는 내용이나 지역을 중심으로 사회과부도를 활용하고 있음을 알 수 있다. 또한 사회과부도를 구성하고 있는 지도 중에서 주제도가 일반도에 비해 비중이 높고 중요하다는 일반적인 인식에 대해 재고가 필요함을 알 수 있다. 즉, 일반도와 주제도라는 이분법적인 관점에서의 접근보다는 어떤 일반도와 어떤 주제도가 학습자의 학습에 적합성을 가지고 효율적으로 활용될 수 있는지에 대한 고려가 필요하다.

(2) 구성자료에 대한 인식

사회과부도 구성자료를 일반 지형도, 주제도, 그래프, 사진, 그림으로 구분하여, 학생들에게 '학습에 거의 도움이 되지 않거나 필요하지 않다고 생각되는 것'이 무엇인지를 조사해 본 결과, 학생들은 사회과부도를 구성하고 있는 자료 중에서 '사진'이 가장 도움이 되지 않거나 필요하지 않다고 응답했다(27명, 38.6%).

다음은 그래프 24명(34.3%), 그림 13명(18.5%), 일반 지형도 4명(5.7%), 주제도 2명(2.9%)의 순으로 학생들이 도움이 되지 않거나 필요하지 않다고 응답했다. 즉, 학생들은 사회과부도에서 지도는 학습에 꼭 필요한 자료로 인식하고 있지만, 사진과 그래프는 그렇지 못한 자료로 인식하고 있었다.

사진의 경우는 '사진이 너무 작고', '어느 곳 혹은 어떤 내용인지가 분명하지 않고', '내용에 대한 설명이 없으며', 무엇보다도 '인터넷에 더 크고 좋은 사진들이 많기 때문에' 필요하지 않은 자료라고 응답했다. 그래프는 '너무 작고', '너무 복잡해서' 그리고 그림은 교과서에 '더 자세히 나와 있으며', '인터넷에 좀 더 실감나는 동영상(플래시) 자료'가 있기 때문에 필요하지 않다고 응답했다(그림

7-1).

　이와 관련하여 사회과부도에 어떤 자료나 내용이 추가되었으면 좋은지를 조사해 보았다. 대부분의 학생들이 현재의 자료들은 제목만 간단히 제시되어 있는데, 이들 자료를 보충 설명해 주는 내용의 추가가 필요하다고 응답했다. 이밖에 '교과서에 없는 자료'와 '교과서에 나오는 지역이나 도시를 자세하게 나타내주는 자료' 등으로 응답했다.

　이를 통해서 현행 사회과부도 구성자료의 대부분이 시각자료로 구성되어 있다는 사실에 대한 재검토가 필요함을 알 수 있다. 즉, 학생들은 인터넷이나 다른 매체를 통해 얻을 수 있는 시각자료와 사회과부도의 구성자료를 질적으로 비교하고 있으며, 사회과부도를 구성하고 있는 자료들 각각에 대해 문자로 된 설명을 필요로 하고 있기 때문이다. 그러므로 관행적으로 구성되고 있는 자료들을

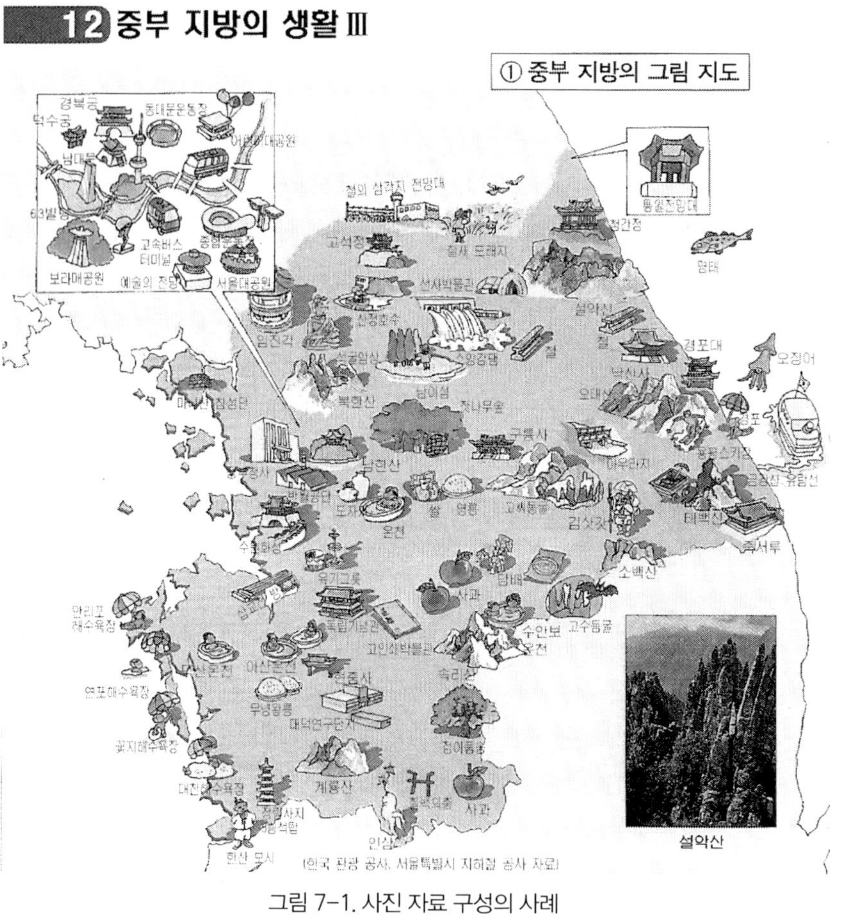

그림 7-1. 사진 자료 구성의 사례

선택적, 질적으로 구분하고, 선정된 자료의 구성 방식도 학습자의 이해를 돕기 위한 구성으로의 인식 전환이 필요하다.

(3) 사회과부도의 활용 시기와 목적

학생들에게 사회과부도를 언제 어떤 이유로 가장 많이 사용하는지에 대해서 조사한 결과, 학생들은 수업시간에 사회과부도를 가장 많이 활용하는 것으로 나타났다(38명, 54.3%). 그 외는 집에서 과제나 숙제를 위해서 활용하는 경우(16명, 22.9%), 기타(10명, 14.2%), 예습과 복습을 위해서 활용하는 경우(6명, 8.6%)의 순으로 나타났다. 기타의 내용은, 심심할 때 '친구들과 지명이나 나라이름 찾기 게임을 하거나', '어떤 지역의 위치가 궁금할 때', '초등학교 동생의 사회공부를 도와 줄 때' 등으로 응답했다. 아직까지 중학생들의 사회과부도의 활용 시기와 목적이 수업 시간에 교사의 지시에 따른 수동적인 활용에 국한되어 있으며, 자기주도적이고 능동적으로 활용하는 경우는 부진한 것으로 나타났다.

이와 관련하여 사회과부도를 잘 보지 않거나 학습 활동에 잘 활용하지 않는 이유를 조사해 본 결과, 학생들 대부분은 '사회과부도의 구성도 복잡하고 내용도 복잡하기 때문에'와 '구성자료의 크기가 너무 작기 때문에' 보고 싶지 않다고 응답했다. 이밖에 학생들은, '교과서만으로 충분하고', '사회과부도는 자세히 보아야 하는데, 볼 시간이 없으며', '기호나 범례가 너무 다양하고 복잡하며 애매하기 때문에', '가지고 다니기 무겁고 귀찮아서', '사회과부도에서는 시험 문제가 안 나오기 때문에' 등의 이유로 사회과부도를 잘 활용하지 않게 된다고 응답했다.

사회과부도에 대한 전체적인 이미지는 '복잡하고 딱딱하다'가 63.6%이고, '재미있거나 흥미롭다'는 28.1%이며, 기타가 8.3%로 나타나, 사회과부도에 대한 일반적인 이미지는 '복잡하고 딱딱하다'는 것이었다.

이를 통해서 사회과부도에 대한 학생들의 일반적인 인식을 검토해 볼 필요가 있다. 즉, 사회과부도가 교과서를 보조하는 복잡하고 딱딱한 보충 교재로서의 정체성을 계속할 것인지, 아니면 교과서에서는 배울 수 없거나 접할 수 없는 질적 자료로 구성된 사회과 혹은 지리과만의 독창성 있는 교재로 거듭날 것인지에 대한 진지한 논의가 필요하다.

5. 정리

　인터넷을 비롯한 다양한 첨단 매체들이 지리수업에도 적극적으로 도입·활용되고 있지만, 교과서와 사회과부도는 여전히 중요한 교재이고 앞으로도 중요한 교재로 구성되고 활용되어야 한다. 특히 사회과부도는 다양한 형태의 시각자료로 구성되어 있어서 학생들에게 세계 여러 지역의 다양성을 이해시키고 흥미를 유발하는 데 매우 유용한 교재이다. 시각자료의 사용은 학생들과 텍스트 사이에 존재하는 장애물을 제거하고, 특히 다양한 사고 특성을 가진 학생들의 잠재된 능력을 발휘하게 하는 도구로서 매우 중요하다.

　지금까지 사회과부도는 교과서를 보조하는 보조 교재로서 수동적인 관점에서 인식했지만, 학습자의 자기주도적 학습이나 탐구 활동을 능동적으로 조력할 수 있는 교재로의 인식 전환이 필요하다. 교재로서의 사회과부도의 중요한 기능과 가치는 내용으로 담고 있는 자료에 대한 학습자 학습에의 적합성과 효율성을 도모하는 데 있다. 즉 구성자료들이 학습자의 수준에 어느 정도 적합한지 그리고 학습자가 이용하기에 얼마나 효율적으로 구성되어 있는지와 같은 측면에서 학습자의 이해 정도나 특성을 살펴보아야 한다.

　이에 본 장에서는 사회과부도를 구성하고 있는 자료를 지도(일반 지형도와 주제도), 그래프, 그림, 사진으로 구분하여 학습자 활용에서 나타나는 이해 정도와 그 특성을 조사하였으며, 그 결과를 정리하면 다음과 같다.

　첫째, 페이지별 활용도를 일반 지형도와 주제도로 구분하여 조사해 본 결과, 학생들의 일반 지형도와 주제도의 활용 특성은, 좀 더 넓은 지역의 다양한 정보를 비교적 이해하기 쉬운 범례로 나타내는 소축척의 일반 지형도를 가장 활발하게 활용하고, 그 다음으로 각각의 주제를 자세하게 나타내는 주제도를 활용하는 정도가 높은 것으로 나타났다.

　즉, 학생들은 교과서에서 중요하게 다루어지거나 비중 있게 다루어지는 내용이나 지역을 중심으로 사회과부도를 활용하고 있음을 알 수 있다. 또한 사회과부도를 구성하고 있는 지도 중에서 주제도가 일반도에 비해 비중이 높고 중요하다는 일반적인 인식에 대해 재고가 필요함을 알 수 있다. 즉, 일반도와 주제도라는 이분법적인 관점에서의 접근보다는 어떤 일반도와 어떤 주제도가 학습자의 학습에 적합성을 가지고 효율적으로 활용될 수 있는지에 대한 고려가 필요하다.

　둘째, 사회과부도를 구성하고 있는 자료를 일반 지형도, 주제도, 그래프, 사진, 그림으로 구분하여, 학생들에게 '학습에 거의 도움이 되지 않거나 필요하지 않다고 생각되는 것'이 무엇인지를 조사해 보았다. 조사 결과, 학생들은 사회과부도에서 지도는 학습에 꼭 필요한 자료로 인식하고 있었지만, 사진과 그래프는 그렇지 못한 자료로 인식하고 있었다.

이는 현행 사회과부도가 주로 시각자료로만 구성되어 있다는 사실에 대한 재검토 필요성을 제시한다. 즉, 학생들은 인터넷이나 다른 매체를 통해 얻을 수 있는 시각적 자료와 사회과부도의 구성 자료를 질적으로 비교하고 있으며, 사회과부도를 구성하고 있는 자료들 각각에 대해 문자로 된 설명을 필요로 하였다. 그러므로 관행적으로 구성되고 있는 자료들을 선택적, 질적으로 구분하고, 선정된 자료의 구성 방식도 학습자의 이해를 돕기 위한 구성으로의 인식 전환이 필요하다.

셋째, 학생들에게 사회과부도를 언제 어떤 이유로 가장 많이 사용하는지에 대해서 조사해 본 결과, 학생들은 학교에서 수업 시간에 사회과부도를 가장 많이 활용하는 것으로 나타났다. 아직까지 중학생들의 사회과부도의 활용 시기와 목적이 수업 시간에 교사의 지시에 따른 수동적인 활용에 국한되어 있었으며, 자기주도적이고 능동적으로 활용하는 경우는 부진한 것으로 나타났다.

중학생들이 사회과부도를 잘 보지 않거나 학습 활동에 잘 활용하지 않는 이유를 조사해 본 결과, 학생들의 대부분은 '사회과부도의 구성도 복잡하고 내용도 복잡하기 때문에' 그리고 '구성자료의 크기가 너무 작기 때문에' 보고 싶지 않은 것으로 응답했다. 사회과부도에 대한 일반적인 이미지는 '복잡하고 딱딱하다'는 것이었다.

이를 통해서 사회과부도에 대한 학생들의 일반적인 이미지를 재고해 볼 필요가 있다. 즉, 사회과부도가 교과서를 보조하는 복잡하고 딱딱한 보충 교재로서의 정체성을 계속할 것인지, 아니면 교과서에서는 배울 수 없거나 접할 수 없는 질적 자료로 구성된 사회과 혹은 지리과만의 독창성 있는 교재로 거듭날 것인지에 대한 진지한 논의가 필요하다.

이러한 조사 결과는 극히 제한적인 경우를 대상으로 한 결과이지만, 사회과부도에 대한 학생들의 이해에 대해 시사하는 바가 크다. Piaget의 인식론에 의거할 때, 중학생들은 형식적 조작기에 해당하지만, 중학생들의 공간조망능력이나 도해력은 이미 완성되거나 일정한 수준에 도달한 능력이 아니라, 계속해서 발달해 가기 위한 시작 단계의 능력이다. 따라서 앞으로의 사회과부도는 학생들의 발달 수준에 적합하고 또 효율적으로 활용할 수 있는 자료로 구성된 교재로 재구성될 필요가 있다.

제8장 지리교과서와 시각자료

1. 지리교과서와 시각자료

교과서는 언어적, 시각적으로 매우 중요한 의미를 갖는 교재이다. 교과서는 학습자의 학습을 촉진하고 이해를 돕기 위해 언어 텍스트와 함께 다양한 시각자료로 구성되어 있으며, 이들 자료는 학습자의 학습이 보다 쉽고 효과적으로 일어나는 환경을 제공할 뿐만 아니라 학습자가 다양한 방법으로 스스로 지식을 탐구하고 의미를 재구성해 가도록 이끌어 준다.

제7차 교육과정 이후부터 우리나라 교과서에 대한 인식은 '개방형 혹은 열린 교과서', '학습자 활동 중심의 교과서'로 전환되었고, 이에 따라 사회(지리)교과서도 외형적·내용 구성적으로 크게 변모하였다. 최근 교과서가 개정될 때마다, 사회교과서에서 나타나는 변화 중의 하나는 이른바 본문을 구성하는 언어 텍스트의 비율이 줄어들고 시각자료의 비율이 점점 높아지고 있다는 것이다. 사회교과서에서 시각자료는 단순히 '바라보는' 대상이 아니라 그 의미가 무엇인지를 '읽어야' 하는 중요한 텍스트이다(Werner, 2002; 손정희·남상준, 2012). 오늘날 사회교과서에서 시각자료는 본문의 이해를 돕기 위한 보조자료가 아니라, 학습내용이나 학습주제를 다양한 방식으로 재현하는 학습 텍스트로 중요한 기능을 담당한다.

교육과정상 지리 수업시간이 제한적이고, 그로 인해 학생들의 지리학습이 매우 제한적으로 이뤄지는 경우에 지리교과서의 영향은 결정적이다(Martin and Bailey, 2002). 사회과 교실 수업에서 교과서는 다양한 교재 중의 하나지만, 교육과정에 근거하여 내용을 구성하고 공적인 절차에 따라 검증된 교재이기 때문에 그 영향력은 매우 크다. 특히 지리교과서는 다른 교과서에 비해 시각자료의 비중이 높을 뿐만 아니라 그 유형 또한 다양하고, '지도'와 같은 시각자료는 문자자료 이상의 중요한 텍스트로 기능하고 있어(강창숙·최혜순, 2008; 신지연, 2011) 시각자료가 갖는 의미가 크다.

중등학교 지리교과서 혹은 지리영역 시각자료에 대한 선행 연구는 크게 세 가지로 구분할 수 있다. 먼저, 교육과정이 개정될 때 마다 시각자료의 양적인 비중이나 유형별 비중을 분석하거나 비교하는 연구가 꾸준히 이루어져 왔다. 특히 제7차 교육과정에 의거한 교과서를 대상으로 한 연구가 많이 이루어졌다. 두 번째는 사진이나 그래프 자료 등 특정 시각자료의 특성이나 효과적인 활용에 대한 연구가 이루어졌다. 세 번째는 시각자료의 기능을 분석한 연구로, 이에 연구는 Duchastel의 기능적 접근이론에 의거한 것으로, 고등학교 지리교과서 시각자료는 설명적 기능의 비중이 높고, 세계지리 교과서에서는 주의적 기능이 높게 나타나고 있음을 각각 밝히고 있다. 사회(지리)교과서의 시각자료에 대한 선행 연구들은 공통적으로 시각자료를 이른바 본문이라고 하는 문자텍스트에서 기술되고 있는 내용의 이해를 돕거나 보충해 주는 보조자료로 인식하는 '삽화'의 관점에서 논의하고 있다(박상윤·강창숙, 2013).

사회(지리)교과서에서 제시되는 시각자료가 교수-학습에 미치는 영향이나 중요성을 고려하면, 교과서를 구성하는 주요 텍스트의 관점에서 시각자료에 대한 논의가 전개되어야 한다. 즉 시각자료의 유형과 기능이 학습내용을 효과적으로 담아내고 있는지에 대한 논의가 기본적으로 이루어져야 할 뿐만 아니라, 다양한 유형의 시각자료가 각각 어떤 기능을 가지고 있는지 그리고 그것에 대한 학습자의 이해 특성이나 양상 등에 대한 연구가 이루어질 때, 시각자료는 학습자의 학습을 보다 효율적으로 돕는 본래적 기능을 담당할 수 있다.

이에 본 장에서는 2007 개정교육과정에 의거한 중학교 「사회 1」교과서 지리영역(이하 지리교과서) 중에서 비교적 다양한 시각자료가 제시되면서 자연지리와 인문지리 영역을 대표할 수 있는 '(3) 다양한 지형과 주민 생활'과 '(6) 도시 발달과 도시 문제' 단원의 주요 학습주제별로 제시되는 시각자료의 유형과 그 기능을 밝히고자 한다.

2. 지리교과서 시각자료의 기능

사회과 학습대상은 '사회현상'이다. 어떤 지역의 토지이용 변화나 인구증가 등의 실제 현상을 교실로 가져올 수 없으며, 이를 대신하는 것은 학습자료이다. 인간에 의한 사회현상에는 필연적으로 가치의 양면성이 내재한다. 그래서 사회과에서는 대화, 토론, 합리적인 의사결정, 비판적 사고력 등을 강조한다. 이를 담보할 수 있는 것이 '근거 있는 학습자료'이다. 모든 사회현상은 특정 시간과 공간을 토대로 나타나기 때문에 사회현상에 대한 학생들의 이해와 해석은 시공간을 토대로 한 사고를 필요로 하며, 이는 공간과 시간을 나타내는 자료를 바탕으로 할 때 가능하다(송언근, 2009).

사회현상을 학습대상으로 하는 사회과에서는 오래전부터 학습자료의 중요성과 다양한 학습자료 활용의 필요성을 강조해 왔지만, 제7차 교육과정 이후부터 사회과 교육과정의 변화는 교과서 단원을 구성하는 시각자료의 양적 증가와 유형의 다양화로 나타나고 있다. 이에 Werner(2002)는, "사회교과서는 더 이상 인쇄된 문자에 의존하지 않으며 오늘날 대부분의 단원은 다양한 유형의 문자와 그림으로 나타낸 '텍스트들'로 혼합, 구성되어 있다." 그러므로 "사회교과서의 시각적 이미지 (visual images)들은 학생들이 적극적으로 '읽어야 할' 필요가 있으며, 시각적 이미지들은 교실 수업에서 교과 내용으로 가르쳐야 한다."고 교과서 시각자료의 의미와 그 중요성을 설명한다.

교과서 시각자료에 대한 분석은 Duchastel(1978)의 교과서 삽화의 기능 분석에서 시작되었고, 이후 Levin(1981)과 Levie and Lentz(1982) 등에 의해 그 기능이 인지적 기능에서 정의적 기능을 포괄하는 다양한 기능으로 세분화되었다. Duchastel(1978)는 교과서 삽화의 역할을 주의적 역할 (attentive role), 설명적 역할(explicative role), 파지적 역할(retentive role)로 분류하였고, 이를 바탕으로 교과서 삽화가 학습자의 인지 과정에 미치는 여러 가지 영향의 중요성을 설명하였다(그림 8-1). 이와 같은 역할은 독립적 혹은 배타적으로 작용하는 것이 아니라 교과내용에 따라 하나의 시각자료가 2-3개의 역할을 동시적으로 수행하기도 한다(최성희, 1987에서 재인용).

뒤이어 Levin(1981)은 산문(prose)에서 삽화자료의 효과를 설명하기 위해, 그 기능을 장식, 이익, 동기, 반복, 표현, 조직, 이해, 변형의 8가지로 분류하였다(표 8-1). 교과서 삽화(揷畵)란 과거에 많이 쓰이던 용어로, 교과내용을 보충하거나 주요개념의 이해를 돕기 위

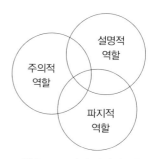

그림 8-1. 교과서 삽화의 역할

표 8-1. 교과서 삽화의 기능

기능	교과서에서의 역할	학습에의 도움 정도
장식(decoration)	교과서의 호감을 증가시켜 주는 단순 장식이다.	없다
이익(remunerative)	출판업자의 판매를 증가시켜 준다.	없다
동기(motivation)	교과서에서 학생의 관심을 증가시켜 준다.	약간 또는 없다
반복(reiteration)	교과서에서 부가적으로 정보를 반복해 준다.	약간
표현(representation)	교과서의 정보를 더욱 구체적으로 이해하게 해 준다.	보통
조직(organization)	교과서의 정보를 통합시켜 준다.	보통에서 매우
이해(interpretation)	교과서의 정보를 이해하기 쉽게 해 준다.	보통에서 매우
변형(transformation)	교과서의 정보를 기억하기 쉽게 해 준다.	매우

해 제시되는 각종 사진, 그림, 만화, 도표, 지도 등의 각종 시각자료를 의미한다.

Levie 와 Lentz(1982)는 시각자료의 효과에 관한 문헌 연구와 48개의 실험적 연구를 종합하여 문자 텍스트만으로 학습한 집단보다 시각자료가 첨가된 텍스트로 학습한 집단이 36% 더 높은 평균 점수를 받았다고 보고하였다. 이들은 시각자료의 기능을 주의적 기능(attentional function), 정의적 기능(affective function), 인지적 기능(cognitive function), 보상적 기능(compensative function)으로 분류하였다. 즉, 주의적 기능이란 자료에 주의를 집중시켜 학습자의 흥미와 동기를 유발하는 것이고, 정의적 기능은 학습자 흥미를 강화시켜 감정과 태도에 영향을 주는 것이라고 할 수 있다. 또한 인지적 기능은 교재 내용의 학습을 촉진시켜 이해와 파지를 향상시키며, 보상적 기능이란 부가적인 정보를 제공하며 부진한 학습자를 돕는 기능이라 하였다.

Duchastel은 물론 이후 연구자들이 공통적으로 강조하는 것은, 각 자료가 한 가지 기능만을 수행하는 것은 아니며, 여러 가지 기능이 동시적으로 영향을 미칠 수 있다는 것이다. 다만, 시각자료의 기능을 각기 다른 관점에서 세분하는 것은 모든 유형의 시각자료가 똑같은 기능을 수행하는 것이 아니라 학습내용에 따라 각 유형별 수행 기능이 다름을 분석하기 위한 것이다. 그러므로 학습내용에 따라 어떤 유형의 시각자료가 보다 적합한지 그리고 그 기능이 주로 무엇인지를 살펴보아야 학습자의 학습에 보다 효과적인 교과서 시각자료의 구성이 이루어질 수 있다.

본 장에서는 교과서 시각자료가 교과서 학습주제에 대한 학습자의 이해에 효과적으로 기능해야 한다는 관점에서 일반적인 학습목표 분류와 유사한 Levie와 Lentz의 시각자료 기능분류를 바탕으로 분석하였다. 본격적인 분석에 앞서 분류기준이 모호하고 그 기능이 뚜렷하지 못한 보상

표 8-2. 지리교과서 시각자료의 기능

구분		기능
주의적		자료에 주의를 집중시키고 학습 동기를 유발
정의적		학습자의 흥미 강화, 감정과 태도에 영향
인지적	예시	시각자료가 담고 있는 대상이나 현상의 제목이나 명칭을 캡션으로 제시하나, 추가적인 정보를 제공하지는 않음.
	설명	시각자료가 담고 있는 대상이나 현상의 제목이나 명칭을 캡션으로 제시하며, 대상이나 현상에 대한 설명을 제공함.
	보충	시각자료가 담고 있는 대상이나 현상의 명칭인 캡션을 포함하는 시각적 표상과 설명을 제공하며 본문에 없는 새로운 정보도 추가함.
	탐구	기초 탐구 과정을 질문을 캡션으로 제시하고, 시각자료를 이용하여 질문이나 과제를 해결하게 함.

적 기능을 제외한 주의적 기능, 정의적 기능, 인지적 기능을 준거로 1차 분석을 실시한 결과, 분석 대상 교과서 시각자료 기능의 대부분이 인지적 기능으로 나타났다. 이에 시각자료의 인지적 기능을 Pozzer와 Roth(2003)의 분석 준거를 참고로 예시(illustrative), 설명(explanatory), 보충(complementary), 탐구(inquisitive)의 4가지 기능으로 세분하였으며, 각 기능은 다음의 표 8-2와 같다.

이를 준거로 지형 단원 13개 학습주제별 시각자료의 유형과 기능을 분석하는 틀을 표 8-6과 같이 구성하고, 도시 단원 9개 학습주제별 시각자료의 유형과 기능은 표 8-7과 같이 구성하였다. 또한 교과서를 구성하고 있는 시각자료의 유형을 하나의 시각자료가 단독으로 제시되는 단일구성자료와 두 가지 이상의 단일구성자료가 하나의 자료로 결합되어 제시되는 복합구성자료로 구분하였다. 단일구성자료는 지도(일반도, 주제도, 항공사진, 위성이미지 등), 사진, 그림(미술작품, 만화 등), 모식도(단면도 포함), 도표(통계자료, 그래프 자료)의 5가지 유형으로 구분하였다. 복합구성자료는 a유형(그림+사진), b유형(모식도+사진), c유형(지도+사진), d유형(지도+그림)의 4가지 유형으로 구분하여 분석의 틀을 구성하였다(표 8-4와 8-5).

분석 대상은 2010년 3월에 발행된 2007 개정 중학교 「사회 1」교과서 15종 중 단원 전개체제 유형이 같으면서, 학교에서 채택률이 높은 3종이다(이하 가, 나, 다 교과서). 분석대상 교과서는, 11종 이상 대부분의 교과서들이 취하고 있는 '대단원-중단원-소단원' 형식으로 구성하고 있으며, 이들 교과서는 대단원별 3~4개의 중단원, 중단원별로 2~4개의 소단원이 조직되어 있다. 분석대상 교과서들의 소단원 전개체제는 표 8-3과 같다.

표 8-3. 분석 대상 교과서별 소단원 전개체제 비교

교과서 기호	저자	출판사	소단원 전개체제
가	김주환 외 8인	교학사	소단원명 – **생각열기** – 소주제명 – **본문** – **탐구활동** – 도움자료 – 사례탐구 – 특집기획 – 스스로 확인하기
나	서태열 외 9인	금성출판사	소단원명 – **생각열기** – 소주제명 – **본문** – **활동** – 도움자료 – 생각을 키우는 읽기 자료
다	최성길 외 9인	비상교육	소단원명 – **생각열기** – 소주제명 – **본문** – **활동** – 보충·읽기자료 – 콕! 콕! 확인하기 – 선택학습

　　분석 틀을 바탕으로 분석대상 교과서들의 '다양한 지형과 주민생활' 과 '도시 발달과 도시 문제' 대단원을 구성하고 있는 시각자료의 유형별 비중과 소단원의 공통된 전개체제(생각열기, 본문, 활동)별 비중을 분석하고, 분석대상 2개 대단원의 학습주제별 시각자료의 대표적인 유형과 기능을 분석하였다.

3. 시각자료의 유형별·소단원 전개체제별 비중

1) 시각자료의 유형별 비중

　　지리교과서 시각자료의 양적 분량을 살펴보면, '다양한 지형과 주민생활' 단원(이하 지형 단원)의 경우는 각각 34개, 34개, 33개이고, '도시 발달과 도시 문제' 단원(이하 도시 단원)은 각각 38개, 37개, 30개의 순으로 거의 비슷하게 나타났다(표 8-4와 8-5). 이들 교과서에서 제시되고 있는 시각자료의 유형별 구성 비중을 단원별로 살펴보면 다음과 같다.

　　먼저 지형 단원을 살펴보면, 세 교과서 모두 단일구성자료의 비중이 각각 85.3%, 73.5%, 66.7%로 복합구성자료에 비해 매우 높게 나타났다(그림 8-2, 표 8-4).

　　분석 대상 교과서 3종에서 지형 단원을 구성하고 있는 시각자료들의 유형별 비중을 전체적으로 살펴보면, 사진의 비중(35.6%)이 가장 높게 나타났고, 다음으로 지도(15.8%), c유형(14.9%), 그림(11.9%)순으로 높게 나타나고 있다. 세 교과서 모두 단일구성자료의 비중이 각각 85.3%, 73.5%, 66.7%로 복합구성자료에 비해 매우 높게 나타났다. 복합구성자료의 유형과 비중은 가, 나, 다 교과

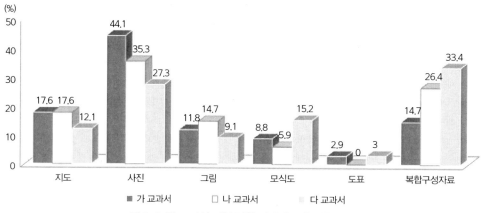

그림 8-2. 각 교과서 지형 단원 시각자료의 유형별 비중

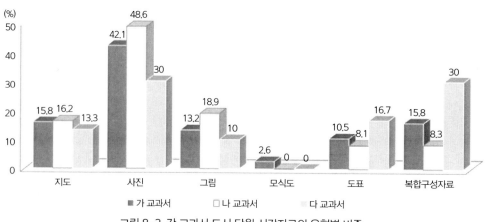

그림 8-3. 각 교과서 도시 단원 시각자료의 유형별 비중

서 각각 14.7%, 26.4%, 33.4%로 다르게 나타나고 있으며, 교과서별로 그 차이도 비교적 큰 것으로 나타났다.

다음으로, 도시 단원을 구성하고 있는 시각자료의 유형별 비중을 살펴보면, 세 교과서 모두 사진 (41.0%)이 가장 큰 비중을 차지하고 있으며, 다음으로 지도(15.2%), 그림(14.3%), 도표와 a유형의 시각자료가 각각 11.4%의 순으로 나타났다. 세 교과서 모두 단일구성자료의 비중이 각각 84.2%, 91.7%, 70%로 복합구성자료에 비해 매우 높게 나타났다(그림 8-3, 표 8-5).

이상에서 살펴본 바와 같이, 지형 단원에서 제시되는 단일구성자료의 비중은 사진→지도→그림 →모식도의 순으로 제시되고 있다. 복합구성자료는 교과서별로 1~2개의 유형이 전형적으로 제시

제2부 지리수업, 학습자 그리고 지리교과서

되고 있는데 지도와 사진이 결합된(c유형) 복합구성자료가 대표적으로 제시되는 유형임을 알 수 있다. 또한 가, 나 교과서의 경우 사진, 지도 순으로 시각자료의 비중이 높게 나타나고 있는 데 반하여 다 교과서에서는 그 비중이 사진, 모식도의 순으로 나타났다.

이는 자연지리 영역의 학습에 있어서 지형 형성의 원리 또는 지형의 구조와 같은 학습주제는 한 장의 사진으로 담아내기 어려운 경우가 많기 때문에 교과서에서는 개념의 원리와 구조를 이해하는 데 도움을 줄 수 있는 지도나 모식도가 적절한 유형의 시각자료로 사용됨을 알 수 있다.

도시 단원에서 제시되는 단일구성자료의 비중은 사진→지도→그림→도표의 순으로 제시되었고, 지형 단원에 비해 도표가 많이 제시되고 있음을 알 수 있다. 도표는 복잡한 사회 현상이나 그에 대한 내용을 한눈에 파악하고, 지리적 분포의 특성이나 현상의 지역 간 비교에 적절하기 때문에 도시 단원에 효과적인 시각자료로 활용되고 있음을 알 수 있다.

2) 소단원 전개체제별 비중

분석 대상 교과서 시각자료의 소단원 전개체제별 비중을 살펴보면, 지형 단원의 경우 표 8-4와 같이 가 교과서는 본문(41.2%), 활동(32.4%), 생각열기(26.5%) 순으로 나타났다. 나 교과서에서는 활동(47.1%), 본문(32.4%), 생각열기(20.6%)순으로 제시되고, 다 교과서는 본문(67.6%)과 활동(32.4%)에서만 시각자료가 제시되고 있어, 소단원 전개체제별 시각자료의 비중은 교과서에 따라 다르게 나타나지만 대체로 본문과 활동에서 많이 제시되고 있음을 알 수 있다.

전개체제별로 비중이 높은 시각자료를 살펴보면, 소단원 도입 부분인 '생각열기'에서는 사진, 그림, a유형(그림+사진)의 특정 시각자료 3개 유형만 제시되었고 그 비중은 서로 비슷하게 나타났다. '본문'의 경우 d유형을 제외한 8개 유형이 모두 제시되고 있어 교과서를 구성하는 시각자료의 유형이 가장 다양하지만 사진, 모식도, c유형(지도+사진)이 주로 제시되는 유형이었다. '활동'의 경우도 8개 유형이 나타나고 있지만, 지도, 사진, c유형이 주로 제시되는 유형으로 나타났다(표 8-4).

도시 단원의 소단원 전개체제별 시각자료의 비중은 표 8-5와 같다. 가 교과서의 경우 활동(42.1%), 본문(34.2%), 생각열기(21.1%) 순으로 나타났고, 나 교과서에서는 활동(41.7%), 본문(36.1%), 생각열기(22.2%)순으로 제시되었다. 다 교과서는 본문(66.7%)과 활동(33.3%)에서만 시각자료가 제시되고 있어, 소단원 전개체제별 시각자료의 비중은 교과서에 따라 다르게 나타나지만

표 8-4. 지형 단원 시각자료의 유형별 · 전개체제별 비중

유형 / 소단원 전개체제		단일구성자료						복합구성자료					계(%)
		지도	사진	그림	모식도	도표	소계(%)	a유형	b유형	c유형	d유형	소계(%)	
가	생각열기	–	3	3	–	–	6 (17.6)	3	–	–	–	3 (3.8)	9 (26.5)
	본문	1	9	–	3	1	14 (41.2)	–	–	–	–	–	14 (41.2)
	활동	5	3	1	–	–	9 (26.5)	1	1	–	–	2 (5.9)	11 (32.4)
	소계(%)	6 (17.6)	15 (44.1)	4 (11.8)	3 (8.8)	1 (2.9)	29 (85.3)	4 (11.8)	1 (2.9)	– (0.0)	– (0.0)	5 (14.7)	34 (100)
나	생각열기	–	4	3	–	–	7 (20.6)	–	–	–	–	– (0.0)	7 (20.6)
	본문	1	2	2	–	–	5 (14.7)	–	–	6	–	6 (17.6)	11 (32.4)
	활동	5	6	–	2	–	13 (38.2)	–	–	2	1	3 (8.8)	16 (47.1)
	소계(%)	6 (17.6)	12 (35.3)	5 (14.7)	2 (5.9)	–	25 (73.5)	0 (0.0)	0 (0.0)	8 (23.5)	1 (2.9)	9 (26.4)	34 (100)
다	생각열기	–	–	–	–	–	–	–	–	–	–	–	–
	본문	2	5	3	5	1	16 (48.5)	2	2	2	–	6 (18.2)	22 (67.6)
	활동	2	4	–	–	–	6 (18.2)	–	–	5	–	5 (15.2)	11 (32.4)
	소계(%)	4 (12.1)	9 (27.3)	3 (9.1)	5 (15.2)	1 (3.0)	22 (66.7)	2 (6.1)	2 (6.1)	7 (21.2)	0 (0.0)	11 (33.4)	33 (100.0)
계(%)		16 (15.8)	36 (35.6)	12 (11.9)	10 (9.9)	2 (2.0)	76 (75.2)	6 (5.9)	3 (3.0)	15 (14.9)	1 (1.0)	25 (24.8)	101 (100)

대체로 활동과 본문에서 많이 제시되고 있음을 알 수 있다.

전개체제별로 비중이 높은 시각자료를 살펴보면, 소단원 도입 부분인 '생각열기'에서는 4가지 유형의 시각자료가 제시되었고 그중에서 그림과 a유형(그림+사진)의 비중이 상대적으로 높게 나타났다. '본문'의 경우는 7가지 유형의 시각자료가 제시되었으며, 사진, a유형(그림+사진), 지도가 주로 비중이 높게 나타났다. '활동'에서는 8가지 유형의 시각자료가 모두 나타나지만, 사진과 도표의 비중이 높게 나타났다.

표 8-5. 도시 단원 시각자료의 유형별 · 전개체제별 비중

유형 / 소단원 전개체제		단일구성자료						복합구성자료					계(%)
		지도	사진	그림	모식도	도표	소계(%)	a유형	b유형	c유형	d유형	소계(%)	
가	생각열기	2	1	2	–	–	5 (13.2)	3	–	–	–	3 (7.9)	8 (21.1)
	본문	2	8	1	1	1	13 (34.2)	–	–	–	–	–	13 (34.2)
	활동	2	7	2	–	3	14 (36.8)	2	–	–	1	3 (7.9)	17 (42.1)
	소계(%)	6 (15.8)	16 (42.1)	5 (13.2)	1 (2.6)	4 (10.5)	32 (84.2)	5 (13.2)	0 (0.0)	0 (0.0)	1 (2.6)	6 (15.8)	38 (100)
나	생각열기	–	2	6	–	–	8 (22.2)	–	–	–	–	–	8 (22.2)
	본문	3	7	1	–	1	12 (30.6)	1	–	–	–	1 (2.8)	13 (36.1)
	활동	3	9	–	–	2	14 (38.9)	–	1	1	–	2 (5.6)	16 (41.7)
	소계(%)	6 (16.2)	18 (48.6)	7 (18.9)	0 (0.0)	3 (8.1)	34 (91.7)	1 (2.7)	1 (2.7)	1 (2.7)	0 (0.0)	3 (8.3)	37 (100)
다	생각열기	–	–	–	–	–	– (0.0)	–	–	–	–	–	0 (0.0)
	본문	4	8	2	–	–	14 (46.7)	5	1	–	–	6 (20.0)	20 (66.7)
	활동	–	1	1	–	5	7 (23.3)	1	–	2	–	3 (10.0)	10 (33.3)
	소계(%)	4 (13.3)	9 (30.0)	3 (10.0)	0 (0.0)	5 (16.7)	21 (70.0)	6 (20.0)	1 (3.3)	2 (6.7)	0 (0.0)	9 (30.0)	30 (100)
계(%)		16 (15.2)	43 (41.0)	15 (14.3)	1 (1.0)	12 (11.4)	87 (82.9)	12 (11.4)	2 (1.9)	3 (2.9)	1 (1.0)	18 (17.1)	105 (100)

이상에서 살펴본 바와 같이, 소단원 전개체제별 시각자료의 비중은 교과서에 따라 다르게 나타나지만 대체로 도입 부분인 생각열기보다는 본문과 활동에서 다양한 유형의 시각자료들이 더 많이 제시되고 있음을 알 수 있다. 가장 높은 비중을 차지하는 것은 사진이고, 다음으로 비중이 높은 것은 지도로 나타났다.

지리교과서에서 사진은 지리적 사실, 경관, 현상 등을 시각적으로 보다 쉽게 이해할 수 있도록 해 주는 자료이다. 즉, 사진은 어느 지역의 모습을 문자로 나타내는 것보다 시각적 효과가 크고, 사

진을 읽거나 이해하는 데 특별한 선행지식이나 방법을 요구하지 않기 때문에 특히 학습자들이 선호하는 자료이다(강창숙·최혜순, 2008). 또한 사진은 지리적 경관을 설명하는 데 유용하게 사용할 수 있는 시각자료로, 연령과 학습능력에 관계없이 동기와 흥미를 유발하는 자료로 실질적인 생동감을 주기 때문에(Sibley, 2003, 55), 인지적 기능과 더불어 정의적 기능의 효과도 동시에 도모할 수 있는 자료이다.

사진은 지리교과서에서 가장 많이 활용되고 있는 시각자료라는 점에서 비판적 접근이 필요하다. 즉 본문에 인용되거나 서술된 내용과 직접적인 관련이 없거나 사진을 설명하는 캡션이 없는 말 그대로 지면을 아름답게 꾸미는 정도에 그치는 장식적인 사진의 제시는 학습에 혼란만 준다(한재영 외, 2015, 170-180). 사진 등 시각자료 없이도 충분히 이해할 수 있는 간단한 개념을 설명하기 위해 여러 가지 예시적 사진들을 나열, 제시하는 것도 지양해야 한다.

사진 다음으로 많이 제시된 시각자료인 지도는 지리영역에서는 문자 텍스트를 대신하는 학습 대상 텍스트로 기능할 만큼 중요한 자료이다. 무엇보다 지도는 공간상의 밀도, 배열, 불균형 등에 대한 지리적 정보를 시각적으로 재현한 것이다. 즉 지도는 한 지역에서 나타나는 공간적 패턴을 효과적으로 나타내는 자료이자(Gersmehl, 2008, 42), 지리 학습주제의 영역특수성을 반영하고 있는 중요한 자료이다.

4. 지형과 도시 단원의 학습주제별 시각자료의 기능

1) 시각자료의 기능별 비중

분석 대상 교과서를 구성하고 있는 시각자료의 기능을 주의적, 정의적, 인지적(예시, 설명, 보충, 탐구) 기능으로 구분하여 그 비중을 살펴보면 다음과 같다.

먼저, 지형 단원 시각자료의 기능별 비중을 살펴보면 인지적 기능에 속하는 예시 기능의 비중이 가장 높고(42.6%), 다음으로 주의 기능(16.8%)이 높게 나타났으며, 설명 기능(13.9%), 정의 기능과 보충기능이 각각 10.9%, 탐구 기능(5.0%)순으로 나타났다(그림 8-4, 표 8-6).

이러한 기능별 비중을 교과서별로 살펴보면, 가 교과서에서는 예시 기능(38.2%)로 가장 높고, 다

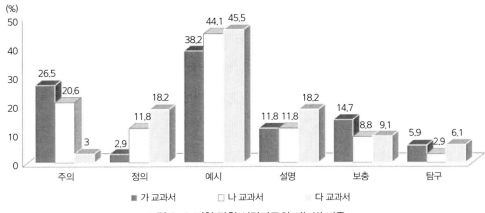

(%)

그림 8-4. 지형 단원 시각자료의 기능별 비중

■ 가 교과서 　□ 나 교과서 　▨ 다 교과서

음으로 주의 기능의 시각자료가 26.5%로 비교적 높게 나타났다. 그리고 보충 기능(14.7%), 설명 기능(11.8%), 탐구 기능(5.9%), 정의 기능(2.9%)순으로 나타났다. 나 교과서도 마찬가지로 예시 기능이 44.1%로 가장 높은 비중을 차지하였으며, 다음으로 주의 기능이 20.6%, 정의 기능과 설명 기능이 각각 11.8%, 보충 기능 8.8%, 탐구 기능 2.9% 순으로 나타났다. 다 교과서에서도 예시 기능이 45.5%로 가장 많은 비중을 차지하였으며, 정의 기능과 설명 기능이 각각 18.2%, 보충 기능 9.1%, 탐구 기능 6.1%, 주의 기능이 3.0%로 나타났다.

다음으로 도시 단원을 구성하고 있는 시각자료의 기능별 비중은 지형 단원과 마찬가지로 예시 기능의 시각자료 비중이 높게 나타났지만, 시각자료 전체에서 차지하는 비중이 56.2%로 절반 이상으로 높게 나타나고 있는 것이 특징적인 현상이라 할 수 있다. 다음으로 주의 기능(15.2%), 설명 기능(13.3%), 정의 기능(8.6%), 보충(4.8%), 탐구(1.9%)순으로 그 비중이 나타났다(그림 8-5, 표 8-7).

교과서별로 시각자료의 기능별 비중을 살펴보면, 가 교과서는 예시 기능(55.3%)의 비중이 가장 높고, 주의→설명→정의→탐구 순으로 나타났으며 보충 기능의 시각자료는 제시되지 않았다. 나 교과서는 예시 기능(64.9%)의 비중이 특히 높게 나타났으며, 주의→정의→설명→보충 순으로 나타났지만, 탐구 기능의 시각자료는 제시되지 않았다. 다 교과서 역시 예시 기능(46.7%)의 비중이 가장 높고, 설명→보충→정의→주의→탐구 기능의 순으로 나타났다.

이상에서 살펴본 바와 같이 지형 단원과 도시 단원에서 제시되고 있는 시각자료의 기능별 비중은 인지적 기능에 속하는 예시 기능의 비중이 매우 높게 나타났으며, 다음으로 주의 기능의 시각자

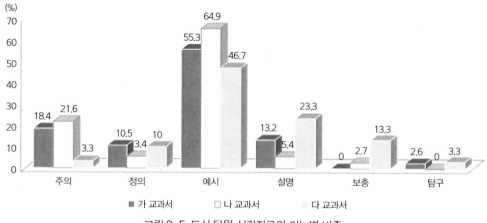

(%)

그림 8-5. 도시 단원 시각자료의 기능별 비중

료가 많이 제시되고 있지만 그 차이는 큰 것으로 나타났다. 전체적으로 인지적 기능의 비중이 주의적 기능과 정의적 기능에 비해 지나치게 높고, 정의적 기능의 비중은 매우 적게 나타났다. 뿐만 아니라 인지적 기능 중에서도 예시 기능의 비중이 나머지 설명, 보충, 탐구 기능에 비해 상대적으로 매우 높고, 도시 단원에서는 보충이나 탐구 기능이 제시되지 않는 경우도 나타나는 현상에 대해서는 지리교육 차원의 검토가 필요하다.

매우 높은 비중으로 차지하고 있는 예시 기능은 본문에서 설명한 개념이나 지역의 현상 등의 사례가 될 수 있는 시각자료이다. 즉, 예시 기능은 제시된 자료의 캡션에는 제목이나 명칭이 포함되지만, 본문에 대한 추가적인 정보를 제공하지는 못한다. 이것은 이른바 본문에 언급된 내용이나 개념에 대한 시각적 예시(visual example)만을 제공하는 기능을 한다. 설명적 기능은 캡션에는 사진이나 삽화에 표현된 것에 대한 설명과 분류가 포함되고, 대상이나 현상에 대한 제목이나 명칭뿐만 아니라 정보가 추가적으로 포함된다. 보충적 기능은 대상이나 현상에 대해 본문에서 다루지 않은 새롭고도 중요한 정보가 캡션에 포함된다(Pozzer and Roth, 2003). 이러한 점에서 단순히 시각적 예시의 제한적인 기능을 담당하는 예시 기능 자료의 지나친 비중에 대해서는 학습 내용이나 주제에 근거한 미시적인 검토가 필요하다.

2) 지형 단원의 학습주제별 시각자료의 유형과 기능

각 교과서에서 지형 단원의 주요 학습주제별로 어떤 유형의 시각자료가 제시되고 있으며, 그것

제2부 지리수업, 학습자 그리고 지리교과서

의 기능은 각각 무엇인지 살펴보았다. 이를 분석하기 위해 세 교과서에서 공통된 학습주제를 선정하여 분류한 결과, 크게 '다양한 지형', '세계의 화산과 지진', '지형과 주민 생활'의 3개 중단원으로 구분되었고, '다양한 지형'은 다시 '지형 형성 작용', '세계의 지형', '우리나라의 주요 지형'의 단원으로 구분되었다. 이들 중단원은 '다양한 지형경관'에서 '해안 지역의 지형과 주민 생활'까지 13개의 학습주제로 세분되었으며, 학습주제별 시각자료 유형과 기능을 분석한 결과는 다음의 표 8-6과 같다.

먼저, 중단원 '다양한 지형'의 '지형 형성 작용'에 제시된 시각자료들을 학습주제별로 살펴보면, '다양한 지형 경관'을 보여 주는 시각자료는 그림과 복합구성자료인 c유형(지도+사진)이 제시되었고, 이들 자료의 기능은 탐구와 보충 기능인 것으로 나타났다. '습곡작용'과 '단층작용'의 경우 모식도가 전형적인 시각자료로 제시되었지만, 그 기능은 예시와 설명으로 나타났다. '지각판의 운동'에

표 8-6. 지형 단원 주요 학습주제별 시각자료의 유형과 기능

중단원		학습 주제	가 교과서		나 교과서		다 교과서	
			유형	기능	유형	기능	유형	기능
다양한 지형	지형형성 작용	다양한 지형 경관	그림	탐구	c유형	보충	c유형	탐구
		습곡작용	모식도	예시	–	–	모식도	설명
		단층작용	모식도	예시	–	–	모식도	설명
		지각판의 운동	모식도	설명	모식도	예시	모식도	탐구
	세계대지형	세계의 대산맥	사진	탐구	그림	설명	a유형	예시
		세계의 대하천	지도	예시	사진	예시	도표	예시
	우리나라 주요지형	우리나라의 주요 산맥과 하천	b유형	탐구	d유형	탐구	모식도	예시
세계의 화산과 지진		화산과 지진이 자주 발생하는 지역	지도	보충	지도	예시	–	–
		지진의 피해 사례	사진	예시	c유형	예시	c유형	설명
		지진과 화산 발생 지역의 주민 생활	사진	예시	c유형	설명	사진	예시
지형과 주민 생활		산지 지역의 지형과 주민 생활	사진	설명	c유형	설명	사진	예시
		평야 지역의 지형과 주민 생활	지도	예시	사진	예시	사진	예시
		해안 지역의 지형과 주민 생활	사진	예시	c유형	보충	–	–

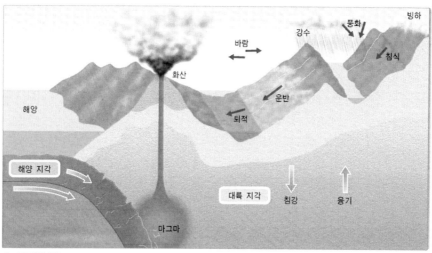

● 지형 형성 작용

Q 지구 내부의 힘과 외부의 힘으로 구분해 보자.

그림 8-6. '지각판의 운동'에서 제시되는 탐구 기능의 모식도

서도 모식도가 전형적인 시각자료로 제시되었지만, 그 기능은 설명, 예시, 탐구 등으로 각기 다르게 나타났다. 그림 8-6은 다 교과서에서 제시되고 있는 탐구기능의 모식도 사례이다.

둘째, '세계의 대지형'을 학습하는 중단원에서 학습주제 '세계의 대산맥'에서 제시되는 시각자료는 사진, 그림, a유형(그림+사진)으로 나타나 사진과 그림이 대표적인 시각자료라고 할 수 있지만, 그 기능은 탐구, 설명, 예시로 각기 다르게 나타났다. 학습주제 '세계의 대하천'에서 제시되는 시각자료는 지도, 사진, 도표로 다양하지만, 그 기능은 모두 예시 기능이 전형적인 것으로 나타났다.

셋째, '우리나라의 주요 지형'을 학습하는 중단원에서 '우리나라의 산맥과 하천'에서 제시되는 시각자료는 복합구성자료인 b유형(모식도+사진)과 d유형(그림+지도), 그리고 모식도가 제시되었으며, 그 기능은 탐구와 예시로 나타났다. 이를 통해서 '우리나라의 산맥과 하천'을 이해하는 데 필요한 시각자료는 단일구성자료보다는 2개 이상의 자료로 구성하거나 보다 입체적인 모식도가 적절한 자료라고 생각할 수 있다.

넷째, '세계의 화산과 지진' 중단원의 학습 주제 '화산과 지진이 자주 발생하는 지역'에서 제시되는 시각자료는 지도가 전형적이며, 그 기능은 보충과 예시 기능으로 나타났다. 학습주제 '지진의 피해 사례'와 '지진과 화산 발생 지역의 주민 생활'에서는 사진과 c유형(지도+사진)의 시각자료가 대표적인 자료로 제시되었고, 그 기능은 예시와 설명 기능인 것으로 나타났다.

마지막으로, '지형과 주민 생활' 중단원의 학습주제별 시각자료 유형과 기능을 살펴보면, '산지 지역의 지형과 주민 생활'에서는 사진과 c유형(지도+사진)의 시각자료가 대표적인 자료로 제시되 었고, 그 기능은 설명과 예시 기능인 것으로 나타났다. 학습주제 '평야 지역의 지형과 주민 생활'에 서는 지도와 사진이 제시되었지만, 그 기능은 예시 기능이 전형적인 것으로 나타났다. '해안 지역의 지형과 주민 생활'에서는 사진과 c유형(지도+사진)의 시각자료가 제시되었고, 그 기능은 예시와 보충인 것으로 나타났다.

이상 지형 단원의 13개의 학습주제별로 제시되는 시각자료의 유형과 그 기능을 분석한 결과, 학 습주제별로 시각자료의 유형과 기능은 다양하게 나타났지만, 전형적인 유형과 기능이 나타나는 경 우도 있었다. 또한 지도와 사진이 결합된 C유형의 자료는 지형 단원에서 대표적으로 제시되는 복 합구성자료인 것으로 나타났다.

3) 도시 단원의 학습주제별 시각자료의 유형과 기능

각 교과서에서 도시 단원의 주요 학습주제별로 어떤 유형의 시각자료가 제시되고 있으며, 그것 의 기능은 각각 무엇인지 살펴보았다. 이를 분석하기 위해 세 교과서에서 공통된 중단원은 크게 '도 시와 도시화의 의미', '도시의 발달과 도시화', '도시의 내부 구조', '도시 문제'의 4개 중단원으로 구 분하였고, 이들 중단원은 다시 '도시와 촌락의 생활 모습'에서 '도시 문제 해결을 위한 노력'의 9개 학습주제로 세분하였다. 이들 학습주제별 시각자료의 유형과 기능을 분석한 결과는 다음과 같다.

먼저, '도시와 도시화의 의미'를 학습하는 중단원에서 학습주제 '도시와 촌락의 생활 모습'에서 제 시되는 시각자료는 그림과 a유형(그림+사진)의 복합구성자료를 제시하였지만, 그 기능은 모두 예 시 기능으로 나타났다. 학습주제 '수도권의 도시화'를 나타내주는 시각자료는 지도가 대표적이고, 예시 기능이 전형적인 것으로 나타났다(그림 8-7). '우리나라의 도시화'의 경우는, 도표와 지도가 대표적인 시각자료의 유형이고, 예시 기능이 전형적인 기능이라 할 수 있다.

둘째, '도시의 발달과 도시화' 중단원에 제시된 학습주제 '도시의 발달 과정'에 대한 시각자료 유 형은 사진과 a유형(그림+사진)이고, 그 기능은 설명, 예시, 보충으로 다양하게 나타났다. 학습주제 '도시 발달과 산업 발달과의 관계'에 대한 시각자료 유형은 사진과 c유형(지도+사진)이지만, 예시 기능이 전형적인 경우로 나타났다.

셋째, '도시의 내부 구조'를 학습하는 중단원의 학습주제 '도시 내부의 모습'의 경우 시각자료는 모식도와 b유형(모식도+사진)이고 그 기능은 예시와 설명 기능인 것으로 나타났다. 학습주제 '고급 주택지와 저급주택지'의 경우 시각자료 유형은 사진과 c유형(지도+사진)이고, 그 기능은 예시, 보충, 설명 기능으로 다양하게 나타났다.

넷째, 중단원 '도시 문제'의 학습주제 '다양한 도시 문제'의 경우 사진과 a유형의 시각자료가 제시되었지만, 정의 기능이 전형적인 기능으로 나타났다. '도시 문제 해결을 위한 노력' 학습주제의 경우 사진과 예시 기능이 전형적인 시각자료 유형과 기능인 것으로 나타났다.

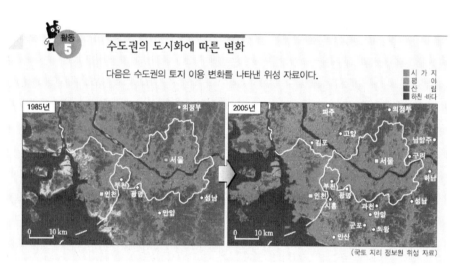

그림 8-7. '수도권의 도시화'에서 제시되는 예시 기능의 지도

표 8-7. 도시 단원 주요 학습주제별 시각자료의 유형과 기능

중단원	학습 주제	가 교과서		나 교과서		다 교과서	
		유형	기능	유형	기능	유형	기능
도시와 도시화의 의미	도시와 촌락의 생활 모습	그림	예시	그림	예시	a유형	예시
	수도권의 도시화	지도	예시	지도	예시	지도	예시
	우리나라의 도시화	도표	예시	도표	예시	지도	예시
도시의 발달과 도시화	도시 발달 과정	사진	설명	사진	예시	a유형	보충
	도시 발달과 산업발달과의 관계	사진	예시	사진	예시	c유형	예시
도시의 내부구조	도시 내부의 모습	모식도	예시	b유형	예시	b유형	설명
	고급주택지와 저급주택지	사진	예시	c유형	보충	사진	설명
도시 문제	다양한 도시 문제	a유형	정의	사진	정의	사진	정의
	도시 문제 해결을 위한 노력	사진	예시	사진	예시	사진	예시

이상 도시 단원의 9개 학습주제별로 제시되는 시각자료의 유형과 그 기능을 분석한 결과, 학습주제별로 시각자료의 유형과 기능은 다양하게 나타났지만, 전형적인 유형과 기능이 나타나는 경우도 있었다. 지형 단원과 비교할 때 상대적으로 복합구성자료가 좀 더 다양하게 제시되고 있으며, 학습자의 가치와 태도 형성에 직접적인 영향을 주는 정의 기능의 자료가 나타나는 것이 특징이라 할 수 있다.

5. 정리

지리교과서는 교사와 학생 간 교수·학습과정을 도와주고 매개해 주는 교재로 매우 중요한 위치를 차지하며 크게 문자자료와 시각자료로 구성된다. 사회과에서도 지리는 시각자료가 풍부할 뿐만 아니라 다양한 시각자료의 효과적인 활용이 요구되는 영역이다. 이에 본 장에서는 2007 개정교육과정에 의거한 중학교 지리교과서 지형과 도시단원을 구성하고 있는 시각자료의 유형과 기능을 분석하였다. 분석 결과를 정리하면 다음과 같다.

첫째, 분석대상 세 교과서의 지형과 도시 단원 모두에서 가장 큰 비중을 차지하는 시각자료는 사진으로 나타났으며, 단일구성자료의 비중이 복합구성자료보다 높게 나타났다. 지형단원에서는 사진 다음으로 지도→그림→모식도의 순으로 제시되었고 지도와 사진이 결합된 복합구성자료가 상대적으로 많이 제시되었다. 도시 단원에서는 사진 다음으로 지도→그림→도표의 순으로 주로 제시되었다. 이를 통해서, 지리영역의 시각자료는 사진, 지도, 그림이 공통적으로 제시되는 비중이 높은 자료이고, 지형 단원의 모식도와 도시 단원의 도표는 학습영역별로 적합성을 갖는 시각자료 유형임을 알 수 있다.

둘째, 소단원 전개체제별 시각자료의 비중은 교과서에 따라 다르게 나타나지만 대체로 도입 부분인 생각열기보다는 본문과 활동에서 다양한 유형의 시각자료들이 더 많이 제시되고 있음을 알 수 있다. 가장 높은 비중을 차지하는 것은 사진이고, 다음으로 비중이 높은 것은 지도로 나타났다.

셋째, 시각자료의 기능별 비중은 인지적 기능에 속하는 예시 기능의 비중이 매우 높게 나타났으며, 다음으로 주의 기능의 시각자료가 많이 제시되고 있지만 그 차이가 큰 것으로 나타났다. 전체적으로 인지적 기능의 비중이 주의적 기능과 정의적 기능에 비해 지나치게 높고, 정의적 기능의 비중은 특히 적게 나타났다.

넷째, 지형 단원의 13개의 학습주제별로 제시되는 시각자료의 유형과 그 기능은 다양하게 나타났지만, 전형적인 유형과 기능이 나타나는 경우도 있었다. 즉, '습곡작용', '단층작용', '지각판의 운동'의 세 학습주제의 전형적인 시각자료는 모식도이고 그 기능은 예시와 설명이라 할 수 있다. 또한 학습주제 '세계의 대하천'과 '평야 지역의 지형과 주민 생활'에서 제시되는 시각자료의 유형은 다양해도 그 전형적인 기능은 예시 기능이라 할 수 있다.

마지막으로, 도시 단원의 9개 학습주제별로 제시되는 시각자료의 유형과 그 기능을 분석한 결과, 지형 단원에 비해서 복합구성자료들이 대표적인 유형의 시각자료로 제시되는 경우가 많았으며, 학습자의 가치와 태도 형성에 직접적인 영향을 주는 정의 기능의 시각자료가 일부에서 나타났다. 학습주제 '수도권의 도시화'를 나타내주는 시각자료의 경우는 지도와 예시 기능이, '도시 문제 해결을 위한 노력'의 경우 사진과 예시 기능이 전형적인 시각자료 유형과 기능으로 나타났다. 그리고 학습주제 '도시와 촌락의 생활 모습', '우리나라의 도시화', '도시 발달과 산업 발달과의 관계'의 경우는 제시되는 시각자료 유형은 다양하지만, 모두 예시 기능이 전형적인 기능으로 나타났고, 학습주제 '다양한 도시 문제'의 경우는 정의 기능이 전형적인 기능으로 나타났다.

이상의 내용과 분석 결과는 중학교 사회과 교실 수업은 물론 교과서 집필에서 다양한 자료의 기능적 활용에 대한 이해를 증진하는 데 기본적인 정보와 자료를 제공해 줄 것이다. 나아가 교과교육 차원에서 다음과 같은 문제에 대해 구체적인 논의와 연구가 계속되어야 할 것이다.

첫째, 7차 교육과정이후 사회교과서는 자료의 과잉으로 학습자의 학습에 혼란을 주고 있다는 문제도 제기되고 있다. 시각자료의 양적인 비중은 상당히 높지만, 그 유형은 상대적으로 다양하지 못하다. 시각자료가 학습내용에 적합성을 갖고, 학습자 학습에 보다 효과적으로 기능하기 위해서는 다양한 시각적 표상들을 활용하는 질적인 측면의 고려가 필요하다.

둘째, 지리교육의 본래적 목적을 수행하고 학습활동에 유의미한 자료를 제시하기 위해서, 시각자료가 특정 유형과 기능에 치중해 있다는 점과 인지적 기능의 비중이 지나치게 높은 점에 문제의식을 갖고 대안을 모색해야 한다.

마지막으로, 교과서 텍스트를 구성하고 있는 다양한 유형의 시각자료에 대한 학습자의 '텍스트 읽기' 기능의 지도가 필요하다. 나아가 시각자료는 학습자에게 일방적으로 주어지는 학습대상이 아니라 학습자도 자료의 생산자가 될 수 있다는 인식의 전환도 함께 이루어져야 한다.

제9장 지리교과서와 학습자 인식

1. 지리교과서와 구성자료

그동안 지리교육의 내용과 모습이 변화하고 교수와 학습이 변모해 왔지만, 교과서는 여전히 중요한 교재이다. 과거에는 마땅한 교재가 없어서 수업에서 교과서에 대한 의존성이 높았지만, 최근에는 교과서 검정제도가 국가교육과정을 엄격한 준거로 규정하기 때문에 교과서의 영향력은 여전하다.

제7차 교육과정에 따른 교과서의 편집 체제나 외형 체제의 변화는 학습자의 학습에 영향을 미치는 중요한 변화이지만, 무엇보다도 '학습자 활동 중심의 열린 교과서'로의 변화는 내용 구성에서의 변화라고 할 수 있다. 내용 구성에서의 변화는 종전의 교과서가 언어자료(문자 텍스트) 중심의 절대적 가치를 지닌 '지식 전수형' 교과서였다면, 새로운 교과서는 다양한 자료로 구성되어 학습을 안내하는 '학습자 활동 중심의 교과서'라고 할 수 있다. 또한 다양한 자료로 구성된 교과서는 교사로 하여금 자료의 재구성은 물론 교과서 밖의 새롭고 독창적인 자료를 선택하고 개발할 수 있는 원천이 된다.

지리교과서 내용 구성에서 다양한 자료가 가지는 의미는 매우 크다. 지리는 특히 자료가 풍부한 교과이고, 지리만큼 교재의 유형과 내용의 범위에서 풍부하고 다양한 자료의 활용을 요구받는 교과도 없기 때문이다. 다양한 자료를 바탕으로 한 지리수업은 교과의 핵심적인 접근법이며(Martin and Bailey, 2002), 실제 지리수업에서 지리교사들은 이론적인 수업모형이나 방법의 적용보다는 현장 중심의 다양한 자료를 중심으로 수업을 계획하고 조직한다.

다른 교과의 교과서와 마찬가지로 제7차 교육과정에 의거한 지리교과서도 다양한 자료를 바탕으로 내용을 구성하고 있다. 종전의 지리교과서도 다른 교과에 비하면 상대적으로 지도, 사진, 그래프 등의 자료가 많았지만, 그 자료들은 문자 텍스트인 언어자료를 보조하거나 보완하는 단순 자료로써의 한정적인 기능을 담당했다. 반면에 새로운 교과서에서는 내용을 구성하는 모든 자료가 언어자료와 동등한 텍스트로써의 기능을 지향한다.

교과서는 여러 가지 기능을 가지고 있지만, 그중에서도 가장 중요한 것은 교수–학습 내용의 제시 기능이다. 그러나 교과서는 제한된 페이지에 교육과정에서 목적하는 내용을 모두 담을 수도 없고, 각기 다른 교실과 학습자 상황에 적합성을 갖기도 어렵다. 최근에는 교과서가 '학습자 활동 중심의 교과서'를 지향하면서 다양한 자료를 바탕으로 교수–학습 내용과 학습방법을 구성할 만큼 변모했지만, 이에 대해 학습자가 무엇을 어떻게 이해하고 있으며, 학습자의 학습에 얼마나 어떻게 효율적으로 기능하고 있는지에 대한 연구는 매우 부진하다. '학습자 활동 중심의 교과서'를 지향하고 있지만, 학생들에게는 여전히 일방적으로 '주어진' 교과서일 뿐이다.

교수와 학습은 실제적이고 구체적이며 맥락적인 현상이다. 수업의 다양한 구조와 역동성을 이해하기 위해서는 교과의 맥락에 근거한 구체적이고 역사적인 활동으로 연구해야 한다. 특히 교실에서 이루어지는 지리수업이 그러해야 하며, 지리수업의 존재론적 조건인 교사의 교수와 학생의 학습에 대한 연구가 그러해야 한다(강창숙, 2007).

학교의 지리교육과정의 성격, 교수 방법, 사용된 자료와 학생의 수행을 관찰하고, 측정하고, 평가하는 방법에서의 변화는 계속되고 있다. 이러한 변화는 모두 학생 중심의 교수–학습으로의 전환을 반영하고 있다. 교수 방법론은 물론 교육과정 변화와 밀접하게 관련된 것은 교사와 학생들이 사용하는 다양한 자료의 증가이다. 이제 '학생들이 무엇을 어떻게 학습하는가?'는 '무엇을 어떻게 가르쳐야 하는가?' 만큼 중요한 문제이다.

이에 본 장에서는 같은 학교 급이면서도 교과에 대한 흥미나 학업 성취 등에서 인문계 고등학교와는 실제 모습에서 많은 차이를 드러내는 전문계 공업고등학교 10학년 학생들을 대상으로 사회교과서 지리영역(이하 지리교과서)을 구성하고 있는 자료들에 대한 학습자의 이해와 인식특성을 조사·분석하였다.

연구 대상은 충청북도 00군에 소재한 공업고등학교 1학년 학생들로, 이들은 제7차 국민공통기본교육과정의 마지막 학년으로서 지리 영역을 학습한다. 지리수업이 매우 제한적으로 이루어지는 경우이다. 사례 공업고등학교에서 채택한 사회교과서(손봉호 외 11인, 2002, ㈜두산)는 총 10개의 단원으로 구성되어 있고, 그 중에서 Ⅰ단원~Ⅳ단원이 지리 영역이고, Ⅵ단원~Ⅹ단원은 일반사회 영역이다. 지리교과서는 Ⅰ. 국토와 지리 정보, Ⅱ. 자연 환경과 인간 생활, Ⅲ. 생활공간의 형성과 변화, Ⅳ. 환경 문제와 지역 문제, Ⅴ. 문화권과 지구촌의 형성의 5개 대단원으로 구성되어 있다. 그리고 각 단원의 구성 체계는 단원 도입, 본문, 탐구 활동, 보충 자료, 심화 과정, 단원 마무리로 이루어져 있다.

5개 대단원을 구성하고 있는 자료의 단원별 비중과 종류 및 그 특징을 분석한 결과를 토대로, 자료의 비중이 가장 높고 종류가 다양한 Ⅱ. 자연 환경과 인간 생활을 사례 단원으로 선정하였다. 사례 단원을 선정한 후 2007년 12월에 10학년 학생들을 대상으로 예비조사를 실시하였다. 예비 조사에서 나타난 결과를 바탕으로 문항의 오류를 수정하고, 문장의 단순화와 질문지 페이지의 최소화 등을 보완하여 사례 단원의 질문지를 재구성하였다. 본 질문지 조사는 사례 단원의 학습이 이루어진 직후인 2008년 4월에 10학년 6개 학급 158명(남학생 123명, 여학생 35명)을 대상으로 실시하였다. 질문지 조사는 Ⅱ 단원을 10개의 학습주제별로 조직하여 각 주제를 학습함에 있어서 가장 도움이 된 자료를 선택하도록 구성하였다.

2. 구성자료의 유형별 비중

지리 교수-학습을 돕기 위해 사용하는 것을 모두 '지리 교수-학습 자료'라고 할 수 있고, 광대한 영역에 걸친 다양한 것들이 여기에 포함된다(서태열, 2005). 지금까지 지리 교수-학습 자료는 교과서를 포함하여 다양한 자료를 교재의 관점에서 분류되고 정의되어 왔다. 본 연구에서는 교과서의 학습 내용을 구성하는 자료라는 관점에서 지리 교수-학습 자료를 '구성자료'로 개념화하고, 이에 대해 분석·고찰하였다.

지리교과서 구성자료는 여러 학자들의 분류에 따라 다른데, 황재기(1967)는 삽화, 지도, 도표로 분류하였고, 예경희(1971)는 사진, 지도, 도표로 분류하였으며 김만곤(1986)은 삽화, 사진, 통계, 그래프, 도해, 지도 등으로 분류하였다. 이들 모두 언어자료, 즉 텍스트를 제외한 시각적 자료만을 분류하였다. 그러나 자료가 가지고 있는 정보가 제시되는 모형에 따라 지리 교수-학습 자료는 언어 자료, 그림 자료, 계량적 자료, 상징 자료로 구분되기도 한다(이경한 역, 1999).

본 연구에서는 크게 단일 구성자료와 복합 구성자료의 두 가지로 대분하고, 단일 구성자료는 언어, 지도(고지도·일반도·주제도), 사진, 그림, 단면도, 표, 그래프로 구분한다. 복합 구성자료란 2가지 이상의 단일 구성자료가 하나의 자료로 결합되어 제시되는 경우이다. 본 연구에서는 A유형 (일반도+그림), B유형(일반도+사진), C유형(주제도+그래프), D유형(사진+그래프)으로 세분하였다.

분석 대상 지리교과서의 단원 체제별 구성자료의 양적 비중을 살펴보면 당연히 본문(42.6%)이 가장 높고, 탐구활동(22.7%), 보충자료(22.4%), 심화과정(6.9%), 단원도입(3.5%), 단원마무리(1.9%)의 순으로 나타났다(그림 9-1).

구성자료의 유형별 비중을 살펴보면 언어 자료가 약 40%로 가장 높은 비중을 차지하였다. 다

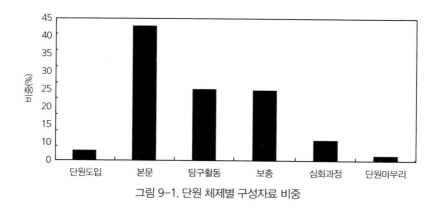

그림 9-1. 단원 체제별 구성자료 비중

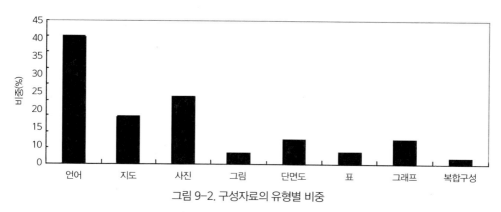

그림 9-2. 구성자료의 유형별 비중

제2부 지리수업, 학습자 그리고 지리교과서

음으로 사진(21.1%)과 지도(14.9%)의 비중이 높았으며, 그 외 단면도(7.6%), 그래프((7.6%), 표(3.8%), 그림 자료(3.5%)의 순으로 나타났다. 단일 구성자료가 대부분의 비중을 차지하고(98.2%), 복합 구성자료는 6개(1.8%)로 매우 적은 비중이다(그림 9-2). 이들 자료 각각의 비중과 특징을 살펴보면 다음과 같다.

언어자료는 모든 단원에서 가장 높은 비중을 차지하고 있어 교과서에서 그 중요성이 매우 높다고 할 수 있다. 언어자료는 그 비중만으로도 학습자의 학습에 많은 영향을 줄 수 있는 자료라고 할 수 있다.

사진자료는 Ⅰ단원을 제외한 모든 단원에서 높은 비중을 차지하고 있으며, 지도는 지리 교과의 특성을 가장 잘 나타내 주는 자료로서 사진 다음으로 높은 비중을 차지하고 있다. 이들 자료 역시 그 비중만으로도 학습자의 학습에 큰 영향을 줄 수 있는 자료들이다.

지도를 세분하여 그 비중을 살펴보면, 주제도 → 일반도 → 고지도의 순으로 높게 나타났다. 특정 주제에 관해서 상세하게 표현한 주제도가 지표면의 형태와 그 위에 분포하는 사상을 공통으로 표현한 일반도에 비해 높은 비중을 차지하고 있다. 고지도는 전통지리사상을 다루고 있는 Ⅰ단원에서만 제시되었다. 특히 지리 교과를 처음 배우게 되는 Ⅰ단원에서는 지도 읽기에 대해 상세히 서술되어 있고, 다양한 지도의 유형이 제시되어 있어 학습내용의 이해를 돕고 있다. 단면도는 자연지리 부분에서 원리나 구조를 이해하는 데 많은 도움을 주는 자료로, Ⅱ단원의 지형 설명과 Ⅳ단원의 환경오염의 연쇄 관계의 설명에 주로 사용되었다.

그래프와 단면도는 같은 비중으로 제시되는 자료로, Ⅱ단원과 Ⅲ단원에서 가장 많이 활용되었다. Ⅱ단원에서는 기후와 관련된 그래프와 자연재해 현황이 제시된 그래프가 주를 이루었고, Ⅲ단원에서는 인구 추이 그래프, 산업의 변화 관련 그래프, 경제 성장 그래프가 주를 이루었다.

상대적으로 표, 그림, 복합 구성자료는 적은 비중을 차지하고 있다. 표는 Ⅲ단원에서 연도별 각종 지표의 변화를 나타내는 자료로 제시되었고, 그림은 간단한 그림과 만화의 형식으로 제시되었다. 복합 구성자료는 A유형 1개(0.3%), B유형 2개(0.6%), C유형이 1개(0.3%), D유형 2개(0.6%)이며 전체에서 차지하는 비중은 매우 낮다.

다른 단원에 비해 구성자료의 양적 비중이 30% 이상으로 가장 높은 'Ⅱ. 자연환경과 인간 생활' 대단원을 구성하고 있는 자료의 유형별 비중을 살펴보면 표 9-1과 같다. 지형 용어를 설명하고 있는 언어자료(35개, 33.3%)가 주된 구성을 이루고, 그 다음은 지형 그 자체와 지형을 활용한 인간의

표 9-1. '자연환경과 인간 생활' 단원 구성자료의 유형별 비중

대단원명	구분	단일 구성자료									복합 구성자료	소계 (%)
		언어	지도			사진	그림	단면도	표	그래프		
			고지도	일반도	주제도							
Ⅱ. 자연환경과 인간생활	단원도입					1					1	2 (1.9)
	본문	20		1	2	10		8	1	3	0	45 (42.9)
	탐구	1			7	8		4			2	22 (20.0)
	보충	10			3	4		2	1	2	1	23 (21.9)
	심화	3		2	3	3		1			0	12 (11.4)
	단원마무리	1									0	1 (1.0)
소계 (%)		35 (33.3)	0 (0.0)	3 (2.9)	15 (14.3)	26 (24.8)	0 (0.0)	15 (14.3)	2 (1.9)	5 (4.8)	4 (4.7)	105 (100)

모습을 나타낸 사진(26개, 24.8%)의 비중이 높다.

지도는 일반도 3개(2.9%), 주제도 15개(14.3%)로 설명대상 지형이 분포하는 위치를 표시해 놓은 주제도가 많다. 자연현상의 원리와 이해를 돕기 위해 단면도 자료(15개, 14.3%)가 다른 단원에 비해 많이 활용되었다. 그래프(5개, 4.8%)는 기후와 자연재해 현황을 다루고 있으며, 복합 구성자료는 B유형 1개(0.9%), C유형 1개(0.9%), D유형 2개(1.9%) 등이 4개(3.7%) 정도이지만, 다른 단원에 비해서는 그 비중이 높다. 표는 2개(1.9%)로 가장 적은 비중이다.

3. 전문계 고등학생들의 지리교과서 구성자료에 대한 이해 특성

1) 학습주제별 구성자료에 대한 이해 특성

본 연구의 사례 단원인 'Ⅱ. 자연환경과 인간생활'의 내용구조와 학습주제는 그림 9-3과 같다.

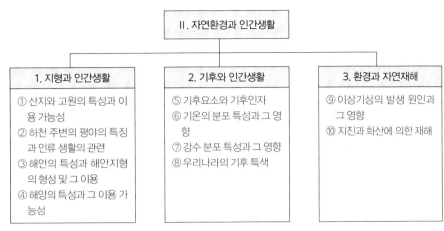

그림 9-3. II 단원 구조와 학습주제

    II. 자연환경과 인간생활 단원은 3개의 소단원으로 구성되어 있고, 이들 소단원은 10개의 학습주제로 이루어져 있다. 이들 10개의 주제를 구성하고 있는 자료들을 분류하여 학생들이 어떤 구성자료를 중심으로 학습주제를 이해하고 있는지에 대해 질문지 조사를 실시하였다. 질문지는 학습자가 II단원의 각 주제를 학습함에 있어서 '가장 도움이 되었다고 생각한 자료'를 선택하고, 그 이유를 간단히 기술하는 내용으로 구성하였다. 질문지조사 결과를 성별, 선택 순위별 비중으로 구분하여 정리하면 표 9-2, 3과 같다. 표의 내용은 학습주제별로 학습자들의 지리학습에 도움을 주는 자료는 무엇인지 그리고 여학생과 남학생들 각각이 선호하는 자료가 어떻게 다른지를 구체적으로 나타내는 실증적 자료이다.

    10개의 학습주제별로 학생들이 어떤 자료를 중심으로 학습주제를 이해하고 있는지에 대해 분석해 보면 다음과 같다. 한 가지 주제에 대해 같은 유형의 자료가 2개 이상 제시된 경우는 교과서에 제시된 순서에 따라 번호를 부여하였다.

    학습주제 ① 산지와 고원의 특성과 이용 가능성에 대한 자료 6개 중에서 학생들의 선택 비중이 가장 높은 자료는 사진 1이었다. 지도와 언어(보충) 자료는 다소 높은 비중을 차지하였으며, 그 다음은 언어, 사진 2, 단면도, 무응답의 순으로 나타났다. 사진 1은 산지의 이용을 설명하기 위해 고산도시의 전경을 담은 사진으로 학습주제를 잘 나타내 주는 것이라 할 수 있다. 선택 비중이 낮은 사진 2는 고원의 이용을 설명하기 위한 자료로 커피 재배지의 전경을 원거리에서 촬영하여 사진에 제시된 나무가 무슨 나무인지 구분이 잘 되지 않아 사진에 대한 보충 설명 없이는 이해가 불가능한 것이었다.

학습주제 ② 하천 주변의 평야의 특징과 인류 생활의 관련성에 대한 자료 6개 중에서 학생들의 선택 비중이 가장 높은 자료는 사진이었다. 단면도(탐구)와 언어 자료가 다소 높은 비중을 차지하였으며, 그 다음은 언어(보충), 단면도, 언어(심화), 무응답의 순으로 나타났다. 하천 지형 형성 원리를 설명하기 위한 단면도가 주요 자료로 구성된 탐구활동이 학생들의 학습주제 이해에 언어 자료와 함께 도움을 준 자료로 나타났다.

학습주제 ③ 해안의 특성과 해안 지형의 형성 및 그 이용에 대한 자료는 크게 5개로 그 중 사진의 선택 비중이 가장 높았고, 단면도, 언어, 사진(탐구)이 다소 높은 비중을 차지하였으며, 그 다음은 무응답, 언어(보충)의 순으로 나타났다. 다소 높은 비중을 차지한 탐구활동에 제시된 사진은 동해안과 서해안을 비교하기 위해 제시된 자료로써, 동해안과 서해안의 차이에 대한 선행지식 없이 사진만 보았을 경우에는 설명하려는 바가 무엇인지 구분되지 않는 것이었다.

학습주제 ④ 해양의 특성과 그 이용 가능성에 대한 자료는 크게 5개로 그 중 사진(탐구)의 선택 비중이 가장 높았고, 지도가 다소 높은 비중을 차지하였으며, 그 다음으로 언어, 무응답, 단면도, 언어(보충)의 순으로 나타났다. 선택 비중이 가장 낮은 보충에 제시된 언어 자료는 배타적 경제수역을 설명해 놓은 것으로 어려운 용어가 많고, 다른 시각자료가 전혀 없이 언어 자료만으로 구성되어 있는 경우였다.

학습주제 ⑤ 기후요소와 기후인자에 대한 자료는 크게 5개로 그 중 사진의 선택 비중이 가장 높았다. 복합 구성자료 D(탐구)가 다소 높은 비중을 차지하였으며, 그 다음은 무응답, 그래프, 언어, 언어(보충)의 순으로 나타났다. 복합 구성자료 D유형은 사진과 그래프가 결합된 형식이 특징이다.

학습주제 ⑥ 기온의 분포 특성과 그 영향에 대한 자료 5개에 대한 학생들의 선택 비중은 사진이 가장 높았고, 지도(탐구)와 그래프가 다소 높은 비중을 차지하였으며, 그 다음으로 언어, 무응답, 그래프(보충)의 순으로 나타났다. 선택 비중이 가장 높은 사진의 경우 여름철 해수욕장과 겨울철 스키장의 풍경을 담은 것으로 학생들이 한 번쯤 경험해 본 경관이라고 할 수 있다. 선택 비중이 가장 낮은 자료는 기온 역전 현상을 그래프를 중심으로 설명하고 있는 보충자료이다.

학습주제 ⑦ 강수 분포 특성과 그 영향에 대한 3개 자료에서는 언어자료의 선택 비중이 가장 높았고, 지도(탐구)가 다소 높은 비중을 차지하였으며, 그 다음으로 지도(보충), 무응답의 순으로 나타났다. 학습주제 중 유일하게 언어자료가 가장 높은 비중을 차지하고 있으며, 언어자료의 길이가

제2부 지리수업, 학습자 그리고 지리교과서

표 9-2. 고등학생들의 학습주제별 구성자료 선택 순위와 비중(1)

학습주제	자료 선택 순위	남학생	여학생	전체	명(%)
① 산지와 고원의 특성과 이용 가능성	1	사진1	사진1	사진1	62(39.2)
	2	언어(보충)	지도	지도	22(13.9)
	3	지도	단면도	언어(보충)	19(12.0)
	4	사진2	언어	언어	16(10.2)
	5	언어	사진2	사진2	15(9.5)
	6	무응답	언어(보충)	단면도	12(7.6)
	7	단면도	무응답	무응답	12(7.6)
소계(%)	–	123(100)	35(100)	–	158(100)
② 하천 주변 평야의 특징과 인류 생활의 관련성	1	사진	사진	사진	62(39.2)
	2	단면도(탐구)	단면도(탐구)	단면도(탐구)	30(19.0)
	3	언어	단면도	언어	25(15.8)
	4	언어(보충)	언어(심화)	언어(보충)	17(10.8)
	5	단면도	언어	단면도	16(10.1)
	6	언어(심화)	언어(보충)	언어(심화)	6(3.8)
	7	무응답	무응답	무응답	2(1.3)
소계(%)	–	123(100)	35(100)	–	158(100)
③ 해안의 특성과 해안 지형의 형성 및 그 이용	1	사진	사진(탐구)	사진	45(28.5)
	2	단면도	단면도	단면도	37(23.4)
	3	언어	사진	언어	27(17.1)
	4	무응답	언어	시진(탐구)	25(15.8)
	5	사진(탐구)	무응답	무응답	18(11.4)
	6	보충	보충	보충	6(3.8)
소계(%)	–	123(100)	35(100)	–	158(100)
④ 해양의 특성과 그 이용 가능성	1	탐구	지도	탐구	48(30.4)
	2	지도	탐구	지도	42(26.6)
	3	무응답	언어	언어	23(14.5)
	4	언어	무응답	무응답	23(14.5)
	5	단면도	단면도	단면도	17(10.8)
	6	언어(보충)	언어(보충)	언어(보충)	5(3.2)
소계(%)	–	123(100)	35(100)	–	158(100)
⑤ 기후요소와 기후인자	1	사진	사진	사진	71(44.9)
	2	복합D(탐구)	복합D(탐구)	복합D(탐구)	34(21.5)
	3	무응답	그래프	무응답	20(12.7)
	4	그래프	언어	그래프	17(10.8)
	5	언어	무응답	언어	15(9.5)
	6	언어(보충)	언어(보충)	언어(보충)	1(0.6)
소계(%)	–	123(100)	35(100)	–	158(100)

표 9-3. 고등학생들의 학습주제별 구성자료 선택 순위와 비중(2)

학습주제	자료 선택 순위	남학생	여학생	전체	명(%)
⑥ 기온의 분포 특성과 그 영향	1	사진	사진	사진	46(26.1)
	2	지도(탐구)	지도(탐구)	지도(탐구)	37(22.4)
	3	그래프	그래프	그래프	31(18.6)
	4	언어	언어	언어	28(16.7)
	5	무응답	무응답	무응답	20(12.7)
	6	그래프(보충)	그래프(보충)	그래프(보충)	6(3.8)
소계(%)	–	123(100)	35(100)	–	158(100)
⑦ 강수 분포 특성과 그 영향	1	언어	지도(탐구)	언어	60(38.0)
	2	지도(탐구)	언어	지도(탐구)	50(31.6)
	3	지도(보충)	지도(보충)	지도(보충)	27(17.1)
	4	무응답	무응답	무응답	21(13.3)
소계(%)	–	123(100)	35(100)	–	158(100)
⑧ 우리나라의 기후특색	1	무응답	언어	지도(탐구)	39(24.7)
	2	지도(탐구)	지도(보충)	언어	39(24.7)
	3	언어	지도(탐구)	무응답	36(22.7)
	4	지도(보충)	언어(심화)	지도(보충)	30(19.0)
	5	언어(심화)	무응답	언어(심화)	14(8.9)
소계(%)	–	123(100)	35(100)	–	158(100)
⑨ 이상기상의 발생 원인과 그 영향	1	사진(탐구)	사진(탐구)	사진(탐구)	43(27.3)
	2	그래프	그래프	그래프	41(25.9)
	3	무응답	언어	무응답	28(17.7)
	4	언어	지도	언어	22(13.9)
	5	지도	그래프(보충)	지도	14(8.9)
	6	그래프(보충)	무응답	그래프(보충)	7(4.4)
	7	언어(심화)	언어(심화)	언어(심화)	3(1.9)
소계(%)	–	123(100)	35(100)	–	158(100)
⑩ 지진과 화산에 의한 재해	1	사진2	사진2	사진2	69(42.4)
	2	무응답	사진1	무응답	28(17.7)
	3	사진(탐구)	사진(탐구)	사진(탐구)	16(10.1)
	4	언어(보충)	언어	언어	15(9.5)
	5	사진1	표b	사진1	12(7.6)
	6	표b	표a	표b	10(6.3)
	7	표a	언어(보충)	표a	8(5.1)
	8	언어	무응답	언어(보충)	2(1.3)
소계(%)	–	123(100)	35(100)	–	158(100)

3줄 이내인 것으로 짧은 것이 특징이다.

학습주제 ⑧ 우리나라의 기후특색에 대한 자료 4개 중에서는 지도(탐구)와 언어자료의 선택 비중이 가장 높았고, 무응답과 지도(보충)가 다소 높은 비중을 차지하였으며, 그 다음으로 언어(심화) 자료의 순으로 나타났다. 심화과정에서는 어려운 용어가 많이 사용되었고, 문장이 20줄 이상으로 긴 것이 특징이다.

학습주제 ⑨ 이상 기상의 발생 원인과 그 영향에 대한 자료 6개 중에서는 사진(탐구)의 선택 비중이 가장 높았고, 그래프가 다소 높은 비중을 차지하였으며, 그 다음으로 무응답, 언어, 지도, 보충 (그래프, 언어), 심화(언어, 지도)의 순으로 나타났다.

학습주제 ⑩ 지진과 화산에 의한 재해에 대한 자료 7개 중에서는 사진 2의 선택 비중이 가장 높았고, 무응답, 사진(탐구)이 다소 높은 비중을 차지하였으며, 그 다음은 언어, 사진 1, 표b, 표a, 언어 (보충)의 순으로 나타났다. 가장 선택 비중이 높은 사진 2는 화산폭발 장면을 담은 것으로 사례 교과서에서 크기가 가장 큰 사진이다. 표a는 최근 대규모 지진의 피해 상황을 나타낸 것으로 표를 구성하고 있는 항목이 3개이고, 표b는 최근의 주요 화산 피해를 나타내는 것으로 표를 구성하고 있는 항목이 5개이다. 학생들은 표의 내용을 구성하는 항목이 상대적으로 단순한 표a를 선호하는 것으로 나타났다.

이상과 같이 학생들의 지리 학습에서 가장 도움이 되었다고 인식하는 자료는 사진자료인 것으로 나타났다. 사진 중에서도 특히 설명하려는 바가 명확하여 선행지식이 없어도 한눈에 알아 볼 수 있는 것과 학습자 누구나 한번 쯤 경험할 수 있는 내용이 사진으로 제시된 경우 선호하는 경향이 뚜렷하였다.

반면, 사진이 나타내려는 바가 애매모호 하거나, 선행지식이 없거나 부족할 경우 이해하기 어려운 사진은 선택 비중이 낮았다. 그 밖의 뚜렷한 특징으로는 언어자료의 선택 비중이 낮다는 것이다. 특히 보충, 탐구, 심화학습이 언어 자료만으로 구성된 경우 선택하지 않았고, 본문에서도 언어 자료의 길이가 20줄 이상으로 긴 경우는 선택하지 않았다. 또한 복합 구성자료의 경우 사진이 일반도 혹은 그래프와 결합되어 있는 B와 D유형은, A와 B유형보다는 미미하지만 선택 비중이 상대적으로 높았다. 형식이 같은 표의 경우는 상대적으로 내용 항목이 단순한 것을 더 선호하는 것으로 나타났다.

2) 구성자료에 대한 학생들의 인식

학생들이 구성자료 각각에 대해 도움이 되었다고 생각하는 긍정적 인식의 이유와 그렇지 않다고 생각하는 부정적 인식의 이유와 그 비중을 정리하면 표 9-4와 같다.

언어 자료의 경우 긍정적 인식의 이유 중 가장 높은 비중을 차지한 것은 "그냥 읽으면 되므로 다른 기능이 요구되지 않는다."는 것으로 나타났다. 말 그대로 학생들은 언어자료를 내용의 이해와는 상관없이 그냥 눈으로 읽으면 된다고 생각하였다. 이는 학생들이 글을 읽고 내용을 분석하거나 해석하는 등의 활동에 대해 많은 부담감을 안고 있으며, 소극적인 학습태도가 반영된 결과라 할 수 있다.

언어자료에 대한 부정적 인식의 이유는 좀 더 다양하다. "용어가 너무 어렵다."가 가장 높은 비중을 차지하였고, "언어 자료가 너무 길어서 읽는 것 자체가 귀찮게 여겨지며 심지어 글씨만 보면 잠이 온다."는 응답도 있었다. 학생들은 글씨체에도 관심을 보여 잡지책처럼 다양한 바탕색과 글씨체를 활용하지 않음을 부정적인 이유로 제시하는 경우도 있었다.

지도에 대한 긍정적 인식의 이유 중 가장 높은 비중을 차지한 것은 '한눈에 쏙 들어와서'이다. 다음으로 '평소 지도 찾기를 좋아해서', '지도를 봐야 지리 공부하는 느낌이 들어서'라는 응답을 통해 전문계 학생들도 지리교과에서의 지도의 중요성과 필요성은 인식하고 있음을 알 수 있었다. 그러나 부정적 인식의 이유를 통해서 지도를 읽을 수 있는 기초능력이 부족하여 어렵게 느끼고 있었고, 최근 인터넷 검색에 나오는 지도와 비교했을 때 교과서 지도는 크기도 작고, 구체적이지 못하며, 생동감이 없어 선택하지 않고 있음을 알 수 있다.

사진에 대한 긍정적 인식의 이유는 '재미있어서'가 가장 높은 비중을 차지하였고, 그 밖의 이유들도 비슷한 맥락의 것이었다. 학생들이 재미있다고 느낀다는 것은 주변에서 경험해 본 것이 교과서에 등장함으로써 관심을 가지고 보게 된다는 것을 의미하였다. 따라서 교과서 구성자료가 일상생활과 연계된 내용으로의 조직이 필요함을 알 수 있다.

사진에 대한 부정적인 인식은 교과서에 제시된 사진이 "인터넷 검색에 나오는 사진과 비교했을 때 너무 오래된 장면을 담은 것이 많고, 생동감이 없다."는 것을 지적하였다. 학생들은 최신 유행에 민감하고, 주변에서 항상 동영상을 접하면서 생활하고 있기 때문에 이들의 생활양식과 동떨어진 교과서 자료에 대해서는 부정적으로 인식하였다.

제2부 지리수업, 학습자 그리고 지리교과서

표 9-4. 구성자료에 대한 학습자의 인식

유형	학습에 도움이 되었다고 생각하는 이유	남 (%)	여 (%)	학습에 도움이 되지 않는다고 생각하는 이유	남 (%)	여 (%)
언 어	• 그냥 읽으면 되므로	42.3	51.4	• 용어가 어렵다.	22.8	22.9
	• 읽어봐야 내용을 알 수 있기 때문에	39.8	20.0	• 너무 길어서 읽는 것 자체가 귀찮다.	22.8	17.1
	• 책 읽기를 좋아한다.	1.6	8.6	• 글씨체가 다 똑같아서 읽기가 싫다.	20.3	25.7
	–			• 언어가 너무 길어서 중요한 게 뭔지 찾아내기 힘들다.	12.2	11.4
	–			• 글자만 보면 잠이 온다.	6.5	8.6
	–			• 외우기 싫어서(읽고 나면 금방 잊어버려서)	5.6	8.6
	• 무응답	16.3	20.0	• 무응답	9.8	5.7
	소계	100	100	소계	100	100
지 도	• 한눈에 쏙 들어와서	43.1	65.7	• 복잡해서	26.8	22.9
	• 평소 지도 찾기를 좋아해서	22.8	14.3	• 어떻게 보는 것인지 몰라서 어렵다.	17.0	45.7
	• 지도를 봐야 지리 공부하는 느낌이 들어서	8.1	5.7	• 인터넷에서 더 실감나는 지도가 많아서	22.8	22.9
	–			• 크기가 너무 작아서 보기 힘들다.	11.4	2.8
	• 무응답	26.0	14.3	• 무응답	22.0	5.7
	소계	100	100	소계	100	100
사 진	• 재미있어서	32.5	25.7	• 인터넷에 더 좋은 사진이 많아서	22.0	45.7
	• 실물과 같아서 눈에 잘 들어온다.	17.1	20.0	• 사진이 말하려고 하는 것이 무엇인지 잘 모르겠다.	22.8	14.4
	• 단순하고 쉬워서	13.8	14.3	• 오래된 내용을 담고 있어서	12.2	20.0
	• 기억에 오래 남아서	12.2	8.6	• 크기가 너무 작다.	11.4	5.7
	• 평소 사진 보는 것을 좋아해서	7.3	22.8	• 사진이 잘 안 나와서	6.5	2.8
	• 무응답	17.1	8.6	• 무응답	25.1	11.4
	소계	100	100	소계	100	100
그 림	• 부담이 없어서(만화는 공부 하는 게 아닌 것 같아서)	52.0	37.1	• 잘못 이해 할 수 있는 가능성이 있어서	42.2	45.7
	• 재미있어서	10.6	20.0	• 만화에도 글씨가 너무 많아서	40.0	20.0
	• 만화를 좋아해서	9.8	20.0	• 만화 캐릭터가 마음에 들지 않아서	0.0	22.9
	• 이해가 잘 되어서	6.5	2.9	–		
	• 기억에 오래 남아서	6.5	2.9	–		
	• 귀엽고 깜찍한 캐릭터가 나와서	0.0	11.4	–		
	• 무응답	14.6	5.7	• 무응답	17.8	11.4
	소계	100	100	소계	100	100

유형	학습에 도움이 되었다고 생각하는 이유	남 (%)	여 (%)	학습에 도움이 되지 않는다고 생각하는 이유	남 (%)	여 (%)
단면도	• 복잡한 내용이 한눈에 들어오니까	55.3	51.4	• 너무 간단하게 되어 있어서 이해가 안 된다.	26.8	51.4
	• 단면도 밑에 있는 설명이 간단하게 잘 되어 있어서(글과 그림이 같이 있어서)	27.6	37.2	• 어떻게 봐야 할지 몰라서	33.4	11.4
	–			• 지도와 비슷한 것 같아서 어렵게 느껴진다.	8.1	22.9
	–			• 과학책 같아서 머리 아프다.	4.1	5.7
	• 무응답	17.1	11.4	• 무응답	27.6	8.6
	소계	100	100	소계	100	100
표	• 글자로 나열된 것보다는 간단해서	30.9	42.9	• 단순 반복 되는 것 같아서	23.6	28.6
	• 일목요연하게 정리되어 이해하기 좋다.	22.8	25.7	• 어떻게 봐야할지 몰라서 이해가 되지 않는다.	24.4	25.7
	• 서로 비교하는 것이 쉽게 되어 있어서	18.7	17.1	• 10년도 넘은 자료라서 현실감이 없다.	13.8	20.0
	–			• 숫자로 되어 있어서 어렵게 느껴진다.	8.1	20.0
	• 무응답	27.6	14.3	• 무응답	30.1	5.7
	소계	100	100	소계	100	100
그래프	• 다양한 색상으로 구성되어 있어서	27.7	74.3	• 복잡하고 어렵게 느껴진다.	16.3	40.0
	• 간단해 보여서	5.7	8.6	• 하나하나 꼼꼼하게 살펴봐야 하기 때문에	30.9	14.3
	–			• 너무 오래된 자료라서	17.1	25.7
	• 무응답	35.5	17.1	• 무응답	35.8	20.0
	소계	100	100	소계	100	100
복합구성	• 다양한 자료를 모아 놓아서	61.0	57.1	• 복잡해서	41.5	80.0
	–			• 집중이 잘 안 된다.	37.6	5.7
	• 무응답	39.0	42.9	• 무응답	30.9	14.3
	소계	100	100	소계	100	100

그림의 경우, 대부분 만화 형식으로 제시되어 있어 많은 학생들이 학습에 도움이 된다고 응답한 자료이다. 긍정적 인식의 이유를 구체적으로 살펴보면 "만화는 공부하는 게 아닌 것 같은 생각이 들어 부담이 없다."가 가장 높은 비중을 차지하였다. 전문계 고등학생들은 진지한 학습 분위기 보다는 공부라는 인식이 들지 않는 분위기 가운데에서 무엇인가를 배우길 원하고 있었다. '만화를 좋아해서'라는 이유도 비교적 높은 비중을 차지하고 있는데, 평소 소극적 학습 태도를 지닌 전문계 고

등학생들이라 하더라도 자신이 좋아하는 것에 대해서는 적극적이고 긍정적인 태도를 나타냄을 알 수 있다.

그림에 대한 부정적 인식의 이유 중 가장 높은 비중을 차지한 것은 '잘 못 이해할 가능성이 있어서'이고, 다음으로 '만화에도 글씨가 너무 많아서'로 나타났다. 만화라는 형식으로 학생들의 관심을 끌긴 했지만, 여전히 지식을 전달하기 위한 수단으로써 지나치게 많은 내용을 담고 있는 경우는 효과적이지 않을 수 있다. 따라서 만화의 특징과 장점을 잘 살려 학습 자료로 활용한다면 좀 더 긍정적으로 기능할 것이다.

단면도의 경우 긍정적 인식의 이유 중 '복잡한 내용을 한눈에 볼 수 있도록 만들어져서'가 가장 높은 비중을 차지하였다. 또한 '단면도와 함께 간단한 설명이 제시되어 있어서 언어 자료를 다 읽어보지 않아도 중요한 것이 무엇인지 알 수 있어서'도 중요한 이유로 나타났다. 이를 통해 전문계 고등학생들은 복잡하다 생각되는 것을 싫어하는 경향이 강함을 알 수 있다. 단면도에 대한 부정적 인식의 이유는 '너무 간단하게 되어 있어서 이해가 안 된다.'와 '어떻게 봐야 할지 몰라서'가 가장 높은 비중을 차지하였고, '지도와 비슷하게 느껴지고, 과학책을 보는 듯해서'도 부정적 인식의 주요 이유로 나타났다. 본 연구의 사례가 되는 II단원의 경우 자연환경을 다루는 부분에서 단면도가 높은 비중을 차지하고 있다. 이들 자료가 과학책에서 다뤄지는 자료와는 차별화된 보다 지리적 특성이 반영된 그리고 이해하기 쉬운 자료의 개발이 필요하다.

표에 대한 긍정적 인식의 이유로는 '언어 자료와 비교하여 보다 간단하게 느껴지고', '정리된 느낌이 들고', '서로 비교해 볼 수 있다.' 등이 제시되었다. 부정적 인식의 이유로는 교과서에 제시된 표는 수치를 정리해 놓은 경우가 대부분이기 때문에 '단순 반복 된다는 느낌이 들며', '숫자를 보는 것만으로도 어렵게 느껴진다.'는 것을 제시했다. 또한 교과서에 제시된 표가 10년 전 데이터를 사용하고 하고 있어 현실감이 없음도 지적하였다.

그래프의 경우 긍정적 인식의 이유로는 '다양한 색상으로 구성되어 있어서', '간단해 보여서'의 순으로 나타났다. 부정적 인식의 이유는 표 자료를 선택하지 않는 이유와 비슷하게 나타났다. 이를 통해 교과서 구성자료의 학습을 3단계 수준으로 나눠볼 경우 전문계 공업고등학생들의 경우는 제1단계 즉, 자료에 있는 정보나 사실을 그대로 받아들이는 수준에 그치고 있음을 알 수 있다. 따라서 제2단계 또는 제3단계의 활동이 요구되는 자료를 어렵다고 느끼고 있어 선택 비중이 낮았다.

복합 구성자료의 경우 다양한 자료를 활용하여 학습을 돕고자 한다는 취지에는 학생들도 공감하였다. 그러나 "너무 복잡해서 무엇을 먼저 봐야 할지 모르겠고, 집중이 안 된다."는 이유로 선택 비중이 매우 낮았다. 즉, 시각적으로 복잡해 보이는 것과 어렵게 생각되는 자료들이 결합되어 있는 경우에는 더욱 선택 비중이 낮은 것으로 나타났다.

전체적으로 긍정적인 인식의 이유보다는 부정적으로 인식하는 것에 대한 이유가 더 많았다. 이에 대한 심층적이고 질적인 분석이 이루어지면 전문계 고등학생들의 지리 학습을 좀 더 효과적으로 이끌 수 있는 자료의 개발과 구성에 도움이 될 것이다.

3) 구성자료에 대한 학습자의 성별 이해 특성

표 9-4에서 남녀별 인식의 비중이 2배 이상 차이가 나타나는 것만을 대상으로 학습자의 성별 이해 특성을 살펴보면 다음과 같다.

언어자료에 대한 긍정적 인식의 이유 중 '책읽기를 좋아 한다.'의 비중이 남학생에 비해 여학생이 높게 나타났다. 하지만 언어자료를 선택하지 않는 이유에 대해서는 뚜렷한 성별 차이가 없었다.

지도에 대한 긍정적 인식의 이유 중 남학생은 '평소 지도 찾기를 좋아 해서'의 비중이 높게 나타났다. 남학생은 일상생활 속에서 지도에 대해 관심을 가지고 있기 때문에 일상생활과 연계된 내용으로의 지도 자료의 조직이 요구된다. 한편 부정적 인식의 이유 중 남학생은 '크기가 너무 작아서 보기 힘들다.'의 비중이 높게 나타났고, 여학생은 '어떻게 보는 것인지 몰라서 어렵다.'의 비중이 높게 나타났다. 따라서 보다 크고 상세한 설명이 부가된 지도가 학습 자료로써 효과적으로 기능할 수 있음을 알 수 있다.

사진에 대한 긍정적 인식의 이유 중 '평소 사진 보는 것을 좋아해서'가 여학생이 높은 비중을 차지하였다. 부정적인 인식의 이유 중 남학생은 '크기가 너무 작다', '사진이 잘 안 나와서'의 비중이 높게 나타났고, 여학생은 인터넷에 더 좋은 사진이 많아서'의 비중이 높게 나타났다.

그림에 대한 긍정적 인식의 이유 중 여학생의 경우 '만화를 좋아해서', '귀엽고 깜찍한 캐릭터가 나와서'의 비중이 높게 나타났다. 반면 남학생의 부정적 인식은 '만화에도 글씨가 너무 많아서'의 비중이 높았고, 여학생은 '만화 캐릭터가 마음에 들지 않아서'의 비중이 높았다. 여학생은 만화에 등장하는 캐릭터에 많은 관심을 보여, 이들이 관심을 가지고 있는 대상을 캐릭터로 하여 교과서 자료를 구성한다면 보다 효율적인 학습이 가능할 것이다. 또한 만화의 장점을 최대한 살려 언어자료를 최소화하는 방안도 고려되어야 한다.

단면도에 대한 긍정적 인식의 이유는 남녀 모두 비슷하였고, 부정적 인식의 이유로 남학생은 '어떻게 봐야 할지 몰라서'의 비중이 높았고, 여학생은 '지도와 비슷한 것 같아서 어렵게 느껴진다.'의 비중이 높았다.

표 자료에 대한 긍정적 인식의 이유에서는 성별 차이가 나타나지 않았고, 부정적 인식의 이유로는 여학생의 경우 '숫자로 되어 있어서 어렵게 느껴진다.'의 비중이 높았다.

그래프에 대한 긍정적 인식의 이유 중 여학생의 경우 '다양한 색상으로 구성되어 있어서'가 높은 비중을 차지하여 이들이 색깔에 민감한 반응을 보인다는 것을 알 수 있었다. 반면, 부정적 인식의 이유로는 여학생의 경우 '복잡하고 어렵게 느껴진다.'의 비중이 높았다.

복합 구성자료에 대한 긍정적인 인식의 이유에서는 성별 차이가 나타나지 않았고, 부정적 인식의 이유 중 남학생의 경우 '집중이 잘 안 된다.'의 비중이 높게 나타난 것이 특징이다.

4. 정리

교육과정상 지리수업 시간이 제한적이고, 그로 인해 학생들의 지리 학습 횟수가 매우 제한적으로 이루어지는 경우에 지리교과서의 영향은 특히 결정적이다. 이에 본 장에서는 전문계 공업고등학교 10학년 학생들을 대상으로 지리교과서를 구성하고 있는 자료들에 대한 학습자의 인식과 이해 특성을 조사, 분석하였다. 주요 내용을 정리하면 다음과 같다.

첫째, 지리교과서를 구성하고 있는 자료를 단일 구성자료(언어, 지도, 사진, 그림, 단면도, 표, 그래프 자료)와 복합 구성자료로 구분하여 단원별·단원 체제별·자료별 비중을 분석하였다. 분석 결과, II 단원의 자료 비중이 가장 높았고, 단원 체제에서는 본문의 자료 비중이 가장 높은 것으로 나타났다. 자료별 구성자료의 비중으로는 언어자료가 가장 높은 비중을 차지하였고, 다음으로 사진과 지도의 비중이 높았으며, 단면, 그래프, 표, 그림, 복합 구성자료의 순으로 나타났다. 이를 통해서 본문을 구성하고 있는 자료 그리고 언어자료가 양적 비중의 측면에서 학생들의 지리 학습에 큰 영향을 줄 수 있는 자료임을 알 수 있다.

둘째, 구성자료 비중이 가장 높고 종류가 다양한 'II. 자연 환경과 인간생활' 단원을 사례로 학습주제별로 학생들의 이해 특성을 조사, 분석하였다. 대부분의 학생들이 지리학습에서 가장 도움이 되었다고 인식하는 자료는 사진인 것으로 나타났다. 특히 사진 중에서도 설명하려는 바가 명확하여 선행지식이 없어도 한눈에 알아 볼 수 있는 것과 학습자 누구나 한번 쯤 경험한 내용이나 현상이 사진으로 제시된 경우는 학습 자료로 선택하는 경향이 뚜렷하였다. 반면에 사진이 나타내려는 바가 애매모호하거나, 선행지식이 필요한 사진의 경우는 선택 비중이 낮았다.

그 밖의 뚜렷한 특징으로는 언어자료의 선택 비중이 낮다는 것이다. 특히 보충자료, 탐구활동, 심화과정이 언어자료만으로 구성된 경우 선택하지 않았고, 본문에서도 언어자료의 길이가 20줄 이상으로 긴 경우는 선택하지 않았다. 또한 복합 구성자료의 경우 사진이 일반도 혹은 그래프와 결합되어 있는 유형을 선호하였다. 같은 표라 하더라도 내용 항목이 단순한 것을 선호하는 특성이 나타났다.

마지막으로 교과서 구성자료에 대한 학습자의 인식 특성은, 모든 자료에 대해 공통적인 특성이 나타나기도 했지만, 학습주제와 성별 그리고 자료 특성에 따라 다르게 나타났다. 대체로 학생들은 간단하고 복잡하지 않으며, 특별한 선행지식이나 노력 없이도 쉽게 읽거나 이해할 수 있는 부담 없는 자료를 긍정적으로 인식하였다. 반면에 용어가 어렵고 내용이 복잡하며, 자료를 읽거나 이해하는 데 선행지식이나 방법이 필요한 자료는 부정적으로 인식하였다. 전체적으로 긍정적인 인식의 이유보다는 부정적으로 인식하는 것에 대한 이유가 더 많았다. 이에 대한 심층적이고 질적인 분석이 이루어지면 전문계 고등학생들의 지리 학습을 좀 더 효과적으로 이끌 수 있는 학습자료 개발과 교과서 구성에 도움이 될 것이다.

이상과 같은 연구 내용과 결과는 사례 학교에서 채택하고 있는 사례 교과서에 대한 연구 대상 전문계 공업고등학교 학생들에 대한 것으로 부분적이고 제한적이다. 그러나 이에 대한 연구가 다양한 학교 급의 학생들을 대상으로 양적이고 질적으로 이루어지면, 학습자의 학습에 보다 적합성을 가지고 효율적으로 기능할 수 있는 자료의 개발과 구성이 이루어질 것이다.

제10장 지리교과서와 상호텍스트성

1. 지리교과서 텍스트와 상호텍스트성

1) 지리교과서 구성과 텍스트

우리나라에서 교과서는 교실에서 국가교육과정을 실현하는 데 핵심적인 역할을 수행하는 텍스트이다. 학생들에게 교과서는 국가교육과정에서 제시하는 학습내용을 담고 있는 학습텍스트이고, 교사에게는 가르쳐야 할 학습내용과 그것을 가르치는 방법과 관련된 아이디어나 정보를 담고 있는 교수텍스트이다.

교과서가 더 이상 절대적인 학습자료이거나 유일한 교재가 아니지만, 교사의 교수와 학생의 학습에 미치는 영향은 여전하다. 교육과정상 수업시간이 제한적이고, 그로 인해 해당 교과의 수업 시수가 매우 제한적으로 이루어지는 경우에 교과서가 미치는 영향은 특히 결정적이다(Martin and Baily, 2002). 2007 개정 교육과정 이후, 특히 편의적으로 왜곡되고 있는 사회과 교육과정은 수업시수의 감소와 비전공 교사가 사회 수업을 담당하는 비중이 증가하는 악순환으로 이어지고 있어, 학습자의 온전한 사회과 학습은 구조적으로 위협받고 있다. 이러한 현실에서 사회과의 전문성이나 특성을 담보할 수 있는 사회교과서가 교실 수업에 미치는 영향은 매우 중요하다.

최근 국가교육과정이 수시로 개정될 때마다, 교과서는 '학습자 활동 중심의 교과서', '학습자에게 친절한 교과서' 등을 표방하고 있다. 이에 따른 변화 중의 하나는 사회교과서에서 본문을 구성하는 문자 텍스트의 비율이 줄어들고 다양한 시각자료의 비중이 점점 높아지고 있다는 것이다. 교과서는 더 이상 인쇄된 문자에만 의존하지 않고, 각 단원은 다양한 유형의 문자와 그림들이 포함된 '텍스트들'로 짜깁기 되고 있다(Werner, 2002, 401).

특히 다양한 시각자료의 비중이 높은 지리영역에서는(이하 지리교과서), 전통적인 문자 텍스트와 마찬가지로 시각자료도 하나의 텍스트로서 학습자가 보다 적극적으로 '읽어야' 할 필요성이 강조되고 있으며, 이에 대한 연구가 다각적으로 이루어지고 있다(박상윤·강창숙, 2013 참조).

교과서를 구성하고 있는 텍스트에 대한 연구는 국어과를 중심으로 텍스트언어학의 관점에서 이루어지고 있다(신지연, 2011; 양명희, 2011; 양정호, 2011). 사회교과서에 대한 텍스트언어학적 연구는 사회과교육 밖에서 제한적으로 이루어지고 있다. 이들 연구는 교육과정에 근거한 교과서의 텍스트성(textuality) 및 교과서를 구성하고 있는 텍스트들의 기능적 관계와 상호텍스트성(inter-textuality)에 대해서 사회교과서를 사례로 논의하고 있다.

즉, 신지연(2011)은 고등학교 사회교과서 지리영역을 대상으로 텍스트의 여러 가지 측면을 텍스트언어학적 관점에서 살펴보았다. 거시적으로 교육과정과 교과서의 관계를 기생텍스트의 관계로 규정하고, 교과서 단원 내 하위텍스트를 유형화하고 분석한 결과, 교과서 하위텍스트 구성의 과도한 다양성과 백화점식 나열의 문제를 지적하였다. 양명희(2011)의 연구에서는 사회교과서 내 중심 어휘의 반복사용과 핵심어의 사용과 상세화의 차이를 통해 텍스트 구조와 텍스트성을 살펴보고, 활동텍스트의 응집성과 의도성을 분석하였다. 양정호(2011)는 중학교 사회교과서를 대상으로 교과서 텍스트에서의 상호텍스트성 연구가 교육과정이라는 외부 기생텍스트(epitext)와 내부 기생텍스트(peritext)와의 상호텍스트성이라는 두 측면에서 이루어져야 함을 지적하고 있다. 이들 연구의 공통점은 사회 혹은 지리교과서를 하나의 텍스트로 상정하고, 그 자체의 텍스트성을 분석하거나 이론적 당위성을 지적하고 있다는 점이다.

텍스트언어학의 과제는 텍스트성의 규명에 있고(한성일, 2004, 311), 교과서 자체를 하나의 텍스트로 분석할 수 있지만, 교과서와 교육과정 및 수업의 두 주체 사이에서 발견될 수 있는 텍스트성이나 이들 간에서 발견될 수 있는 상호 연관관계는(신형욱·이재원, 2011, 157) 교과교육의 본래적 영역이다. 지리과 교실 수업에서 교과서가 교수와 학습에 미치는 영향이 여전히 중요하다는 실제적 측면에서는 지리교과서를 구성하고 있는 텍스트에 대한 학습자의 이해나 인식을 통해 텍스트가 제대로 기능하고 있는지를 상호텍스트성의 관점에서 살펴보는 것은 교과교육의 과제이다.

지리교과서를 구성하고 있는 텍스트에 대한 다양한 관점의 분석이 이루어져야 하지만, 무엇보다 이들 텍스트가 학습자에게는 어떻게 이해되고 있는지에 대한 분석이 우선되어야 한다. 이에 본 장에서는 2007 개정 교육과정에 의거한 지리교과서의 다양한 텍스트에 대한 특성화 고등학교 학생들의 인식과 이해 특성을 분석하여 교수텍스트와 학습텍스트간의 상호텍스트성의 실제를 살펴보고자 한다.

본 연구의 대상학교는 충청남도 00시에 위치한 남녀공학의 공립 특성화 고등학교이다. 모집단위가 전국구이기 때문에 전교생의 50%정도는 동일 00시에서 진학하지만, 나머지는 타 시군이나 시도에서 진학한다. 여타의 특성화 고등학생들에 비해 학생들의 진로의식이 뚜렷하고 학습의욕도 비교적 높은 편이다. 연구대상 학년은 1학년 2개과 188명(남학생 55명, 여학생 133명)이다. 이들은 일반계 고등학생들보다 지리교과서에 대한 의존도가 매우 높고 수업에서 학습자가 활용하는 유일한 교재로서 그 영향은 매우 크다.

2) 지리교과서 텍스트와 상호텍스트성

위계적인 측면에서 교과서는 그 자체로 완결된 체제를 갖추고 있지만, 이는 독립적 텍스트가 아니라 교육과정에 근거하여 그 특징이 이해되는 기생텍스트의 성격(신명선, 2011, 77)을 태생적으로 지닌다. 이러한 특성에 주목하면 교과서의 텍스트성은 일차적으로 국가교육과정과의 관련성 속에서 파악될 수 있다. 또한 교과서의 텍스트성은 교과서 자체가 지니는 위계성에 따라서도 파악될 수 있다(이은희, 2011, 256).

지리교과서는 다양한 학년과 학교 급에 걸쳐 제작되기 때문에 학년 간 그리고 학교·급 간 상호텍스트성을 지니고 존재한다. 나아가 이른바 통합 교과로 구성되고 있는 사회교과서 내에서는 지리, 일반사회 영역 간 그리고 각 단원들 간에서 상호텍스트성을 지니고 있으며, 하나의 단원 내에서도 상호텍스트성을 지니고 존재한다. 이렇게 지리교과서가 지닌 텍스트성을 위계적으로 볼 때, 교육과정, 학년 간 또는 학교·급 간, 교과 내 영역 간, 한 권의 교과서 안에 설정된 단원들 사이 또는 하나의 단원 내 등의 다양한 층위에서 상호텍스트성, 응집성, 통일성 등의 여러 측면에서 그 텍스트성을 파악해 볼 수 있다. 이에 더해서 지리교과서를 구성하고 있는 구성 요소의 기능과 관련된 다양성을 고려해 보면 지리교과서의 텍스트성은 더욱 다면적인 모습을 가지고 있다.

상호텍스트성은 텍스트의 여러 속성 중 한 가지이다. 상호텍스트성은 한 텍스트가 다른 텍스트의 텍스트 요소(text element), 즉 기호, 낱말, 문장, 문단 등과 같은 형식적 부분이나 관점, 논리, 주제, 내용, 의도와 같은 내용적 부분을 공유하는 속성을 가리킨다. 상호텍스트성은 텍스트의 본질적 속성이다. 그래서 어떤 텍스트이든 상호텍스트성을 지니고 있다(김도남, 2009, 6).

상호텍스트성이라는 낱말의 구성은 '속', '사이' 또는 '상호'의 뜻을 지닌 'inter'라는 접두어가 '원문'이나 '본문'의 뜻을 지닌 'text'와 결합하여 이루어졌다. 여기에 사물의 성질이나 상태를 나타내면서 명사를 만드는 어미 'ity'가 덧붙여져 만들어진 신조어이다. 낱말의 의미로 생각하면 텍스트가 내적으로 서로 관련되어 이루어진 것을 지칭하는 추상적인 개념으로 '텍스트들 사이의 관련성'이라고 간단히 말할 수 있다(김도남, 2002, 43).

이 개념이 처음 논의될 때는 언어 기호로 이루어진 한 텍스트가 다른 텍스트와 서로 연관관계에 있다는 단순한 것이었지만, 다양한 분야에서 여러 논의가 전개되면서 그 개념과 범위가 포괄적으로 확대되고 있으며, 상호텍스트성은 넓은 개념의 상호텍스트성을 의미하게 되었다. 즉, 텍스트 사이의 관련성은 수용자가 텍스트를 보다 쉽게 이해하는 데 중요한 역할을 하고, 특정한 목적을 지닌 텍스트를 생산하고자 하는 생산자의 의도를 실현시키는 방편으로 작용하기도 한다는 것이다(한성일, 2004, 311). 이러한 맥락에서 교과서의 상호텍스트성은 교사의 교수텍스트로서 국가교육과정에서 의도하는 바를 실현시키고자 하는 방편으로 작용하기도 하지만, 텍스트 간의 관련성을 토대로 학습자가 텍스트를 보다 쉽게 이해하도록 하는 역할도 한다.

한 텍스트에 대한 이해는 텍스트 내의 요소뿐만 아니라 텍스트와 관련된 다양한 외적 상황까지 포괄한다. 텍스트는 독자적으로 존재하는 것이 아니라 다른 텍스트들과 서로 긴밀하게 영향을 주고받는 상호텍스트성을 통해 그 의미 세계를 넓혀가고 있는 것이다. 이 점에서 상호텍스트성은 수평적 상호텍스트성과 수직적 상호텍스트성의 두 가지 방향으로 구성되어 있다. 따라서 넓은 의미의 상호텍스트성은 텍스트와 텍스트, 주체와 주체 사이, 텍스트와 사회문화적인 영향 관계에서 일어나는 모든 지식의 총체적인 연결에서 나타나는 현상들에 대한 개념이라 할 수 있다(김도남, 2003, 104).

크리스테바(Kristeva, 1967)가 바흐친(Bachin)의 '대화성(Dialogizitat)' 개념에 기대어 상호텍스트성이라는 개념을 도입하였고, 언어적 상호텍스트성 개념의 기본 틀을 제시한 것은 보그랑드와 드레슬러(Beaugrande and Dressler, 1981)였다(이성만, 2005에서 재인용). 그들에 따르면 상호텍스트성은 텍스트성의 7가지 속성들(결속구조, 결속성, 의도성, 용인성, 정보성, 상황성, 상호텍스트성) 중 하나로서, 각 텍스트가 다른 특정 텍스트들과 갖는 기본 관계이다. 그러므로 상호텍스트성은 주어진 텍스트의 생산 및 수용과 다른 텍스트들에 대한 의사소통 참여자들의 지식 간의 의존관계이기도 하다. 여기서 중요한 것은 상호텍스트성이 텍스트성의 7가지 속성들을 통하여 산출되는 특정 텍스트 종류들 간의 연결 관계이다(이성만, 2005, 224).

이런 맥락에서 홀투이스(Holthuis, 1993)는 상호텍스트성을 세 가지 국면으로 구분한다. 텍스트들은 ① 언어외적인 대상들이나 사태들과 관련을 맺을 수 있고, ② 언어적 대상들과 관련을 맺을 수 있으며, ③ 다른 기호체계의 대상들과 관련을 맺을 수 있다는 것이다. 이성만(2007)은 이러한 상호텍스트성의 국면들은 수평적 상호텍스트성과 수직적 상호텍스트성의 두 가지 유형으로 세분화하여 설명한다(그림 10-1).

그림 10-1. 상호텍스트성 유형

수직적 상호텍스트성은 미시텍스트들 간의 유사관계, 곧 미시텍스트들을 텍스트 종류에 할당하는 데 결정적인 특성들을 포괄한다. 이와 달리 수평적 상호텍스트성은 미시텍스트들 간의 인접관계를 포괄하는 것으로 쥬네트(Genette, 1993)는 이것을 다섯 가지로 나눈다. 즉 그에 따르면 기생텍스트적, 상호텍스트적, 메타텍스트적, 하이퍼텍스트적 관계는 또 다른 의미에서 수평적 상호텍스트성이라는 것에 속한다(이성만, 2007, 176-178에서 재인용).

교과서 텍스트의 상호텍스트성을 이해하기 위해서는 기생텍스트를 다시 내부 기생텍스트와 외부 기생텍스트로 구분할 필요가 있다. 현재의 사회교과서를 대상으로 생각하면, 내부 기생텍스트는 교과서 텍스트 내에 있으면서 핵심텍스트가 아닌 것을 모두 포괄해서 가리키는 개념이라 할 수 있고, 외부 기생텍스트는 일차적으로 2007 개정 교육과정이라고 할 수 있다. 이렇게 본다면 교과서 텍스트의 상호텍스트성은 한편으로 외부 기생텍스트로서의 교육과정과 관련하여 검토되어야 하고, 다른 한편으로 교과서 텍스트 내의 다양한 기생텍스트들과 관련하여서도 검토되어야 하는 것을 의미한다(양정호, 2011, 220-221).

2007 개정 국가교육과정의 내용체계를 바탕으로 한 고등학교 사회교과서는 지리영역과 일반사회영역으로 나뉘는데 여기에는 각 영역에서 다루어야 할 구체적인 교과 내용을 포함하고 있다. 이는 핵심텍스트로서의 교과서가 외부 기생텍스트인 교육과정과 연관된 수직적 상호텍스트성을 지

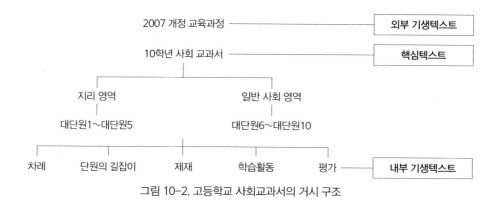

그림 10-2. 고등학교 사회교과서의 거시 구조

니고 있다는 것을 의미한다.

또한 이렇게 선정된 교과 내용은 교과서 안에서 각각의 대단원으로 구성된다. 하나의 대단원은 일관된 주제를 중심으로 묶인 하나의 텍스트이고, 여러 개의 세부 요소들로 이루어져 있다. 대단원 차례, 단원의 길잡이, 중단원 제재, 학습 활동, 평가 등이 그것이다. 이들 세부 요소들도 각각 독립적인 소목적과 일관된 소주제를 가지고 있기 때문에 역시 하나의 텍스트로 볼 수 있다. 이 각각의 텍스트들을 교과서의 내부 기생텍스트로 보고, 이들을 유형화하고 이들 간의 관계를 밝히는 것은 수평적 상호텍스트성을 이해하는 것이다.

핵심텍스트로서의 사회교과서와 외부 기생텍스트로서의 국가교육과정 사이의 상호텍스트성과 핵심텍스트에 딸린 내부 기생텍스트들의 상호텍스트성의 관계를 거시구조로 도식화하면 그림 10-2와 같다. 그림 10-2와 같은 거시구조를 통해 고등학교 사회교과서가 위계적, 중층적 구조의 형태의 상호텍스트적 특성을 지닌다는 것을 알 수 있다. 그런데 핵심텍스트에 딸린 내부 기생텍스트들은 그 성격이 매우 다양하고 교과서마다 저마다의 특징을 가지고 있기 때문에 세밀한 검토가 필요하다.

물론 내부 기생텍스트들이 교과서마다 모두 이질적인 것은 아니어서 단원의 도입부, 학습 목표의 제시, 탐구 활동, 단원의 마무리 등은 대체로 비슷하게 나타나는 기생텍스트라고 할 수 있다. 그러나 교과서 별로 그 성격이 이질적인 기생텍스트가 개별 교과서들에 포함되어 있기 때문에 핵심텍스트와 내부 기생텍스트 사이의 상호텍스트성을 검토하기 위해서는 먼저 각각의 기생텍스트들이 가진 성격에 대한 논의가 충분히 선행되어야 한다(양정호, 2011, 221). 따라서 교과서 내부 텍스트의 기능에 따른 유형화는 수평적 상호텍스트성을 밝히는 것이라고 볼 수 있다.

지리교과서의 상호텍스트성은 '교육과정-교과서-교과서 내의 텍스트의 관계'를 중심으로 하는 거시구조 뿐만 아니라 '교육과정-교과서-학습자의 이해'를 중심으로 하는 거시구조도 구성한다. 오늘날 교과서관이 학습용 텍스트로 그 의미가 변화함에 따라 학습자의 텍스트 인식이 어떠한지를 밝히는 것도 상호텍스트성의 관점에서 살펴보아야 한다. 즉, 진정한 텍스트의 이해는 교사-텍스트 (교과서)-학생 사이의 활발한 의사소통에 의해 이루어질 수 있다. 교사가 수업시간에 활용한 각종 교과서 텍스트의 기능은 그것을 받아들이는 학습자에 따라 다르게 이해될 수 있으며, 각 학습자의 내면에서는 새로운 텍스트를 구성하게 된다. 학습자는 더 이상 수동적 객체가 아니기 때문에 텍스트(교과서)를 매개로 이루어지는 교수텍스트와 학습텍스트 간의 상호텍스트성을 살펴보면 교과서 텍스트 기능의 재정립은 물론 지리교과서의 바람직한 활용 방안을 찾을 수 있다.

2. 지리교과서 텍스트의 기능별 유형과 교수텍스트 계획

한 권의 지리교과서는 하나의 텍스트로 존재하지만 동시에 다양한 내부 기생텍스트로 구성되어 있기에 그 텍스트성은 교과서 내에서도 살펴볼 수 있다. 지리교과서의 텍스트성은 보그랑드와 드 레슬러가 제시했던 텍스트성의 모든 측면에서 존재하지만, 한 권의 교과서가 여러 대단원들로 구성되어 있고, 그 단원들은 또 다시 여러 소단원이나 학습주제로 구성되어 있다는 점에서 그 구성요소의 특성에 따라 살펴볼 수 있다.

이러한 측면에 주목하면서 신형욱·이재원(2011)에서는 교과서에 사용된 텍스트들의 기능을 교수·학습 활동을 지시하는 수단으로 사용된 메타텍스트(meta text)와 교수·학습의 대상이 되는 대상텍스트(object text)로 분류하고, 대상텍스트는 다시 교수·학습의 내용을 전달하기 위한 수단이 되는 수단텍스트와 지리부도의 지도나 식물도감의 식물그림처럼 그 자체가 교수·학습의 대상이 되는 대상텍스트로 분류하였다. 신지연(2011)은 교과서 단원 내 하위텍스트 사이의 상호텍스트성을 분석하기 위해, 하위텍스트들을 학습내용을 제시하는 대상텍스트와 대상텍스트의 학습을 돕기 위하여 그 내용을 문제 삼아 다루는 메타텍스트, 기생적인 성격을 갖는 것은 관련이미지로 분류하였다. 이들은 교수·학습의 대상과 수단이라는 두 가지 기능을 중심으로 텍스트 기능을 제한적으로 분류하였다.

한편 이성영(2006)은 국어교과서 대단원 구성 체제를 대상으로 텍스트 유형을 메타텍스트, 자료텍스트, 활동텍스트의 세 가지 기능으로 분류하고, 자료텍스트를 다시 학습내용을 직접적 형태로 서술한 직접적 자료텍스트와 언어활동의 자료로 선택된 간접적 자료텍스트로 세분하였다. 양명희(2011)는 이성영의 분류 기준에 의거하여 고등학교 사회교과서 텍스트의 기능을 메타텍스트, 내용텍스트, 활동텍스트의 세 가지 기능으로 분류하고, 활동텍스트를 지시텍스트와 자료텍스트로 세분하였다. 이들의 분류는 최근의 교과서가 학습자 활동 중심의 교과서로 구성되고 있는 현상을 반영하여 텍스트 기능을 세분하고 있는 것이 특징이다.

본 장에서는 2011년에 검정된 고등학교 사회교과서 9종 중에서, 연구대상 학교에서 선택하고 있는 교과서와 단원 구성의 유형이 같으면서 비교적 채택률이 높은 교과서 3종을 바탕으로 교수계획(교수용 텍스트 구성)을 설계하였다. 3종 교과서는 ㈜교학사(김종욱 외 9인), ㈜미래엔(최병모 외 10인), ㈜천재교육(류재명 외 10인)에서 출판한 교과서이다(이하, A, B, C 교과서). 이 교과서들은 대단원별로 4~5개의 중단원, 중단원 별로 2~4개의 소단원이 조직되어 있어 하나의 소단원이 대략 1차시 수업 분량으로 이루어져 있으며 단원의 전개체제는 다음의 표 10-1과 같다.

지리교과서 텍스트의 유형은 이성영(2006), 신지연(2011)과 양명희(2011)의 연구에서 분류한 텍스트의 유형을 바탕으로 재구성하였다(표 10-2). 즉, 지리교과서를 구성하고 있는 텍스트의 유형을 메타텍스트, 내용텍스트, 자료텍스트, 활동텍스트, 보충텍스트의 다섯 가지로 구분하였다.

표 10-1. 분석 대상 지리교과서 단원 전개체제

단원 교과서	도입 대단원	전개		정리 대단원
		중단원	소단원	
A	대단원명 ·단원을 여는 글 ·단원의 대표 사진	중단원명 ·학습목표	소단원명 ·도입활동 ·본문 ·탐구활동 →세상엿보기 ·심화활동 ·도움글 ·집중탐구 ·지리와○○ ·용어설명	스스로 정리하기 ·생각하고 써보기
B	대단원명 ·단원의 대표 사진 ·무엇을 배우나? ·공부할 내용	중단원명 ·생각열기	소단원명 ·학습목표 ·본문 ·탐구활동 ·한걸음 더 ·시사속으로 ·살아있는이야기 ·생활속으로 ·사례활동 →e-click ·용어설명	단원 확인학습 ·선택활동 학습
C	대단원명 ·단원의 대표 사진 ·단원 안내 글	중단원명	소단원명 ·학습목표 ·생각열기 ·도입삽화 ·본문 ·탐구활동 ·사례탐구 ·자료더하기 ·사례더보기 ·생각키우기 ·살아숨쉬는지식 ·용어설명	내용 정리하기 ·함께 활동하기 ·단원 확인하기

표 10-2. 지리교과서 텍스트 유형과 기능

텍스트 유형	기능	교과서 텍스트
메타텍스트	단원에 대한 안내 및 흥미 유발	학습목표, 단원명, 생각열기, 각 자료의 설명글
자료텍스트	교과내용의 시각적 안내와 학습이해 촉진	본문 및 탐구활동의 사진, 지도, 그림, 도표 등
내용텍스트	교과 내용 설명	본문
활동텍스트	학습내용 확인	탐구활동 및 사례탐구
보충텍스트	본문의 학습 내용 보완	보충·심화 자료(자료더하기, 사례더보기, 생각키우기, 살아숨쉬는지식, 용어설명)

메타텍스트는 단원에 대한 안내 및 흥미 유발 기능을 가지고 있으며 이에 해당하는 교과서 텍스트는 학습목표, 단원명, 생각열기, 자료 설명글이 있다. 자료텍스트는 교과내용의 시각적 안내와 학습이해를 촉진시키는 텍스트로서 본문 및 탐구활동의 사진, 지도, 그림, 도표 등이 이에 해당된다. 내용텍스트는 교과 내용을 설명하는 기능을 가지고 있으며 본문의 설명텍스트가 이에 해당된다. 활동텍스트는 학습 내용을 확인하는 기능을 가지고 있으며 탐구활동 및 사례탐구가 이에 해당된다. 보충텍스트는 본문의 학습 내용을 간접적으로 보완하는 기능을 가지고 있으며 보충·심화 자료의 설명글 등이 이에 해당된다.

고등학교 사회 수업에서 지리영역은 교사와 학습자 모두에게 그 내용이 어려운 영역에 속한다. 그 중에서도 지형 단원은 많은 학생들이 특히 어렵게 여기는 이른바 '자연지리' 단원이다. 그 이유는 지형 용어와 지형 현상에 대한 어려움 때문이다. 지형의 개념, 형성 과정, 분포 현상 등을 나타내는 대부분의 지형 용어가 한자어로 표현되어 있어 한자를 많이 익히지 못한 학생은 지형단원을 어렵게 여긴다. 또한 지형 단원 수업에서 다루어지는 대부분의 지형 현상을 학생들이 생활공간(도시)에서 쉽게 경험하거나 찾아볼 수 없는 것들이다(김두일·손명원, 2009). 그리고 자료텍스트 및 보충텍스트 등의 다양한 유형의 텍스트가 다층적으로 구성되어 있어 학생들이 텍스트의 기능을 제대로 활용하기 어렵도록 교과서가 구성되어 있다.

교사에게도 심화된 내용지식을 요구하는 지형 단원이 포함된 대단원 'Ⅱ. 자연환경과 인간 생활'의 페이지 비중 또한 상대적으로 가장 높다. 예를 들어 C교과서의 지리영역 대단원 구성에서, '자연환경과 인간 생활' 단원이 치지하는 페이지 비중은 30% 정도로 가장 높다.

따라서 다양한 유형의 텍스트로 구성되어 있는 '자연환경과 인간생활' 영역에 대한 학습자의 텍스트 인식과 이해 특성을 살펴보는 것은 교사의 교수와 학습자의 학습에서 실제적 의미를 갖는 일이다. 본 연구에서는 대단원 '자연환경과 인간 생활'을 구성하고 있는 중단원 '4. 하천 및 평야 지형과 인간 생활'을 대상으로 2차시의 수업을 실시하고 이에 대한 질문지 조사로 학생들의 텍스트 인식과 이해 특성을 살펴보았다.

단원 지도 계획을 바탕으로 소단원 1, 2차시 수업 후 학생들이 수업의 단계별로 어떠한 텍스트를 중심으로 학습 내용을 이해하고 있는지 알아보기 위해 질문지 조사를 실시하였다. 학생들의 이해 특성 파악과 분석의 편의를 위해 질문지는 교수-학습 과정과 일치하도록 '도입, 전개, 정리'의 과정으로 구성하였다. 학습자의 텍스트 인식과 각각의 텍스트의 기능이 제대로 발휘되는지를 확인할 수 있는 질문으로 교과교육 전문가, 동료교사와의 삼각검증을 통해 질문지를 구성하였으며, 특히 학업 성취 수준이 낮은 학생들이 질문지 문항을 이해할 수 있는지에 대해서 반복 검토하였다. 추가적으로 학생들에게 학습텍스트 선택의 이유를 쓰도록 하였고, 개별적인 면담으로 보완하였다.

본 질문지 조사를 실시하기 전 'Ⅰ. 국토와 지리 정보' 단원을 대상으로 예비조사를 실시하였다. 예비조사 결과, 질문지 문항의 내용이 어렵다거나 복잡하다는 문제가 발견되어 학생들이 이해하기 쉬운 용어로, 문장은 간단하게 구성하였다. 교수텍스트 계획에서 교수텍스트는 학습내용을 담고 있는 핵심적인 텍스트를 핵심텍스트로, 부차적인 텍스트는 보조텍스트로 세분하였다. 이러한 교수텍스트에 대해 학습자의 학습에 도움을 준 것으로 응답한 텍스트는 학습텍스트로 분류하였다.

3종 교과서의 내용 요소를 비교·분석하고 본교 학습자의 수준을 고려하여 2차시 교수-학습 계획을 수립하였다. 수업방법은 현재 지리수업에서 가장 일반적이고 보편적으로 진행되고 있는 이른바 '자료중심의 설명식 수업'으로 계획하였으며, 교과서, 교사가 재구성한 학습지, 학습내용이나 요소를 보다 쉽게 이해할 수 있는 다양한 유형의 자료(텍스트)를 교수-학습 텍스트로 준비하였다.

1차시 수업은 하천지형의 개관 및 하천 지형 형성 과정에 대한 내용으로 학습목표는 "1. 인간의 생활 무대로서의 하천 유역 분지를 설명할 수 있다."와 "2. 하천의 침식·운반·퇴적 작용에 의해 형성된 하천의 유형을 설명할 수 있다."이다. 수업의 전개과정에서 먼저 학습목표를 제시하고, 만화 형식으로 구성되어 있는 '마을 동(洞)'이라는 한자가 만들어진 이유를 통해 하천 지형에 대해 관심을 갖도록 흥미를 유발시킨다. 그 다음으로 총 네 가지 학습주제와 관련된 수업을 진행하는 과정에서 세부 내용 요소 별로 핵심텍스트와 보조텍스트로 구분하여 교수하였다.

1차시 수업에서 분량의 적정화 및 주제의 연관성을 고려하여 '도시화에 따른 하천의 수위 변화'와 관련된 내용 요소는 생략하였다. C 교과서 설명 및 자료의 부족한 부분인 인간 생활 무대로서의 하천과 관련된 내용과 하천의 형태에 관한 내용은 B 교과서의 텍스트를 활용하여 보충하였다.

2차시 수업은 하천에 의해 형성된 편평한 땅과 평야 지형에 관한 내용을 중심으로 이루어졌으며, 학습목표는 "하천의 작용으로 인해 발달하는 평야 지형과 인간 생활과의 관계를 설명할 수 있다."이다. 도입 단계에서는 C 교과서에서 제시하고 있는 도입 자료를 활용하여, 지평선 축제를 개최하는 지역이 금강 하류의 평야 지형임을 알고 평야 지형의 생활 모습에 대해 생각해 보도록 하였다. 그 다음으로 하천 평야 지형 중 침식평야의 한 유형인 침식분지와 충적평야에 해당되는 선상지, 범람원, 삼각주의 형성과정과 주민생활 등에 대해 살펴보고, 마지막으로 삼각주의 변화 모습을 통해 인간에 의한 지형의 변화를 살펴보았다. 2차시 수업에서 삼각주의 변화 모습과 관련된 자료를 A 교과서의 자료를 보완하고 활용하였다.

3. '하천 및 평야지형과 인간생활' 단원에 대한 학습자의 텍스트 인식

1) 수업의 도입 단계에서 나타나는 학습자의 텍스트 인식과 이해 특성

1, 2차시 수업의 도입 단계에 해당하는 질문지 조사 결과를 학습자의 텍스트 선택 순위와 비중으로 정리하면 표 10-3과 같다.

먼저, 1차시 수업의 도입 단계에 해당되는 질문은 '질문 1과 질문 2'이다. '질문 1'은 '소단원 전체 내용을 이해하는 데 도움을 준 텍스트'에 대한 내용이다. 교사는 메타텍스트인 '학습목표'를 핵심 교수텍스트로 활용하였지만, 학생들에게 가장 도움이 된 학습텍스트는 내용텍스트인 학습지의 내용정리가 30%로 가장 높게 나타났고, 메타텍스트인 '생각열기' 자료(25%)와 활동텍스트인 학습지의 확인문제(22%), 학습목표(16%)의 순으로 나타났다.

질문 2는 '소단원 학습을 시작할 때 가장 흥미를 준 텍스트'에 대한 내용이다. 교사는 수업에서 메타텍스트인 교과서의 '생각열기'를 핵심 교수텍스트로 활용하였다. 학생들이 가장 흥미를 가진 텍스트는 교과서의 실린 자료텍스트인 '만리장성 사진'(35%)인 것으로 나타났다. 다음으로 메타텍스트인 '생각열기(27%)'와 내용텍스트인 본문(21%)이 학습자에게 흥미를 준 것으로 나타났다.

표 10-3. 수업의 도입 단계에서 나타나는 상호텍스트성

차시	질문 내용	교수텍스트		학습텍스트 선택 순위와 비중(%)				
		핵심텍스트	보조텍스트	1	2	3	4	5
1 차시	1. '같은 물을 쓰는 공간 마을 동' 소단원 전체 내용의 이해	메타1 (학습목표)	–	내용 (30)	메타2 (25)	활동 (22)	메타1 (16)	기·무 (6)
	2. '같은 물을 쓰는 공간 마을 동' 소단원 주제에 대한 흥미	메타2 (생각열기)	–	자료 (35)	메타2 (27)	내용 (21)	메타1 (11)	기·무 (6)
2 차시	1. '하천, 편평한 땅을 만들다' 소단원 전체 내용의 이해	메타3 (학습목표)	–	내용 (45)	메타4 (29)	기·무 (17)	메타3 (10)	–
	2. '하천, 편평한 땅을 만들다' 소단원 주제에 대한 흥미	메타4 (생각열기)	–	자료 (43)	메타4 (30)	기·무 (17)	메타1 (9)	–

* 표에서 '기·무'는 '기타 및 무응답'을 나타낸다.

2차시 수업의 도입 단계에 해당되는 질문은 '질문 1과 질문 2'이다. '질문 1'은 '소단원 전체 내용을 이해하는 데 도움을 준 텍스트'에 대한 내용이다. 교사는 수업에서 메타텍스트인 '학습목표'를 핵심 교수텍스트로 활용하였지만, 학생들에게 가장 도움이 된 학습텍스트는 내용텍스트인 학습지의 내용정리가 45%로 가장 높게 나타났고, 메타텍스트인 '생각열기' 자료(29%), 무응답(17%), 학습목표(10%)의 순으로 나타났다. 1차시와 마찬가지로 학생들이 소단원 전체 내용을 개괄적으로 이해하는 데 가장 도움이 된 학습텍스트는 내용텍스트인 학습지 내용정리였으며, 메타텍스트인 학습목표는 거의 도움이 되지 않는 것으로 나타났다.

질문 2는 '소단원 학습을 시작할 때 가장 흥미를 주거나 동기 유발에 도움이 된 텍스트'에 대한 내용이다. 교사는 메타텍스트인 교과서의 '생각열기'를 핵심 교수텍스트로 활용하였다. 학생들에게 흥미를 주거나 동기를 유발시킨 것은 자료텍스트인 강원도 양구군의 침식분지를 보여 주는 사진(43%)이 가장 높은 비중을 차지하였고, 생각열기(30%), 무응답(15%)의 순으로 나타났다. 2차시 수업의 질문1, 2에서 무응답의 비중이 높게 나타나고 있다는 것은 많은 학생들이 학습목표를 공유하지 못하거나, 학습주제에 대한 흥미나 동기 유발이 이루어지지 않았다는 것을 의미하기도 한다.

중단원 도입 단계에서 나타난 학생들의 텍스트 인식과 이해 특성을 정리하면, 교사는 1, 2차시 수업의 도입 단계에서 핵심텍스트는 한 가지를 활용하였지만, 학생들이 선택한 학습텍스트는 4~5가지 유형으로 나타났다. 교사는 메타텍스트인 학습목표와 생각열기를 통해 학생들이 소단원 학습주제를 개괄적으로 이해하고 흥미를 갖도록 교수했지만, 학생들은 주로 자료텍스트와 내용텍스트

를 학습텍스트로 선택하였다. 학생들에게 교사가 활용한 메타텍스트는 '학습목표는 어렵고', '생각 열기는 자세하지 않아서' 등의 이유로 학습텍스트로 도움이 되지 않았다.

반면에 학습지 내용정리는 '글로 된 설명이 이해하기 쉬웠고', 교과서에 실린 자료텍스트인 사진은 '사진이 좋아서', '만리장성은 알고 있던 것'이고, '만리장성이 분수계랑 관련되니 신기하고', '우리나라에도 이런 것이 있어서', '양구의 침식분지가 신기해서' 흥미를 느끼게 되었다고 응답하였다. 이를 통해서 그동안 우리가 수업의 도입 단계에서 관습적으로 제시하던 '학습목표'는 상대적으로 추상적이고 학문적인 용어로 이루어진 짧고 요약된 문장이기 때문에 학생들에게는 이해하기 어려운 텍스트라는 것을 알 수 있다. 또한 학생들은 자신이 알고 있는 지식이나 구체적인 사실과 관련되는 내용이 새로운 내용과 연결될 때 신기하고 흥미로운 것으로 인식한다는 것을 알 수 있다.

2) 수업의 전개 단계에서 나타나는 학습자의 텍스트 인식과 이해 특성

(1) 1차시 수업의 전개 단계

1차시 수업의 전개 단계에 해당하는 질문은 '질문 3'에서 '질문 6-2'까지이다(표 10-4). 질문 3은 '하천과 생활공간의 연관성'에 대한 내용이다. 교사는 학생들이 '하천이 인간생활에 미친 영향'을 이해하도록 자료텍스트인 지도를 핵심텍스트를 활용하였고 내용텍스트인 교과서 본문을 보조텍스트로 활용하였다. 학습자의 응답한 학습텍스트는 교수텍스트와 일치하는 자료텍스트(36%)와 내용텍스트(26%)의 비중이 높게 나타났지만, 다른 학습주제에 관련된 내용텍스트나 메타텍스트도 학습텍스트로 선택되었다. 학생들은 '지도라서 한눈에 알아보기 쉽고', '선생님과 지도에 표시해 가면서 공부했기 때문에' 지도를 활용한 자료텍스트가 학습텍스트로 도움이 되었다고 응답하였다.

질문 4-1과 4-2는 '하천유역을 구성하고 있는 분수계와 유역분지'에 대한 학습내용과 관련된 질문이다. 질문 4-1의 경우 교수텍스트로 보충텍스트인 '자료더하기'의 설명글을 활용하였고, 질문 4-2와 관련된 교수텍스트는 '자료더하기'의 그림을 자료텍스트로 활용하여 분수계의 원리와 구조를 설명하였다.

학습자가 선택한 학습텍스트는 자료텍스트인 '자료더하기'의 그림이 각각 35%와 43%로 가장 높게 나타났고, 그 다음으로 보충텍스트인 '자료더하기'의 설명글이 각각이 26%와 19%로 높게 나타났으며, 보조 교수텍스트로 활용한 내용텍스트(21%)와 자료텍스트(18%)도 학습텍스트로 활용되었음을 알 수 있다. 이 두 질문에 대해 학생들은 공통적으로 그림 등의 자료텍스트가 '글보다 그림이 좋아서', '두 개의 특징이 그림에서 잘 비교되고 있어서' 그리고 '그림에 설명이 잘 되어 있어서' 학습텍스트로 도움이 되었다고 응답하였다.

질문 5는 '상류에서 하류로 이동하는 하천의 흐름과 하천 운동과의 연관성'에 대한 내용이다. 교사는 모식도와 사진으로 구성된 자료텍스트를 핵심텍스트로 활용하였고, 학습자들도 이 자료텍스트를 가장 도움이 된 학습텍스트(36%)로 응답하였다. 그 이유는 '그림과 사진이라서', '한눈에 들어오고 간단하게 이해하기 쉬워서', '상·중·하류의 모습을 한눈에 볼 수 있어서'의 순으로 응답하였다.

질문 6-1과 6-2는 '하천의 형태와 하천의 유로변동'에 대한 내용이다. 감입곡류하천과 자유곡류하천의 형성과정과 차이점에 대한 교수텍스트는 내용텍스트인 B교과서의 본문을 활용하였고, 보조텍스트는 B교과서에 제시된 감입곡류 및 자유곡류하천의 실제 모습을 비교할 수 있는 PPT의 사진을 자료텍스트로 활용하였다.

학습자가 실제로 학습에 가장 도움이 되었다고 응답한 학습텍스트는 보조텍스트로 활용한 자료텍스트(35%)였고, 핵심텍스트(내용 1)는 18%의 비중으로 나타났다. 학생들은 자료텍스트가 '실제 사진이라 하천 모습이 잘 비교되어서', '사진이라 관심이 생겨서', '상류와 하류를 구분하기 쉬워서' 학습텍스트로 도움이 되었다고 응답하였다.

유로변동으로 인한 우각호와 구하도의 형성과정을 설명하는 핵심텍스트로는 자료텍스트인 교과서 본문의 그림을, 보조텍스트로는 교과서 본문(내용텍스트)을 활용하였다. 학생들이 선택한 학습텍스트는 자료텍스트(38%), 내용텍스트(22%)의 순으로 나타났다. 학생들은 자료텍스트가 '그림이라 이해하기 쉬워서', '형성과정을 화살표와 점선으로 표시하여 이해하기 쉬워서' 학습텍스트로 선택하였다고 응답하였다.

1차시 수업의 전개 단계에서 학생들이 선택한 학습텍스트의 특징을 정리하면, 교사는 핵심텍스트와 보조텍스트의 2개 유형의 교수텍스트를 활용하여 수업을 전개하였지만, 학생들의 학습텍스트는 5개 유형으로 나타났으며, 활용한 학습텍스트의 종류는 자료텍스트, 내용텍스트, 보충텍스트, 활동텍스트, 메타텍스트, 기타 및 무응답의 6개 유형으로 나타났다. 그리고 교사는 자료텍스트(6개), 내용텍스트(4개), 보충텍스트(1개), 활동텍스트(1개)의 비중으로 교수텍스트를 활용했지만, 학생들이 선호한 학습텍스트는 자료텍스트, 보충텍스트, 내용텍스트, 메타텍스트, 활동텍스트의

표 10-4. 1차시 전개 단계에서 나타나는 상호텍스트성

학습주제	질문 내용	교수텍스트		학습텍스트 선택 순위와 비중(%)				
		핵심텍스트	보조텍스트	1	2	3	4	5
하천과 인간생활	3. 하천과 생활공간의 연관성	자료1 (B교과서 지도)	내용2 (본문)	자료1 (36)	내용2 (26)	내용3 (19)	메타-생각열기 (15)	기·무 (4)
	4-1. 분수계와 유역 분지의 의미	보충 (자료더하기의 설명글)	내용3 (본문)	자료2 (35)	보충 (26)	내용3 (21)	자료5 (14)	기·무 (4)
	4-2. 분수계와 유역 분지의 원리 및 구조	자료2 (자료더하기의 그림)	자료5 (교과서 본문 그림)	자료2 (43)	보충 (19)	자료5 (18)	내용3 (17)	기·무 (3)
하천의 흐름과 운동	5. 하천의 흐름과 하천의 운동	자료3 (모식도와 사진)	활동 (탐구활동)	자료3 (36)	내용1 (24)	활동 (20)	내용4 (18)	기·무 (2)
하천의 형태	6-1. 감입곡류하천과 자유곡류하천의 형성과정과 차이점	내용1 (B교과서 본문)	자료6 (사진)	자료6 (35)	자료4 (19)	내용1 (18)	내용2 (13)	기·무 (15)
하천의 유로변동	6-2. 우각호·구하도의 형성과정	자료4 (그림)	내용4 (본문)	자료4 (38)	내용4 (22)	자료1 (17)	메타-용어설명 (15)	기·무 (8)

순으로 나타났다(표 10-4).

이를 통해서 학생들의 학습에 도움을 주는 텍스트는 교수텍스트에 제한되지 않고 다양하게 나타나며 메타텍스트와 같이 직접적으로 관련되지 않는 텍스트를 선택하는 경우도 나타나고 있음을 알수 있다. 또한 '하천의 형태'나 '하천의 유로 변동'과 같이 지형 형성과정과 그것을 비교하거나 차이점을 이해해야 하는 경우와 같이, 보다 심화된 내용을 구체적으로 이해해야 하는 학습주제에 대해서는 '기타 및 무응답'의 비중도 높아진다는 것을 알 수 있다.

학생들이 학습텍스트로 가장 선호하는 자료텍스트는 그림, 사진, 지도 자료인 것으로 나타났으며, 그 이유는 '그림과 사진이라서'와 같이 자료 유형에 대한 선호도와 '한눈에 들어오고 간단하게이해하기 쉬워서'와 같이 직관적 이해의 용이성, 그리고 '실제 사진이라 하천 모습이 잘 비교되어서'와 같이 학습대상의 실제 비교를 통한 이해의 편의성과 '형성과정을 화살표와 점선으로 표시하여 이해하기 쉬워서'와 같이 추가적인 기호를 사용해서 좀 더 상세하게 설명해 주기 때문에 특히 선호하고 있음을 알 수 있다.

(2) 2차시 수업의 전개 단계

2차시 수업의 전개 단계에 해당하는 질문은 '질문 3-1'에서 '질문 7-3'까지이고, 이에 대해 학습자가 응답한 학습텍스트의 종류를 선택 순위와 비중에 따라 정리하면 표 10-5와 같다.

질문 3-1은 침식분지의 형성과정과 이용 경관에 대한 내용이다. 교사가 구성한 학습지의 내용텍스트를 핵심 교수텍스트로, 내용텍스트인 교과서 본문을 보조 교수텍스트로 활용하였다. 학습자가 가장 많이 선택한 학습텍스트는 내용텍스트인 학습지(35%)이고, 자료텍스트인 사진(23%), 보충텍스트인 사례탐구(15%), 무응답(14%), 보조텍스트인 내용텍스트(13%)의 순으로 나타났다. 학생들이 핵심텍스트인 학습지를 선택한 이유는 '교과서보다 학습지가 요약이 잘 되어 있어서', '시험에 나올 것 같은 내용들이 정리되어 있어서'인 것으로 나타났다.

질문 3-2는 침식분지의 경관에 관한 내용이다. 교사는 자료텍스트인 사진을 핵심텍스트로, 자료텍스트인 학습지의 단면도를 보조텍스트로 활용하였다. 이에 대해 학생들이 선택한 학습텍스트는 보조텍스트로 활용된 자료텍스트(35%)와 핵심텍스트로 활용한 자료텍스트(32%)가 높은 비중으로 나타났다. 학생들이 학습지의 단면도를 학습텍스트로 선택한 이유는 '형성과정을 알 수 있어서', '사진에서 볼 수 없는 지형 부분이 나와 있어서'인 것으로 응답하였다.

질문 4-1과 질문 4-2는 하천 퇴적평야의 형성과정과 경관에 대한 내용이다. 형성과정에 대한 핵심 교수텍스트는 내용텍스트인 교과서 본문을, 내용텍스트인 학습지를 보조텍스트로 각각 활용하였고, 하천 퇴적평야의 전체 경관에 대해서는 자료텍스트인 단면도를 핵심텍스트로 활용하였다.

이들 질문에 대해 학생들이 선택한 학습텍스트는 자료텍스트인 단면도(35%)와 내용텍스트인 본문(32%)을, 그리고 내용텍스트인 교과서 본문(36%)과 자료텍스트인 단면도(32%)를 높은 비중으로 선택하였다. 교사가 선택한 핵심텍스트와 학생들이 선택한 학습텍스트가 서로 교차되고 있는 것으로 나타났다. 학생들이 자료텍스트인 단면도를 선택한 이유는 '단면도를 보고 모습을 이해할 수 있어서', '한눈에 보기 쉬워서'이고, 내용텍스트인 본문을 선택한 이유는 '공부가 잘 되어서', '핵심내용이 잘 설명되어 있어서'인 것으로 응답하였다.

질문 5-1과 질문 5-2는 선상지의 구조와 토지이용 및 전체 경관에 대한 내용이다. 선상지의 구조와 토지이용에 대한 교수텍스트는 내용텍스트인 교과서 본문과 활동텍스트인 교과서 탐구활동을 각각 핵심텍스트와 보조텍스트로 활용하였다. 그러나 학생들이 선택한 학습텍스트는 선상지의

표 10-5. 2차시 전개 단계에서 나타나는 상호텍스트성

학습 주제	질문 내용	교수텍스트		학습텍스트 선택 순위와 비중(%)				
		핵심텍스트	보조텍스트	1	2	3	4	5
침식평야	3-1. 침식분지의 형성과 정과 이용	내용1 (학습지)	내용6 (본문)	내용1 (35)	자료1 (23)	보충 (15)	내용6 (13)	기·무 (14)
	3-2. 침식분지 경관	자료1 (사진)	자료6 (학습지 단면도)	자료6 (35)	자료1 (32)	내용1 (29)	기·무 (4)	—
충적 (퇴적) 평야	4-1. 하천 퇴적 평야의 형성과정	내용2 (본문)	내용7 (학습지)	자료2 (35)	내용2 (32)	내용7 (27)	기·무 (6)	—
	4-2. 하천 퇴적 평야의 전체 경관	자료2 (단면도)	—	내용2 (36)	자료2 (32)	내용7 (23)	기·무 (9)	—
	5-1. 선상지의 구조와 토지이용	내용3 (본문)	활동 (탐구활동)	자료3 (37)	활동 (31)	내용3 (22)	기·무 (10)	—
	5-2. 선상지의 전체 경관	자료3 (사진)	자료7 (그림)	자료7 (35)	자료3 (32)	자료2 (25)	기·무 (8)	—
	6-1. 범람원의 형성과정과 퇴적물질의 특성	자료4 (모식도)	내용8 (본문)	자료2 (28)	자료4 (27)	내용8 (19)	내용4 (15)	기·무 (11)
	6-2. 자연제방과 배후습지의 주민생활	내용4 (본문)	자료8 (지형도)	내용4 (40)	자료8 (32)	자료4 (14)	기·무 (14)	—
	7-1. 삼각주의 형성조건	내용5 (학습지)	내용9 (본문)	내용5 (35)	자료5 (33)	내용9 (24)	기·무 (8)	—
	7-2. 삼각주 경관	자료5 (교과서 위성사진)	자료9 (PPT 위성사진)	자료5 (36)	내용5 (32)	자료9 (23)	기·무 (9)	—
인간에 의한 지형변화	7-3. 최근 삼각주의 변화	보충 (사례탐구의 설명글)	자료10 (A교과서신문 기사)	자료5 (33)	자료10 (33)	보충 (31)	기·무 (3)	—

전체 경관을 보여 주는 자료텍스트인 사진(37%)을 가장 도움이 된 학습텍스트로 선택하였고, 그 다음으로 교수텍스트로 활용된 활동텍스트(31%)와 내용텍스트(22%)를 선택하였다.

선상지의 전체 경관에 대한 교수텍스트는 자료텍스트인 사진과 그림을 각각 핵심텍스트와 보조 텍스트로 활용하였다. 이에 대해 학생들은 자료텍스트인 그림(35%)과 사진(32%)을 도움이 된 학 습텍스트로 선택하였다. 내용텍스트인 본문과 활동텍스트인 탐구활동에서 선상지의 구조(선정, 선앙, 선단)와 토지이용이 퇴적물질의 입자크기와 복류로 인해 각기 다르게 나타나는 과정과 전체 경관을 자세하게 설명하고 있음에도 불구하고, 학생들은 자료텍스트인 사진과 그림을 높은 비중으 로 선택하였다. 그 이유는 '그림이 간단하게 나와서', '사진이 기억에 잘 남아서' 등으로 나타났다.

질문 6-1은 범람원의 형성과정과 퇴적물질의 특성에 대한 내용이다. 이에 대한 교수텍스트는 자료텍스트인 모식도와 내용텍스트인 교과서 본문을 각각 핵심텍스트와 보조텍스트로 활용하였다. 학생들은 이들 텍스트보다는 퇴적평야의 전체 경관을 보여 주는 자료텍스트인 단면도(28%)와 모식도(27%)를 학습텍스트로 선택하였다. 이들이 높은 비중으로 선택된 이유는 '한눈에 차이점을 파악할 수 있어서', '변화과정을 볼 수 있어서'등으로 응답하였다. 교과서 본문을 선택한 비중은 19%로 나타났으며 학습내용과는 다소 거리가 있는 내용텍스트(15%)와 무응답의 비중(10%)도 상대적으로 높게 나타나는 것이 특징이다.

질문 6-2는 자연제방과 배후습지의 주민생활에 대한 내용이다. 이에 대한 교수텍스트는 내용텍스트인 교과서 본문과 자료텍스트인 지형도를 각각 핵심텍스트와 보조텍스트로 활용하였다. 학생들도 내용텍스트(40%)와 자료텍스트(32%)를 도움이 된 학습텍스트로 선택하였으며 그 이유는 '본문에 주민생활 관련 내용이 있어서', '지형도는 한눈에 차이점을 파악할 수 있어서'인 것으로 응답하였다. 그러나 학습내용과 직접 관련되지 않는 범람원에 대한 자료텍스트를 선택한 비중과 무응답의 비중도 각각 14%로 나타나고 있는 것이 주목된다. 이는 '자연제방과 배후습지의 주민생활'의 학습내용을 제대로 이해하지 못한 학생들이 약 28% 정도임을 의미하는 것이라고 할 수 있다.

질문 7-1은 삼각주의 형성조건에 대한 내용이다. 이에 대한 교수텍스트는 내용텍스트인 학습지와 교과서 본문이 각각 핵심텍스트와 보조텍스트로 활용되었다. 학생들은 내용텍스트인 학습지(35%)를 가장 도움이 된 학습텍스트로 선택하였지만, 나일강 하구의 삼각주 경관을 보여 주는 교과서 위성사진을 상당히 높게 선택하였다(자료텍스트, 33%). 보조 교수텍스트인 내용텍스트(본문)는 24%가 선택하였다. 내용텍스트인 학습지를 가장 도움이 된 학습텍스트로 선택한 이유는 '학습지에 핵심내용이 잘 정리되어 있어서', 자료텍스트인 위성사진은 '삼각형 모양이 뚜렷하게 보여서'로 응답하였다.

질문 7-2는 삼각주 경관에 대한 내용이다. 이에 대한 교수텍스트는 나일강 하구의 삼각주 경관을 보여 주는 자료텍스트인 교과서 위성사진과 우리나라 낙동강 하구의 삼각주 경관을 보여 주는 위성사진을 각각 핵심텍스트와 보조텍스트로 활용하였다. 학생들은 나일강 삼각주 경관을 보여 주는 자료텍스트(36%)를 가장 도움이 된 학습텍스트로 선택하였고, 그 이유는 '사진이 한눈에 잘 보이고', '삼각형 모양이 뚜렷하게 보여서'인 것으로 나타났다. 삼각주의 형성조건을 설명하고 있는 내용텍스트인 학습지(32%)와 낙동강 삼각주 경관을 나타내는 자료텍스트(23%)도 높은 비중으로 선택하였다.

질문 7-3은 인간에 의한 지형변화의 사례로 최근 삼각주의 변화를 살펴보는 내용이다. 이에 대한 교수텍스트는 보충텍스트인 사례탐구와 자료텍스트인 신문기사를 각각 핵심텍스트와 보조텍스트로 활용하였다. 학생들은 나일강 삼각주 경관을 나타내는 위성사진 자료텍스트(33%)와 신문기사 자료텍스트(33%)를 가장 도움이 된 텍스트로 선택하였으며, 보충텍스트도 31%의 높은 비중으로 선택하였다.

자료텍스트와 보충텍스트를 선택한 이유는 '실제 기사로 생동감을 느껴서'와 '변화의 이유는 글을 읽어야 이해가 가기 때문에'로 각각 응답하였다. '삼각주'와 관련된 학습에서 가장 높은 비중으로 선택된 학습텍스트는 일상생활에서는 거의 경험할 수 없고 광범위한 스케일에서 촬영된 나일강 하구의 삼각주 경관을 나타내는 위성사진으로 구성된 자료텍스트였다는 점이 특징이다.

2차시 수업의 전개 단계에서 학생들이 선택한 학습텍스트의 특징을 정리하면, 1차시와 마찬가지로 교사는 핵심텍스트와 보조텍스트의 2개 유형의 교수텍스트를 활용하여 수업을 전개하였지만, 학생들의 학습텍스트는 5개 유형으로 나타났다. 학생들이 활용한 학습텍스트의 종류는 자료텍스트, 내용텍스트, 보충텍스트, 활동텍스트, 기타 및 무응답의 5개 유형으로 나타났다. 그리고 교사는 자료텍스트(10개), 내용텍스트(9개), 보충텍스트(1개), 활동텍스트(1개)의 비중으로 교수텍스트를 활용했고, 학생들이 선호한 학습텍스트도 자료텍스트, 내용텍스트, 보충텍스트, 활동텍스트의 순으로 나타났다.

학생들이 가장 선호하는 학습텍스트도 1차시와 마찬가지로 자료텍스트였으며, 그중에서도 단면도와 위성사진을 선호하는 것으로 나타났다. 단면도는 '한눈에 차이점이나 형성과정을 파악할 수 있어서'와 같이 직관적 이해의 용이성이나 '사진에서 볼 수 없는 지형 부분이 나와 있어서'와 같이 가시적으로는 관찰할 수 없는 어떤 지형의 내부 측면에 대한 상세한 표현과 함께 '단면도를 보고 모습을 이해할 수 있어서'와 같이 전체 경관 이해에도 도움을 주기 때문에 특히 선호하는 것을 알 수 있다. 위성사진은 사진과 마찬가지로 '한눈에 잘 보여서' 혹은 '삼각형 모양이 뚜렷하게 보여서'와 같이 직관적으로 이해하기 쉬운 시각적 자료라는 이유와 함께, 사진과는 달리 광범위 스케일에서 촬영된 위성이미지라는 점에서 차이가 있기 때문이다.

자료텍스트 다음으로 교과서 본문과 교사가 재구성한 학습지와 같은 내용텍스트도 학생들이 선호하는 텍스트로 나타났다. 이들 자료는 공통적으로 '핵심내용이 잘 설명되어 있어서' 그리고 '변화 이유는 글을 보아야 이해가 잘 되어서'와 같이 문자 텍스트의 설명글이 학습자에게 주는 익숙함이나 어떤 지형의 형성과정이나 지역의 변화 모습을 인과관계적으로 설명하는 논리성이 학습자 이해를 돕기 때문이라고 할 수 있다. 이중에서도 학습지는 특히 '교과서보다 학습지가 요약이 잘 되어있어서'와 '시험에 나올 것 같은 내용들이 정리되어 있어서'와 같이 서술형인 교과서 본문보다 상대적으로 응집성을 갖춘 핵심내용 중심으로 정리되어 있어서 학생들이 선호한다고 볼 수 있다.

3) 수업의 정리 단계에서 나타나는 학습자의 텍스트 인식과 이해 특성

1, 2차시 수업의 정리 단계에 해당하는 질문지 조사 결과를 정리하면 표 10-6과 같다. 1차시의 '질문 7'과 '질문 8'은 학습내용 정리에 도움이 된 텍스트에 대한 내용이다. 질문 7과 관련하여 교사는 내용텍스트인 학습지를 핵심텍스트로 활용했고, 학생들도 이를 가장 높은 비중(46%)으로 선택하였으며, 활동텍스트인 학습지의 확인학습 활동도 높은 비중(23%)으로 선택하였다. 선택 이유는 각각 '간략하게 핵심내용이 잘 정리되어서'와 '선생님이 정리해 준 것이라서'로 응답하였다.

질문 8과 관련된 수업에서 교사는 활동텍스트인 학습지의 확인학습을 핵심텍스트로 활용하였고, 학생들도 이를 학습내용 확인에 가장 도움이 된 학습텍스트(41%)로 선택하였다. 그 이유는 '문제풀이는 내가 이해하고 있는지를 확인할 때 도움이 되어서' 그리고 '중요한 내용을 다시 정리하는데 도움이 되어서'라고 응답하였다. 또한 학생들은 질문 7의 내용텍스트도 학습에 도움이 된 텍스트(30%)로 선택하였다.

2차시 수업에 대한 '질문 8'과 '질문 9'도 학습내용 정리에 도움이 된 텍스트에 대한 내용이다. 질문 8과 질문 9에 대한 교수텍스트는 내용텍스트인 학습지와 활동텍스트인 학습지의 확인학습을 각각 핵심텍스트로 활용하였다. 이에 대해 학생들도 핵심텍스트인 내용텍스트(40%)와 활동텍스트(36%)를 학습에 도움이 된 텍스트로 선택하였다. 그 이유는 각각 '간략하게 핵심내용이 잘 정리되어 있어서 이해하기 쉽고', '문제풀이를 통해 내가 아는지 모르는지를 확인할 수 있어서'인 것으로 나타났다.

1차시와 마찬가지로 활동텍스트와 내용텍스트를 두 번째로 도움이 된 학습텍스트(각각 32%)로 선택하였다. 그러나 단원 정리 내용과는 직접적으로 관련이 없는 메타텍스트(26%)나 내용텍스트(30%)도 높은 비중으로 선택하였다. 이는 1차시에 비해 2차시의 학습내용의 분량이 많고 어렵다는

표 10-6. 수업의 정리 단계에서 나타나는 상호텍스트성

차시	질문 내용	교수텍스트		학습텍스트 선택 순위와 비중(%)				
		핵심텍스트	보조텍스트	1	2	3	4	5
1차시	7. '같은 물을 쓰는 공간 마을·동' 소단원 학습 내용 정리	내용1 (학습지)	–	내용1 (46)	활동1 (23)	내용 (15)	내용 (13)	기·무 (3)
	8. '같은 물을 쓰는 공간 마을·동' 소단원 학습 내용 확인	활동1 (학습지)	–	활동1 (41)	내용1 (30)	내용 (14)	내용 (13)	기·무 (2)
2차시	8. '하천, 편평한 땅을 만들다' 소단원 학습 내용 정리	내용2 (학습지)	–	내용2 (40)	활동2 (32)	메타 (26)	기·무 (2)	–
	9. '하천, 편평한 땅을 만들다' 소단원 학습 내용 확인	활동2 (학습지)	–	활동2 (36)	내용2 (32)	내용 (30)	기·무 (2)	–

것을 나타내는 동시에 교수텍스트가 학생들의 학습에 효율적으로 기능하지 못했다는 것을 의미하기도 한다.

1, 2차시 수업의 학습내용 정리 단계에서 교사는 한 가지 유형의 교수텍스트를 활용하였지만, 학생들의 학습텍스트는 4개 유형으로 나타났다. 공통적으로 내용텍스트인 학습지와 활동텍스트인 학습지 확인학습 활동이 학습텍스트로서 도움을 주는 비중이 각각 약 40% 정도로 높게 나타나고 서로 교차되어 두 번째 학습텍스트로 활용되고 있다. 따라서 차시별 학습내용 정리에서는 이들 유형의 텍스트를 '핵심내용을 간략하고 이해하기 쉽도록 정리하고', '학생들로 하여금 핵심내용을 잘 이해하고 있는지를 스스로 확인하고 점검할 수 있도록' 중첩적이고 상보적으로 활용하는 것이 학생들의 학습내용 정리에 도움이 된다는 것을 알 수 있다.

4. 정리: 지리수업에서 나타나는 상호텍스트성

1) 지리교과서 텍스트의 위계적, 중층적 층위

2007 개정 고등학교 사회과교육과정 지리영역에서 제시하고 있는 대단원 'Ⅱ. 자연환경과 인간생활' 단원의 성취기준은 다음과 같다.

자연환경의 중요한 요소로서 기후 환경의 특색을 살펴보고, 기후가 인간 생활에 미친 영향을 파

악한다. 지표면의 다양한 지형 경관의 형성 과정을 분석하고, 인간 생활에 미친 영향을 종합적으로 이해할 수 있는 능력을 기른다.

① 기후로 인해 차이가 나타나는 경관을 구체적인 사례를 통해 파악한다.

② 기후와 인간 생활과의 관계를 세계 각 지역의 다양한 산업 활동과 관련하여 탐구한다.

③ 다양한 산지 지형의 경관을 조사하고, 그 형성 과정 및 인간 생활과의 관계를 파악한다.

④ 다양한 하천 및 평야 지형의 경관을 조사하고, 인간 생활과의 관계를 이해한다.

⑤ 다양한 해안 지형의 경관을 조사하고, 그 형성 과정 및 인간 생활과의 관계를 파악한다.

국가교육과정의 각 성취기준은 교과서 단원을 구성하는 근거가 된다. 수업에서 주 교재로 사용한 C교과서는 이들 성취기준을 5개의 중단원으로 구성하고, 중단원 '하천 및 평야 지형과 인간 생활'을 다시 2개의 소단원으로 구성된다. 이러한 중단원 구성은 국가교육과정의 성취기준 "④ 다양한 하천 및 평야 지형의 경관을 조사하고, 인간 생활과의 관계를 이해한다."를 바탕으로 하는 기계적이고 관행적인 구성이다. 국가교육과정의 대단원 성취기준과 교과서 대단원 및 중단원에 의거하여 구성되는 소단원을 '내부 기생텍스트'의 관점에서 그 하위 텍스트를 도식화하면 다음의 그림 10-3과 같다.

그림 10-3에서 보는 바와 같이 소단원을 구성하는 하위 텍스트들은 위계적이면서 중층적인 구조를 이루고 있다. 텍스트의 진행 방향도 단선적 흐름이 아니라 핵심텍스트와 보조텍스트의 이원적인 방향에서 진행된다. 소단원 차시 수업 전개의 중심은 '소단원명·학습목표·생각열기 → 본문 텍스트·본문 관련 자료텍스트 → 탐구활동·사례탐구·관련 자료텍스트'가 교수-학습의 주된 흐름을 이룬다. 소단원 하위텍스트들은 수업의 주된 흐름을 위계적이면서도 중층적인 구조로 진행되

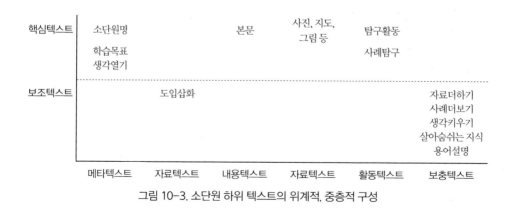

그림 10-3. 소단원 하위 텍스트의 위계적, 중층적 구성

제2부 지리수업, 학습자 그리고 지리교과서

도록 구성되어 있지만, 주된 흐름 사이사이에 각종 메타텍스트, 자료텍스트, 보충텍스트들이 끼어들어 중층적이면서 복선적인 흐름으로 진행되도록 구성되어 있다. 이 중에서도 보충텍스트는 그 종류만으로도 복잡하다.

이처럼 수업에서 교사와 학생들이 기본적으로 사용하는 지리교과서 텍스트 구성은 '소단원'텍스트만 보아도 매우 위계적, 중층적, 복선적으로 복잡한 구조를 이루고 있어, 사용자로 하여금 어느 것이 목적텍스트이고 수단텍스트인지 혹은 어느 것이 핵심텍스트이고 보조텍스트인지 쉽게 분별하기 어렵게 구성되어 있다.

2) 교수텍스트와 학습텍스트의 상호텍스트성

중단원 '하천 및 평야 지형과 인간 생활' 교수–학습과정에서 나타난 교수텍스트와 학습텍스트의 상호텍스트성의 정도를 간략하게 도식화하면 다음의 표 10-7과 같다.

앞에서 살펴본 바와 같이 교사는 1, 2차시 수업의 도입 단계에서 메타텍스트 한 가지 유형의 메타텍스트를 교수텍스트로 활용하였지만, 학생들은 4~5개 유형의 학습텍스트를 활용하였다. 1, 2차시 전개 단계에서 교사는 2개 유형의 교수텍스트를 활용했지만, 학생들은 5~6개 유형의 학습텍스트를 활용하였다. 정리 단계에서 교사는 한 가지 유형의 교수텍스트를 활용했지만 학생들은 4개 유형의 학습텍스트를 활용하였다. 그리고 학생들이 활용한 다양한 유형의 학습텍스트들의 비중은 각각 달랐다.

이러한 분석은 양적 분석의 결과에 근거한 것이지만, 교수텍스트와 학습텍스트의 상호텍스트성은 '상호텍스트성의 주된 경향'을 살펴보기 위해 그 정도를 질적으로 고려하여 간단하게 도식화한 것이다(표 10-7).

먼저 도입 단계에서 나타나는 교수텍스트와 학습텍스트 선택을 통해 본 상호텍스트성을 살펴보면, 교수(핵심텍스트)텍스트와 학습텍스트의 상호텍스트성은 낮은 것으로 나타났다. 학습자들은 교수텍스트인 메타텍스트보다는 내용텍스트와 자료텍스트를 높은 비중으로 선택하였다.

전개 단계에서 교사가 자료텍스트를 교수텍스트로 활용한 경우에는 학습텍스트와의 상호텍스트성이 매우 높게 나타났으며 내용텍스트로 교수한 경우에는 높은 정도로 나타났다. 보충텍스트나 활동텍스트로 교수한 경우에는 높기도 하고 낮게 나타나기도 한다. 전개 단계에서 학생들은 교사

표 10-7. 교수텍스트와 학습텍스트의 상호텍스트성

	교수텍스트	일치성 정도	학습텍스트
도입	메타텍스트	‒‒‒	메타텍스트
		‒‒‒‒	내용·자료텍스트
전개(1차시)	자료텍스트	====	자료텍스트
		‒‒‒‒	내용텍스트
	내용텍스트	‒‒‒‒	내용텍스트
		====	자료텍스트
	보충텍스트	‒‒‒‒	보충텍스트
		‒‒‒‒	자료텍스트
	활동텍스트	‒‒‒‒	활동텍스트
전개(2차시)	자료텍스트	====	자료텍스트
		‒‒‒	내용텍스트
	내용텍스트	‒‒‒‒	내용텍스트
		‒‒‒	자료텍스트
	보충텍스트	‒‒‒	보충텍스트
		‒‒‒‒	자료텍스트
	활동텍스트	‒‒‒‒	활동텍스트
정리	내용텍스트	====	내용텍스트
		‒‒‒‒	활동텍스트
	활동텍스트	====	활동텍스트
		‒‒‒‒	내용텍스트

* 표에서 ====, ‒‒‒‒, ‒‒‒의 기호는 상호텍스트성의 일치성 정도가 '매우 높다', '높다', '낮다'를 나타낸다.

가 내용텍스트나 보충텍스트를 교수텍스트로 활용하는 경우에도 자료텍스트를 학습텍스트로 선택하는 정도가 상대적으로 매우 높게 나타났다.

정리 단계에서는 내용텍스트와 활동텍스트 모두 상호텍스트성 정도가 매우 높게 나타났으며, 이들 텍스트는 상호 교차적으로도 상호텍스트성이 높게 나타났다.

정리하면, 앞의 그림 10-3에서 살펴본 바와 같이 지리교과서는 기본적으로 국가교육과정의 기생텍스트로서 단원을 구성하는 텍스트들이 유형과 기능이 기본적으로 위계적, 중층적, 복선적으로 복잡하다. 이러한 교과서를 중심으로 이루어진 교수-학습 과정에 활용된 텍스트의 유형도 5가지로 구분되었으며, 유형에 따라 활용된 텍스트의 종류는 상당히 다양하다.

교수텍스트는 핵심텍스트와 보조텍스트의 1~2개 유형으로 활용되었지만, 학습텍스트는 '기타 및 무응답'을 포함한 4~5개 유형으로 나타났다. 교수텍스트와 학습텍스트의 상호텍스트성이 가장 높은 텍스트 자료텍스트였으며, 내용텍스트나 보충텍스트를 교수텍스트로 활용한 경우에도 자료 텍스트가 학습텍스트로 활용되는 정도는 높은 것으로 나타났다.

이러한 상호텍스트성을 통해서 두 가지 의미를 정리할 수 있다. 먼저, 학습텍스트와 교수텍스트 는 일방적으로 전달되고 수용되는 관계가 아니라 상호주관적으로 구성된다는 것이다. 본문으로 구 성된 내용텍스트는 물론 그 어떤 유형의 텍스트보다도 자료텍스트가 학습텍스트로 선택되는 비중 이 상대적으로 높다는 것은, 학습자가 상호 주관적으로 학습내용의 의미를 재구성할 여지와 흥미 를 주는 텍스트 유형이라는 점이다.

두 번째, 텍스트의 유형과 종류가 많다는 것은 학습자의 다양한 욕구나 학습 특성에 적절한 기능 을 수행할 수도 있지만, 반면에 중층적이고 복선적인 흐름은 학습의 주된 흐름을 해치는 혼란을 주 고 있다는 것이다. 교수텍스트에 비해 학습텍스트의 유형이 다양하게 나타나고, '기타 및 무응답'의 비중이 상당한 정도로 나타난다는 것은 학습자에게 학습내용이나 학습주제가 공유되지 못하고 파 편화되거나, 학습이 이루어지지 않는 경우가 발생하고 있다는 것을 의미하는 것이다.

지리교과서는 한 권의 텍스트로 존재하지만, 그 내부는 다양한 하위텍스트로 구성되어 있다. 교 실 수업에서 지리교과서가 교수와 학습에 미치는 영향이 여전히 중요하다는 실제적 측면에서, 지 리교과서를 구성하고 있는 텍스트에 대한 학습자의 이해나 인식을 통해 텍스트가 제대로 기능하고 있는지를 상호텍스트성의 관점에서 살펴보는 것은 교과교육의 과제이다.

많은 경우에 특정 텍스트는 독자가 이 텍스트를 다른 혹은 자기가 익히 알고 있는 텍스트들과 관 련시킬 수 있을 때 비로소 독자에게 의미 있게 된다. 언어수단의 관점에서 상호텍스트성은 사회적 인 텍스트 이해뿐만 아니라 개인적인 텍스트 이해에 필수 성분이다. 보그랑드와 드레슬러(1981, 3) 는 텍스트를 '의사소통적 출현체'로 보았다. 텍스트는 복합적인 언어기호라는 점에서 의사소통하 는 것으로 정해져 있어야 한다는 것이다(이성만, 2007, 171-173).

주어진 텍스트는 읽히고 가공될 때, 다른 텍스트들이 이것에 관심을 가질 때 비로소 의사소통적 의의를 얻게 된다. 이런 관심은 먼저 인지적 가공, 곧 텍스트 이해의 과정에서 일어난다. 즉 '종이위 의 텍스트'가 '머릿속의 텍스트' 또는 '머리들 속의 텍스트'가 된다. 왜냐하면 수용자는 모두 '자기 나 름의 버전'을 다시 활성화시키기 때문이다.

극단적인 경우에는 이들 다양한 버전들이 일치한다. 그래서 텍스트 이해는 흔히 단순한 재활성 화나 기호해독과 일치하는 것이 아니라 능동적인 재창조라 할 수 있다. 그리고 텍스트는 어떤 것이든 또 다른 텍스트를 유발하거나 이어지는 텍스트의 내용과 형태에 영향을 미치기 때문이다. 그러므로 상호텍스트성은 텍스트 이해에 충분조건은 아니라도 필수조건일 수 있다. 다른 텍스트와 관련된 텍스트는 관련 텍스트의 지식 없이는 표층적으로만 이해되거나 전혀 이해될 수 없기 때문이다(이성만, 2007, 172-176).

제11장 지리교과서와 동기유발 전략

1. 한국지리 교과서와 학습동기

　우리나라는 제7차 교육과정부터 최근의 2015 개정 교육과정에 이르기까지 학습자의 자율성, 창의성을 신장하기 위한 학생 중심의 교육과정임을 명시하고 있으며, 교사가 수업을 진행함에 있어 학생들에게 다양한 탐구 활동 및 체험활동, 협동학습 등을 제공해줄 것을 강조하고 있다. 이러한 학습자 중심의 교과 수업이 성공적으로 이루어지기 위해서 꼭 필요한 조건 중의 하나가 바로 학습자의 '학습동기(learning motivation)'이다.

　학습동기는 학습자로 하여금 특정 학습의 준비 또는 일련의 학습을 지속시키도록 하는 내적·외적 조건으로써 개인 또는 집단의 학습목표를 개인·집단의 목표와 결부시켜 분명한 목표의식을 가지게 하고 적성이나 흥미에 맞는 과제의 제시와 보상, 경쟁심의 적용, 피드백 등을 활용하는 학습에 작용하는 동기를 말한다(서울대학교 교육연구소, 1998).

　학습동기가 교육에서 중요한 이유는 같은 개인조건과 환경조건을 가진 학습자들이라 하더라도 그들이 가진 동기의 종류와 수준에 따라 행동의 결과는 각각 달라질 수밖에 없으며, 학습자의 동기는 학교에서의 성공과 실패에 영향을 주는 주요 변인 중의 하나이기 때문이다(길현주, 2001, 8). 비록 동기 수준이 높다고 해서 반드시 학습의 성과가 높은 것은 아니지만, 동기화된 학습은 유목적적이고 정력적인 학습의 수행을 가능하게 하므로(서울대학교 교육연구소, 1998) 학생들의 활동이 중요한 학습자 중심의 수업에서는 학습동기를 유발하고 유지하는 것이 매우 중요하다.

학습동기의 중요성에도 불구하고 실제 수업에서 학습동기 유발은 대부분 수업의 도입 부분에서 사진이나 동영상 시청 등을 통해 일시적인 흥미를 이끌어 내는 정도에 그치고 있다. 학습자들이 배우고자 하는 마음이 들 때 비로소 학습이 이루어질 수 있기 때문에, 효과적인 수업을 설계하기 위해서는 학습자들의 학습동기와 그것의 지속성을 고려해야 한다(Feng and Tuan, 2005, 463). 따라서 교사는 수업설계 시 학습동기를 체계적으로 설계해야 하며, 이에 필요한 다양한 학습동기 유발 전략(learning motivation strategies)을 활용해야 한다.

학습동기에 대한 논의들은 매우 다양하지만, 본 장에서는 Keller의 ARCS 동기 설계모형(이하 ARCS 모형)을 바탕으로 논의를 진행한다. 대부분의 동기이론들이 동기의 특정 측면만 다룬 것과 달리, Keller의 ARCS 모형은 기대-가치이론, 인지이론, 강화이론 그리고 기타 여러 인간 행동이론에 의해 설명되는 인간의 노력과 수행에 대한 주요 영향을 포괄적으로 바라보는 체제적 접근에 근거하고 있다(Keller and 송상호, 1999, 19).

사회과에서 이루어진 Keller의 ARCS 모형에 대한 연구는 크게 4가지로 나누어볼 수 있다. 첫째, ARCS 모형을 수업에 적용한 후 학생들의 동기 변화를 살펴본 연구, 둘째, ARCS 모형을 수업에 적용한 후 사회과 수업환경에 나타난 변화를 살펴본 연구, 셋째, ARCS 모형을 바탕으로 한 동기유발 학습자료 개발에 대한 연구, 넷째, 사회과 수업에서 나타나는 학습동기 유발의 양상을 ARCS 모형을 통해 분석한 연구이다.

지금까지 이루어진 연구들은 Keller의 ARCS 모형을 바탕으로 사회과 수업 내용 또는 수업 결과를 분석한 것이 대부분이며, 교사와 학생 간의 상호작용에 초점을 두었다. 그러나 교실 수업에서 이루어지는 상호작용은 교사와 학생, 학생과 학생 간의 상호작용 외에 학생과 교재 사이에서도 이루어진다. 교사들이 수업을 계획하고 진행할 때 가장 많이 사용하는 교재는 교과서이며, 교과서는 수업을 보다 흥미롭게 혹은 지루하게 만들 수 있는 핵심 요인이 된다(Thornton, 1991, 239-240; 홍미화, 2011, 139-140).

학습자 중심의 교육이 강조되면서 교과서를 보는 관점은 수업에서 절대적이고 유일한 경전에서 교수·학습 활동에 필요한 여러 학습 교재 중 하나로 변화하였다. 교과서관이 변화하면서 지식 전달 기능과 더불어 학습자의 학습 의욕을 자극, 환기, 향상시킬 수 있는 기능을 가진 교과서가 필요하게 되었다(함수곤, 2002, 9). 이처럼 교과서의 학습동기 유발 및 유지기능도 매우 중요하지만, 지리교과서의 학습동기 유발전략에 대한 논의는 이루어지지 않고 있다.

이 장에서는 Keller의 ARCS 모형을 적용하여 학습 교재 중 학습동기에 가장 많은 영향을 미치는 한국지리 교과서의 동기유발 전략을 분석하였다. 분석 대상 5종 한국지리 교과서는 교육과학기술부 고시 제2011-361호(2011년 8월 9일에 공포)에 의거하고, 2013년 8월 30일 교육부가 검정한 총 5종으로 ㈜미래엔, 지학사, 천재교육, 금성출판사, 비상교육에서 2014년에 출판한 교과서들이다. 이하 각 교과서는 A, B, C, D, E로 표기한다.

한국지리 교과서 5종을 대상으로, 자연지리 영역을 대표하는 '지형 환경과 생태계' 단원(이하 '지형 영역')과 인문지리 영역을 대표하는 '거주 공간의 변화' 단원(이하 '도시 영역')의 동기유발 전략을 비교, 분석하였다.

2. Keller의 ARCS 동기 설계 모형과 주요 요소

Keller의 ARCS 모형은 학습동기를 유발하고 지속시키기 위하여 학습 환경을 동기 측면에서 설계하는 접근법이다. ARCS 모형은 두 가지 주요 부분으로 구성되어 있다. 한 부분은 인간 동기에 대한 연구 결과를 통합하여 동기유발을 위한 필요조건을 네 가지 요소로 분류한 것이다. Keller는 ARCS의 네 가지 요소를 지칭할 때 요소(elements), 구성요건(components), 차원(dimensions), 요인(factors), 유목(categories), 구인(constructs), 조건(conditions), 요건(requirements) 등을 혼용하고 있다.

네 가지 요소를 동기의 구성요건으로 개념화한다는 것은 이들 간에 부가적(additive) 관계를 가정하는 것이다. 즉, 특정 구성요건의 변화가 곧 전체 동기수준의 변화라고 해석하는 것이다. 그러나 Keller는 자신감이 전무한 학생이 적절한 수준으로 동기유발 될 수 있다는 가정에는 동의하지 않는다. Keller는 요소들 간 곱합관계(multiplicative relationship)를 지지하며, 이에 덧붙여서 각각의 네 가지 요소에 대해 최저수준을 주장한다. 즉, Keller는 네 가지 요소를 동기의 구성요건이라기보다는 동기유발을 위한 필요조건으로 개념화하고 있다(Keller and 송상호, 1999, 141-144). 이는 ARCS 모형의 네 가지 요소는 충분조건이 아닌 필요조건이기 때문에 어느 한 요소만 향상된다고 해서 전체적인 학습동기 수준이 향상되지는 않는다는 것을 의미한다.

다른 한 부분은 특정 대상에 적절한 동기 향상 방법을 구안하는 체제적 동기 설계과정이다. 이것은 학습동기의 다양한 요인들을 확인하는 데 도움을 줄 뿐만 아니라, 주어진 학습 환경에서의 학습자 동기특성을 파악하는 데 도움을 주기 때문에 적절한 동기전략을 처방할 수 있도록 해 준다(Keller and 송상호, 1999, 11).

ARCS 모형의 네 가지 주요 요소인 주의집중, 관련성, 자신감, 만족감과 그 하위 요소는 표 11-1과 같다(Keller, 2007, 2-10; 조재옥, 2014, 118). Keller의 네 가지 동기요소에는 동기를 구분할 때 가장 흔히 사용하는 개념인 내재적 동기(intrinsic motivation)와 외재적 동기(extrinsic motivation)가 모두 포함되어 있다. 예를 들어, 주의집중 요소의 탐구적 각성, 만족감 요소의 내재적 강화 등은 과제를 수행하는 과정에서 오는 즐거움인 내재적 동기를 유발하는 데 활용될 수 있으며, 만족감 요소의 외재적 보상 등은 과제가 끝난 후에 뒤따라오는 보상에 의해 동기가 유발되는 외재적 동기를 유발하는 데 활용될 수 있다.

이들 네 가지 주요 요소에는 각각 3가지 하위 요소가 포함되어 있으며, 각 하위 요소에는 동기유발을 위한 구체적인 전략들이 포함되어 있으며, 간단히 정리하면 다음과 같다(Keller and 송상호, 1999, 60; 조일현 외, 2013, 54-190).

먼저, 주의집중(Attention)은 학습자가 동기 유발되기 위해 꼭 필요한 중요한 요소이다. 학습자가 새로운 내용에 흥미를 보일 수 있도록 다양한 자극을 제공하되, 자극이 지나치게 많지 않게 그 수준을 조절해야 한다. 일단 기본적인 주의집중 수준이 달성되면 탐구적 각성 활동에 의해 보다 깊은 수준의 동기가 유발될 수 있고 그때부터는 다음 조건인 관련성을 고려해야 한다.

둘째, 관련성(Relevance)은 학생들로 하여금 학습 체험이 개인적인 관련성을 갖는 것으로 인식하게 만드는 요소이다. 관련성이란 자신이 원하는 결과, 관념, 타인에 대해 이끌리는 느낌이나 지각을 일컫는데, 이때 이러한 느낌과 지각은 자기 자신의 목표, 동기, 가치에 근거하게 된다. 주어진 목표에 대한 끌림이 클수록, 그 목표가 성취 가능하다고 생각해 그 목표를 추구하기로 선택할 가능성이 더 높아진다.

셋째, 자신감(Confidence)은 학습자들이 자신의 행동을 스스로 통제할 수 있다는 확신을 가질 수 있도록 만드는 요소이다. 학습자들이 학습 내용을 적절하다고 느끼고, 또 호기심을 갖게 되었다고 하더라도 학습 내용에 대해 과도한 자신감을 갖거나 혹은 반대로 도저히 따라가지 못할 것이라고 느낀다면 적절한 수준의 동기를 유지하기 어렵다. 사람들은 자신의 행동을 통제하지 못한다고 생각할 때 우울함과 불안감을 느끼며, 자신의 노력과 능력 여부에 따라 목표를 달성할 수 있다고

표 11-1. ARCS 모형의 주요 요소와 지원 전략

주요 요소	하위 요소	정의	주요 지원 전략
주의집중 (Attention)	A1. 지각적 각성	학습자의 흥미 유발하기	새로운 접근을 사용하거나 개인적, 감각적 내용을 넣어 호기심, 놀라움 등을 만들기
	A2. 탐구적 각성	학습자의 탐구하는 태도 이끌어내기	질문, 역설, 탐구, 도전적 사고를 향상함으로써 호기심, 놀라움 등을 만들기
	A3. 변화성	학습자의 주의집중 유지하기	자료, 제시, 구체적 비유, 흥미 있는 실례, 예기치 못했던 사건들의 변화를 통해 흥미 지속하기
관련성 (Relevance)	R1. 목적 지향성	학습자의 필요를 충족시키기	수업의 유용성에 대한 진술문이나 실례를 제공하고, 목적 제시하거나 학습자들이 목적을 정의해 보도록 하기
	R2. 동기 부합성	학습자의 학습 유형이나 개인적 관심사와 학습내용 연결시키기	개인적인 성공기회, 협동학습, 지도자적 책임감, 긍정적인 역할 모델 등의 제공을 통해 학습자 동기와 가치에 민감하게 반응하는 수업 만들기
	R3. 친밀성	학습자의 기대와 교육내용 연결시키기	구체적인 실례와 학습자의 학습이나 환경과 관련된 비유를 제공하여 교재와 개념들 친밀하게 만들기
자신감 (Confidence)	C1. 학습 요건	긍정적인 성공 기대감 세우기	성공요건과 평가 준거에 대해 설명하여 믿음과 긍정적 기대감 확립하기
	C2. 성공의 기회	학습자 자신의 능력에 대한 믿음 강화시키기	다양한 도전적 경험을 제공하여 역량에 대한 신념을 증가시켜주기
	C3. 개인적 통제	학습자로 하여금 성공이 자신의 노력과 능력에 달려있음을 깨닫게 하기	개인적인 통제하는 기법 사용, 개인적 노력 때문에 성공했다는 것에 대해 피드백 제공하기
만족감 (Satisfaction)	S1. 내재적 강화	학습자가 학습 경험을 내재적으로 즐길 수 있도록 하기	피드백을 통해 개인적 노력과 성취에 대한 긍정적인 느낌을 제공하기
	S2. 외재적 보상	학습자로 하여금 성공에 대해 보람을 느끼게 하기	언어적 칭찬, 실제적이거나 추상적인 보상, 인센티브를 사용하거나 학습자들로 하여금 그들의 성공에 대한 보상을 제시하기
	S3. 형평성	학습자가 공평한 대우를 받았다고 지각할 수 있도록 하기	진술된 기대와 수행요건을 일치시키고 모든 학습자의 과제와 성취에 있어서 일관성 있는 측정 기준을 사용하기

믿을 경우, 성공하려는 동기부여를 더 많이 얻게 된다.

마지막으로 만족감(Satisfaction)은 앞의 세 가지 동기유발 요소를 통해 갖게 된 학습동기를 수업이 끝난 후에도 유지시키기 위한 요소이다. 향후에도 학습을 계속하려는 열망을 심어 주기 위해 학습자들로 하여금 학습 경험의 과정 및 결과로부터 만족감을 누리게 해 주어야 한다.

이러한 네 가지 동기유발 요소들을 바탕으로 Keller는 동기 설계(motivational design)의 과정을

10단계로 구성하였다(조일현 외, 2013, 68-69). 먼저, 1단계 '코스 정보 획득'과 2단계 '학습자 정보 획득'에서는 동기 설계 과정에서 필요한 수업 목표와 내용, 학습자, 여타 정보들에 관한 자료를 수집한다.

두 번째로 3단계 '학습자 분석'을 통해 전체 학급, 선택된 하위 집단 혹은 학습자 개인의 동기 프로파일을 예측한다. 3단계는 교수 설계 과정에서 과제 분석과 교수 분석에 비견되며, 이후 단계에서 이뤄질 모든 동기 설계 활동의 근간이 된다. 4단계 '현존 자료 분석'에서는 Keller의 네 가지 동기유발 요소를 바탕으로 수업 자료와 학습 환경의 동기 유발 요소 또는 동기 저해 요소를 파악한다.

세 번째로 3단계와 4단계의 분석 결과를 바탕으로 5단계 '목표 및 평가 항목 명세'에서 동기 설계의 목표 및 평가 도구를 개발한다. 6단계 '잠재적 진술 명세'에서는 일반적으로 브레인스토밍 또는 개방형 토론 활동을 통해 적용 가능한 다양한 동기유발 전략을 나열한다. 7단계 '전략 선택 및 설계'에서는 브레인스토밍 결과를 분석하여 가장 적합한 전략을 선정하고, 8단계 '수업과 통합'에서는 이를 수업자료에 통합시킨다.

마지막으로 9단계 '수업 자료 선택 및 개발'에서는 동기유발 수업 자료가 획득 또는 개발된 후에 파일럿 테스트 또는 시범 운영에 들어가고, 10단계 '평가 및 수정'에서 이에 대한 형성 평가를 실시한 후 수정, 보완하여 공식적인 운영 단계로 넘어간다.

본 연구는 4단계에 초점을 두고 수업에서 학습 교재로 가장 많이 쓰이는 교과서 대상으로 동기유발 전략들의 종류와 양적인 비중을 분석하였다. 동기 설계는 한마디로 학습동기를 유발하고 지속시키기 위한 전략을 마련하여 사용하는 체계적 과정이라고 할 수 있다. 동기 설계는 이미 개발이 완료된 수업 자료, 학습 환경 또는 청사진 단계의 수업 설계안을 학습동기 중심으로 개선하는 경우가 많다. 따라서 학습 환경을 설계할 때 수업 설계와 동기 설계는 함께 고려되어야 하며, 이 두 가지는 학습자의 목적, 능력, 문화·환경요인들에 대한 이해에 바탕을 두어야 한다. 이때 교사나 수업설계자의 동기 설계 노력은 대상 수업에 통합되어야 하고 수업을 방해해서는 안 된다(Keller and 송상호, 1999; 조일현 외, 2013).

3. 한국지리 교과서의 동기유발 전략 및 활용 특성

1) 동기유발 전략 분석 준거 설정

본 장에서는 고등학교 한국지리 교과서에서 나타나는 동기유발 전략을 분석하기 위해 먼저 ARCS 모형의 네 가지 주요 요소 중 주의집중과 관련성 요소를 바탕으로 분석 준거를 설정하였다 (표 11-2).

ARCS 모형의 네 가지 요소 중에서 자신감과 만족감 요소를 분석 준거에서 제외한 이유는 이 요소들은 한국지리 교과서에서 찾아보기 어렵다. 예를 들어 자신감 요소에 해당하는 '성공의 기회'의 경우, 수학 교과서에서는 연습문제를 쉬운 것에서 어려운 것까지 수준별로 제시하는 전략을 활용하고 있으나 한국지리 교과서의 경우 이러한 전략을 찾아보기 어렵다. 만족감 요소는 교사의 칭찬이나 피드백, 강화 등이 전략으로 주로 활용되고 있기 때문에 교과서에서는 찾아보기 어렵다. 만족감 요소는 교사와 학생 간의 상호작용이 주를 이루는 전략들이 기본적인 요소로 구성되어 있기 때문이다.

교과서 분석에 초점을 두는 본 장에서는 주의집중과 관련성 요소만을 분석 준거로 삼고, 주의집중 요소와 관련성 요소의 하위 요소의 전략 수준에서 분석 준거를 추출하였다. 이에 주의집중 요소에서 5개, 관련성 요소에서 6개의 분석 준거를 추출하여 총 11개의 분석 준거를 만들었으며, 주의집중 관련 요소는 A1, A2, A3, A4, A5로, 관련성 요소들은 R1, R2, R3, R4, R5, R6의 약호로 서술하였다.

먼저, 주의집중 요소의 5가지 분석 준거를 살펴보면 다음과 같다. 지각적 각성 요소를 판단하는 준거는 '구체적 사례 제시(A1)'와 '시각자료 활용(A2)' 전략이다. A1 전략은 추상적인 표현 대신 각종 문자자료(기사 등) 및 시각자료를 활용하여 학습 내용과 관련된 구체적인 사례를 제시하고 있는가를 살펴보는 것이다. 예를 들어, 지역 축제에 대해 설명할 때 보령 머드축제 사진이나 보령 머드축제에 대한 기사를 제시하는 것을 말한다. A2 전략은 각종 시각자료(지도, 사진, 그림, 모식도, 도표 등)를 활용하여 어떤 지리적 현상의 순차적인 과정이나 여러 개념 간의 관계, 일반적 원리 등을 구체적으로 설명하고 있는지 살펴보는 것이다. 예를 들면, 모식도를 통해 돌산의 형성과정을 설명하는 것을 말한다.

표 11-2. 한국지리 교과서 동기유발 전략 분석 준거

동기유발 요소		분석 준거	교과서 동기유발 전략의 판단 내용
주의 집중 (A)	지각적 각성	구체적 사례 제시(A1)	추상적인 표현 대신 문자자료 및 시각자료를 통해 구체적인 사례를 들고 있는가?
		시각자료 활용(A2)	다양한 시각자료를 활용하여 순차적 과정이나 개념 사이의 관계를 구체적으로 설명하고 있는가?
	탐구적 각성	지적 갈등 유발(A3)	지적 갈등이나 호기심을 유발하는 질문을 제시하고 있는가?
	변화성	시각적 형식 변화(A4)	교과서의 레이아웃(다양한 활자, 다양한 자료 활용 등)에 변화를 주고 있는가?
		기능적 형식 변화(A5)	탐구활동, 퀴즈, 퍼즐 등 다양한 학습 활동을 제시하였는가?
관 련 성 (R)	목적 지향성	학습목표 진술(R1)	수업을 통해 얻을 수 있는 학습목표가 진술되었는가?
	동기 부합성	개인 학습 기회(R2)	개인적인 학습 성취의 기회를 제공하는가?
		협동 학습 기회(R3)	협력적 집단 학습의 기회를 제공하는가?
	친밀성	기존 지식의 발전(R4)	학습내용에 본시 학습에서 학습한 기능, 지식을 어떻게 발전시킬 수 있는지에 관한 진술이 있는가?
		과거 경험과의 연결(R5)	현재의 학습 자료를 학습자에게 이미 익숙한 과정, 개념, 기능과 연결시켜주는 진술이 있는가?
		일상생활과의 연결(R6)	학습 내용을 일상생활 및 개인적 경험과 관련지어 제시하고 있는가?

탐구적 각성 요소를 판단하는 준거는 '지적 갈등 유발(A3)' 전략이다. A3 전략은 과거의 경험과 상충되는 사실이나 예상치 못한 견해 등을 제시하여 인지적 갈등을 자극하거나 호기심을 유발하는 질문을 제시하고 있는지 살펴보는 것이다. 예를 들어, '우리나라 고속 국도에 터널이 많은 이유는 무엇일까?'라는 질문을 통해 우리나라의 산지 지형에 대한 호기심을 유발하는 것이다.

변화성 요소를 판단하는 준거는 '시각적 형식 변화(A4)'와 '기능적 형식 변화(A5)' 전략이다. A4 전략은 주요 용어 및 핵심 개념을 다양한 활자를 통해 강조하거나, 한 텍스트 안에서 다양한 유형의 자료를 번갈아가며 활용하는 등 시각적인 변화의 특성을 보이고 있는지 살펴보는 것이다. 같은 유형의 자료가 활용된 경우에는 A4 전략에 포함시키지 않았으며 문자자료와 시각자료 또는 서로 다른 유형의 시각자료들이 활용되었을 경우에만 A4 전략으로 판단하였다.

시각자료의 유형은 지도(일반도, 주제도, 항공사진, 위성이미지), 사진, 그림(미술작품, 만화), 모식도(단면도 포함), 도표(통계자료, 그래프)로 나누어 분석하였다(박상윤·강창숙, 2013, 64). A5 전략은 본문 이외에 탐구활동, 퀴즈, 퍼즐 등 학습자들이 활동할 수 있는 다양한 종류의 학습 활동을 제시하고 있는가를 살펴보는 것이다. 예를 들어, 교과서 전개 부분에서 제시되는 탐구활동이나 정

리부분에서 제시되는 활동 등이 해당된다.

관련성 요소의 6가지 분석 준거를 살펴보면 다음과 같다. 목적 지향성 요소를 판단하는 준거는 '학습목표 진술(R1)' 전략이다. R1 전략은 수업을 통해 학습자가 얻을 수 있는 지식과 기능이 무엇인지 제시하고 있는가를 살펴보는 것이다. 예를 들어, 중단원 또는 소단원의 앞부분에서 제시되는 학습목표를 말한다.

동기 부합성 요소를 판단하는 준거는 '개인 학습 기회(R2)'와 '협동 학습 기회(R3)' 전략이다. R2 전략은 학습자들이 개인적으로 학습을 할 수 있는 학습활동을 제공하고 있는가를 살펴보는 것이다. R3 전략은 협력적 집단 학습을 필요로 하는 학습활동을 제공하고 있는가를 살펴보는 것이다. 교과서에 모둠활동이라고 명확하게 기재되어 있는 학습활동의 경우 R3 전략으로 분류하였고, 이러한 진술이 없는 경우 질문의 어미를 기준으로 하여 R2 전략과 R3 전략을 구분하였다.

예를 들어 '표시해보자, 설명해보자, 써보자, 비교해보자, 확인해보자, 찾아보자, 생각해보자, 제시해보자, 알아보자, 조사해보자, 말해보자' 등으로 끝나는 학습활동은 R2 전략으로, '발표해보자, 토의해보자, 이야기해보자' 등으로 끝나는 학습활동은 R3 전략으로 구분하였다. 즉, '우리나라 지체 구조의 특징을 다양성이라는 측면에서 서술하시오.'와 같은 활동은 R2 전략으로, '모둠별로 다양한 지형 경관을 답사하고, 답사보고서를 만들어보자'와 같은 활동은 R3 전략으로 분류하였다.

친밀성 요소를 판단하는 준거는 '기존 지식의 발전(R4)'과 '과거 경험과의 연결(R5)', '일상생활과의 연결(R6)' 전략이다. R4 전략은 학습자가 수업을 통해 학습한 지식 및 기능을 수업 후에 더 발전시킬 수 있도록 하는 텍스트가 포함되어 있는가를 살펴보는 것이다. 예를 들어, '세계 도시 정보 사이트'를 제시하여 수업 후에 학습자가 스스로 세계도시체계에 대한 자료를 찾아보면서 학습을 지속할 수 있도록 도와주는 것을 말한다.

R5 전략은 현재의 학습자료가 학습자에게 이미 익숙한 지식 및 기능(전시 학습 내용)과 연결시켜주는 진술이 있는가를 살펴보는 것이다. 예를 들어, 도시 영역에서 우리나라 전통 촌락의 입지를 설명할 때 앞 단원에서 학습한 풍수지리 사상과 연관 지어 생각해볼 수 있도록 안내하는 텍스트를 제시하는 것이다. R6 전략은 학습 내용을 학습자의 일상생활 및 개인적인 경험과 관련지어 학습하도록 제시하고 있는가를 살펴보는 것이다. 예를 들어, 도시 규모와 도시 기능을 학습할 때 학습자가 사는 도시나 인근 도시의 기능을 조사해 보도록 하는 것이다.

교과서 분석 단위를 설정하기 위해 대단원의 단원 전개체제를 분석하였으며 표 11-3과 같다. 먼

표 11-3. 한국지리 교과서별 대단원 전개체제

단원 체제 교과서	대단원 도입	대단원 전개				대단원 정리
		중단원 도입	중·소단원 전개	중단원 정리		

단원 체제 교과서	대단원 도입	중단원 도입	중·소단원 전개	중단원 정리	대단원 정리
A	대단원명 ·이 단원에서는 ·단원의 주요 사진	중단원명 ·생각열기	소단원명 ·학습목표 ·본문 ·보충·용어 설명 ·탐구 활동 ·사례 활동 ·단원 타임머신 ·한걸음 더 ·Geo 이야기 ·주제 학습	–	답사 여행 ·논술 토론 ·정리하기 →서술하기 →활동하기
B	대단원명 ·단원 안내 ·단원 주요 사진	중단원명 ·생각열기	소단원명 ·학습목표 ·본문 ·읽기 자료 →도움 자료 ·인터넷 사이트 ·탐구 활동 →심화 활동 ·토론 학습 ·GEO story	–	정리하기 →되짚어보기 →마무리 활동
C	대단원명 ·이 단원에서는 ·단원 대표 사진	중단원명 →생각열기	소단원명 →학습목표 →본문 →활동하기 →더 알아보기 →궁금증 해결하기 →토론하기 →한국 지리 세계 지리 마주 보기 →사례 탐구 →답사 노트 →사진으로 보는 지리 이야기	중단원 내용 짚고 가기	단원 구조 완성하기 →단원 내용 정리하기 →함께 활동하기
D	대단원명 →단원 안내 →단원 대표 사진	중단원명	소단원명 →학습목표 →생각열기 →본문 →활동 →더 알아보기 →테마여행	–	대단원 정리 →확인 평가 →지리 탐구
E	대단원명 →사진으로 시작하기	중단원명 →생활 속 지리 →학습목표	소단원명 →생각열기 →본문 →탐구 →더 알아보기 →사례 꾸러미 →떠나자! 세계 속으로 →주제 탐구 →지리 여행	–	배운 내용 정리하기 →사고력 키우기 →수행평가

저 대단원을 대단원 도입, 대단원 전개, 대단원 정리로 구분하고, 대단원 전개는 다시 중단원별로 나누어 중단원 도입과 전개로 구분하였다. 중단원 정리는 C교과서에서만 나타나기 때문에 중단원 전개에 포함하여 분석하였다. 교과서 분석 단위는 '생각열기', '본문', '탐구활동' 등 하나의 텍스트(text)를 기준으로 하였으며, 텍스트들의 명칭은 표 3에서 제시한 각 교과서의 구성과 특징을 설명할 때 사용하는 명칭을 그대로 사용하였다.

하나의 텍스트에서 여러 가지 동기유발 전략들이 활용되기 때문에 중복집계, 분석하였다. 예를 들어 '탐구활동' 텍스트의 경우 학습활동을 제시하고 있다는 점에서 기능적 형식 변화(A5) 전략에 해당하고, 해당 탐구활동이 개인 학습 위주인지, 협동 학습 위주인지에 따라 R2나 R3 전략에도 해당할 수 있다. 또 탐구활동 수행을 위해 각종 자료들이 다양하게 제시된다면 시각적 형식 변화(A4) 전략에도 해당되는 것으로 분석, 집계하였다.

한국지리 교과서의 동기유발 전략 분석 사례는 그림 11-1과 같다. 그림 11-1의 '더 알아보기' 텍

제2부 지리수업, 학습자 그리고 지리교과서

스트의 분석 과정을 보면, 지역의 환경이 반영된 촌락 이름을 구체적인 사례를 들어 설명하고 있으므로 A1 전략이 활용되었음을 알 수 있다. 또한 사례를 제시할 때 글로 된 텍스트와 함께 사진을 함께 제시하고 있으므로 A4 전략이 활용되었고, "내가 사는 지역명의 유래를 조사해 보자."라는 활동을 함께 제시하고 있어 A5 전략과 R2 전략, R6 전략도 활용되었음을 알 수 있다.

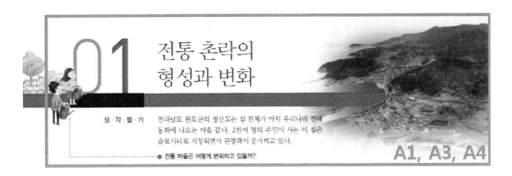

그림 11-1. 한국지리 교과서 텍스트와 동기유발 전략 사례

2) 단원 전개체제별 동기유발 전략 및 활용 특성

5종 교과서의 단원 전개체제에 따라 활용된 동기유발 전략을 비교해보면 표 11-4와 같다. 교과서별 분석 시에는 대단원 도입, 대단원 전개(중단원 도입, 전개), 대단원 정리로 나누어 분석하였으나, 교과서별 분석 결과를 종합한 분석에서는 대단원 도입과 중단원 도입을 합쳐서 '도입', 중단원 전개를 '전개', 대단원 정리를 '정리'로 대분하여 분석하였다.

분석 대상 교과서에서 활용된 동기유발 전략의 수는 총 1,747개이며, 도입에서는 147개(8.4%), 전개에서는 1,500개(85.9%), 정리에서는 100개(5.7%)가 활용된 것으로 나타났다. 당연히 교과서 페이지 분량이 가장 많은 전개부분에서 가장 많은 동기유발이 이루어졌다. 단원의 전개와 비교하면 단원의 도입과 정리에서 적은 수의 동기유발 전략이 활용되었으나, 교과서에서 차지하는 페이지의 비중을 고려하면 상대적으로 동기유발 전략이 많이 활용되었다.

단원의 도입과 정리를 비교하면, 정리보다 도입에서 1.5배 정도 많은 동기유발 전략이 활용되었다. 이는 분석 대상 한국지리 교과서들은 대체로 학습자들이 새롭게 학습할 내용에 대해 흥미와 호기심을 가지고 학습을 시작할 수 있도록 하는 데 강조점을 두고 있음을 나타낸다. 그러나 학습자의 학습동기는 학습의 마무리 단계는 물론 이후의 학습까지 계속되어야 한다는 점에서 정리 단계에서 동기유발 전략의 필요성과 중요성에 대한 인식이 필요하다.

교과서별로 살펴보면, 가장 많은 동기유발 전략이 활용된 교과서는 C교과서(433개)이며, 그 다음으로는 E교과서(415개), B교과서(305개), D교과서(303개), A교과서(291개) 순으로 나타났으며, 교과서별로 양적 비중의 차이가 큰 것을 알 수 있다. 5종의 교과서 모두 단원의 전개에서 동기유발 전략이 가장 많이 활용되고 있다. 단원의 도입과 정리에서 활용된 동기유발 전략 비중을 비교하면, 단원 도입부분에서 동기유발 전략을 활발하게 활용하는 교과서(B, C, E), 단원 정리부분에서 활발

표 11-4. 한국지리 교과서의 단원 전개체제에 따른 동기유발 전략

교과서	A	B	C	D	E	계(%)
도입	30(10.3)	34(11.1)	34(7.9)	4(1.3)	45(10.8)	147(8.4)
전개	231(79.4)	260(85.2)	383(88.5)	280(92.4)	346(83.4)	1,500(85.9)
정리	30(10.3)	11(3.6)	16(3.7)	19(6.3)	24(5.8)	100(5.7)
계(%)	291(100)	305(100)	433(100)	303(100)	415(100)	1,747(100)

하게 활용하는 교과서(D), 단원의 도입과 정리 모두에서 동기유발 전략을 활발하게 활용하는 교과서(A)로 구분되었다.

지형 영역과 도시 영역별로 단원 전개체제에 따른 동기유발 전략을 살펴보면 다음의 표 11-5, 6과 같다. 총 1,747개의 동기유발 전략 중 지형 영역에서 835개(47.8%), 도시 영역에서 912개(52.2%)의 전략이 활용되었다. 지형 영역보다 도시 영역의 중단원 수가 1~2개 더 많음에도 불구하고 두 영역의 비중의 차이가 크지 않은 것을 볼 때, 지형 영역에서 상대적으로 보다 많은 동기유발 전략이 활용되었다고 볼 수 있다. 각 동기유발 전략들이 단원 전개체제에서 활용된 비중을 비교해 본 결과, 일부 전략을 제외하고는 영역 간에 두드러진 차이는 나타나지 않았다.

표 11-5. '지형 영역' 단원 전개체제에 따라 활용된 동기유발 전략

	주의집중(A)						관련성(R)							계 (%)
	A1	A2	A3	A4	A5	소계 (%)	R1	R2	R3	R4	R5	R6	소계 (%)	
도입	21 (12.0)	1 (1.0)	15 (30.0)	17 (7.2)	0	54 (8.2)	9 (18.0)	0	0	0	0	0	9 (5.0)	63 (7.5)
전개	148 (84.6)	95 (96.0)	34 (68.0)	210 (88.6)	81 (86.2)	568 (86.7)	41 (82.0)	80 (87.0)	25 (89.3)	4 (100)	0	6 (100)	156 (86.7)	724 (86.7)
정리	6 (3.4)	3 (3.0)	1 (2.0)	10 (4.2)	13 (13.8)	33 (5.0)	0	12 (13.0)	3 (10.7)	0	0	0	15 (8.3)	48 (5.7)
계 (%)	175 (100)	99 (100)	50 (100)	237 (100)	94 (100)	655 (100)	50 (100)	92 (100)	28 (100)	4 (100)	0	6 (100)	180 (100)	835 (100)

표 11-6. '도시 영역' 단원 전개체제에 따라 활용된 동기유발 전략

	주의집중(A)						관련성(R)							계 (%)
	A1	A2	A3	A4	A5	소계 (%)	R1	R2	R3	R4	R5	R6	소계 (%)	
도입	27 (13.8)	2 (1.9)	20 (40.8)	24 (9.5)	0	73 (10.4)	10 (15.9)	0	0	0	0	1 (7.7)	11 (5.2)	84 (9.2)
전개	162 (83.1)	99 (95.2)	29 (59.2)	221 (87.4)	87 (86.1)	598 (85.2)	53 (84.1)	83 (86.5)	26 (89.7)	7 (87.5)	1 (100)	8 (61.5)	178 (84.8)	776 (85.1)
정리	6 (3.1)	3 (2.9)	0	8 (3.2)	14 (13.9)	31 (4.4)	0	13 (13.5)	3 (10.3)	1 (12.5)	0	4 (30.8)	21 (10.0)	52 (5.7)
계 (%)	195 (100)	104 (100)	49 (100)	253 (100)	101 (100)	702 (100)	63 (100)	96 (100)	29 (100)	8 (100)	1 (100)	13 (100)	210 (100)	912 (100)

두 영역 간에 차이가 나타난 전략은 주의집중 전략의 A3 전략과 관련성 전략의 R4, R5, R6 전략이다. A3 전략은 지형 영역에서 도입과 전개에서 활용된 비율이 1:2 정도로 대부분 전개에서 활용된 것으로 나타났으나, 도시 영역에서는 도입과 전개의 비율이 1:1 정도로 서로 비슷하게 나타났다. R4 전략은 전개 단계에서만 활용된 지형 영역과 달리 도시 영역에서는 정리 단계에서도 활용하고 있었다. R5 전략은 유일하게 도시 영역의 전개 단계에서만 활용되었다. R6 전략은 전개 단계에서만 활용된 지형 영역과 달리 도시 영역에서는 도입, 전개, 정리의 모든 단계에서 활용되었다.

동기유발 전략별 양적 비중을 살펴보면, 주의집중 전략은 총 1,357개 활용되었으며, 그 중 1,166개(85.9%)가 전개부분에서 활용되었다. 도입부분에서는 127개(9.4%), 정리부분에서는 64개(4.7%)가 활용되었다. 단원의 정리보다 도입에서 더 많이 활용된 것은 새로운 내용의 학습에 들어가기 전에 일단 학습자들을 주의집중 시킬 필요가 있기 때문이다. 그러나 학습이 끝날 때까지 학습자의 학습동기를 유지하기 위해서는 단원의 정리에서 주의집중 전략의 비중을 늘려야할 필요성이 있다.

관련성 전략은 총 390개 활용되었으며, 그 중 334개(85.6%)가 단원의 전개에서 활용되었다. 단원의 정리에서 36개(9.2%), 단원의 도입에서 20개(5.1%) 정도의 관련성 전략이 활용되었다. 주의집중 전략과 다른 점은 단원의 도입보다 정리에서 동기유발 전략이 더 많이 활용되었다는 점이다. 이는 학습한 내용을 정리하면서, 지리가 학습자와 동떨어진 교과가 아니라 개인적인 관련성이 있음을 인식할 수 있도록 하여 학습동기를 유발, 유지하기 위한 것으로 보인다. 그러나 학습이 시작되는 도입에서부터 학습 내용과 학습자 사이의 관련성을 깨달을 수 있도록 안내해 준다면, 동기의 유발, 유지가 더 잘 이루어질 수 있을 것이다.

단원 전개체제에 따라 활용된 동기유발 전략별 내용은 다음과 같다(그림 11-2, 3). 먼저, 주의집중 전략의 지각적 각성 요소에 해당하는 A1, A2 전략을 보면, A1 전략은 370개가 활용되었다. 대부분 단원의 전개(83.8%)에서 활용되었고, 도입(13.0%)에서도 많이 활용되고 있었다. 전개 부분에서는 거의 모든 텍스트들(본문, 본문의 내용을 보충·심화해주는 텍스트들, 각종 활동 등)에서 문자 텍스트의 내용을 각종 시각자료를 통해 구체화시키기 위해서 활용하였으며, '생각열기'와 같은 단원의 도입 부분에서는 학습내용과 관련된 구체적인 사진을 제시하여 동기를 유발하는 경우가 많았다. A2 전략은 203개가 활용되었는데, 추상적이고 이해하기 어려운 지리적 개념, 원리 등을 각종 시각자료를 통해서 도식화시켜서 이해를 돕는 전략이기 때문에 학습 내용을 본격적으로 다루는 단

(개수) 600

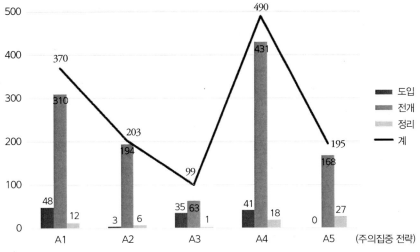

그림 11-2. 한국지리 단원 전개체제에 따라 활용된 주의집중 전략

원의 전개에서 주로 활용(95.6%)되고 있었다.

탐구적 각성 요소에 해당하는 A3 전략은 99개가 활용되었으며, 단원의 전개(63.6%)와 도입 (35.4%)에서 주로 활용되고 있었다. 전개 부분에서는 보충·심화 텍스트나 활동 텍스트 등에서 학습자의 지적 갈등과 호기심을 유발하고 있었으며, 도입 부분에서는 생각열기와 같은 텍스트에서 나타나고 있었다.

변화성 요소에 해당하는 A4, A5 전략을 보면 A4 전략은 490개가 활용되었으며, 단원의 전개 (88.0%)와 도입(8.4%)에서 주로 활용되고 있었다. 단원의 전개에서는 단원을 구성하는 거의 모든 텍스트들에서 활용되고 있었으며, 도입에서는 생각열기 텍스트 안에서 글과 시각자료를 함께 제시하는 형식으로 활용되고 있었다. A5 전략은 195개 활용되었으며, 단원의 전개(86.2%)와 정리 (13.8%)에서만 활용되었다. A5 전략은 주로 학습한 내용을 바탕으로 문제를 해결하는 탐구활동 등의 학습 활동 텍스트에서 활용되는 전략이기 때문에 도입부에서는 활용되지 않았다.

다음으로, 관련성 전략의 목적 지향성 요소에 해당하는 R1 전략은 113개가 활용되었으며, 단원의 전개(83.2%)와 도입(16.8%)에서만 활용되었다. 학습목표가 제일 먼저 제시되는 것임에도 불구하고 단원의 전개 부분에서 활용된 비중이 가장 높게 나타난 것은 본 연구에서 단원 전개체제 분석

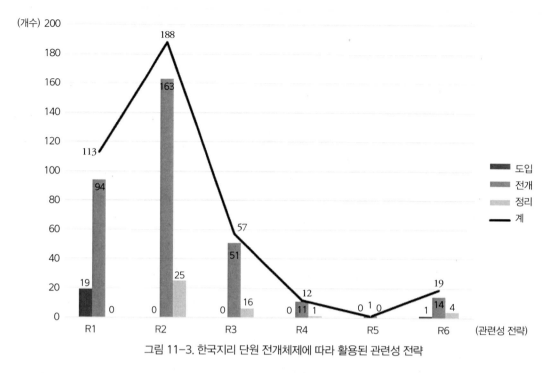

(개수) 200

그림 11-3. 한국지리 단원 전개체제에 따라 활용된 관련성 전략

의 최소 단위가 중단원이기 때문이다. 즉, 교과서에서 학습목표는 대부분 소단원의 시작 부분에서 제시되고 있기 때문에 R1 전략이 중단원 전개에 포함되어 전개 부분의 비중이 가장 높게 나타났다.

동기 부합성 요소에 해당하는 R2와 R3 전략은 각각 188개, 57개가 활용되었으며, 모두 단원의 전개(86.7%, 89.5%)와 정리(13.3%, 10.5%)에서만 활용되었다. R2와 R3 전략은 학습자 개인 또는 협동학습을 통해서 학습 내용을 탐구하거나 정리해보도록 할 때 활용하는 전략이므로 본격적인 학습이 시작되기 전인 도입에서는 활용할 수 없기 때문에 이러한 결과가 나타나게 되었다.

친밀성 요소에 해당하는 R4, R5, R6 전략을 보면, R4 전략은 12개가 활용되었으며, 단원의 전개(91.7%)와 정리(8.3%)에서만 활용되었다. 단원의 도입은 학습이 시작되는 단계이기 때문에 학습한 지식 및 기능을 더 발전시킬 수 있도록 안내하는 R4 전략이 활용되기 어렵다. R5 전략은 분석 대상 전체에서 단 한 번 활용되었는데, 도시 영역의 전개부분에서 단 한 번 활용되었다. 만약 단원의 도입에서 R5 전략을 활용하여 고등학교 한국지리와 연결되는 초등학교 및 중학교의 사회 학습 내용을 상기시켜 준다면 학습의 계열성 유지는 물론 학습동기 유발에도 도움이 될 것이다.

R6 전략은 19개가 활용되었으며, 단원의 전개(73.7%)와 정리(21.1%)에서 여러 활동들을 통해

수업에서 학습한 내용이 학습자의 일상생활에 실제로 어떻게 나타나는지 찾아보도록 하고 있었다. 이 전략은 주로 전개와 정리부분에서 활용되었으며, 도입에서는 한 번만 활용되었다. 단원의 도입에서 R6 전략의 활용 비중을 높여 일상생활에서 찾아볼 수 있는 지리적 현상들을 제시, 관련시키며 수업을 시작한다면 학습자의 동기를 유발하는 데 효과적일 것이다.

3) 동기유발 전략별 활용 특성

한국지리 교과서에서 활용된 동기유발 전략의 양적 비중을 비교해 보면 다음의 표 11-7과 같다. 먼저 한국지리 교과서 5종에서 나타난 총 1,747개의 동기유발 전략 중 주의집중 전략은 1,357개 (77.7%)가 활용되었으며, 관련성 전략은 390개(22.3%)가 활용되어, 주의집중 전략이 관련성 전략의 약 3.5배 정도 많이 활용되고 있는 것으로 나타났다.

각 동기유발 전략의 활용 비중을 살펴보면, A4(28%), A1(21.2%), A2(11.6%), A5(11.2%), R2(10.8%), R1(6.5%), A3(5.7%), R3(3.3%), R6(1.1%), R4(0.7%), R5(0.1%) 전략의 순으로 나타났다. 이를 교과서별로 보면, 5종의 교과서 모두 A4, A1 전략을 가장 많이 활용하였으며, 나머지 전략들의 활용 비중은 교과서별로 약간의 차이가 나타났다.

A4, A1 전략을 제외한 나머지 전략들의 활용 비중을 비교해 보면, A와 D교과서에서는 다양한 학습 활동을 제공하는 A5 전략과 개인 학습 기회를 제공하는 R2 전략이 많이 활용되었다. B와 C교과서에서는 시각자료를 통해 개념·원리를 설명하는 A2 전략과 A5 전략이 상대적으로 많이 활용되었다. E교과서에서는 지적 갈등을 유발하는 A3 전략과 A2 전략이 많이 활용되었다는 것이 교과서별 특징이라고 할 수 있다.

지형 영역과 도시 영역을 비교해 보면, 지형 영역에서는 A3 전략이 R1 전략보다 많이 활용되었고, 도시 영역에서는 R1 전략이 A3 전략보다 많이 활용되었다는 점이 내용영역별 특성을 반영한 차이점이라 할 수 있다. 동기유발 전략이 활용된 비중의 순서는 두 영역에서 같은 것으로 나타났지만, 세부적으로 살펴보면 특정 동기유발 전략이 지형 영역보다 도시 영역에서 좀 더 많이 활용된 것으로 나타났다. 즉, R4, R5, R6의 세 가지 전략은 도시 영역에서 2배 이상 더 많이 활용된 전략들이다.

각 동기유발 전략들이 한국지리 교과서에서 어떻게 활용되었는지 그 특성을 살펴보면 다음과 같

표 11-7. 한국지리 교과서에서 활용된 동기유발 전략의 양적 비중

대단원	교과서	주의집중(A)						관련성(R)							계(%)
		A1	A2	A3	A4	A5	소계(%)	R1	R2	R3	R4	R5	R6	소계(%)	
지형영역	A	28	12	4	40	18	102	12	16	5	2	0	0	35	137 (7.8)
	B	33	23	7	48	15	126	12	14	5	0	0	0	31	157 (9.0)
	C	41	26	5	55	27	154	11	28	6	1	0	0	46	200 (11.4)
	D	23	16	9	28	19	95	10	19	4	1	0	2	36	131 (7.5)
	E	50	22	25	66	15	178	5	15	8	0	0	4	32	210 (12.0)
	소계(%)	175	99	50	237	94	655	50	92	28	4	0	6	180	835 (47.8)
도시영역	A	34	15	3	43	18	113	14	18	4	3	0	2	41	154 (8.8)
	B	37	18	7	48	11	121	14	10	2	0	0	1	27	148 (8.5)
	C	42	34	8	59	31	174	16	29	10	2	0	2	59	233 (13.3)
	D	32	19	12	37	24	124	13	22	7	1	1	4	48	172 (9.8)
	E	50	18	19	66	17	170	6	17	6	2	0	4	35	205 (11.7)
	소계(%)	195	104	49	253	101	702	63	96	29	8	1	13	210	912 (52.2)
계(%)		370 (21.2)	203 (11.6)	99 (5.7)	490 (28.0)	195 (11.2)	1,357 (77.7)	113 (6.5)	188 (10.8)	57 (3.3)	12 (0.7)	1 (0.1)	19 (1.1)	390 (22.3)	1,747 (100)

다. 먼저, 주의집중 요소 중 지각적 각성 요소 전략들을 살펴보면, A1 전략은 추상적이고 일반적인 개념을 그대로 받아들이는 것보다 문자자료와 시각자료를 활용한 구체적인 사례를 통해 학습하는 것이 더 이해하기 쉽기 때문에 교과서에서 많이 활용되었다. 문자자료와 시각자료 중 교과서에서 가장 많이 활용된 자료는 시각자료에 해당하는 사진 자료였다. A2 전략에서 가장 많이 활용된 시각자료는 모식도와 도표, 지도이다. 세 가지 자료는 지형, 도시 영역에 상관없이 많이 활용되었으나 상대적으로 모식도는 지형 영역에서, 도표는 도시 영역에서 주로 활용되었다(그림 11-4).

지형 영역에서는 지형의 형성과정이나 지형 간의 연결 관계 등을 지도나 사진 한 장에 담기 어려우므로 실제 모습을 단순화시켜 표현할 수 있는 모식도가 많이 활용된 것으로 보이며, 도시 영역에서는 지형 영역과는 달리 최소 요구치, 재화의 도달 범위 등 추상적인 개념이 많기 때문에 주로 통계자료나 그래프를 통해 간접적으로 설명하고 있는 것으로 보인다. 교과서가 아닌 실제 수업에서 A1, A2 전략을 활용한다면 교과서에서는 보여줄 수 없는 다양한 영상자료, 플래시 자료 등도 전략적으로 사용할 수 있을 것이다.

둘째, 주의집중 요소 중 탐구적 각성 요소(A3 전략) 전략을 살펴보면, 이 전략은 대부분 중단원 또는 소단원의 도입부에서만 한 번씩 활용되어서 비중이 적게 나타났다. 교사가 일방적으로 지식을 주입하는 수업이 아닌 학습자 중심의 자기 주도적 학습을 위해서는 학습 내용과 관련하여 학습자의 인지적 갈등을 자극하고 호기심을 유발하는 A3 전략이 더 많이 활용되어야 할 것이다.

셋째, 주의집중 요소 중 변화성 요소 전략들을 살펴보면, A4 전략은 교과서에서 가장 많이 활용되었는데, 이는 다른 주의집중 전략들(A1, A2, A3, A5)이 활용될 때, 동시에 활용되는 경우가 많았기 때문이다. A5 전략은 대부분 제시된 자료를 활용하여 주어진 문제를 해결하는 식으로 활용되었으며, 게임 활동이나 지도 그리기 활동, 십자말풀이 활동 등의 독특한 활동들은 주로 단원 정리에서 기계적으로 한 번씩 활용되는 경향이 나타났다.

교과서의 활동들이 비슷한 양식으로 반복적으로 제시되면 학습자가 지루함을 느낄 수 있으며, 제시된 자료를 읽고 단순히 정리하는 방식의 활동은 지적 갈등을 유발하기 어렵다. 학습자가 이해하기 쉽고 흥미를 유발하는 교과서란 내용이 쉽다거나 어려운 내용을 자주 반복한다고 성립되는 것이 아니다. 흥미 있는 교과서란 학습자의 선지식과 인식해야 할 새로운 지식 간의 갈등을 유발시킬 때 가능하다(홍미화, 2011, 136). 따라서 현재 교과서에 정리부분에서 기계적으로 활용되고 있는 A5 전략이 학습자의 동기유발이나 지속에 도움이 되는 것인지 질적인 관찰, 분석이 필요하다.

넷째, 관련성 요소 중 목적 지향성 요소인 R1 전략을 살펴보면, 이 전략은 주로 소단원의 도입에서 지식 영역에 해당하는 학습 목표를 제시하는 데 활용되었다. 최근의 교육과정에서는 인지적 능력뿐만 아니라 정의적 능력을 강조하고 있으므로, 학습 목표가 지식 영역에만 치우치지 않도록 해야 할 것이다.

다섯째, 관련성 요소 중 동기 부합성 요소 전략들을 살펴보면, R2 전략이 R3 전략보다 약 3.3배 정도 많이 활용되어 학습자들의 다양한 인지양식에 대한 고려가 부족한 것으로 나타났다. R2와 R3

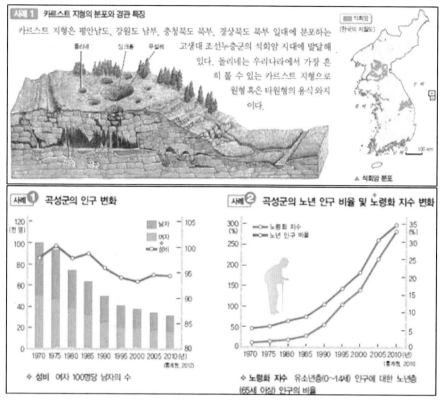

그림 11-4. 한국지리 교과서의 '시각자료 활용(A2)' 전략 사례
(위: 지형 영역, 아래: 도시 영역)

전략의 비중이 가장 많이 차이나는 교과서는 C교과서로 약 5:1 정도의 차이를 보이고 있으며, 가장 비중의 차이가 적은 교과서는 E교과서로 약 2:1 정도의 차이를 보이고 있다. 학습자의 인지양식에 따라 학습에 대한 접근방식이나 수업방법에 대한 선호도가 다르기 때문에 이를 고려하여 수업을 계획한다면 학습동기 유발 및 유지를 더 효과적으로 할 수 있다. 따라서 학습 활동이 R2 전략에 지나치게 편중되고 않도록 R3 전략 등 다양한 전략의 효과적인 활용에 대한 인식이 필요하다.

마지막으로 관련성 요소 중 친밀성 요소 전략들을 살펴보면, R4 전략을 활용한 교과서는 A, C, D 교과서로, 학습자가 학습한 내용을 수업 중, 혹은 수업 후에 찾아볼 수 있도록 관련 인터넷 사이트를 안내하고 있다. 인터넷 사이트를 안내하는 것 외에도 학습 내용과 관련된 책이나 영화, 다큐멘터리 등을 찾아볼 수 있도록 다양한 유형의 R4 전략을 활용하면 좋을 것이다.

R5 전략을 활용한 교과서는 D교과서뿐이다. D교과서에서는 도시 영역을 학습하는 데 필요한 전

우리나라의 전통 촌락은 배산임수(背山臨水)의 원리에 따라 북서풍이 차단되고 용수와 경지 확보 등이 유리한 곳에 주로 입지해 있다. 배산임수의 촌락은 풍수지리 상 길지(吉地)에 속하며, 실제 생활에서도 산지와 경지에 대한 접근성이 양호하다. 또한, 뒤쪽의 산이 겨울철 차가운 바람을 막아 주며, 마을 앞에 흐르는 하천은 비옥한 농경지를 제공하며 용수를 쉽게 구할 수 있는 장점이 있다.

Link
1단원 13쪽의 '풍수지리 사상'과 연관 지어 생각해보자.

그림 11-5. 한국지리 교과서의 '과거 경험과의 연결(R5)' 전략 사례

시 학습 내용을 이전 단원에서 찾아볼 수 있도록 교과서 여백의 텍스트를 통해 안내하는 전략을 활용하고 있다(그림 11-5). A교과서에서도 분석 대상 단원은 아니지만, 지역지리 영역에서 R5 전략을 활용하고 있었다. R5 전략은 학습자들이 파편화된 지식이 아닌 서로 연결된 하나의 온전한 지리적 지식을 얻을 수 있도록 도와준다.

R6 전략은 현재 교과서에서 차지하는 비중은 작지만 학습자들이 지리학습이 일상생활에서 꼭 필요한 내용이라는 것을 인식할 수 있도록 도와준다는 점에서 매우 중요한 전략으로 주목하고 전략적으로 활용할 필요가 있다. 이는 최근 개정 교육과정에서 지리과 교수-학습 방법의 하나로 제시된다. 즉, 지리과 교수-학습에서는 학생들이 일상생활에서 나타나는 지리적 현상을 좀 더 구체적으로 경험할 수 있도록 지역 사회의 특성과 학교의 실정에 알맞은 학습자료를 구성, 제시하는 것이 중요하다(교육과학기술부, 2011).

4. 정리

학습자의 동기는 국가 교육과정의 실제 수준을 높이는 데 가장 중요한 요소 중 하나이다(Feng and Tuan, 2005, 463). 학습동기는 학습자가 학습의 과정 자체를 즐기고, 학습 효과에 만족감을 갖도록 하여 학습의 성과에 영향을 미치기 때문이다. 따라서 교사는 학습자의 학습동기를 유발하고 유지시키기 위하여 수업설계 시 학습동기를 체계적으로 설계하고 이에 필요한 동기유발 전략에 대해 잘 알고 있어야 한다.

이에 본 장에서는 수업에서 가장 많이 사용하는 교과서를 대상으로 동기유발 전략을 분석하였다. 분석 대상은 2009 개정 고등학교 한국지리 교과서 5종이며, Keller의 ARCS 동기 설계 모형의

네 가지 주요 요소 중 한국지리 교과서 분석에 적합한 주의집중 요소와 관련성 요소를 바탕으로 총 11개의 분석 준거를 설정하였다. 분석 준거를 바탕으로 한국지리 교과서에서 활용된 동기유발 전략들을 단원 전개체제, 내용 영역(지형과 도시지리)별로 양적 비중과 그 활용 특성을 살펴보았다.

양적 비중의 분석 결과, 한국지리 교과서에서는 주의집중 전략이 관련성 전략의 약 3.5배 정도 많이 활용되었다. 단원의 전개부분에서는 11개 동기유발 전략이 모두 활용되고 있었지만, 도입과 정리 부분에서는 동기유발 요소별로 양적 활용 비중의 상대적인 차이가 나타났다. 단원의 양적 비중이 높은 도시 영역에서는 지형 영역보다 더 많은 동기유발 전략이 활용되었으며, 관련성 요소의 하위 요소인 친밀성 요소(기존 지식의 발전, 과거 경험과의 연결, 일상생활과의 연결) 전략들이 특히 더 많이 활용된 특성도 나타났다.

이러한 분석 내용과 결과는 다음을 시사한다.

먼저, 교과서는 특정 동기유발 전략에 치우치지 않고, 단원이 전개되는 동안 학습동기가 계속 유지될 수 있도록 구성해야 한다는 것이다. 현재 한국지리 교과서의 동기유발 전략은 주의집중 전략에 치우쳐 있으며, 상대적으로 단원의 정리에서 동기유발 전략이 적게 활용되고 있다. 동기를 구성하는 필요조건인 주의집중, 관련성, 자신감, 만족감 요소 중 어느 하나라도 충족되지 않는다면 학습자의 학습 동기는 유발, 지속되지 않는다. 자신감과 만족감 요소는 주로 교사와 학생 간의 상호작용에 의해 충족된다. 따라서 교과서는 주의집중과 관련성 전략을 위주로 특정 동기유발 전략에 편중되지 않도록 내용을 구성해야 하며, 단원의 시작부터 끝까지 학습동기가 유지될 수 있도록 동기유발 전략을 활용해야 한다.

다음으로, 교사가 교과서에서 부족한 동기유발 요소들을 보완해 줄 수 있는 학습자료를 구성하고 개발해야 한다. 예를 들어, 관련성 전략의 '일상생활과의 연결' 전략의 경우 지면이 한정된 교과서를 대신하여, 교사는 학습자가 살고 있는 지역특성은 물론 학습자 환경에 적절한 학습자료를 개발하고 전략적으로 활용해야 한다.

마지막으로, 한국지리 교과서에서 나타나는 동기유발 전략의 양적인 수준을 분석한 결과를 바탕으로 지리수업에서 교과서가 실제로 학습동기를 유발, 유지시키는 데 효과가 있는지, 교과서의 동기유발 전략들 중 어떤 전략이 가장 효과적으로 학습동기를 유발·유지시키는지, 동기유발 전략의 질적인 수준은 어떠한지 등에 대해 교사가 구체적이고 미시적으로 탐구해 보는 것이 필요하다.

제12장 대학수학능력시험과 지리그래프

1. 대학수학능력시험과 지리그래프

1) 대학수학능력시험과 지리그래프

우리나라 대학수학능력시험(이하 수능)은 종전의 대학입학학력고사를 대신하여 대학 신입생 선발의 타당성을 제고하고 고차적인 사고력 평가를 강화하여 교육적으로 의미 있는 경쟁을 유도한다는 등의 취지로 1994년부터(1995학년도 대학수학능력시험) 도입, 실시하게 된 국가고사이다(한국교육과정평가원·한국교육개발원, 2004).

현재 우리나라 대학의 신입생 선발을 위한 입학전형자료는 고등학교 내신과 수능 성적, 논술고사 등 대학별 고사의 성적이며 그 각각의 반영 비율은 각 대학이 정하고 있다. 이들 전형 자료 중에서 수능 성적은 대학의 학생 선발에서 객관성과 공정성을 높이는 주요 전형 자료로 활용되고 있다. 1994년 언어, 수리·탐구(Ⅰ), 수리·탐구(Ⅱ), 외국어의 4개영역으로 시작한 수능에서 지리는 '수리·탐구(Ⅱ) 영역' 중 사회탐구영역에서 인문, 자연계열의 구분 없이 한국지리, 세계지리, 경제지리 3개 과목이 출제되었다. 1997학년도부터 수리·탐구(Ⅱ) 영역에서 인문, 자연계열에 따라 사회·과학탐구의 반영 비율을 달리하게 되었다.

진로와 적성에 따른 선택과 집중을 특징으로 하는 제7차 교육과정이 적용된 2005학년도 수능부터 현재 수능의 체제와 성적 반영 비율의 큰 틀이 정해졌다(한국교육과정평가원, 2005). 2005학년도 수능에서 탐구영역은 사회탐구, 과학탐구, 직업탐구의 세 영역으로 나누어졌으며, 수험생들은 이들 중에서 하나의 영역만을 선택하고 선택 한 영역에서 최대 4과목을 응시할 수 있게 되었다. 지리는 총 11개 사회탐구 과목 중 한국지리, 세계지리, 경제지리 3개 과목이 심화 선택과목으로 출제되었다.

이른바 2007년 교육과정이 개정되었으나 졸속 개정의 문제로 수능에는 미처 적용·시행되지 못하였지만, 2012학년도 수능 시험 체제 개편에 따라 탐구영역의 선택과목은 3과목으로 줄어들었다. 2012학년도 수능 사회탐구 과목은 윤리, 국사, 한국지리, 세계지리, 경제지리, 한국근현대사, 세계사, 법과사회, 정치, 경제, 사회문화의 11개이다.

타당한 근거는 물론 최소한의 절차적 요건 없이 경제지리 과목이 폐지된 이른바 2009 개정 교육과정이 처음 적용된 2014학년도 수능에서 지리는 한국지리와 세계지리의 2개 과목만 출제되었으며, 학생들은 자신이 선택한 탐구영역에서 최대 2개 과목만 응시하도록 제한하였다. 2014학년도 수능 사회탐구 과목은 생활과 윤리, 윤리와 사상, 한국사, 한국지리, 세계지리, 동아시아사, 세계사, 법과정치, 경제, 사회문화의 10개이다. 2014학년도 수능에서는 탐구영역(사회·과학·직업탐구) 중, 사회나 과학탐구영역을 선택한 학생은 2개 과목만 선택, 응시할 수 있었다.

널리 알려진 바와 같이 우리나라에서 수능은 고등학교 교육은 물론 우리나라 교육 전반에 미치는 영향은 긍정적, 부정적 측면 모두에서 지대하다. 학교교육에서 평가는 목적이나 기능에 따라 달리 정의될 수 있지만, 고등학교 교육과정을 통해 학습된 능력을 측정하는 것이 수능 출제의 기본방향이므로 그 기본 성격이 목표지향적이다.

목표지향평가인 수능은 각 교과의 교육과정 목적 달성에 적절한 목표 수립 및 교육 내용의 선정과 조직 등에 큰 영향을 미치며, 교실 수업에 직접적이고 구체적으로 환류 된다. 다른 교과와 비교할 때, 수능 지리 과목의 출제 문항에서는 각종 지도와 그래프 등 다양한 시각자료가 큰 비중을 차지하는 것이 특징이며, 이러한 현상은 교실 수업의 내용과 목표에 직접적이고 구체적인 영향을 미치고 있다.

최근 지리교육과정의 목표는 각 과목별 목적에 상응하는 일반적인 성격의 총괄 목표와 지식, 기능, 가치·태도로 상세화된 행동영역별 목표로 제시되고 있다. 교과 내용으로서의 지식에 대한 변화된 인식을 반영하고 있는 행동영역별 목표는 명제적 지식은 물론 문제해결 및 의사결정능력이나 적극적으로 참여하고 실천하는 태도 등의 방법적 지식과 실천적 지식의 영역까지 포괄하고 있다.

예를 들어, 2012년 7월 9일(교육과학기술부 고시 제2012-14호)에 고시된 세계지리의 영역별 목표는 "가. 세계의 다양한 자연 환경과 인문 환경에 대해 체계적이고 종합적으로 이해하는 능력을 기른다. 나. 세계 여러 지역에 대한 지리 정보를 수집, 분석, 평가하고, 그 지역에 대한 주제를 선정하고 탐구하는 능력을 기른다. 아울러 수집, 분석된 지리 정보를 도표화, 지도화하는 능력을 함양한다. 다. 지역 간 협력 및 상호 공존의 길을 모색하며, 지역 간 갈등과 분쟁을 이해하고 이를 해결하려는 태도를 기른다."이다(교육과학기술부, 2012b, 89).

좁게 보면 '나'항의 '지리 정보를 수집, 분석, 평가하거나 지리 정보를 도표화, 지도화하는 능력'인 기능목표를 측정하는 수능 문항에서 각종 지도와 도표 등의 시각자료가 적극적으로 활용된다고 생각할 수 있다. 그러나 '가'항의 지식목표인 '세계의 다양한 지리적 환경을 체계적이고 종합적으로 이해하는 능력'이나 '다'항의 가치·태도목표를 측정하는 문항에 이르기까지 수능 지리 과목은 모든 문항에서 다양한 시각자료를 활용하고 있다. 말 그대로 지리 과목의 수능 문항에서 지도, 도표, 그래프, 사진 등 각종 시각자료는 '지역과 관련되는 각종 지리적 정보의 수집, 비교, 분석, 종합, 평가, 적용하는 인지적 기능과 지도, 도표, 사진, 컴퓨터 등을 이용하여 표현할 수 있는 실제적 기능, 그리고 의사소통, 토론, 역할 수행, 협력, 책임감, 바른 행동 등의 사회적 기능을 다면적으로 평가'(교육과학기술부, 2012b, 95)하는 대상이자 내용 그 자체이다.

지금까지 지리과 수능에 대한 연구는 크게 수능 평가 문항의 평가 목표와 일치성을 타당도의 측면에서 분석한 연구, 과목별, 단원별 이원목적분류나 출제 빈도 등을 분석한 연구가 주로 이루어졌다. 그리고 수능 문항의 정교화에 대한 사례 연구, 탐구형 수능 문항에서 활용된 자료의 특성이나 수준을 분석한 연구, 수능 문항의 다문화 교육적 가치, 수능 문항과 지리도해력에 관한 분석, 수능 문항에서 지도활용과 출제 지역의 공간적 분포 등 다각적인 관점에서 수능 지리 문항에서 고려되어야 할 사항들을 분석, 검토하였다. 선행연구의 일부에서는 수능 문항에서 양적, 질적으로 다양하게 활용, 제시되고 있는 시각자료나 그래프의 중요성에 대해 부분적으로 주목하고 있지만, 이에 대한 체계적이고 분석적인 연구는 이루어지지 않았다.

수능 지리 문항은 물론 지리교과에서는 그래프의 형태나 데이터의 표현 방식이 각기 다른 다양한 유형의 그래프가 일상적으로 제시, 활용되고 있다. 하지만 이들 그래프의 유형이나 특징에 대한 기본적인 설명이나 학습은 이루어지지 않는 경우가 대부분이기 때문에 학생들은 그래프 이해나 해석에 많은 어려움을 겪게 된다. 학생들의 그래프 이해 수준이나 해석 능력은 개인에 따라 다르고,

해당 교과에서의 교육 수준이나 학습된 지식에 의존하며, 그래프의 유형이나 형식적 특징은 교과-영역적(subject-specific)이다(Friel et al., 2001; Postigo and Pozo, 2004; Roth et al., 2005; 이진봉 외, 2010). 지리교과에서 제시, 활용되는 지리그래프는 교과-영역적인 맥락에서 발생되는 실제적이고 구체적인 현상으로 접근되어야 한다.

지리교육에서 평가의 목적은 학생들의 지리 학습을 돕기 위해 학생들의 성취 정도를 파악하고 그에 따른 교육적 처치를 후속하는 데 있다. 이렇게 평가는 교사로 하여금 개별학생들의 학습에 대해 구체적인 상황에서 알고 이해하도록 해 주는 것이 주된 기능이며, 교수-학습 과정의 측면에서 평가는 학습에 대한 평가를 넘어 학습을 위한 평가가 되어야 한다. 이를 위해서는 지리 과목 수능에서 제시되는 다양한 시각자료의 유형이나 특징에 대한 기본적인 고찰이 선행되어야 하고, 이에 대한 교실에서의 학습이 이루어지도록 해야 한다.

이에 본 장에서는 제7차 교육과정이 적용되어 현행 수능 체제의 큰 틀이 정해진 2005학년도부터 2015학년도까지 11년 동안 한국지리, 세계지리, 경제지리 수능 문항(총 620개 문항)에서 제시되는 시각자료 중에서 매우 큰 비중을 차지하고 있는 지리그래프의 유형과 특징을 분석하고자 한다. 이른바 2009 개정 교육과정이 적용된 2014학년도 수능에서 경제지리는 과목으로 출제되지 않았으나, 경제지리 교육과정은 한국지리와 세계지리 과목으로 분산, 배치되었고, 졸속적이고 일시적인 현상이기 때문에 당연히 본 연구의 분석 대상으로 포함한다. 본 장에서 제시되는 표나 그래프의 통계자료에서 경제지리 과목은 2005학년도에서 2013학년도까지 포함한다.

본 장의 분석 내용과 결과는 학생들이 교실 수업에서 지리그래프에 대한 기본적인 특성을 학습하고 경험하는 데 필요한 기본 지식이나 자료가 될 것이다.

2) 수능 문항에서 제시되는 시각자료와 지리그래프 제시 방식

오늘날 교실 안과 밖의 인쇄물이나 정보 매체는 그래픽으로 넘쳐 난다. 문자자료 이외의 지도, 도표, 그래프 등의 그래픽을 흔히 시각자료라고 하는데, 이것은 복잡한 정보를 종합하거나 텍스트로 기술하기 어려운 현상을 나타내거나 자료를 간결한 방식으로 제시할 때 사용된다(Roth et al., 2005). 지리학적 현상의 표상은 물론 지리적 이해의 측면 모두에서 시각자료의 중요성은 더욱 증가하고 있다. 시각자료 중에서도 그래프는 각종 통계 자료나 변수들 간의 관계를 나타낸 그래픽 표상

(graphic representations)으로서 수학, 과학, 통계학과 같은 자연과학 분야는 물론 지리학, 경제학, 경영학 등의 사회과학 분야에서도 폭넓게 사용된다. 그래프는 1개 이상의 양적인 척도가 표현된 1~3개의 직선 및 원형 축이 결합되어 있기 때문에 다이어그램, 표, 도표, 삽화, 지도 등과 구분된다 (이진봉·이기영, 2007).

그래프는 자료를 시각적으로 제시하고, 추상적 개념을 예시하며, 복잡한 정보를 조직하고 새로운 지식과 기존 지식의 통합을 돕고, 정보의 파지를 높이며, 사고과정을 매개하고, 문제 해결력을 증진하는 등의 다양한 교육적 기능을 수행한다. 무엇보다 그래프는 '연속적인 두 측정치 사이의 관계를 나타내는 데 가장 좋은 도구'이고, '많은 양의 자료를 경제적으로 요약하는 데 매우 유용한 시각자료'라는 기능적 특징을 가지고 있다(Roth et al., 2005).

그래프는 표현하고자 하는 수치자료의 논리적인 배열과 일목요연한 시각화의 장점을 가지고 있어 여러 교과에서 활용되고 있지만, 교과별로 영역특수적인 맥락을 갖는다. 즉, 일반적인 상황에서 '그래프'는 널리 사용되는 일상적이고 보편적인 개념이지만, 지리교과의 맥락에서 지리적 정보나 현상을 수치화한 그래프를 통해서 지리적 현상의 원인을 추론하게 하거나 인과관계에 대한 설명 능력을 알아보는 데 활용한다면 '지리그래프'라는 지리적 개념으로 전환, 정의된다.

모든 학문 영역의 논리적 체계는 구체적인 경험 세계를 특정한 방식으로 재구성하는 것과 관련되어 있다. 이처럼 경험적 현상을 규정하고 정의하는 개념의 문제는 모든 학문에서 가장 기본적으로 요구되는 사항이며 특수한 논리체계를 구축하는 첫 번째 단계라고 할 수 있다. 즉, 모호함을 피하고, 이론적 체계를 세우기 위한 방편으로 학문 영역에서 합의된 용어를 사용하거나 혹은 연구자가 임의로 조작한 새로운 정의, 즉 '조작적 정의'를 통해 새로 도입한 용어에 경험적인 의미를 부여하면서 체계화·일반화하는 방법이 과학적 논의의 필수적 과정이라 할 수 있다(이정찬, 2013, 105-107). 이에 본 장에서는 '지리'와 '그래프'라는 단어가 합성된 복합 명사로써 지리과 수능 문항과 지리교육의 맥락에서 그 대상과 의미가 논의되는 '지리그래프'로 정의하고 서술한다.

지리그래프는 복잡하고 다양한 지리정보들을 정교하면서도 함축적으로 나타내는 그래픽 자료라는 점에서 오래전부터 지리교육의 중요한 교육 내용으로 다양하게 활용되어 왔지만, 이에 대한 연구는 활발하게 이루어지지 않았다. 지리교육의 관점에서 그래프의 정의나 유형의 분류와 같은 기초적인 연구 또한 일부에서 이루어졌다. 이승환(1999)은 중학교 사회과 교과서에서 활용된 그래픽자료의 특성을 비교하는 관점에서 '그래프는 복잡한 통계자료를 점의 수, 선의 길이, 점 및 선의 크기, 도형의 면적, 곡선의 각도 등의 변화를 통해 표현한 것'으로 정의했다. 김한승(2007)은 고등학교 지리교과에서 효과적인 그래프 활용에 대한 연구에서 '그래프는 데이터를 도형으로 나타내 수량의 크기를 비교하거나 수량의 변화 형태를 알기 쉽게 나타낸 차트의 일종'으로 '그래프는 점, 선, 그림 등으로 여러 가지 종류의 통계자료를 시각화하여 용이하게 파악할 수 있게 해주는 시각교재'로 설명하였다.

본 장에서는 지리교육의 맥락에서 '지리그래프란 2개 이상의 지리적 통계나 정량적 데이터 그룹을 2차원 이상의 가상공간에 점·선·면의 수, 길이, 크기, 면적, 각도, 위치, 색 등의 공간적, 시각적 요소로 표현하는 것'으로 정의한다. 이러한 정의를 바탕으로 지리교과 수능 문항에서 활용되고 있는 지리그래프의 유형과 그 특징을 살펴보았다. 지리그래프 유형 구분과 그래프가 제시된 문항의 도해력 수준 구분에 대한 연구자의 주관적 판단의 한계를 보완하기 위해 연구자와 전공자 간 단계별 삼각검증을 실시하였다. 즉, 일반성과 타당성 확보를 위해 연구자들과 고등학교 지리교사 및 지리교육전공 석사과정 학생들 간의 2단계 삼각검증을 실시하였다.

지리과 수능 문항의 일반적인 구조는 그림 12-1과 같다. 본 연구에서는 각 문항에서 시각자료가 활용되지 않는 지시문(질문)을 제외하고 자료, 보기, 답지에서 활용된 자료의 유형을 문자자료와 시각자료의 관점에서 구분, 분석하였다.

먼저, 문자자료는 문항 전체가 문자로만 구성된 경우이고, 시각자료는 지도, 표, 그림, 사진이 활

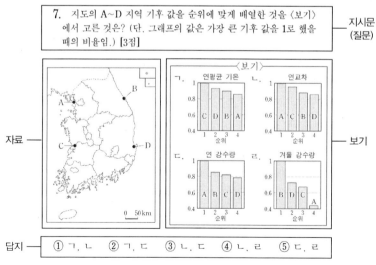

그림 12-1. 지리교과 수능 문항의 구조(2014학년도 한국지리 문항 7)

제2부 지리수업, 학습자 그리고 지리교과서

용된 경우와 그래프가 활용된 경우로 구분하였다(표 12-1). 표 12-1에서 '복합A'는 지도, 표, 그림, 사진 중에서 2개 이상이 결합되어 활용된 경우로, 수능에 활용된 지리그래프의 형태와 특징을 분석하는 본 연구의 목적에 부합하지 않으므로 시각자료의 제시방식을 분석하는 내용으로 한정한다.

그래프의 경우는 그래프의 제시 방식과 그 비중을 파악하기 위해 1개의 그래프만 제시되는 경우(단일그래프), 그래프가 2개 이상 중복되어 제시되는 경우(중복그래프) 그리고 1개 이상의 그래프가 지도, 표, 그림, 사진 등 다른 시각자료와 혼합되어 제시되는 '복합B'의 경우(복합그래프)로 구분하여 분석하였다. '중복그래프'의 경우는 같은 종류의 그래프가 2개 이상 중복되어 제시된 경우(중복A)와 서로 다른 종류의 그래프가 2개 이상 중복되어 제시된 경우(중복B)로 세분하였다. 이러한 그래프 제시 방식은 해당 문항에서 그래프가 갖는 기능과 매우 밀접한 관련이 있기 때문에 중요한 의미가 있다.

2005학년도부터 2015학년도까지 11년 동안 수능 지리 과목별로 문항 구성에 활용된 문자자료와 시각자료의 출제 비중을 살펴보면, 전체적으로 온전히 문자자료로 문항이 구성된 경우는 총 620문항 중에서 64문항으로 약 10%를 차지하고 있다. 나머지는 지도, 표, 그림, 사진, 그래프 등의 시각자료와 함께 구성된 경우로 90% 정도를 차지하고 있다. 시각자료 중에서 그래프만 활용된 경

표 12-1. 시각자료의 유형별 비중과 그래프 제시방식(2005-2015학년도)

자료 \ 과목				한국지리(%)	세계지리(%)	경제지리(%)	계(%)
문자자료				25(11.4)	11(5.0)	28(15.6)	64(10.3)
시각 자료		지도		54(24.5)	80(36.4)	5(2.8)	139(22.4)
		표		9(4.1)	6(2.7)	14(7.8)	29(4.7)
		그림		8(3.6)	8(3.6)	23(12.8)	39(6.3)
		사진		0(0)	2(0.9)	0(0)	2(0.3)
		복합A		24(10.9)	54(24.5)	19(10.6)	97(15.6)
		소계(%)		95(43.2)	150(68.2)	61(33.9)	306(49.4)
	그래프	단일		32(14.5)	12(5.5)	34(18.9)	78(12.6)
		중복	A	30(13.6)	7(3.2)	18(10.0)	55(8.9)
			B	9(4.1)	7(3.2)	13(7.2)	29(4.7)
		복합B		29(13.2)	33(15.0)	26(14.4)	88(14.2)
		소계(%)		100(45.5)	59(26.8)	91(50.6)	250(40.3)
		중계(%)		195(88.6)	209(95.0)	152(84.4)	556(89.7)
계(%)				220(100)	220(100)	180(100)	620(100)

우는 26.2%로 가장 많고, 다음으로 지도(22.4%), 그림(6.3%), 표(4.7%), 사진(0.3%)의 순으로 구성되고 있다. 말 그대로 지리과 수능의 문항 구성은 그래프와 지도 중심의 시각자료로 이루어지고 있음을 확인할 수 있다. 지도, 표, 그림, 사진 중에서 2개 이상 혼합되어 제시되는 '복합A'와 그래프가 다른 시각자료들과 혼합되어 제시되는 '복합B'를 고려하면 시각자료 중에서 지도의 활용 비중이 가장 높다.

문자자료와 시각자료의 출제 비중을 과목별로 살펴보면, 한국지리 문항에서는 각각 11.4%와 88.6% 정도이다. 시각자료 중에서는 그래프의 비중이 45.5%로 가장 높고, 지도 24.5%, 그래프를 제외한 시각자료가 2개 이상 복합되어 제시되는 경우(복합A)가 10.9%로 나타났다. 세계지리에서는 문자자료와 시각자료의 비중이 각각 5%와 95%이고, 시각자료 중에서는 지도의 비중이 36.4%로 가장 높고, 그래프 26.8%, 복합A가 24.5%로 나타났다.

경제지리에서는 문자자료와 시각자료의 비중이 각각 15.6%와 84.4%이고, 시각자료 중에서는 그래프의 비중이 50.6%로 가장 높고, 다음으로 그림이 12.8%, 복합A가 10.6%로 나타났다. 수능 지리과목 중에서 세계지리에서 시각자료를 활용하는 비중이 전체 문항의 95% 정도로 가장 높다는 것을 알 수 있다. 한국지리와 경제지리 과목에서는 그래프의 제시 비중이 매우 높고, 세계지리에서는 지도의 비중이 가장 높지만, 그래프의 경우는 그래프가 다른 시각자료와 결합되어 제시되는 복합B의 비중이 높은 것으로 나타났다.

시각자료별 출제 비중을 과목별로 살펴보면, 지도는 세계지리(36.4%)와 한국지리(24.5%)에서 주로 활용되고 있으며 경제지리에서는 거의 활용되지 않는다. 표와 그림은 전체 문항에서 차지하는 비중이 각각 4.7%, 6.3%로 매우 낮지만, 상대적으로 경제지리 과목에서 주로 활용되었다. 사진은 세계지리에서 2회 정도 제시되었을 뿐이다. 복합A가 시각자료 전체에서 차지하는 비중은 15.6% 정도이며, 지도 다음으로 높고 상대적으로 세계지리에서 활용되는 비중이 높게 나타났다.

지리그래프가 제시된 250개(100%) 문항의 그래프 제시방식별 비중을 살펴보면, 복합B그래프 (88개, 35.2%), 단일그래프(78개, 31.2%), 중복A그래프(55개, 22.0%), 중복B그래프(29개, 11.6%) 순으로 나타났으며, 단일, 중복, 복합그래프의 비중은 서로 비슷하다(표 12-1).

그래프 제시방식 중 상대적으로 높은 비중을 차지하는 '복합그래프'는 특정 주제 내에서 유사한 위계 수준의 여러 자료를 표현하기에는 적합하지만, 그러한 특성을 가진 지역의 위치 정보나 그래프만으로 표현하기 어려운 내용을 복합적으로 질문할 때 주로 활용되었다. '단일그래프'가 제시되

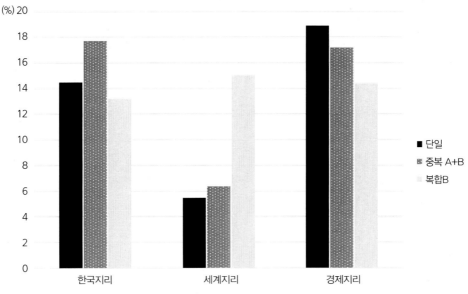

그림 12-2. 지리그래프의 과목별 제시방식과 비중

는 경우는 문항에서 요구하는 질문에 필요한 정보가 1개의 그래프에 충분히 담을 수 있는 경우가 대부분이었다. '중복A그래프'는 서로 다른 두 지역의 특성을 문항의 '자료'나 '보기'에서 단순 비교하거나, 그 특성을 답지로 구성한 경우에 주로 활용되었다. '중복B그래프'는 나타내고자 하는 데이터 정보가 지역별, 주제별로 다양하거나 복잡한 경우에 주로 활용되었다.

과목별 지리그래프 제시방식의 비중을 살펴보면, 한국지리에서는 단일그래프(14.5%), 중복그래프(17.7%), 복합그래프(13.2%)의 세 가지 방식의 비중이 서로 비슷하게 나타났다. 또 세계지리는 상대적으로 복합그래프(15%)의 활용 비중이 높고, 경제지리에서는 단일그래프(18.9%)와 중복그래프(17.2%)의 활용 비중이 높게 나타나는 등 과목별로 활용 비중이 다른 것으로 나타났다(그림 12-2).

2. 지리그래프의 유형과 출제 비중

분석대상 기간 동안 수능 지리 문항에서 제시된 지리그래프는, 형태적 특성을 바탕으로 분석한 결과 11개 유형으로 구분되었다. 학생들의 그래프 이해에 영향을 미치는 비평적 요인을 그래프 활용의 목적, 그래프와 관련된 과제 특성, 학문적 특성, 독자의 특성 등 네 가지로 설명한 Friel 등(2001)은 대부분의 그래프들이 갖는 구조적 구성요소를 시각적 차원에서 그래프의 기본구조 (framework), 명시적 표식(specifier), 라벨(label), 배경(background)의 네 가지로 제시하였다.

즉, ① 가장 간단한 그래프 기본 구조는 L자형이며, T자형 구조(T-shaped framework)와 양극 좌표에 기반한 구조(framework based on polar coordinates)를 가진 파이그래프(pie graph) 등이 있다. ② 명시적 표식이란, 선그래프에 표시된 선이나 막대그래프에 표시된 막대 등을 일컫는 것이다. ③ 라벨은 그래프 그 자체의 제목이나 각 축에 부여된 이름(내용)이다. ④ 배경이란, 그래프에 포함된 색깔, 격자, 배경그림 등이다.

본 장에서는 그래프의 기본구조와 명시적 표식을 중심으로 시각적 차원에서 뚜렷하게 구분되는 구조적 특징을 바탕으로 지리그래프의 유형을 분류하였다. 즉, 지리그래프는 상대적으로 그 형태 가 단순하고 일반적으로 널리 활용되는 '일반적인 그래프(막대, 선, 원, 띠, 분산형 그래프)'와 그 형 태가 좀 더 복잡한 '복잡한 그래프(방사형, 삼각형, 주식형, 콤보, 그림, 기타그래프)'의 11개 유형으 로 분류하였다.

'일반적인 그래프'인 막대그래프(Bar graph)는 기둥그래프라고도 하며 수직 또는 수평의 막대를 통해 양적인 정보를 보여 주는 그래프이다. 막대그래프에서 각 막대는 데이터 항목을 표현하며, 각 막대의 길이나 높이로 데이터 정보의 수치 값을 표현한다. 막대그래프는 자료들의 직관적 비교에 유용하며, 자료들의 상대적인 크기를 비교하는 데 유용하다. 또한 변인이 갖는 높은 값과 낮은 값 을 보여줄 수 있기 때문에 그 순위를 보여 주는 데에도 적합하다. 수직 또는 수평의 막대를 가로로 그리느냐, 세로로 그리느냐에 따라 가로막대그래프와, 세로막대그래프로 구분할 수 있으며 둘 이 상의 자료를 비교하기 위해 다중막대그래프를 활용하기도 한다.

선그래프(Line graph)는 매우 다양한 목적으로 사용되나 항목의 변화에 따라 대응하는 변량이 어떻게 변화해 가는지 전체적으로 파악하는 데 유용하며, '노인인구의 시기별 변화'나 '기후(강수 량, 기온, 생육일수 등) 변화' 등 연속되는 자료를 표현할 때 적합한 그래프이다. 선그래프는 주로 시계열적으로 자료를 표현하기 때문에 관찰되지 못한 시기의 값을 예측할 수 있다는 장점이 있다.

원그래프(Circle graph)는 전체 통계량에 대한 부분의 비율을 하나의 원 내부에 부채꼴로 구분한 그래프이다. 원의 중심각에서 반지름으로 분할하여 만들어지는 부채꼴의 넓이로 크기를 나타내는 일종의 면(적)그래프이며, 각 부분의 비율은 파이 조각 모양으로 나타나기 때문에 파이그래프(Pie graph)라고도 한다. 어떤 대상에 대하여 질적 혹은 양적으로 분류하거나 전체와 비교할 때 주로 사용하며, 각 부분의 자료 값은 백분율(%)로 나타내는 것이 효과적이다. 원그래프는 상대적인 양을 그림으로 나타낸 것이므로 절대적인 양을 파악하기 어렵다는 단점이 있어 수능 지리 문항에서는 주로 절대적인 양을 병기하는 방식으로 이러한 문제점을 보완하고 있다. 형태상으로 도넛형그래프와 원형그래프로 구분되기도 한다.

띠그래프(Band graph)는 전체에 대한 부분의 비율을 퍼센트로 나타내는 그래프이며 비율막대그래프, 누적막대그래프, 대상그래프 등으로 일컫는다. 이 그래프에서는 전체에 대한 각 부분의 퍼센트 값으로 띠를 나누기 때문에 전체에 대한 각 항목의 비율을 비교하기에 유용하다. 원그래프에 비해 띠그래프는 지면을 상대적으로 더 적게 차지한다는 점에서 효율적이고, 시계열적으로 비교할 때 가독성이 뛰어나다는 장점이 있다. 띠그래프와 원그래프는 전체에 대한 부분의 비율을 표현하는 그래프이기 때문에 비율그래프로 분류되기도 한다.

분산형그래프(Scatter graph)는 점그래프라고도 불리며 여러 자료들의 수치 값의 관계를 보여 주거나 두 개의 자료 그룹을 x좌표와 y좌표로 이루어진 하나의 계열로 구성, 표현하는 그래프이다. 특히 이 그래프는 각 자료의 분포를 보여 주는 데 효과적으로 사용되며 위치를 읽고 비교하는 방식으로 해석된다. 지리과 수능에서는 2개의 자료 계열을 좌표로 표시한 2차원 분산형그래프와 3개의 자료 계열을 좌표로 표시한 3차원 분산형그래프가 출제되고 있다.

'복잡한 그래프'에 속하는 방사형그래프(Radial graph)는 거미줄그래프나 레이더그래프라고도 하며 자료의 계열이나 항목이 여러 개일 경우에 사용한다(그림 12-3). 원의 중심에서 바깥쪽으로 방사형으로 그려진 여러 축을 따라 데이터의 값을 표시하기 때문에 원형으로 데이터를 가시화하는 그래프이다.

방사형그래프는 원형 상에 배열된 값을 읽는 것이 어렵기 때문에 선형이나 막대그래프만큼 효과적이지 않은 것으로 간주된다(Goldberg and Helfman, 2011, 184). 수능 지리 문항에서는 특정 자원의 주요 수입, 수출 지역이나 특정 지역의 산업, 농업 등 다양한 지역성을 나타낼 수 있는 자료를 한눈에 볼 수 있도록 표현할 때 주로 사용된다. 데이터의 종류나 수에 따라 값을 표시하고, 그 값을 연결하여 전체적인 경향을 한눈에 파악하고 비교할 수 있는 그래프이다.

선그래프나 막대그래프와 같이 대부분의 그래프는 X축에 나타내고자 하는 항목의 정보(category information)를 나타내고, Y축에 정량적 정보를 나타내는 이른바 L자형 구조이다. 반면

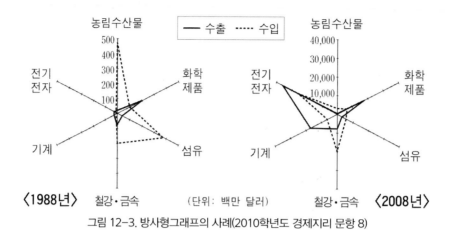

그림 12-3. 방사형그래프의 사례(2010학년도 경제지리 문항 8)

에 방사형은 원형의 구조에 방사형의 여러 축에 정량적 값을 점, 막대, 선, 영역으로 표현할 수 있기 때문에 형태적 측면에서 방사형 점, 막대, 선, 영역형(radial scatter, bar, line, area)그래프로 세분하기도 한다. 이렇게 방사형그래프는 일반적인 L자형 그래프와 구조적, 형태적으로 다르기 때문에 그래프를 읽거나 비교하는 순서나 전략이 다르다(Goldberg and Helfman, 2011, 185-186). 따라서 이러한 그래프가 익숙하지 않은 학습자에게는 매우 '복잡하고 어려운 그래프'가 될 수 있다.

삼각형그래프(Triangle graph)는 데이터 정보를 3개 항목으로 나누어 그의 변화하는 정도를 표현하고자 할 때 주로 사용되는 그래프로 상대적 비율이나 시계열적 변화를 분석하는 데 유용한 그래프이다.

주식형그래프(Graph of stock price fluctuation)는 이름에서도 알 수 있듯이 주가변동을 나타내는 데 주로 사용하며 워크시트의 여러 열이나 행에 특정 순서로 입력되어 있는 데이터를 이용하여 작성하는 그래프이다(그림 12-4). 지리데이터에서는 일일 기온 또는 연간 기온의 변동 등을 주로 나타낼 수 있다. 수능 지리 과목에서는 방향성 변화를 나타내는 그래프가 이 유형에 속한다. 또한 전형적인 주식형 그래프는 아니지만 워크시트의 여러 열이나 행에 특정 순서로 입력되어 있는 그래프 역시, 데이터로 작성한다는 점과 지리데이터의 변동과 방향성 변화를 표현한다는 점, 그리고 형태적 유사성 등을 고려하여 주식형 그래프로 분류하였다.

콤보형그래프(Combo graph)는 특히 데이터 범위가 광범위한 경우 데이터를 쉽게 이해할 수 있도록 만들기 위해 형태가 다른 두 개 이상의 그래프를 혼합하여 그린 그래프로, 보조축과 함께 표시되므로 읽기가 쉽다는 장점이 있다. 지리에서 콤보그래프는 대부분 막대형과 선형의 그래프 결

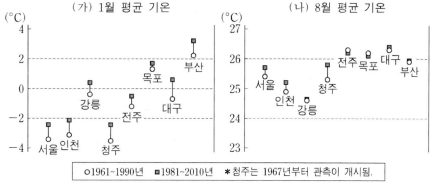

그림 12-4. 주식형그래프의 사례(2013학년도 한국지리 문항 5)

합으로 이루어진다. 즉, 지리에서는 시기(시간)를 하나의 독립변수로 두고 기온과 강수량이라는 두 개의 종속변수를 각각 선형과 막대형의 그래프로 결합하여 각 지역의 기후특성을 한눈에 파악할 수 있도록 하는 기후그래프가 특화되어 있다. 본 장에서는 그래프의 유형 구분을 형태적 특성에 근거하므로, 막대형과 선형의 결합 이외에도 서로 다른 유형의 그래프가 한 그래프 안에 결합되어 나타나는 경우는 모두 콤보형그래프로 분류하였다.

그림그래프(Pictograph)는 나타내고자 하는 특정 데이터 값을 주로 그래프 좌표상의 위치나 방향의 변화로 표현하는 그래프이다(그림 12-5). 그림그래프와 그림의 차이점은 x축과 y축이나 영역의 위치에 따라 순위 혹은 수치를 내포한다는 점에서 구분된다. 본 연구에서는 이와 같은 형태의 그래프가 3회 이상 출제된 경우를 대상으로 분석한 결과, 그림그래프는 세 가지 종류로 나타났다.

첫째 그래프는 좌표상의 위치로 표현된 특정한 자료 값의 변화를 방향성 화살표로 표현한 그래프이다(그림 12-5). 둘째는 양적 데이터의 값을 X축과 Y축이 아닌 두 개의 등치선도 모형의 가상 공간에 나타내는 일종의 등치선그래프(Contour graph)이다(그림 12-6). 이 그래프는 등고선도, 일기도와 같이 실제적 공간을 추상한 지도와 형태적으로는 유사하지만, 가상공간에 수치를 대입하여 표현한 점에서 차이가 있다. 이 그래프는 실제 지표상에서 발생하는 지리학적 현상을 가장 잘 표현할 수 있는 다양한 그래픽 표상을 적극 활용하는 지리교과의 특성을 드러내는 하나의 사례라고 할 수 있다. 셋째는 특정한 자료의 값을 좌표에 상대적인 위치로 표현한 그래프이다. 이 그래프는 방향성의 지시나 변화 없이 자료 값이 표시된 위치가 나타내고자 하는 수치정보를 표현하는 그래프라는 점에서 첫째 그래프와 차이가 있다.

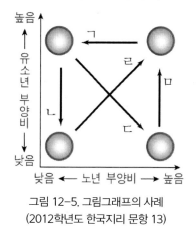

그림 12-5. 그림그래프의 사례
(2012학년도 한국지리 문항 13)

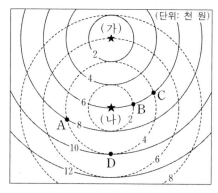

그림 12-6. 등치선그래프의 사례
(2013학년도 경제지리 문항 9)

이상의 유형에 속하지 않거나 3회 이하의 빈도로 출제된 그래프는 모두 기타그래프로 구분 하였다. 분석 대상 371개 지리그래프 중에서 기타그래프에 속하는 것은 15개로 나타났다. 이들 기타그래프 중에서 가장 많이 등장하는 사례는 영역형그래프(Areal Graph)이다(그림 12-7). 이 그래프는 선그래프와 달리 데이터의 값을 음영처리 된 영역으로 묘사하는 데 주로 활용되기 때문에 영역형그래프라고 한다(Zacks et al., 1998, 120). 영역형그래프는 시간에 따른 변동의 크기를 강조하여 나타내며 자료의 누적(합계) 값을 어떤 현상의 경향(선)과 함께 전체에 대한 부분의 관계를 나타내기도 한다.

이들 11개 지리그래프의 유형별 출제 비중을 살펴보면, 전체적으로 '일반적인 그래프'가 약 69%로 대부분을 차지하고 '복잡한 그래프'는 31% 정도로 나타났다. 선그래프(19.7%)의 출제 비중이 가장 높고, 막대(16.4%), 분산형(12.7%), 띠(10.5%), 그림(10.2%), 원그래프(9.4%)의 비중이 상대

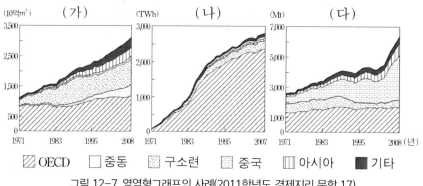

그림 12-7. 영역형그래프의 사례(2011학년도 경제지리 문항 17)

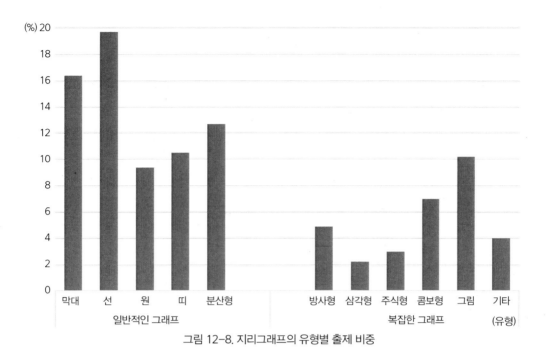

그림 12-8. 지리그래프의 유형별 출제 비중

적으로 높게 나타났다(그림 12-8). 일반적인 그래프인 막대, 선, 띠, 분산형그래프와 복잡한 그래프인 방사형, 콤보형, 그림그래프의 7개 유형은 거의 매년 출제되고 있으며, 원그래프도 2009학년도부터 매년 출제되고 있지만, 출제 비중은 매우 불규칙하다.

연도별 각 그래프의 출제 비중이나 전체 그래프의 출제 빈도를 살펴보면, 2005학년도에는 막대그래프 등 7개 유형의 그래프가 19개 정도 출제되었지만 2013학년도에는 11개 유형의 지리그래프가 모두 출제되었다. 경제지리가 출제되지 않은 2014학년도부터는 '복잡한 지리그래프'의 출제 비중이 상대적으로 줄어들고 있다. '일반적인 지리그래프'는 2009학년도부터는 5개 유형이 항상 출제되고 있지만, '복잡한 지리그래프'에서는 콤보형그래프만 매년 출제되고 있다. 또한 2005학년도에는 세 개 과목에서 19개의 그래프가 출제되었으며, 이 중에서 선그래프(9개)가 집중 출제되었다. 2006학년도에는 지리그래프가 18개 출제되었지만 2010학년도에는 46개가 출제되는 등 연도별 출제 비중의 편차도 매우 크게 나타나고 있다.

이렇게 특정 학년도에 편중되어 불규칙하게 출제되는 유형의 그래프들은 고등학교 지리교육과정 혹은 교과서에서 기본적으로 다루어지는 경우가 아니라면, 수능 응시자들은 익숙하지 않은 형태의 그래프이면서 '복잡하고 어려운 그래프'라는 직관적 이미지로 인해 출제 문항이 의도하는 질문과 교육적으로 거리가 먼 영향을 받을 수 있다.

실제로 고등학생들의 그래프 유형에 따른 학습효과의 차이를 실험한 연구(김한승, 2008, 45)에서는, 대학수학능력시험 등의 평가에서 평소에 다루지 않는 그래프를 많이 다루고 있어 학습자들의 지리학습 부담으로 작용하였다고 밝히고 있다. 즉, 학생들은 교과서에서 한 번도 사용된 적이 없는 그래프는 그 해석이나 작성 방법 등에 대한 학습경험이 없기 때문에 '어렵다'는 반응이 많았다는 것이다.

또한 특정 학년도에 특정한 유형의 그래프가 집중 출제되거나, 그래프가 출제된 문항의 수가 다른 학년도에 비해 지나치게 많다는 것 또한 수능 출제 문항이 요구하는 질문과는 거리가 먼 비교육적 변인으로 평가 결과에 영향을 미칠 수 있다.

지리그래프의 유형과 함께 학생들의 그래프 이해에 영향을 미치는 형태적 요소는 그래프에서 표현하려는 핵심 정보인 양적 데이터를 절대적인 수치(실제 값)로 표현하느냐, 상대적인 수치(비율 값)로 표현하느냐 혹은 양자를 동시에 표현하는가의 방식이다. 학생들의 그래프 이해 특성을 실험한 선행연구에서는 전반적으로 실제 값이 아닌 비율 값을 포함한 그래프나 실제 값과 비율 값을 동시에 포함하는 경우, 학생들의 그래프 이해 정도가 낮아진다는 결과를 밝히고 있다(함경림·이종원, 2009).

분석 대상 수능 지리 문항의 그래프 유형별 데이터 정보의 표현 방식은 '실제 값', '비율 값', '실제 값과 비율 값'을 동시에 표현하는 세 가지 경우로 나타났다. 세 가지 표현 방식의 비중을 살펴본 결과, 비율 값으로 실제의 수치나 수량을 나타내는 경우가 가장 많고(183개, 49.3%), 그 다음은 실제 값으로 나타내는 경우(126개, 34%)로 나타났지만, 실제 값과 비율 값을 하나의 그래프에 동시에 나타내는 경우도 16.7%(62개)로 나타났다.

지리그래프 유형별로 양적 데이터의 표현 방식을 살펴보면, 원과 띠그래프는 비율 값으로, 그림그래프는 실제 값으로 표현하는 방식이 특화된 경우로 나타났지만, 나머지는 유형과 관계없이 실제 값이나 비율 값을 자유롭게 표현하고 있는 것으로 나타났다. 다만, 상대적으로 막대와 선그래프는 실제 값이나 비율 값 중 어느 하나로 표현되는 경우가 많고, 콤보형그래프는 실제 값 또는 실제 값과 비율 값을 동시에 표현하는 경우가 더 많았다. 원, 띠, 삼각형그래프의 경우처럼 그래프 특성상 비율 값을 나타내는 데 적합한 경우는 실제 값으로 표현하는 경우가 거의 없는 것으로 나타났다(표 12-2).

제2부 지리수업, 학습자 그리고 지리교과서

표 12-2. 지리그래프 유형별 양적 데이터 표현 방식

	막대	선	원	띠	분산형	방사형	삼각형	주식형	콤보형	그림	기타	계 (%)
실제값	21	28	0	4	20	7	0	6	11	24	5	126 (34.0)
비율값	28	44	30	25	16	9	5	4	4	10	8	183 (49.3)
실제값+ 비율값	10	3	5	8	13	4	2	2	10	5	0	62 (16.7)
계 (%)	59 (15.9)	75 (20.2)	35 (9.4)	37 (10.0)	49 (13.2)	20 (5.4)	7 (1.9)	12 (3.3)	25 (6.7)	39 (10.5)	13 (3.5)	371 (100)

3. 계통적 주제별 지리그래프의 활용 특성

앞에서 살펴본 바와 같이 수능 지리 문항에서는 지리그래프의 활용 비중이 높고, 그 유형이 다양하다. 이를 바탕으로 지리교육과정의 계통적 주제별로 어떤 유형의 그래프가 주로 활용되고 있는지 살펴보았다. 이를 통해서 어떤 주제에서 그래프 활용 비중이 높게 나타나고 있으며, 어떤 유형의 그래프로 주로 표현되고 있는지 파악해보고자 한다. 분석대상 문항을 바탕으로 계통적 주제를 분류한 결과 자연지리, 인문지리, 인문지리와 자연지리의 통합적 관점에서 제시되는 환경문제로 대분되었다(표 12-3).

먼저, 자연지리와 인문지리 영역별 그래프 출제 문항의 비중을 살펴보면 각각 16.2%와 82.7%로 나타나 인문지리영역 문항에서 그래프가 많이 활용되고 있음을 알 수 있다. 각 영역의 하위주제별로 살펴보면, 자연지리영역에서는 기후분야가 13.7%이고 지형분야는 2.4%로 나타나고 있으며, 기후 중에서도 기온과 강수량 중심의 기후분야가 11.1%로 대부분을 차지하고 있다.

인문지리영역에서는 경제, 도시, 인구, 문화지리 분야와 인문지리 전체에 걸쳐 통합적으로 접근하는 경우의 5개 분야에서 지리그래프가 출제되었다. 인문지리영역에서는 하위주제가 10개로 가장 많은 경제지리 분야의 비중이 65.5%로 매우 높고, 인구(11.9%), 도시(3.5%), 인문지리통합(1.1%), 문화(0.8%)의 순으로 지리그래프를 활용하는 비중이 높게 나타났다. 경제지리 분야에서는 '자원'을 주제로 한 문항에서 지리그래프를 활용하는 비중이 14.3%로 가장 높게 나타났고, 공업

(10.0%), 농업(9.4%), 산업구조(8.4%)에 대한 문항에서도 그 비중이 상대적으로 높게 나타났다. 그리고 '인구구조' 관련 문항에서도 지리그래프를 활용하는 비중이 7.8%로 높게 나타났다.

기후에서 환경문제까지 총 24개의 하위주제 중에서 지형분야의 대지형과 인구지리에서 인구분포 관련 문항은 내용 특성상 그래프가 활용되었다는 점이 특이하다고 할 수 있다. 다소 예외적인 현상이긴 하지만, 어떤 지역의 대지형의 상대적인 특징(지형 형성시기, 지진 발생 빈도, 평균 해발고도 등)을 3차원의 분산형그래프로 제시하였다. 인구분포에서는 '국제 결혼이주자와 외국인 근로자의 시도별 분포'를 '인구 천 명당 국제 결혼이주자 수'와 '인구 천 명당 외국인 근로자 수'로 구성된 2차원의 분산형그래프에 해당 지역을 표시하여 자료로 제시하였다.

그밖에 문화지리에서는 어떤 지역의 종교별 인구분포 비중을 원그래프로 제시하는 경우가 있었으며, 자연환경과 인문환경의 통합적 관점에서 발생하는 환경문제에 대해 질문하는 문항에서는 '세계 각 지역의 온실가스 증감률', '대륙별 벌목량 변화', '평균기온의 변화' 등을 막대, 선, 띠그래프로 제시하는 경우가 있었다. 인문지리통합 분야에서는 어떤 지역의 특성을 종교인구, 원유생산량, 1인당 GDP 등 다양한 자료를 비교하여 나타내는 데 막대, 분산형, 방사형그래프를 활용하였다.

각 주제별로 특히 많은 비중을 차지하는 지리그래프의 유형을 살펴보면, 자연지리영역에서는 막대, 선, 분산형, 방사형, 주식, 콤보형, 그림 등 7개 유형의 그래프가 활용되었으며, 이중에서 콤보형그래프(4.3%)와 선그래프(3.8%)의 활용 비중이 상대적으로 높게 나타났다. 콤보형그래프는 기후를 표현하는 데 특화된 그래프로 이른바 '기후그래프'라고 할 수 있다. 지형 문항은 출제 빈도나 중요성에 비해 그래프를 활용한 비중은 매우 낮지만, 하천수위나 하상고도 등을 표현하는 데 선그래프가 주로 활용되었다.

인문지리영역에서는 11개 유형의 지리그래프가 모두 활용되었으며, 선그래프(15.6%)와 막대그래프(13.7%)의 비중이 상대적으로 높았지만, 분산형, 띠, 원, 그림그래프의 활용 비중도 높게 나타났다. 경제지리 분야에서는 선그래프, 도시지리는 분산형그래프, 인구지리는 막대그래프의 활용 비중이 상대적으로 높게 나타났다.

하위주제별로 살펴보면, 자원의 소비구조나 생산 비중은 원그래프(15개, 4.0%), 어떤 지역의 인구구조는 막대그래프(12개, 3.2%)의 활용 비중이 상대적으로 매우 높게 나타났다. 따라서 이들 그래프는 '자원그래프'와 '인구구조그래프'로 영역특수성을 갖는 지리그래프라고 할 수 있다. 이밖에 농업에서는 원과 그림그래프, 공업에서는 선, 원, 띠, 분산형그래프, 관광·서비스업과 교통에서는 선그래프, 무역·경제기구에서는 띠그래프, 산업구조에서는 막대, 선, 분산형그래프의 상대적인 활용 비중이 높다는 점이 주목된다.

표 12-3. 계통적 주제별로 활용되는 지리그래프의 유형과 비중

주제 \ 유형			일반적인 그래프					복잡한 그래프						계 (%)
			막대	선	원	띠	분산형	방사형	삼각형	주식형	콤보형	그림	기타	
자연지리	기후	기후(기온, 강수량)	3	6	0	0	5	3	0	5	15	4	0	41 (11.1)
		기후변화, 환경문제	5	2	0	0	1	0	0	0	1	1	0	10 (2.7)
		소계(%)	8 (2.2)	8 (2.2)	0 (0)	0 (0)	6 (1.6)	3 (0.9)	0 (0)	5 (1.3)	16 (4.3)	5 (1.3)	0 (0)	51 (13.7)
	지형	대지형	0	0	0	0	1	0	0	0	0	0	0	1(0.3)
		하천	0	6	0	0	0	1	0	0	0	1	0	8(2.2)
		소계(%)	0 (0)	6 (1.2)	0 (0)	0 (0)	1 (0.3)	1 (0.3)	0 (0)	0 (0)	0 (0)	1 (0.3)	0 (0)	9(2.4)
		중계(%)	8 (2.2)	14 (3.8)	0 (0)	0 (0)	7 (1.9)	4 (1.1)	0 (0)	5 (1.3)	16 (4.3)	6 (1.6)	0 (0.0)	60 (16.2)
인문지리	경제	자원	6	8	15	9	4	3	0	1	2	1	4	53 (14.3)
		농업	3	5	8	5	3	2	0	0	1	8	0	35 (9.4)
		공업	1	7	6	6	8	0	1	0	1	3	4	37 (10.0)
		관광·서비스업	5	8	0	3	2	0	0	0	0	5	1	24 (6.5)
		지역격차	3	4	0	0	3	0	0	1	1	1	0	13 (3.5)
		교통	1	5	0	0	3	1	1	0	0	2	1	14 (3.8)
		무역·경제기구	3	0	3	6	0	2	1	1	3	2	1	22 (5.9)
		산업구조	6	8	0	1	7	1	4	2	0	2	0	31 (8.4)
		지역개발	0	3	0	0	1	0	0	0	0	3	1	8 (2.2)
		국제분업·다국적기업	0	0	0	0	0	0	0	1	1	2	2	6 (1.6)
		소계(%)	28 (7.5)	48 (12.9)	32 (8.6)	30 (8.1)	31 (8.4)	9 (2.4)	7 (1.9)	6 (1.6)	9 (2.4)	29 (7.8)	14 (3.8)	243 (65.5)

주제 \ 유형			일반적인 그래프					복잡한 그래프						계 (%)
			막대	선	원	띠	분산형	방사형	삼각형	주식형	콤보형	그림	기타	
인문지리	도시	도시체계	2	2	0	0	2	0	0	0	0	0	0	6 (1.6)
		내부구조	1	0	0	2	2	0	0	0	0	1	1	7 (1.9)
		소계(%)	3 (0.8)	2 (0.5)	0 (0)	2 (0.5)	4 (1.1)	0 (0)	0 (0)	0 (0)	0 (0)	1 (0.3)	1 (0.3)	13 (3.5)
	인구	인구이동	3	0	0	0	1	0	0	0	0	0	0	4 (1.1)
		인구구조	12	3	0	4	2	4	1	0	1	2	0	29 (7.8)
		인구분포	0	0	0	0	1	0	0	0	0	0	0	1 (0.3)
		인구성장	2	4	0	0	1	0	0	0	0	0	0	7 (1.9)
		인구문제	1	1	0	0	1	0	0	0	0	0	0	3 (0.8)
		소계(%)	18 (4.9)	8 (2.2)	0 (0)	6 (1.6)	4 (1.1)	4 (1.1)	1 (0.3)	0 (0)	1 (0.3)	2 (0.5)	0 (0)	44 (11.9)
	문화	종교(%)	0	0	3	0	0	0	0	0	0	0	0	3 (0.8)
	인문지리통합		2	0	0	0	1	1	0	0	0	0	0	4 (1.1)
	중계(%)		51 (13.7)	58 (15.6)	35 (9.4)	38 (10.2)	40 (10.8)	14 (3.8)	8 (2.2)	6 (1.6)	10 (2.7)	32 (8.6)	15 (4.0)	307 (82.7)
환경문제			2	1	0	1	0	0	0	0	0	0	0	4 (1.1)
계(%)			61 (16.4)	73 (19.7)	35 (9.4)	39 (10.5)	47 (12.7)	18 (4.9)	8 (2.2)	11 (3.0)	26 (7.0)	38 (10.2)	15 (4.0)	371 (100)

4. 지리그래프 출제 문항과 도해력 수준의 문제

일찍이 지리학자들은 전통적으로 학습해야 할 기본능력이자 의사소통 도구로 강조된 언어적 문해력(verbal literacy), 수리적 수리력(numerical numeracy), 사회적 표현력(social articulacy)과 함께 시공간적 도해력(visual-spacial graphicacy)의 중요성에 주목해 왔다(최낭수, 1998).

도해력은 문자나 숫자만으로는 효과적으로 표현하기 어려운 시공간적 정보를 지도, 사진, 도표, 그래프 등과 같은 시각적 도구를 활용하여 의사소통할 수 있는 능력을 의미한다. 즉, 도해력은 '지도, 그래프, 그림 등과 같은 시각자료를 효과적으로 이해하는 능력이자 시공간적 정보를 효과적으로 표현하고 의사소통하는 능력'이다. 또한 도해력은 2차원 혹은 3차원의 그래픽으로 표현되는 수학의 기하학적인 지식을 이해하는 데 중요하지만, 무엇보다도 지리에서 가장 효율적으로 학습될 수 있는 것으로 설명되었다(Balchin, 1976, 1985; 최낭수, 1998).

본 장에서는 수능 지리과목 문항에서 어떤 시각자료들이 어느 정도의 비중으로 출제되고 있는지 살펴보았으며, 그중에서도 가장 큰 비중을 차지하고 있는 그래프의 제시방식과 유형을 구체적으로 살펴보았다. 수능 지리과목 문항 구성에서 그래프가 높은 비중으로 활용되고 있는 이유는 고등학교 지리교육에서 추구되는 '우리나라와 세계 각 지역의 지리적 현상의 이해와 탐구'에 대한 학습자의 능력을 측정함에 있어서, 대부분의 지리교육 내용이 시공간적인 지리적 현상에 토대하고 있기 때문이다.

시각자료들 중에서도 그래프의 비중이 특히 높은 이유는, 그래프가 시공간적 데이터 정보를 특히 압축적이고 효과적으로 재현하기 때문이라고 할 수 있다. 이러한 현상을 그래프에 한정하면, 결국 수능 지리 문항에서는 지리그래프는 물론 지리적 시각자료에 대한 학습자의 도해력을 기본적인 학습 능력으로 전제하는 것이며, 나아가 그것을 측정하는 것이기도 하다. 이에 우리나라 지리교육에서 그래프에 대한 학습자의 이해나 발달수준에 대한 분석이나 경험적 관찰은 도해력의 관점에서 접근되어 왔다.

지리그래프가 제시되는 문항들에서 요구하는 도해력 수준을 분석하기 위한 준거는 관련 선행연구들에서 제시하는 수준을 참고로 다음의 표 12-4와 같이 상대적으로 연속되는 3단계 수준으로 설정하였다. 즉, Mahood 등(1991, 292-293)은 학습자의 사고수준을 전제하면서 효과적인 도표(그래프)학습의 3단계 수준을 주창하였다.

이에 의하면 ① 그래프의 밖을 읽는 단계(reading the outside of the graphs)는 그래프에 나와 있는 정보나 사실을 있는 그대로 받아들이는 것으로 가장 낮은 수준의 읽기 단계이다. ② 그래프의 안쪽을 읽는 단계(reading the inside of the graphs)는 그래프에서 제시되는 자료에 근거하여 사실이나 정보의 의미를 해석하는 수준이다. ③ 그래프를 초월하여 읽는 단계(reading above and beyond of the graphs)는 그래프에서 나타나는 현상의 발생 원인과 그 대책 등을 자신의 경험과 관련지어 생각해 보는 단계로 가장 높은 수준의 사고력이 발휘되는 단계이다.

Postigo와 Pozo(2004, 627-629)는 그래프와 지도를 사례로 그래픽 정보 학습에서 나타나는 수준을 세 가지로 분류하였다. 이에 의하면, ① 명시적인 정보의 처리 수준(The level of explicit information processing)은 그래프에서 명시적으로 제시되고 있는 제목, 변수(독립, 종속)의 수와 이름 등을 찾아내는 수준이다. 예를 들면, 세계 인구를 나타내는 그래프에서 아프리카의 인구는 10% 정도임을 찾아내는 수준이다. ② 암시적 정보의 처리 수준(The level of implicit information processing)은 그래프에서 제시되는 독립변수의 값을 읽는 수준을 넘어 변수들 간의 불규칙하고 비교할 수 없는 값을 해석하고 그 경향성을 파악하는 수준이다. ③ 개념적 정보의 처리 수준(The level of conceptual information processing)은 그래프의 구조를 분석하고 그래프의 내용과 관련된 사전지식을 바탕으로 그래프에서 나타나는 현상을 해석, 설명, 예측하는 수준이다. 예를 들면, 세계 인구그래프를 바탕으로 인구성장 유형을 예측하는 수준이다.

함경림·이종원(2009)은 그래프에 포함된 질문의 성격에 따라 학습자의 그래프 이해 단계를 분류한 선행연구를 종합하여 그래프를 통한 문제해결의 유형을 세 가지로 나누었다. 즉, ① '데이터 읽기'는 기초적인 수준으로 그래프에 명시된 데이터를 추출하고, 시각적 요소를 의미화하는 단계이다. ② '데이터 사이의 관계 및 경향 읽기'는 그래프에서 제시된 데이터를 통합, 해석, 비교하고 시각적 요소들의 패턴을 읽는 단계이다. ③ '데이터를 토대로 추론하기'는 선행 지식과 경험을 활용하여 데이터를 추론, 예상, 확장하여 그래프화된 값들을 종합하거나 통합하는 단계이다.

이러한 선행연구를 바탕으로 지리과 수능 문항에서 제시되는 지리그래프의 도해력 수준을 3단계로 구분하였다. 1단계는 그래프에서 명시적으로 나타나는 데이터의 내용(제목, 각 축의 항목 등)이나 데이터의 수치 값을 파악하는 단계이다. 2단계는 그래프에서 제시되는 데이터들의 관계를 비교, 통합하거나 어떤 경향을 파악하는 단계이다. 2단계부터는 그래프 유형별 특성과 범례나 기호 해석에 대한 일정 수준 이상의 지식이 요구된다. 3단계는 해당 그래프와 관련된 선지식이나 경험을 활용하여, 그래프에서 나타나는 지리적 현상의 인과관계나 변화 등을 예측, 추론하는 단계이다.

본 연구대상 시기에 지리그래프가 제시된 수능 문항에서 1단계 수준에 해당하는 문항은 없는 것으로 나타났다. 이는 수능이 고등학교 3학년 교육과정을 이수한 학생들을 대상으로 하는 시험이고, 규준지향평가로서 비교집단 내에서의 상대적 서열을 측정하는 시험이기 때문에 문항의 변별도나 난이도의 관점에서 1단계 수준에 해당하는 문항은 출제되지 않는 것이 당연하다. 본 장에서는,

표 12-4. 수능 지리그래프의 3단계 도해력 수준

분석의 초점	사고 수준에 따른 도표 학습의 전개 단계	그래프에 제시된 정보의 처리 수준	그래프를 통한 문제해결의 유형	지리그래프의 도해력 수준과 특징	
				수준	특징
단계 혹은 수준	그래프의 밖을 읽는 단계	명시적인 정보의 처리 수준	데이터 읽기	1단계	그래프에서 명시적으로 나타나는 데이터의 내용(제목, 각 축의 항목 등)이나 데이터의 수치값을 파악하는 단계
	그래프의 안쪽을 읽는 단계	암시적 정보의 처리 수준	데이터 사이의 관계 및 경향 읽기	2단계	그래프에서 제시되는 데이터들의 관계를 비교, 통합하거나 어떤 경향을 파악하는 단계
	그래프를 초월하여 읽는 단계	개념적 정보의 처리 수준	데이터를 토대로 추론하기	3단계	해당 그래프와 관련된 사전지식이나 경험을 활용하여, 그래프에서 나타나는 지리적 현상의 인과관계나 변화 등을 예측, 추론하는 단계

분석대상 수능 문항에서 요구하는 도해력 수준의 구분은 답지에서 요구하는 수준이 두 가지 이상일 경우에는 상위 수준으로 분류하였다. 실제로 1단계와 2단계가 요구되는 문항이 있었지만, 2단계로 분류되었기 때문에 1단계에 해당하는 문항은 없는 것으로 나타났다.

분석대상 문항 중에서 지리그래프의 도해력 수준이 2단계에 해당하는 사례는 2013학년도 경제지리 17번 문항으로, 자료로 제시된 표와 그래프에서 한·중·일 삼국의 GDP나 무역의존도 및 수출입액을 비교, 분석하고 그에 따른 경향 파악을 요구하는 수준이다. 3단계에 해당하는 사례는 2014학년도 한국지리 2번 문항으로, 제시된 2개의 그래프를 통해 파악할 수 있는 내용은 해안 하구로부터의 거리와 해발고도에 관한 것이다. 이 문항을 풀기 위해서는 유량, 유역면적, 퇴적물의 특징, 하천의 유형 등에 대한 사전지식이 필요하며, 이를 활용하여 하천의 발달과 퇴적물 구성 물질의 특성이나 비율 등을 예측하거나 추론해야 하는 수준이다(그림 12-9).

수능 지리그래프의 도해력 수준을 분석한 결과, 2단계 수준에 해당하는 문항은 전체 250개 문항의 30.4%(76개)이고, 3단계 수준은 69.6%(174개)로 나타났다. 과목별로 살펴보면, 2단계 수준에 해당하는 문항은 한국지리 26%, 세계지리 6.8%, 경제지리 50.5%로서 과목별로 편차가 크게 나타났다. 3단계의 도해력 수준을 요구하는 문항 역시 한국지리 74%, 세계지리 93.2%, 경제지리 49.5%로 과목별 편차가 크게 나타났다. 지리그래프가 제시된 문항의 70%가 3단계 수준을 요구하고 있으며, 한국지리는 2단계와 3단계의 비중이 1:3 정도이고, 세계지리는 1:13 정도로 대부분이 3단계 수준이지만, 경제지리는 1:1 정도의 비중으로 출제되고 있음을 알 수 있다(표 12-5).

세계지리의 경우는 문항에서 제시되는 자료의 분석이나 해석만으로 이해할 수 있는 문항보다는

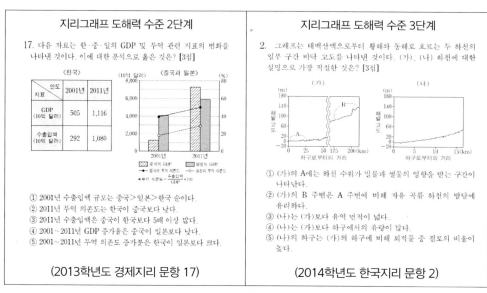

그림 12-9. 지리그래프 도해력 수준 2단계와 3단계 사례 문항

학습자의 사전지식을 그래프자료와 연계시켜 해결할 수 있는 문항이 주로 출제되었다. 반면에 한때 '그래프지리'라고 속칭될 정도로 그래프의 출제 비중이 높은 경제지리는 입지이론이나 모형 혹은 지역별, 산업별로 제시된 그래프자료를 바탕으로 데이터의 값을 계산하여 비교하거나, 이를 통해 나타나는 경향 파악을 요구하는 문항이 상대적으로 많이 출제되었기 때문에 2단계와 3단계의 비중이 비슷하게 출제되었다고 할 수 있다.

전체적으로 지리그래프에 대한 도해력 수준은 양적으로 3단계의 비중이 큰 것으로 나타났지만, 제시된 그래프나 자료를 바탕으로 앞으로의 변화를 예측하고, 추론할 수 있는 문항보다는 학습자의 사전지식을 요구하는 문항이 많았다. 이러한 문항은 3단계 수준으로 분류되기는 하지만, 질적인 측면에서 학습자의 고차적 사고력을 요구하는 문항으로 판단하기 곤란한 수준이다. 이러한 문

표 12-5. 지리그래프의 과목별 도해력 수준의 비중

과목	한국지리		세계지리		경제지리		소계 (%)
도해력	2단계	3단계	2단계	3단계	2단계	3단계	
소계 (%)	26 (26.0)	74 (74.0)	4 (6.8)	55 (93.2)	46 (50.5)	45 (49.5)	250 (100)
	100 (100)		59 (100)		91 (100)		

항에서 요구하는 수준은 고차적 사고력을 측정하기보다는 '암기된' 사전지식을 측정하는 문항인 경우가 있기 때문이다.

이와 같은 수능 지리그래프에서 요구하는 도해력 수준이 학생들의 실제 정답률과 어떤 관계에 있으며, 실제 정답률에도 도해력 수준이 그대로 반영되고 있는지 분석 대상 문항의 정답률을 살펴보았다. 분석대상 기간 11년 동안 출제된 지리과목 620개 문항의 정답률 평균은 81% 정도였지만 그래프가 제시된 250개 문항의 정답률은 61% 정도로 매우 낮게 나타났다. 지리그래프 도해력 수준별 문항의 정답률을 살펴보면, 2단계 문항의 정답률은 61% 정도이고 3단계 수준의 문항 정답률은 68% 정도로 나타났다. 실제로 수험생들은 3단계 수준의 문항이 2단계 문항보다 그 '난도(item difficulty)'가 낮았다고 생각할 수도 있다.

이는 2단계 수준을 요구하는 문항의 대부분이 학습자의 사전지식을 요구하는 문항이 아니고 그래프에 제시된 데이터 정보 그 자체를 분석, 비교하는 능력의 측정에 초점을 두고 있지만, 데이터 정보를 보다 다양하고 복잡하게 제시하여 '복잡해서 어렵도록' 난도를 조정한 문항이 많았다는 추론이 가능하다. '정답률' 분석은 공식적으로 수능 문항별 정답률을 공개하지 않기 때문에 사설학원인 메가스터디의 공개 자료를 활용하였다.

이를 통해 다른 시각자료를 활용한 문항에 비해 그래프가 제시된 문항의 난도가 높다는 것을 추론할 수 있다. 상위권 학생들과 하위권 학생들의 정답률을 따로 수집 할 수는 없어 정확한 변별도를 확인할 수 없지만, 그래프가 제시된 문항이 지리과 수능 응시생들의 성적 등급의 변별에 상당한 영향을 줄 수 있음을 가늠할 수 있다. 다른 시각자료에 비해 그래프는 2개 이상의 축을 통해 최소한 2개 이상의 변수를 제시하고 보다 복잡하고 다양한 데이터 정보를 실제 값과 비율 값으로 표현하고 있다. 때문에 직관적으로 잘 파악되지 않고 이해하고 분석하는 과정도 단선적이지 않기 때문에 학생들에게는 '복잡해서 어렵거나, 혼란을 주는 것'으로 인식될 수 있다.

5. 정리

교실 수업에 직접적이고 구체적인 영향을 미치는 지리과 수능 출제 문항에서는 시각자료가 큰 비중을 차지하고 있으며, 그중에서도 다양한 유형의 그래프가 매우 큰 비중을 차지하고 있다. 수능 지리 문항에서 제시, 활용되는 지리그래프의 유형이나 형식적 특징은 매우 다양하고 교과-영역적이다.

이에 본 장에서는 현행 수능의 기본 틀이 시작된 2005학년도부터 2015학년도까지 11년 동안 한국지리, 세계지리, 경제지리 수능 문항의 자료, 보기, 답지에서 제시되는 지리그래프의 유형과 특징을 분석하였으며, 주요 내용을 정리하면 다음과 같다.

먼저, 분석대상 수능 지리 문항의 90% 정도는 지도, 표, 그림, 사진, 그래프 등의 다섯 가지 시각자료를 활용하고 있으며, 시각자료 중에서는 그래프와 지도의 비중이 매우 높은 것으로 나타났다. 세계지리는 전체 문항의 95% 정도가 시각자료로 구성되었으며, 지도의 활용 비중이 가장 높았다. 한국지리와 경제지리에서는 그래프의 활용 비중이 가장 높았다.

둘째, 지리그래프가 제시된 문항을 대상으로 그 제시방식을 살펴본 결과, 각 문항에서 1개의 그래프만 제시되는 경우, 2개 이상의 그래프가 중복되어 제시되는 경우, 그래프와 다른 시각자료가 혼합되어 제시되는 경우의 세 가지 방식으로 구분되었으며, 각각의 비중은 전체적으로 서로 비슷한 것으로 나타났지만, 과목별 제시방식의 비중은 각기 다르게 나타났다.

셋째, 수능에서 활용되는 지리그래프의 유형은 그 형태에 따라 상대적으로 형태가 단순한 '일반적인 그래프(막대, 선, 원, 띠, 분산형그래프)'와 상대적으로 좀 더 복잡한 '복잡한 그래프(방사형, 삼각형, 주식형, 콤보, 그림, 기타그래프)'의 11개 유형으로 분류되었다. 일반적인 그래프의 출제 비중이 약 70%로 나타났으며, 선그래프의 출제 비중이 가장 높았고, 막대, 분산형, 띠, 그림, 원그래프의 비중도 상대적으로 높게 나타났다.

넷째, 지리그래프 유형별 데이터 정보의 표현 방식은 '실제 값', '비율 값', '실제 값과 비율 값'을 동시에 표현하는 세 가지 방식으로 나타났으며, 비율 값으로 나타내는 경우가 가장 많았다. 원과 띠그래프는 비율 값으로, 그림그래프는 실제 값으로 표현하는 방식이 특화된 경우로 나타났다. 원, 띠, 삼각형그래프의 경우처럼 그래프 특성상 비율 값을 나타내는 데 적합한 경우는 실제 값으로 표현하는 경우가 거의 없는 것으로 나타났다.

다섯째, 계통적 주제별로 지리그래프의 출제 비중을 살펴본 결과, 지리그래프의 약 83%는 인문지리영역에서 활용되고 있었다. 자연지리영역에서는 기후분야, 인문지리영역에서는 경제지리분야의 활용 비중이 매우 높았으며, 공업, 농업, 산업구조 그리고 인구지리분야의 인구구조에 대한 문항에서 그래프 활용 비중이 상당히 높은 것으로 나타났다. 그래프 유형별 양적 비중을 분석한 결과, 콤보형그래프는 '기후그래프'로, 원그래프는 '자원그래프'로, 막대그래프는 '인구구조그래프'로 영역특수적인 활용 특성이 나타났다.

마지막으로 지리그래프가 제시되는 문항들이 요구하는 도해력 수준을 상대적으로 연속되는 3단계 수준으로 분석한 결과, 기초적인 수준인 1단계에 해당하는 문항은 없고, 3단계에 해당하는 문항의 비중이 약 70% 정도로 매우 높게 나타났다. 2단계와 3단계 수준에 해당하는 문항의 과목별 비중은 한국지리는 1:3 정도이고 세계지리는 대부분이 3단계 수준이지만, 경제지리는 거의 1:1로 나타나 과목별로 편차가 큰 것으로 나타났다.

지리수업이나 수능 문항에서 지리그래프는 학습자가 복잡하고 추상적인 지리적 현상을 구체적이고 논리적으로 논증하고 표현하는 과정적 도구로 활용해야 함에도 불구하고, 학생들은 평소에 그 특성을 학습한 적도 없고 일상적으로 익숙하지 않은 다양한 유형의 '수능 지리그래프'를 분석하고 해석해야 하는 역설의 문제가 발생하고 있다. 이에 다음과 같은 개선점을 제안한다.

먼저, 시각자료의 양적 비중에 대한 고려는 물론 제시된 시각자료가 지시문에서 질문하고 있는 내용에 반드시 필요하거나 적절한 것인지에 대한 타당성 검토가 필요하다.

다음으로, 특정 학년도에 특정한 유형의 그래프가 집중 출제되거나, 그래프가 제시된 문항의 수가 다른 학년도에 비해 지나치게 많은 것 그리고 일반적이지 않은 유형의 그래프가 특정 시기에 집중되는 현상에 대한 검토가 필요하다. 그리고 일반적이지 않은 유형에 속하는 지리그래프에 대한 학습자의 학습 기회가 지리교육과정으로 고려되어야 한다.

마지막으로, 그래프가 제시된 수능 문항에서 요구하는 도해력 수준은 양적으로 3단계의 비중이 큰 것으로 나타났지만, 제시된 그래프나 자료를 바탕으로 지리적 현상의 인과관계나 변화 등을 예측, 추론하는 고차적 사고를 요구하는 문항보다는 학습자에게 암기된 사전지식을 요구하는 문항이 많았다는 점에서 질적인 고려가 필요하다.

지리그래프의 유형의 상세화 및 각 그래프의 지리교육적 기능에 대한 심도 있는 고찰이 계속되면, 학생들에게 구체적이고 교과—영역적인 맥락에서 구성되고 활용되는 지리그래프의 특성을 설명할 수 있게 될 것이다. 그리고 학생들은 지리수업을 통해 영역 특수적으로 학습한 다양한 지리그래프의 특성과 기능을 일상생활은 물론 미래의 직업 활동에서 실제적으로 의미 있게 활용할 수 있게 될 것이다.

제13장 지리수업에서 토론과 글쓰기 전략의 개발과 실행

1. 지리수업과 언어활동

모든 지리수업에서 언어는 학습을 위한 매개체(the medium)가 된다는 점에서, 수업을 계획하고 준비할 때 중요하게 고려되어야 한다(Butt, 1997, 154). 대부분의 지리수업에서는 교사의 말하기가 계속되고, 학생들은 듣기만 계속하거나 교사 질문에 간단하게 응답하기 정도의 말하기만 이루어지고 있다(Lambert and Balderstone, 2010, 58-60; 강창숙, 2014; 강창숙, 2015). 이에 지리수업에서 학습자의 적극적인 말하기와 글쓰기 활동의 중요성과 필요성이 제시된다.

학생들의 말하기와 글쓰기는 자신의 생각을 명료화 하고, 다른 사람들과 의사소통하며, 학습내용이나 과정에 대한 학생의 이해를 증명하는데 유용한 방식(learning tool)이다. 지리 정보를 전달하는 다섯 가지 방식 중에서 시각적, 디지털, 인지적, 수학적 방식은 각각 독자적으로 지리적 정보를 전달하고 의사소통할 수 있지만, 글쓰기는 이들 각 방식에서 얻은 데이터와 결과를 종합하여 강조하거나 설명하는 데 활용된다(National Research Council, 1997). 학생들에게 더 나은 지리적 지식과 기능뿐만 아니라, 글쓰기를 통해서 자신의 생각을 더 명확하게 표현하는 것도 가르쳐야 한다. 지리수업에서 글쓰기는 학생들의 학습과 의사소통에 미치는 복합적인 영향만큼, 학생들의 발달에 중요하다(Libbee and Young, 1983; Patterson and Slinger-Friedman, 2012).

지리수업에서 글쓰기는 당연히 듣기, 읽기, 말하기 등과 밀접한 활동이고, 복합적으로 고려되어야 하는 활동이지만 말하기와 직접적으로 연계되는 언어활동이다. 학생들의 말하기가 다양한 청

중들에게 지리적 정보와 사상을 명확하고 효과적으로 전달하는 능력을 요구하는 활동이라면, 글쓰기는 지리적 정보와 사상에 대한 이해를 정확하고 적절하게 표현하는 능력을 요구하는 활동이다(Lambert and Balderstone, 2010, 58).

지리수업에서 말하기와 글쓰기 활동은 학생들로 하여금 수업에 능동적으로 참여하고 활동하며, 지리교과의 독특한 지식이나 개념에 대한 자신의 이해를 생각하고 말하며, 다른 사람의 이해와 생각을 고려하여 의사소통하고, 자신의 주장이나 설명을 좀 더 논리적이고 체계적으로 표현할 수 있는 학습기회를 제공함으로써 학습자 발달을 이끌 수 있다.

지리수업에서 언어와 학습의 관계에 주목한 Slater(1989, 13-14)와 Butt(1997, 154-160)는 학습을 위한 말하기와 글쓰기 기회의 확대와 이에 대한 교사의 이해를 강조하였다. 이들은 지리수업에서 이루어지는 의사전달적(transactional), 표현적(expressive), 시적(poetic) 말하기와 글쓰기 등의 서로 다른 형식에 대한 이해가 선행될 필요가 있다고 설명하였다. 지리수업에서는 주로 의사전달적 말하기와 글쓰기가 지배적으로 이루어지고 있으며, 이는 사실적 정보 전달, 생각 표현, 개념과 기록된 사실들의 위계적이고 논리적인 연계를 강조하기 때문에 다양한 특성을 갖고 있는 학습자의 학습과정을 제한할 수 있다는 것이다. 하지만 우리 교실에서는 가장 기본적인 의사전달적 말하기와 글쓰기를 경험할 수 있는 학습기회가 매우 부족한 것이 현실이다.

말하기와 글쓰기의 언어활동이 지리교육에서 갖는 의미나 가치에 대한 더 이상의 논의는 진부하다. 이론적 당위와 실제 현상은 다른 것이다. 지리수업에서 말하기와 글쓰기의 가치나 당위성에 대한 논의는 충분히 이루어졌다. 지금은 그것을 우리 교실에서 어떻게 계획하고 실천하며, 학생들의 말하기와 글쓰기에서 나타나는 다양한 현상을 관찰하고 설명하는 것이 필요한 시점이다.

수업에 대한 관점이 개인의 사고과정이라는 관점에서 다른 사람과의 의사소통이라는 관계적 관점으로 전환되었고, 학생의 능동적인 참여와 활동이 이루어지는 교육적 의사소통은 효과적인 언어적 상호작용을 바탕으로 한다(강창숙, 2014, 68). 이러한 맥락에서 Slater(1989, 11)는 지리수업에서 언어가 갖는 독특한 기능을 무엇을 배우고 알게 되었는지를 의사소통하는 것 그리고 학습을 위한 언어활동의 두 가지로 설명하였다.

우리 교육에서 학생들의 의사소통능력은 기능, 사고기능, 사고력의 관점에서 꾸준히 강조되어 왔으며, 2015 개정 교육과정에서는 핵심역량으로 특히 강조하고 있다. 우리 사회에서 필요로 하는 의사소통능력은 타당한 근거를 바탕으로 자신의 의견을 잘 주장하는 것을 넘어 상대방의 의견을 적극적으로 경청하고 수용하며, 이를 토대로 자신의 주장을 논리적으로 진전시키고 설명하는 것이며, 이것은 곧 문제해결과 의사결정능력의 바탕이 된다.

우리 사회가 지식 정보화, 전문화 사회로 고도화되면서 개인적, 사회적, 국가적 측면 모두에서 의사소통능력이 강조되고 있다. 이른바 2015 개정 교육과정의 첫머리 '1. 추구하는 인간상'에서는 이 교육과정에서 추구하는 인간상을 구현하기 위해 교과교육을 포함한 학교교육 전 과정을 통해 중점적으로 기르고자 하는 것을 '핵심역량'으로 규정하고 있다. 즉, 자기관리 역량, 지식정보처리 역량, 창의적 사고역량, 심미적 감성역량, 의사소통 역량, 공동체 역량을 핵심역량으로 제시하고 있다. 여기서 '의사소통 역량'은 '다양한 상황에서 자신의 생각과 감정을 효과적으로 표현하고 다른 사람의 의견을 경청하며 존중하는 것'으로 설명하고 있다(교육부, 2015a, 2).

이에 사회과에서는 창의적 사고력, 비판적 사고력, 문제해결력 및 의사결정력, 의사소통 및 협업 능력, 정보 활용능력의 다섯 가지를 교과역량으로 제시하고 있다. 여기서 문제해결력 및 의사결정력은 다양한 사회적 문제를 해결하기 위해 합리적으로 결정하는 능력을 의미하며, 의사소통 및 협업 능력은 자신의 견해를 분명하게 표현하고 타인과 효과적으로 상호작용하는 능력을 의미하는 것으로 명시하고 있다(교육부, 2015b, 3). 지리수업에서 이러한 과정을 실제적으로 경험하고 역량을 함양할 수 있는 방법이 토론과 글쓰기이지만, 구체적인 논의나 수업전략 탐색은 거의 이뤄지지 않고 있다.

지금까지 글쓰기 활동에 대한 지리교육 연구의 대부분은, 글쓰기가 학생들의 학습에 미치는 영향에 초점을 두고 있으며(Slinger-Friedman and Patterson, 2012), 다른 교과와 마찬가지로 글쓰기를 통해서 '학생들이 직접적으로 얻는 인지적이고 정서적인 이점들'을 도출하는 것에 초점을 두고 있다(Miller, 1992, 329; Patterson and Slinger-Friedman, 2012, 1).

최근 소수의 관련 연구가 보고되고 있다. 박인순·조철기(2009)는 일반 고등학교 3학년 여학생 24명을 대상으로 표현적 글쓰기에 초점을 둔 글쓰기 학습(지)을 진행하고, 사전·사후검사를 통해 이 전략의 효과를 제시하고 있다. 나아가 한희경(2013)은 표현적 글쓰기 형식의 치유적 효과의 사례로, 고등학생 314명을 대상으로 '장소를 촉매로 한 치유의 글쓰기' 결과를 보고하였다. 한편, 차홍석(2017)은 고등학교 3학년 110명을 대상으로 CEDA(Cross Examination Debate Association) 토론모형을 1차시 세계지리 수업에 적용하고 만족도 조사를 실시하여, 학생들이 젠트리피케이션의 영향을 이해하는데 토론모형이 효과적으로 작용하였음을 결과로 제시하였다.

관련 연구들은 토론이나 글쓰기 활동의 과정보다는 결과에 초점을 두고 있다는 점에서 지리수업 연구나 전략개발에 주는 의미가 매우 제한적이다. 수업의 의미는 과정에 있다. 특정 모델이나 전략에 근거한 수업이 다양한 지리수업에 유의미한 전략으로 발전하기 위해서는 수업의 과정과 학습에 대한 설명과 논의가 경험적으로 누적되어야 한다.

최근 CEDA 방식 토론은 이론적 실제적 맥락에서 교육적으로 의미 있는 토론 방법으로 논의되고 있다. CEDA(Cross Examination Debate Association)는 본래 '교차 조사식 논쟁협회'를 의미하며, 1971년 미국 '남서부교차조사논쟁협회'에서 출발하였다(Hill, 1993; 이두원, 2006, 100에서 재인용). 현재 이 협회는 미국에서 '전국 대학생 아카데미 논쟁대회'의 논제와 규칙을 만들고 진행하는 전국 규모의 협회로 자리 잡고 있다. 이러한 연유로 CEDA는 협회의 명칭이지만, 하나의 토론 방식을 일컫는 개념이 되었다. CEDA는 정확히 말하면 '교차조사 방식의 아카데미 논쟁'으로 표현하는 것이 바람직하지만(이두원, 2006, 100), 본 연구에서는 일반적인 수업전략의 관점에서 'CEDA 방식 토론'으로 기술한다.

이 토론은 미리 정해둔 절차에 따라 듣기와 말하기가 교차하면서 역동적으로 진행하는 구조를 취하고 있기 때문에, 화자와 청자가 서로 타협하면서 의미를 창조해 가는 토론으로, 상호 간의 의사소통을 충실히 반영한 토론방법이다. 무엇보다 CEDA 방식 토론의 형식과 절차는 글쓰기의 내용 구성이나 과정과 구조가 유사하기 때문에 토론과정이 글쓰기로 연계, 융합될 수 있다. 이에 고등학생을 대상으로 CEDA 방식 토론을 글쓰기 활동과 연계 실시하고, 학생들의 토론주제에 대한 판단 능력과 인식의 변화 및 글쓰기 능력 향상에 긍정적인 영향을 주었다는 사례들이 제시되고 있다(변정민, 2009; 이정애, 2013; 정성혜·황경숙, 2014).

수업방법이나 모형으로 명명된 방식은 시간과 환경이 제한되는 교실수업을 효과적으로 진행하는 데 도움이 된다. 지리수업에서 수업모델을 활용하면 학생들의 학습동기 유발 및 주요 학습개념과 학습과정을 이해하는 데 보다 효과적이다(Lambert and Balderstone, 2010, 270). 교육 일반의 관점에서 이론적으로 검증된 방법이나 모형은 지리수업이라는 실제 맥락에 적용하고 검토할 때, 지리 수업전략으로 의미를 갖게 된다.

본 연구에서는 널리 알려진 모형을 활용하지만, 본래 모형이 제시한 원칙이나 절차에 매몰되는 형식적 수업이 아닌, 지리수업을 위한 모형의 적용이라는 관점, 나아가 각기 다른 지리수업의 상황이나 특성에 따라 모형은 수정되고 변형될 수 있다는 관점에서 수업전략으로 기술한다. 이 장에서 제시하는 수업전략은 구체적인 지리수업의 맥락에서 학습자 활동 중심의 교수-학습 과정을 설계하고 실행하는 데 초점을 둔다.

이에 본 장에서는 CEDA 방식 토론과 의사전달적 글쓰기를 구조적으로 연계한 수업전략을 개발하고, 일반계 고등학교 1학년 한국지리 수업에서 실행한 과정과 학습자의 학습내용을 관찰하고 분석한 결과를 수업설계-실행-평가의 과정 중심으로 논의해 보고자 한다.

2. 지리수업에서 토론과 글쓰기 수업전략 개발

1) 한국지리 교육과정과 토론학습

2017년 한국지리 수업은 이른바 2011 개정 교육과정(2011년 8월 9일 교육과학기술부 고시 제2011-361호)에 의거한 것이다. 이에 의거한 한국지리 교육과정은 총 8개 영역(대단원)으로 구성되어 있으며, 5개 영역의 15개 성취기준에서 '토론할 수 있다'를 학습자 활동으로 명시하고 있다(교육과학기술부, 2011a). 대략 학습내용(영역)의 60% 정도가 토론을 적절한 학습방법으로 제시하고 있으며, 교과서 구성 및 수업의 기준이라 할 수 있는 성취기준의 40% 정도가 토론활동을 명시하고 있다(표 13-1).

사회과 교육과정에서는 토론하기, 인식하기, 표현하기, 의사소통하기, 의사결정하기 등을 '기능'으로 제시하고 있다. 즉, 사회과 교육과정의 내용체계는 영역, 핵심개념, 일반화된 지식, 내용요소, 기능으로 구분, 제시된다. 여기서 기능은 '수업 후 학생들이 할 수 있거나 할 수 있기를 기대하는 능력으로 교과 고유의 탐구과정 및 사고기능 등을 포함' 하는 것으로 설명하고 있다(교육부, 2015b, 9, 일러두기). 사회과 교육과정에서 영역별로 제시되는 기능들은 교과역량을 구체적인 활동으로 제시한 것이고, 이들은 교실 수업에서 학습자 활동으로 실현될 수 있다. 이에 본 장에서는 이들 기능이 실제 수업에서 갖는 의미에 초점을 두고 '학습활동'으로 기술한다.

특히 (7) 다양한 우리 국토와 (8) 국토의 지속 가능한 발전의 두 영역은 영역 전체의 성취기준이 모두 '토론할 수 있다'를 학습활동으로 제시하고 있다. 이 두 영역은 학습자로 하여금 주요 개념 중심의 인지적 지식에 대한 이해를 바탕으로 우리나라 각 지역의 특성과 구조, 지역발전, 지역격차,

표 13-1. 2011 개정 한국지리 교육과정에서 제시된 성취기준과 토론활동

영역	내용 요소	성취기준
(1) 국토 인식과 국토 통일	• 국토 통일의 당위성	• 국토 분단의 원인과 현상 그리고 그에 따른 영향을 이해하여, 국토의 정체성 및 국토 통일의 필요성에 대해서 토론할 수 있다.
(2) 지형 환경과 생태계	• 생태계로서 인간과 지형의 관계	• 지형 환경을 생태적 관점에서 파악하고, 인간과 지형 환경의 지속 가능한 관계 유지 방안에 대해서 토론할 수 있다.
(5) 생산과 소비 공간의 변화	• 농업 구조의 변화와 농촌 문제	• 우리나라의 농업 구조 변화로 인해 발생하는 문제점들을 파악하고, 이를 해결하기 위한 방안에 대하여 토론할 수 있다.
	• 교통-통신의 발달과 공간 변화	• 교통·통신 기술의 발달이 우리의 생활과 공간 변화에 미치는 영향을 이해하고, 미래의 변화 모습에 대해 토론할 수 있다.
	• 정보화 사회와 서비스 산업의 고도화	• 정보화 사회에서 서비스 산업의 고도화가 공간에 미치는 영향과 우리의 삶에 미치는 영향에 대해 토론할 수 있다.
(7) 다양한 우리 국토	• 우리나라 각 지역의 특성 • 각 지역의 구조 변화 • 각 지역의 지역 문제와 주민 생활	• 북한의 자연 및 인문 지리적 특성을 이해하고, 자본주의 경제 체제를 부분적으로 받아들이고 있는 지역의 지리적 특성을 파악하여, 통일에 대비한 바람직한 국토 계획에 대해 토론할 수 있다. • 수도권의 지역 특성 및 지역 구조를 파악하고, 세계의 도시 체계에서 수도권의 위치와 역할에 대하여 토론할 수 있다. • 영동·영서 지역의 지역차가 나타나는 원인을 이해하고, 산업화 이후 지역 핵심 산업의 변화와 그에 대한 대응을 중심으로 지역의 발전 방향에 대하여 토론할 수 있다. • 충청 지방의 지역 특성을 이해하고, 수도권의 확장에 따라 나타나는 지역 변화와 발전 방향에 대하여 토론할 수 있다. • 호남 지방의 지역 특성을 이해하고, 산업 구조의 변화가 이 지역에 미친 영향과 발전 방향에 대하여 토론할 수 있다. • 영남 지방의 공업 입지 요인과 발달 과정을 이해하고, 산업 구조 변화에 따른 지역의 발전 방향에 대하여 토론할 수 있다. • 세계적인 관광 지역으로서의 제주도의 지역 특성을 이해하고, 제주특별자치도 설정과 관련하여 지역의 발전 방향에 대하여 토론할 수 있다.
(8) 국토의 지속 가능한 발전	• 인구 문제와 대책	• 우리나라의 인구 현상(저출산·고령화 현상, 외국인 노동력의 유입, 국제 결혼 증가, 다문화 가정의 증가)을 이해하고, 이에 대한 대응 방안에 대하여 토론할 수 있다.
	• 지역 격차와 공간적 불평등	• 지역 격차 및 공간적 불평등 문제를 이해하고, 그 해결 방안에 대하여 토론할 수 있다.
	• 환경 보전과 지속 가능한 발전	• 환경 보전 및 지속 가능한 발전을 위해 제시되고 있는 다양한 방안을 이해하고, 바람직한 국토 계획 및 국토 공간의 미래에 대해 토론할 수 있다.

공간적 불평등 등을 '지속가능한 국토 발전'의 관점에서 문제를 이해하고 해결 방안을 토론으로 의사결정 해 보는 영역이다. 특히 (8) 단원은 (7) 단원과 직접적으로 연계되는 단원일 뿐만 아니라 한국지리 전 영역에 걸친 학습내용을 포괄하여 마무리하는 단원으로 의미가 크고, 학습자의 실제 학

습으로 연결되는 성취기준이 '문제 확인 → 대안 제시'의 구조로 이루어져 토론학습으로 진행하기에 적절하다.

이에 대단원 (8)의 중단원 '지역 격차와 공간적 불평등'을 학습주제로 수업을 설계하기 위해서 2011 개정 교육과정에 의거한 한국지리 교과서 5종의 대단원 구성과 학습활동 내용을 비교, 분석하였으며, 그 내용을 정리하면 다음의 표 13-2와 같다. 한국지리 교과서는 2013년 8월 30일 교육부가 검정한 5종으로, ㈜금성출판사, ㈜미래엔, 비상교육, ㈜지학사, 천재교육에서 2014년에 출판한 교과서들이며, 이하 각 교과서는 A, B, C, D, E로 표기한다.

첫째, 한국지리 교육과정의 내용체계에서 영역, 내용요소, 성취기준은 한국지리 교과서에서 대단원, 중단원, 소단원(혹은 학습주제)으로 변환, 구성되고, 단원명도 교육과정의 그것을 거의 그대로 따른다. 중단원 주제는 '지역 격차와 공간적 불평등'으로, 소단원이자 차시 학습주제는 성취기준을 2차시로 구분하는 기계적인 편성이 이루어진다. 이는 교과서가 교육과정의 실행 기능을 수행함에 따라 나타나는 현상이지만, 교육부 검정교과서의 한계점이기도 하다.

둘째, 지리수업이 '시간' 제한 속에 이루어져야 하듯이, 교과서는 교육과정 및 교과서 검정기준과 페이지 제한 속에서 구성된다. 중단원은 4~6 페이지 정도로 구성되고, 1차시는 '지역 개발과 지역 격차'의 문제를 '우리나라 국토 개발 과정'을 사례로 이해하거나 설명하는 것을 목표로 구성되어 있다. 2차시는 '지역 격차의 해결 방안'을 '공간적 불평등의 해결'이나 '균형 발전'의 관점에서 바람직한 방향 모색을 목표로 페이지 구성이 이루어지고 있다.

셋째, 이러한 차시 학습주제와 목표는 여러 학습활동(활동, 탐구 활동, 지리적 사고력 키우기, 탐구, 토론 학습, 활동하기, 토론하기 등)으로 구성되고 있으며, 이들 활동은 두 가지 유형으로 구분된다. 대체로 1차시에서는 '말 혹은 이야기해 보자, 알아보자, 설명해 보자, 모색해 보자, 정리해 보자, 예상해 보자, 생각해 보자, 비교해 보자, 조사해 보자 등'과 같이 개별적인 인지적 사고기능 중심의 활동으로 구성되어 있다. 1차시 학습활동을 바탕으로 한 2차시에서는 '토론해 보자, 발표해 보자, 토의해 보자, 써 보자, 논거를 써 보자, 문장을 써 보자 등' 모둠활동으로 토의·토론하고, 그 결과를 발표하거나 한 두 문장 쓰기로 정리해 보는 등 간단한 말하기와 글쓰기 활동으로 구성되어 있다.

이처럼 한국지리 교과서에서는 교육과정의 성취기준 "지역 격차 및 공간적 불평등 문제를 이해하고, 그 해결 방안에 대하여 토론할 수 있다."를 우리나라 지역 격차 및 공간적 불평등 문제와 관련된 주요 개념이나 지리적 현상의 이해에 초점을 두는 활동과 모둠 토의나 토론으로 그 해결 방안을

표 13-2. '국토의 지속 가능한 발전' 대단원 구성 및 학습활동의 내용

교과서	중단원 (페이지 수)	소단원 (학습목표)	학습활동
A	3. 지역 개발과 공간적 불평등 (4)	1) 지역 개발과 지역 격차 　(지역 격차와 공간적 불평등에 따라 나타나는 문제에 대하여 설명할 수 있다.)	• 활동 1 (말해 보자, O표를 해 보자, 토의해 보자)
		2) 지역 격차와 공간적 불평등의 해결 방안 　(지역 격차와 공간적 불평등을 해결할 수 있는 방안에 관하여 말할 수 있다.)	• 활동 2 (모둠별로 토론해 보자, 발표해 보자)
B	2. 지역 격차와 공간적 불평등 (6)	1) 지역 격차와 공간적 불평등 　(지역 격차 및 공간적 불평등 문제를 이해할 수 있다.)	• 탐구활동 (알아보자, 설명해 보자, 모색해 보자)
		2) 지역 격차의 해결 방안 　(지역 격차 및 공간적 불평등 문제에 대한 대안을 제시할 수 있다.)	• 지리적 사고력 키우기 (설명해 보자, 토의해 보자)
C	2. 지역 격차와 공간적 불평등 (5)	1) 경제 성장과 지역 격차 　(지역 격차가 나타나는 원인을 경제 발전 과정에서 설명할 수 있다. 지역 격차의 유형과 공간적 불평등의 양상을 설명할 수 있다.)	• 탐구 (정리해 보자, 예상해 보자, 생각해 보자)
		2) 바람직한 지역 개발의 방향 　(균형 개발의 필요성을 이해하고 지역 격차의 해결 방안을 제시할 수 있다.)	• 탐구 (써 보자, 생각해 보자)
D	2. 지역 격차와 공간적 불평등 (6)	1) 지역 격차의 발생 　(지역 격차가 발생하는 원인을 이해할 수 있다.)	• 탐구활동 (비교해 보자, 이야기해 보자)
		2) 우리나라의 공간적 불평등 　(공간적 불평등 문제에 대해서 이해할 수 있다.)	• 탐구활동 (설명해 보자, 이야기해 보자, 조사해 보자)
		3) 균형 발전을 위한 노력 　(지역 격차와 공간적 불평등 문제에 대한 해결 방안을 토론할 수 있다.)	• 토론학습 (모둠별로 찬반 토론을 해 보자)
E	3. 지역 격차와 공간적 불평등 (4)	1) 지역 격차와 국토 개발 과정 　(지역 격차와 지역 개발의 의미를 이해하고, 우리나라의 국토 개발 과정을 설명할 수 있다.)	－
		2) 공간적 불평등 문제와 해결 방안 　(공간적 불평등 문제를 이해하고 해결 방안에 대하여 토론할 수 있다.)	• 활동하기(모둠활동) (토의해 보자, 찾아보자, 설명해 보자) • 토론하기 (논거를, 문장을 써 보자)

모색하고 그 결과를 간단하게 발표하거나 글쓰기로 정리하는 활동으로 구성하고 있다. 형식적인 측면에서는 한국지리 교과서들은 교육과정 성취기준에서 의도하는 학습내용과 활동을 타당하게 구성하고 있다.

그러나 각 교과서의 토의, 토론 활동을 구체적으로 살펴보면, 형식적인 질문이나 권유, 빈 줄 채우기 식의 한 문장쓰기 활동 등으로 제시되고 있다. 예를 들어, A교과서는 "…, 이러한 지역 간 갈등을 해소할 수 있는 방안에 대하여 모둠별로 토론해 보자"를 질문으로 권유하는 데 그치고 있다. 학습활동으로 '토론 학습'을 명시하고 있는 D교과서도 제시한 주제 중 하나를 선정하여 모둠별로 찬반 토론을 해 보자는 질문에 그치고 있다. 구체적인 하위 질문이나 활동은 제시되지 않았다. 가장 구체적으로 토론활동을 구성하고 있는 E교과서에서는 '지역 격차와 지역 개발 규제냐 완화냐?'라는 토론주제를 제시하고, 각 입장별로 한 문장의 논거와 상대편을 반박하는 문장을 빈 줄 채우기 방식으로 써 보는 간단한 활동을 토론과제로 제시하는 데 그치고 있다.

지리수업은 물론 대부분의 교과에서도 토의나 토론은 간단히 말하기에 그치고 학생들은 교사의 말이나 판서내용을 노트에 옮겨 쓰거나, 학습지 빈 칸을 단어나 문장으로 채우는 정도의 필기하기가 '말하기와 글쓰기' 활동을 대신하고 있다. 지리수업에서도 학생들에게 정보를 복사하고, 보고하고, 구성하는 활동이 지배적으로 이루어지고 있으며, 이러한 의사전달적 언어활동만 요구하거나 치중하는 것은 학생들의 학습과정을 제한하는 것이다(Butt, 1997, 160). 하지만 실제 지리수업은 의사전달적 글쓰기와 말하기 형식에 치중하는 문제보다는 학생들에게 말하기와 글쓰기를 수업활동으로 계획하고 지원하는 활동이 이루어지지 못하고 있다는 것이 근본적인 문제이다.

한국지리 토론학습의 주제는 국가적, 지역적으로 이슈가 되고, 인간과 삶의 환경 간의 관계에 초점을 둔 이슈로써(Lambert and Balderstone, 2010, 145), 학생들이 읽고, 쓰고, 말하기를 통해서 자신의 의견을 표현하고, 대립되는 논쟁을 경험할 수 있는 주제를 선정할 때(Slater, 1989, 110 참조), 학습자의 동기유발과 능동적인 참여를 촉진할 수 있다. 나아가 이러한 주제는 장차 이들의 일상생활에서도 긍정과 부정 혹은 찬성과 반대의 대립되는 입장에서 의사소통하고 문제를 해결하며, 의사를 결정하는 데 유의미한 경험을 제공할 수 있다. 이에 중단원 '지역 격차와 공간적 불평등'을 학습주제로 교사중심의 설명식 수업, 학습자중심의 토론학습과 논리적 글쓰기로 연계되는 3차시 수업을 설계하였다.

2) CEDA 방식 토론의 형식과 특징

CEDA 방식 토론은, 어떠한 논제(논제의 의미구조는 ～로 바꾸어야 한다. 혹은 ～로 변화해야 한다.)에 찬성하는 긍정측과 반대하는 부정측을 대변하는 팀 간의 입론(立論, Constructive Speech), 교차조사(交叉照査, Cross Examines), 반박(反駁, Rebuttal) 과정을 4명의 토론자가 총 12개의 절차에 따라 논쟁을 진행한다.

CEDA 방식 토론은 우리나라에서도 교내 및 교육청 토론대회에서 공식 토론 방식으로 채택되어 쓰이고 있다. 기본적인 토론방식은 유지하되 토론주제에 따라 진행되는 시간이 다르며, 소요시간에 따라 다음의 표 13-3과 같이 그 종류를 구분하고 있다(이두원, 2006, 101).

CEDA 방식 토론에서 입론은 자신(긍정측)의 주장과 논거를 제시하는 단계이다. 교차조사 단계

표 13-3. CEDA 방식 토론의 절차 및 종류

순서	토론절차	발언시간(작전타임 제외)			
		A안(60분)	B안(48분)	C안(36분)	D안(20분)
1	○ 긍정측 첫 번째 토론자의 입론	8분	6분	5분	3분
2	★ 부정측 두 번째 토론자의 교차조사	3분	3분	2분	1분
3	☆ 부정측 첫 번째 토론자의 입론	8분	6분	5분	3분
4	○ 긍정측 첫 번째 토론자의 교차조사	3분	3분	2분	1분
5	● 긍정측 두 번째 토론자의 입론	8분	6분	5분	3분
6	☆ 부정측 첫 번째 토론자의 교차조사	3분	3분	2분	1분
7	★ 부정측 두 번째 토론자의 입론	8분	6분	5분	3분
8	● 긍정측 두 번째 토론자의 교차조사	3분	3분	2분	1분
9	☆ 부정측 첫 번째 토론자의 반박	4분	3분	2분	1분
10	○ 긍정측 첫 번째 토론자의 반박	4분	3분	2분	1분
11	★ 부정측 두 번째 토론자의 반박	4분	3분	2분	1분
12	● 긍정측 두 번째 토론자의 반박	4분	3분	2분	1분
작전 타임	각 팀별 작전 타임	10분	10분	6분	2분
※ CEDA 토론 소요시간		70분	58분	42분	22분
A안 : 미국 CEDA(협회)의 시간배정(표준) B안 : 전국대학생토론대회용 시간배정 C안 : 대학 토론수업(50분 강의)용 시간배정 D안 : 중·고등학교 학생 정규·특별수업용 시간배정		총 소요시간 (작전타임 포함)			

에서는 부정측에서 상대편(긍정측)의 입론 발표자를 상대로 입론에서 제시된 주장과 근거들의 논리적 오류를 질문으로 확인하고 밝혀내는 과정이다. 교차조사는 입론보다 상대적으로 짧은 시간이 주어지기 때문에 비판적인 관점에서 신속하고 정확하게 논리적 오류를 따져 질문해야 하는 과정이다. 상대방의 입론에 대한 논증을 경청하면서 얼마나 타당하고 적절하게 제시하고 있는지 비판적으로 듣고 논리적인 오류를 발견해 내는 교차조사는 토론의 핵심단계라 할 수 있다.

반박은 토론의 마무리 단계로 새로운 주장이나 논거는 제시할 수 없다. 반박은 입론 및 교차조사를 통해 제시되었던 주장이나 논거들의 강점과 약점을 자신(팀)의 입장에서 재 정렬, 정비하여 상대팀을 향해 최후의 반박을 가하는 단계이다. 자신(팀)에게 보다 중요한 것을 가려내어 명확하게 주장하는 단계로 이 단계에서 토론의 승패가 달라질 수도 있다(이두원, 2006, 114).

이 토론에서는 제시된 자료, 주장을 입증하는 논거, 논거를 입증하는 자료, 전달행위 등의 적절성 및 연계성에 큰 비중을 두고 진행하며, 토론자들은 정확한 자료조사와 제기된 주장을 입증할 수 있는 적절한 증거의 선택과 제시가 매우 중요하다(박기순·이두원, 2004). 이 토론의 특징은 흑백논리에 따른 찬반 대립의 논쟁이 아닌, 입론-교차조사-반박과정이 정·반-합의 변증법적 과정을 거치면서 합의점을 도출한다는 점에서 일반적인 찬반토론과 구분된다. 긍정과 부정의 입장에 따라 유리하거나 불리하지 않으며, 토론 참여자 모두에게 균등한 기회가 주어진다는 것도 주요 특징이다(이두원, 2006, 101).

3) CEDA 방식 토론과 논리적 글쓰기 수업전략 설계

본 연구에서는 CEDA 방식 토론 중에서 중등학교 정규수업에 적절한 D안 방식을 선택하고, 지리수업에 적절한 방식으로 수정하였다. 수정된 D안 방식으로 지리 수업전략을 설계하고 한국지리 수업에 적용한 과정을 개관하면 다음의 표 13-4와 같다.

이러한 수업전략 개발과 적용의 기본준칙은 현장적합성과 타당성 그리고 해당 학교 교육과정 진행에 방해가 되지 않은 자연스러운 실행이다. 즉, 대상학교의 수업일정과 담당교사의 교수스타일이나 진도에 따라 진행하며, 학습자에게 토론과 글쓰기 활동의 기회를 제공하고, 교사에게는 새로운 수업전략을 특별한 노력과 시간 소요 없이 자연스럽게 익히고 실행하는 기회를 제공한다. 그리고 수업의 과정과 결과에 대한 분석 및 평가의 내용은 교사와 학생 모두에게 의미 있는 피드백을

표 13-4. 2017년 토론 및 글쓰기 수업전략 개발의 내용과 일정

일정	내용	활동자료
7월	• 이론적 검토 – D안(22분) 선택 • 워크숍 및 모의수업 실시(교육대학원)	• 활동자료 개발: 수업지도안, 토론활동지, 토론활동 평가 및 채점기준
10월	• 대상학교, 담당교사 섭외 • 토론주제 설정 • 한국지리 3차시 수업전략 개발	• 활동자료 개발: 수업지도안, 토론활동지, 글쓰기 활동지, 학습자료(기본학습자료, 찬성 측 참고자 료, 반대 측 참고자료), 토론활동지 및 논리적 글 쓰기 평가 및 채점기준
11월	• 담당교사와 워크숍 및 모의수업 실시 • 토론 시간과 토론 학생 수를 추가한 수정전략 수립	• 활동자료 수정 및 보완 : 특히 토론활동지의 용어 수정 및 논리적 글쓰기 활동과 연계성을 고려하 여 수정, 보완
12월	• 일반계 고등학교 1학년 4개 학급에서 수업 실행 • 활동지 평가 및 활동과정에 대한 관찰 평가 결과 피드백	• 중단원 수업설계안, 토론활동지, 글쓰기활동지, 학습자료 (기본학습자료, 찬성 측 참고자료, 반대 측 참고자료 등), 토론활동지 및 논리적 글쓰기 평가 및 채점기준

제공하는 자료로 활용한다.

먼저, 연구자의 이론적 검토를 통해 CEDA 방식 토론을 선택하고, 토론활동과 평가에 필요한 자료를 개발하여 교육대학원생들과 워크숍과 모의수업을 실시하였다.

둘째, 대상학교를 선정하고 담당교사와의 면담을 실시한 후, 현장적합성을 고려하여 중단원 학습주제 '지역 격차와 공간적 불평등'에 대한 3차시 수업전략을 설계하였다. 1차시는 교사중심의 설명식 수업으로 지역 격차 및 공간적 불평등 문제와 관련된 주요 개념과 우리나라 국토개발과정에서 나타난 지리적 현상의 이해에 초점을 둔 수업으로 담당교사의 평소 방식대로 진행하였다. 2차시는 CEDA 방식 토론수업으로, 3차시는 논리적 글쓰기수업으로 설계하고, 활동자료와 찬반토론에 필요한 참고자료 및 평가 및 채점기준을 개발하였다. 토론과 논리적 글쓰기수업의 주제는 "우리나라의 지역개발은 상향식 개발전략으로 이루어져야 한다(이하 상향식 지역개발)."로 구상하였다.

셋째, 대상학교 담당교사와 워크숍 및 모의수업을 실시한 결과, 토론시간을 확대하고 토론자를 추가하는 수정전략을 수립하였다. 즉, 토론활동 수업은 크게 교사의 수업안내(5분)-토론활동(40분)-교사의 수업마무리(5분)로 설계하였다. 학생들의 토론활동(40분)은 토론준비(5분)-토론하기(25분)-활동정리하기(10분)의 3단계로 구성하고, 토론자도 팀별로 1명씩 추가하여 총 6명으로 구성하는 전략을 구안하였다(그림 13-1).

넷째, 이와 함께 활동자료 전체를 재검토하여 수정하고 보완하였다. 특히 토론활동지에서 토론

활동의 방향과 절차를 이끄는 입론-교차조사-반박의 용어가 모든 학생들에게 쉽게 이해될 수 없다는 의견을 고려하여 토론활동에서 '토론하기'에서 제시되는 용어를 '근거를 통해 주장하기-1가지 질문으로 반론하기-최종정리하기' 3단계로 수정하였다.

본래 D안은 ①에서 ⑧까지 찬-반-반-찬-찬-반-반-찬성의 순서로 입론하고 교차조사하는 방식으로 진행되지만(표 13-3), 토론자에게는 그 순서와 역할이 혼란을 주고, 방청하는 학생들에게는 각 팀의 주장(입론)과 반론하기(교차조사)가 명확하게 구분되지 않는 어려움이 발견되었다. 이에 본 연구에서는 근거를 통해 주장하기(입론)와 1가지 질문으로 반론하기(교차조사)의 단계로 구분하여 진행하는 수정된 수업전략을 설계하고, 토론활동지를 구성하였다(그림 13-1).

토론활동지에서 토론 준비 단계(나의 주장과 근거)는 토론활동 준비 시간의 필요는 물론 논리적 글쓰기의 서론에 대응하는 것이고, 토론하기는 본론, 활동 정리하기는 결론에 대응하는 것으로 논리적 글쓰기 활동과의 연계성을 고려하여 구성하였다.

다섯째, 논리적 글쓰기는 의사전달적 글쓰기 방식을 토대로, 토론활동에서 얻은 사실적 정보(논리적 근거), 지역개발 전략들에 대한 주요 개념들, 찬반 입장에 따른 생각의 표현 등을 토론활동지에 기록하고, 이를 논리적으로 정리하여 서술하는 활동이다. 원고지 약 800자(줄글 20줄) 정도의 분량을 기준으로 양식을 개발하였다(그림 13-2).

여섯째, 충청북도 00군에 소재한 일반계 고등학교 1학년 남학생 2개 학급, 여학생 2개 학급에 적용, 실행하였다(표 13-5). 대상학생들에게 토론학습은 사전 경험이 거의 없는 특별한 경험으로 파악되었고, CEDA 토론 방식의 절차나 특징에 대해 사전지식이 전무하기 때문에 토론참여자를 사전 선발하고, 이들 24명을 대상으로 별도의 시간에 토론방식을 안내하고 모의토론 형식으로 사전 연습을 실시하였다.

마지막으로 토론과 논리적 글쓰기 수업은 인위적으로 수업시간을 조정하거나 2차시 블록수업으로 진행하지 않고, 각 학급의 본래 지리수업 시간에 실시하였다. 본래 담당교사는 해당 중단원은 2차시로 계획하고 있었지만, 3차시로 수정한 정도의 변화가 있었다. 수업 실행 후 학생들의 토론활동지와 글쓰기활동지는 연구자와 담당교사의 삼각검증 방식으로 평가하였다. 담당교사는 평가결과와 활동지를 검토, 보완하여 학생들의 생활기록부 교과세부능력 특기사항 자료로 활용하였으며, 각 학급 전체를 대상으로 피드백 하는 것으로 3차시 수업활동을 마무리하였다.

3. 한국지리 수업에서 토론과 글쓰기 활동의 실행과 학습내용

1) 토론과 글쓰기 활동 수업 실행

(1) CEDA 방식 토론과 평가

토론과 글쓰기 활동을 실행한 고등학교는 충청북도 00군 읍 소재지에 위치한 남녀공학 일반계 고등학교이다. 학교가 위치한 지역은 2017년 현재 인구 5만 명 정도의 전통적인 농업지역으로, 학생들은 토론과 글쓰기에 대한 사교육 경험이 거의 없고, 국어시간에 학습한 경험이 대부분이다. 8학급으로 구성된 1학년 중에서 해당 교사가 담당하는 4학급, 108명(남학생 60명, 여학생 48명)을 대상으로 수업을 진행하였다.

학생들의 토론활동 3단계(토론준비-토론하기-활동정리하기)는 토론활동지에 순서대로 제시되었고, 학생들은 토론활동이 진행되는 시간에 토론활동지를 작성하였다. 토론활동지는 A4 양면 2페이지 1장 분량으로 구성되었고(그림 13-1), 교사는 사회자로 토론을 진행하였다.

그림 13-1. 토론활동지 1, 2

본 연구에서 이루어진 토론과 글쓰기 활동에 대한 평가는 학생들의 상대적인 위치, 즉 평가점수의 분포나 우열을 파악하기 위한 것이 아니다. 지리수업에서 이루어진 토론과 글쓰기 활동은 학생들이 '상향식 지역개발'에 대한 각자의 입장을 얼마나 타당하고 다양한 근거를 바탕으로 명확하게 주장하며, 이를 논리적인 글쓰기로 전개하고 있는가의 성취수준을 파악하는데 있다. 이에 학생들의 토론활동지와 논리적 글쓰기는 상(5점)-중(3점)-하(1점) 척도로 평가하고, 개별학생의 성취수준은 준거참조평가의 분할점수(cut-off score) 개념에 근거하여 우수-보통-기초수준으로 평가하였다.

학생들이 무엇을 알고 할 수 있는지의 구체적인 성취정보를 제공하는 준거참조평가(criterion-referenced evaluation)는 학생의 성취결과를 미리 설정한 준거에 근거하여 해석하는 방식으로, 성취결과에 대한 상대적인 위치나 전형적인 성취정보를 제공하는 규준에 근거하는 규준참조평가(norm-referenced evaluation)와는 구별된다. 이러한 준거참조평가가 가능하려면 점수척도를 나누는 절대적 기준을 설정해야 하는데 이를 분할점수라고 한다. 분할점수는 어떤 점수 척도 위에 설정된 특정한 점수를 말하는 것이고, 준거는 피험자가 알고 있고 할 수 있는 수행능력의 기준을 의미한다(김창환, 2011, 143).

분할점수 설정은 합리적이고 적합한 절차를 따라야 하는데, 널리 알려진 방법은 Angoff 방법, Ebel 방법, Bookmark 방법이 있다. 북마크 방법은 전문가들의 합의 과정이 실제로 학생들이 치른 시험의 문항분석결과를 중심으로 이루어진다는 점에서 객관성을 확보할 수 있다는 장점을 갖는다(한국교육평가학회, 2004; 부재율, 2015). 이에 본 연구에서는 북마크 방법에 의거하여 각 학생의 토론활동(지) 성취수준은 총점 20점을 우수-보통-기초(기초미달은 기초에 포함)의 세 수준으로 분할하는 점수는 각각 16점과 8점으로, 글쓰기 성취수준은 총점 25점에 대해 각각 19점과 12점으로 설정하였다. 이들 분할점수는 각 수준에 도달하는데 필요한 최소한의 기준선(점수)이다.

학생들의 토론활동지에 대한 평가 결과, 학급별 성취수준은 표 13-5와 같다. 토론활동지의 단계별 평가요소는 네 가지이다. 토론준비 단계는 "다양하고 타당한 근거로 자신의 입장을 명확하게 주장하고 있는가?", 토론하기 단계는 "토론 과정을 잘 이해하고 있는가?", "토론 내용이 잘 작

표 13-5. 토론활동지 성취수준

학급		우수	보통	기초	계
남학생	가	19	11	1	31명
	나	20	9	0	29명
여학생	다	14	10	0	24명
	라	13	9	2	24명
계		68명 (63%)	37명 (34%)	3명 (3%)	108명 (100%)

성되어 있는가?", 활동정리하기 단계는 "자신의 입장이 변화 혹은 변화되지 않은 이유를 근거를 통해 설명하고 있는가?"의 네 가지이다.

토론활동지의 평가 결과, 학생들의 성취수준은 63% 정도가 우수하고, 34% 정도가 보통 수준으로 나타났다. 토론활동지 작성 수준이 보통인 경우의 대부분은 방청객으로 참여한 학생들이다. 이들은 빈 칸 없이 작성은 했지만, 토론하기 단계에서 '토론 내용'을 잘 작성하지 못한 경우이고, 기초수준의 3명은 활동지의 절반 정도를 미완성한 학생들로 실제로 기초수준 미달이다. 따라서 양적인 측면에서 약 97% 정도의 학생들이 토론활동지를 완성했으며, 이들 중 63% 정도의 학생들은 질적인 측면에서도 성취수준이 우수하다고 평가할 수 있다.

(2) 논리적 글쓰기 활동과 평가

Slater(1989, 13)는 말하기나 글쓰기는 인간의 사고가 생각이나 아이디어를 넘어서 발달한다는 것을 확고하게 보여 주는 사례라고 설명했다. 인간의 사고와 언어활동에 주목한 Vygotsky는 말하기보다는 글쓰기가 더 고차적인 사고활동임을 언급하였다(신현정 역, 1995).

수업에서 이루어지는 언어활동 중에서도 글쓰기는 듣기나 읽기에 비해 상대적으로 적극적인 표현행위이자 실천행위로 학생들에게 더 높은 수준의 사고력을 요구하기 때문에 중요하게 다루어져 왔다(주재우 외, 2014, 230). 그럼에도 불구하고 실제 수업에서 글쓰기는 학생은 물론 교사에게도 여러 가지 어려움이 많은 활동이며, 특히 평가가 그러하다. 이에 지리수업에서 글쓰기 활동의 계획, 실행, 평가와 피드백 등의 과정과 관련된 문제를 평가 중심으로 논의해 보고자 한다.

글쓰기 평가준거와 관련한 연구들에서는 내용, 조직, 표현의 세 가지를 준거로 삼는 것이 일반화되어 있어 표 13-6과 같이 평가준거를 설정하였다(주재우 외, 2014, 236). 여기서 평가준거는 학생들이 지리수업에서 글쓰기 활동을 통해 수행할 수 있다고(혹은 수행할 것을) 기대하는 지식과 기능의 수준이다. 이는 논리적 글쓰기 수업의 성취목표로, 글쓰기 활동의 실행 내용이자 학생들의 성취수준을 판단하고 해석하는 평가준거가 된다.

일반적으로 글쓰기 평가에서는 목적에 맞는

표 13-6. 논리적 글쓰기의 평가준거

항목	평가요소
조직	1. 글의 전개(서론-본론-결론)가 논리적인가? 2. 본론에서 주요 논쟁점에 대해 비교하여 서술하였는가?
내용	3. 주요 개념을 올바르게 이해하고 있는가? 4. 다양하고 타당한 근거로 자신의 입장을 명확하게 주장하고 있는가?
표현	5. 적정한 분량으로 글을 완성하였는가?

내용을 짜임새 있게 구성하여 표현하는 것을 좋은 글의 평가기준으로 삼고 있다. 즉, 글의 주제나 목적에 맞는 글이 문법적인 오류가 없는 글보다 더 중요한 의미를 갖기 때문에 표현보다는 내용면에 가중치를 부여하여 채점, 평가하기도 한다(주재우 외, 2014, 239). 본 연구에서도 본래 평가준거는 표현 항목에 "6. 맞춤법, 어법 등이 바르게 표현되었는가?"를 포함한 6개 항목으로 설계하였으며, 이를 기준으로 1차 평가를 실시한 결과, '6. 맞춤법, 어법 등'은 대부분이 가장 높은 수준인 상(5점)으로 평가되었다. 또한 학급별 차이도 유의미하지 않기 때문에 이를 제외한 5개 항목으로 수정하였고, 조직과 내용면에 평가와 분석의 초점을 두었다. 이에 학생들의 글쓰기에 대한 평가 결과, 학급별 성취수준은 다음의 표 13-7과 같다.

먼저, 각 항목별 평가결과를 살펴보면, 학생들은 표현에서 적정한 분량으로 글을 완성하는 능력(평균 3.9)은 상당히 우수하지만(그림 13-2), 글의 내용(평균 3.2)과 조직(평균 2.6) 능력은 보통 정도로 나타났다. 글의 내용면에서는 "4. 다양하고 타당한 근거로 자신의 입장을 명확하게 주장하고 있는가?"에서 다양하고 타당한 근거의 제시 능력이 부진했고, 조직에서는 "2. 본론에서 주요 논쟁점에 대해 비교하여 서술하였는가?"에서 주요 논쟁점에 대해 상대측의 주장하는 내용(근거)들과 비교하여 서술하는 능력이 특히 부진한 것으로 나타났다. 이들 두 항목은 학생들의 논리적 글쓰기에서 서로 밀접하게 연계되고 영향을 미치는 항목으로 파악되었다.

학급별 글쓰기 능력이나 성취수준은 토론활동이 활발하게 진행되었고 방청하는 학생들도 적극

표 13-7. 논리적 글쓰기의 평가와 성취수준

학급	조직		내용		표현	총점 (평균)	성취수준			계
	1항	2항	3항	4항	5항		우수	보통	기초	
가	101	71	101	87	119	479 (3.1)	14	16	1	31명
나	105	67	99	97	125	493 (3.4)	9	18	2	29명
다	80	34	96	70	110	390 (3.3)	8	13	3	24명
라	60	42	72	66	70	310 (2.6)	5	11	8	24명
계 (평균)	346 (3.2)	214 (2.0)	368 (3.4)	320 (3.0)	424 (3.9)	1,672 (3.1)	36 (33%)	58 (54%)	14 (13%)	108명 (100%)
	560 (2.6)		688 (3.2)							

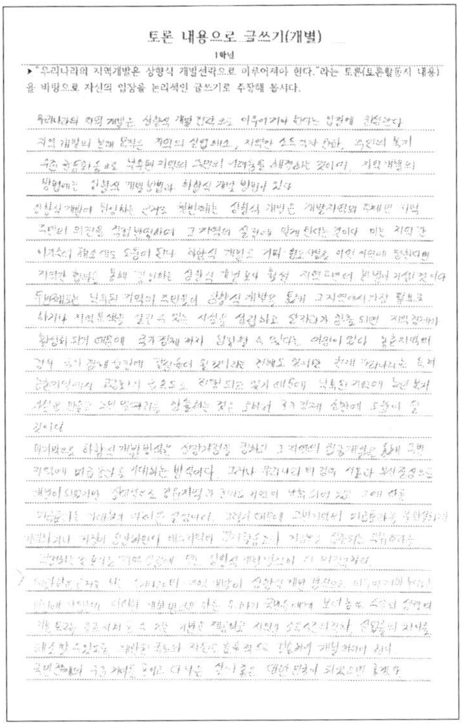

그림 13-2. 논리적 글쓰기 사례

적으로 참여했던 남학생들이 상대적으로 높게 나타났지만, 실제 학급별 차이는 거의 없다고 할 수 있다. 특히 성취수준이 낮은 라 학급은 6명의 학생이 당시 유행한 독감증세로 토론활동지 작성을 완성하지 못했고, 연계된 글쓰기 활동도 '수업시간에 아파서 아무 생각도 안 나는' 특별한 상황으로 참여하지 못했다.

전체 학생들의 글쓰기 능력이나 성취수준은 보통 이상의 수준이라 할 수 있다. 그림 13-2는 총점 19점(평균 3.8)으로 성취수준이 우수한 것으로 평가된 사례이다. 반면에 성취수준이 '기초'로 평가된 학생들의 글쓰기에서는 '1. 글의 전개는 비교적 논리적'이고, '4. 자신의 입장을 명확하게 주장'하고 있지만, '2. 본론에서 주요 논쟁점에 대해 비교하여 서술'하지 못하거나 '4. 다양하고 타당한 근거'를 제시하지 못하고, 양적인 분량은 평균 수준 이하(원고지 300자, A4지 10줄 정도)인 특징이 나타났다.

토론활동지의 내용을 '옮겨 쓰기' 형식으로 논리적 글쓰기 활동이 이루어졌지만, 토론활동지에 비해 글쓰기의 성취수준이 상대적으로 낮게 나타났다. 많은 학생들이 글쓰기는 어려운 활동으로 생각하였다. 토론활동지의 내용을 검토, 수정하거나 새로운 이해를 추가하는 등의 반성적 고찰로 진전되는 경우는 부진했고, 대부분 학생들이 토론활동지 내용을 요약, 정리하는 과정으로 인식하는 경향을 관찰할 수 있었다.

글쓰기 관점에서 토론활동지는 주요 개념이나 사실들 중심의 단어와 간단한 문장쓰기 정도의 수준을 기반으로 구성되었다면, 글쓰기활동지는 이를 문단으로 정리하고 논리적으로 구성된 텍스트를 완성하는 수준을 목표로 한다(Lambert and Balderstone, 2010, 59 참조). 즉, 토론활동지에서는 학생들이 토론주제의 근거가 될 수 있는 주요 개념이나 사실들을 기록하거나, 이를 타당한 문장으로 구성하는 정도가 주요 학습활동이었다. 이와 연계된 글쓰기에서는 토론활동에서 말하기, 듣기,

쓰기 등으로 이루어진 학습내용을 문법에 맞는 문장으로 정리하고, 논리적인 문단으로 재구성하면서 자기주장을 명확하게 하나의 텍스트로 표현하는 수준을 목표로 한다는 점에서 차이가 있다.

2) 학생들의 학습내용과 인식변화

(1) 학생들의 토론근거와 입장변화

학생들은 무엇을 근거로 '상향식 지역개발'에 찬성하거나 반대하였는가? 이는 토론과 글쓰기 활동의 핵심이 되는 내용이고, 지리수업의 영역적 특성이 가장 잘 나타나는 부분이다. 즉, 학생들은 지리수업에서 토론활동이라는 말하기 중심의 언어활동을 통해서 무엇을 배우고 알게 되었으며, 어떻게 의사소통하였는가의 학습내용이 구체적이고 명시적으로 나타나는 부분이다.

이에 학생들이 토론활동지에 기술한 내용 중에서, 토론의 핵심이 되는 '근거 있는 주장'의 내용이 명확하게 드러나는 토론 준비단계와 정리단계에서 제시된 내용들을 각 입장별로 정리하여 그대로 옮기면 다음의 표 13-8과 같다.

먼저, 상향식 지역개발에 찬성하는 입장의 준비단계에서는 상향식 지역개발의 장점, 하향식 지역개발의 단점, 오개념을 토론의 근거로 제시했지만, 가장 풍부하게 제시된 상향식 지역개발의 장점이 찬성측 주장의 설득력 있는 근거가 되었다. 정리단계에서는 상향식 지역개발의 장점보다는 "반대측의 근거가 부족했다."같이 토론과정에서 나타난 상대측의 토론태도를 근거로 활용하는 비중이 높게 나타났으며, 일상생활이나 지역사례를 중심으로 오개념을 대체하는 현상도 나타났다.

반대하는 입장에서도 준비단계에서는 하향식 지역개발의 장점, 상향식 지역개발의 단점, 오개념을 토론의 근거로 제시했지만, 찬성측 주장에 비해 하향식 지역개발의 장점은 양적으로 부족하고, 오개념의 비중은 높게 나타났다. 정리단계에서는 하향식 지역개발의 장점, 상대측 토론태도, 오개념 등이 반대하는 근거로 제시되었다. 찬성측과 달리 반대측에서는 준비단계에서 제시되었던 오개념이 정리단계에서 반복 제시되는 등 제시된 근거들의 질적인 측면도 부진했다.

학생들이 무엇을 근거로 '상향식 지역개발'에 찬성하거나 반대하였는지를 정리하면, 토론준비단계에서는 자기주장의 장점-상대주장의 단점-오개념을 근거로 주장하였지만, 정리단계에서는 자기주장의 장점-토론태도-오개념의 대체 혹은 오개념의 반복의 양상으로 마무리하였다.

본 연구에서는 '상향식 지역개발'에 찬성하는 입장에서 자기주장의 장점을 양적으로 풍부하게

제2부 지리수업, 학습자 그리고 지리교과서

표 13-8. 토론활동에서 각 입장별로 제시된 근거들의 비교

입장 단계	찬성	반대
준비 단계	〈상향식 지역개발의 장점〉 ① 일자리가 증가한다. ② 빈부격차를 줄여준다. ③ 지역 간 소득격차가 완화된다. ④ 지역 격차를 해소하여 국민들의 만족도가 높아진다. ⑤ 분배의 형평성이 보장된다. ⑥ 지역 특색에 맞는 개발이 가능하다. ⑦ 복지수준이 향상된다. ⑧ 인구 밀집을 해결할 수 있다. ⑨ 희소자원을 가장 효율적으로 이용할 수 있다. ⑩ 빈곤층이 직접 개발의 혜택을 받을 수 있다. 〈하향식 지역개발의 단점〉 ⑪ 하향식개발은 파급효과보다 역류효과가 크다. ⑫ 하향식개발을 해왔지만 여전히 낙후된 지역이 많다. 〈오개념〉 ⑬ 선진국이 되려면 언젠가는 상향식개발을 해야 한다. ⑭ 하향식개발을 하면 세대 간 갈등이 생긴다.	〈하향식 지역개발의 장점〉 ① 도시화, 공업화를 통해 국가 전체의 성장률이 높아진다. ② 시간과 자원이 절약된다. ③ 파급효과를 일으켜 주변지역도 함께 성장한다. ④ 개발의 효율성이 높다. ⑤ 성장을 극대화시킬 수 있다. ⑥ 하향식개발을 통해 파급효과가 일어나면 그것이 균형개발이다. 〈상향식 지역개발의 단점〉 ⑦ 상향식개발은 돈과 시간이 많이 든다. ⑧ 상향식개발을 하면 세금이 효율적으로 사용되지 않을 수 있다. 〈오개념〉 ⑨ 우리나라는 선진국이 아니므로 상향식개발을 할 능력이 없다. ⑩ 하향식개발로 도시가 성장하면 전 세계적으로 유명해질 것이다. ⑪ 상향식개발은 농촌지역부터 개발하므로 농촌지향적이다. ⑫ 상향식개발을 하면 모든 도시를 개발하여 환경오염문제가 발생한다.
정리 단계	〈상향식 지역개발의 장점〉 ① 일자리가 증가한다. ② 빈부격차를 줄여준다. ③ 지역 간 소득격차가 완화된다. ④ 지역 격차를 해소하여 국민들의 만족도가 높아진다. ⑤ 분배의 형평성이 보장된다. ⑥ 지역 특색에 맞는 개발이 가능하다. 〈토론태도〉 ⑦ 반대측의 근거가 부족하다. ⑧ 반대측의 준비가 부족했다. ⑨ 반대측의 발표 참여 태도가 적극적이지 않았다. ⑩ 찬성측의 근거가 타당했다. ⑪ 찬성측의 논리가 합당했다. 〈오개념의 대체〉 ⑫ 충북 서부권과 동부권의 지역격차를 해결하기 위해 균형발전이 필요히다. ⑬ 2080시대에는 지역 맞춤 전략이 필요하다. ⑭ 돈, 시간 때문에 빈부격차를 무시해선 안 된다. ⑮ 상향식 개발은 전체지역의 발전에 기여한다.	〈하향식 지역개발의 장점〉 ① 도시화, 공업화를 통해 국가 전체의 성장률이 높아진다. ② 파급효과를 일으켜 주변지역도 함께 성장한다. ③ 개발의 효율성이 높다. 〈토론태도〉 ④ 찬성측의 근거가 부족했다. ⑤ 찬성측의 토론이 어설펐다. ⑥ 반대측이 찬성측의 단점을 잘 찾아냈다. ⑦ 반대측이 반박을 잘 해냈다. 〈오개념〉 ⑧ 우리나라는 선진국이 아니므로 상향식개발을 할 능력이 없다. ⑨ 상향식개발을 하면 모든 도시를 개발하여 환경오염문제 가 발생한다.

제시했고, 준비단계에서 제시되었던 오개념들은 정리단계에서 구체적인 일상생활이나 지역사례로 대체되는 등의 현상이 전체 학생들에게 긍정적인 영향을 주었다고 할 수 있다. 이에 비해 반대측에서 제시된 근거들은 양적으로 부족했고, 정리단계에서도 오개념이 계속 제시되어 주장의 타당성이나 정당성에 부정적인 영향을 주었다고 할 수 있다.

토론 주제 '상향식 지역개발'에 대한 방청객 학생들의 찬, 반 입장 선택은 자유 선택으로 이루어졌다. 토론활동의 마지막 단계인 '활동정리하기' 단계에서는 학생들에게 "토론 활동 후 자신의 입장이 변화했거나 변화하지 않았다면 그 이유는 무엇인지 3가지 이상 간단히 제시해 보자."를 질문했다(그림 13-1). 이에 대한 학생들의 응답을 분석한 결과 다음의 표 13-9와 같이 입장변화가 나타났다.

학생들이 자유롭게 선택한 입장은 '상향식 지역개발'에 대해 찬성하는 입장은 57명, 반대하는 입장은 51명으로 거의 비슷한 비중으로 토론이 시작되었지만, 토론을 마친 후 전체의 28%(30명) 정도의 학생들이 입장을 바꾸었다. 학생들의 입장 변화는 반대측에서 가장 많이 나타났다. 즉, 반대하는 입장에서 상향식과 하향식의 장, 단점을 효과적으로 고려하는 이른바 절충식으로 입장이 변화한 학생들이 20명, '상향식 지역개발'에 찬성하는 입장으로 변화한 학생 4명, 찬성하는 입장에서도 반대나 절충식으로 변화 한 학생이 각각 3명씩 나타났다.

표 13-9. 토론주제에 대한 학생들의 입장 변화 양상

학급 입장	찬성	반대	입장 변화	내용
가	20	11	4	반대 →절충으로 4명 입장 변화 (토론자 1명, 방청객 3명)
나	13	16	7	찬성 →절충으로 2명, 반대 →절충으로 5명 입장 변화 (찬성팀 토론자 1명, 반대팀 토론자 3명, 나머지 2명은 방청객)
다	13	11	11	찬성 →반대 2명, 반대 →찬성 2명, 반대 →절충 7명 입장 변화 (반대팀 토론자 2명 절충으로, 나머지는 방청객)
라	11	13	8	찬성 →절충 1명, 찬성 →반대 1명, 반대 →찬성 2명, 반대 →절충 4명 입장 변화 (찬성팀 토론자 1명은 절충으로, 1명은 반대로, 나머지는 방청객)
계	57명 (53%)	51명 (47%)	30명 (28%)	찬성 →절충 3명, 찬성 →반대 3명, 반대 →절충 20명 입장 변화, 반대 →찬성 4명
	108명(100%)			

학급별로 약간의 차이는 있지만, 전체적으로 찬성측 토론자들이 제시한 근거가 좀 더 다양하고 타당한 경향이 있었으며, 이러한 경향이 방청객은 물론 토론자 학생들에게 영향을 주었다고 할 수 있다. 그렇지만 학생들은 이분법적인 선택보다는, 절충식이라는 제3의 입장을 선택한 것은 매우 고무적인 현상이다. Vygotsky 논의에 의하면, 이는 학생들이 학습 상황을 파악하는 주체로써 구조화하는 행위(structuring action)라고 할 수 있다(배희철·김용호 역, 2012, 207). '상향식 지역개발'에 찬성 혹은 반대를 선택하는 것이 주어진 상황에서 피동적으로 활동하는 구조화된 행위(structured action)라고 한다면, 절충식이라는 제3의 대안을 제시하는 것은, 학생들이 능동적인 주체로 사고하고 구조화하는 행위를 반영하는 것이다. 또한 각 입장별로 변화가 나타났다는 사실은 토론자는 물론 방청객으로 참여한 학생들도 토론활동에 적극적으로 참여하였음을 반영하는 것이다.

CEDA 방식 토론은 찬성, 반대 양측 모두 동등한 발언기회와 발언시간을 부여받는다. 논쟁의 진행구조도 찬성측에는 '필수쟁점(stock issues)'을 조사하여 '증명의 부담'을 해결해야 하는 과제로 주어지고, 반대측에는 '대체방안(counterplan)'을 조사하여 '반증의 부담'을 해결해야 하는 과제가 주어지기 때문에 주어진 과제의 성격이나 난이도는 거의 비슷하다는 것이 장점이다(이두원, 2006, 102).

하지만 찬성측 토론자는 자신들이 원하는 주장의 범위를 선점할 수 있는 이점이 있고, 반대측 토론자는 찬성측이 제시한 '상향식 지역개발 필요성'을 반론해야 하는 '반증의 부담'이 컸다. 반대측이 즉각적이고 명확하게 반론하지 못하면 찬성측을 인정하는 결과를 초래하고, 이어지는 논쟁에서도 찬성측 주장에 대한 부작용이나 역효과를 구체적으로 제시하면서 대체방안이나 문제해결 방안을 함께 제시해야 한다는 점에서 반증의 부담이 컸다. 이에 반대측의 반증이 양적, 질적으로 부진했으며, 상대적으로 반대측의 입장이 불리한 현상이 학생들의 입장 변화에 영향을 준 것으로 관찰되었다.

(2) 토론과 글쓰기 활동으로 배운 학습내용

학생들은 3차시 글쓰기 활동이 끝난 후, 토론활동평가를 통해 토론활동의 의미를 정리하고, 더 나은 토론활동을 위한 반성적 성찰의 기회를 갖도록 하였다. 이를 위해 토론활동평가지에 '각 팀에서 내가 배울 점'과 '각 팀에서 개선해야 한다고 생각되는 점'을 서술하는 질문을 제시하였다.

이들 질문에 대한 학생들의 서술 내용을 유목화 한 결과, 인지, 기능, 태도 영역으로 코딩조직 되었으며, 다음의 표 13-10과 같이 나타났다. 전체적으로 학생들은 토론활동에서 인지영역(올바른 근거의 제시, 답변 내용의 논리성, 이해하기 쉬운 내용, 충분한 자료조사, 토론자의 충분한 내용이해, 설득력 있는 근거, 내용의 오류나 오개념 등)을 가장 중요하게 인식하고 있는 것으로 나타났다.

다음은 토론에 임하는 태도영역(상대방 의견의 경청, 침착한 태도, 상대방에게 적극적으로 반론(공격)하는 태도, 팀워크, 자신감 등)과 기능영역(발음의 정확성, 목소리 크기, 노련함, 시간분배, 간단하게 말하기 등)을 중요하게 인식하는 것으로 나타났다. 상대적으로 남학생들은 토론에 임하는 태도에 관심이 많았다면, 여학생들은 기능에 관심이 더 많은 것으로 나타났다. 기타 의견으로는 "시간이 너무 짧다."는 의견이 다수 제시되었고, "고등학교 1학년 수준에서 어려웠다.", "토론 내용이 알차고 각 토론자의 주장과 근거가 충분한 것 같아 의미 있는 토론이었다."는 의견이 제시되었다.

반구조화 된 학급별 집단면담에서 나타난 글쓰기 활동에 대한 학생들의 소감 사례를 옮기면 다음과 같다.

"글쓰기는 어렵다고 생각했었는데 토론한 내용을 바탕으로 생각을 정리할 수 있어서 좋았다. 서론, 본론, 결론의 형식을 어떻게 갖추는 것인지도 조금 알게 되었다."

"글쓰기 과정에서 논술을 어떻게 써야 하는지, 자기의 주장을 어떻게 논리적으로 표현해야 하는지를 배울 수 있었다."

"글쓰기는 토론 내용을 정리해서 쓰는 것이어서 힘들진 않았지만 그래도 어려웠던 것은 언어구사력이 낮아서 뜻대로 표현되지 않는 것이었으며 그래서 글쓰기 능력을 키워야겠다고 생각했다. 주장을 정리해서 쓴다는 점에서 글쓰기 능력이 향상된다고 생각한다."

"글쓰기가 어려웠다. 말한 내용을 정리하는 게 힘들었다. 그래도 토론한 내용을 글쓰기를 통해 종합적으로 정리할 수 있어서 좋았다."

"토론한 내용을 집약적으로 보고서 형태로 쓴다는 게 어려웠지만 토론 내용을 바탕으로 정리하는 과정을 거치면서 지역개발에 대한 내용을 깊게 이해하는 데 도움이 되었다."

"국어시간과 다른 점은 우리 실생활과 가까운 주제를 다룰 수 있었던 점이 좋았다."

"글쓰기를 통해 내용과 생각을 정리할 수 있어서 주제에 대해 더 잘 이해할 수 있었다."

"글쓰기는 어려웠다. 평소부터 글쓰기는 잘하지 않아서… 그런데 긴 글을 써야 해서… 어휘력의 부족을 실감했다. 단순히 장단점을 생각하기 보다는 실생활 속에서 우리와 직접적으로 관련이 있

표 13-10. 토론활동에 대한 학생들의 인식

영역 / 구분	인지	태도	기능
전체 (빈도)	① 올바른 근거를 제시/제시하지 못했다. (51) ② 답변 내용이 논리적/논리적이지 않다. (42) ③ 토론 내용이 쉽게 이해/이해되지 않았다. (39) ④ 자료조사가 충분히 이루어졌다/이루어지지 않았다. (36) ⑤ 토론자가 내용을 충분히 이해/이해하지 못했다. (24) ⑥ 근거가 설득력 있다/없다. (20) ⑦ 오류가 많다. (4)	① 상대방 의견을 경청/하지 않았다. (47) ② 침착/침착하지 못했다. (16) ③ 상대방을 공격하는 태도(규칙준수)가 있었다/없었다. (13) ④ 팀워크가 좋았다/안좋았다. (10) ⑤ 자신감이 있었다/없었다. (8)	① 발음이 정확/부정확했다. (31) ② 목소리를 크게/작게 발표 했다. (22) ③ 토론 방법이 노련/노련하지 못했다. (17) ④ 시간을 잘 분배/분배하지 못했다. (8) ⑤ 간단하게 말하기(간결한 문장을 사용/사용하지 못하였다. (4)
남학생 (빈도)	① 올바른 근거를 제시/제시하지 못했다. (31) ② 답변 내용이 논리적/논리적이지 않다. (30) ③ 토론 내용이 쉽게 이해/이해되지 않았다. (22) ④ 자료조사가 충분히 이루어졌다/이루어지지 않았다. (32) ⑤ 토론자가 내용을 충분히 이해/이해하지 못했다. (16) ⑥ 근거가 설득력 있다/없다. (13) ⑦ 오류가 많다. (4)	① 상대방 의견을 경청/하지 않았다. (36) ② 침착했다/침착하지 못했다. (14) ③ 상대방을 공격하는 태도(규칙준수)가 있었다/없었다. (13) ④ 팀워크가 좋았다/안 좋았다. (9) ⑤ 자신감이 있었다/없었다. (6)	① 발음이 정확/부정확했다. (25) ② 목소리를 크게/작게 발표 했다. (19) ③ 토론 방법이 노련/노련하지 못했다. (15)
여학생 (빈도)	① 올바른 근거를 제시/제시하지 못했다. (20) ② 답변 내용이 논리적/논리적이지 않다. (12) ③ 토론 내용이 쉽게 이해/이해되지 않았다. (17) ④ 자료조사가 충분히 이루어졌다/이루어지지 않았다. (4) ⑤ 토론자가 내용을 충분히 이해/이해하지 못했다. (8) ⑥ 근거가 설득력 있다/없다. (7)	① 상대방 의견을 경청/하지 않았다. (11) ② 침착/침착하지 못했다. (2) ③ 팀워크가 좋았다/안좋았다. (1) ④ 자신감이 있었다/없었다. (2)	① 발음이 정확/부정확했다. (6) ② 목소리를 크게/작게 발표 했다. (3) ③ 토론 방법이 노련/노련하지 못했다. (2) ④ 시간을 잘 분배/분배하지 못했다. (8) ⑤ 간단하게 말하기/않았다. (4)

는 정책이나 문제에 대해 더 많은 관심을 가져야겠다고 생각하게 되었다."

학생들에게 논리적 글쓰기는 토론활동지에 기록된 내용을 바탕으로 한다는 점에서 '쉬운 활동' 인 동시에, 자신의 생각과 토론내용을 논리적으로 정리하고 적절한 지리개념으로 표현하고 일정

분량 이상의 텍스트로 완성해야 한다는 부담감으로 '어려운 활동'이었다. 그렇지만 학생들은 글쓰기 활동을 통해서 토론내용과 자신의 생각을 종합적으로 정리하고, 토론주제는 물론 지역개발 전략에 대해 더 잘 이해할 수 있게 되었다. 무엇보다 학생들은 한국지리 수업의 토론주제가 학습자의 실생활과 직접적으로 관련된다는 것을 인식하게 되었고, 장차 자신들의 일상생활과 관련되는 정책이나 문제에 더 많은 관심을 가져야 할 필요성도 자각했다. 이렇게 학생들은 글쓰기 활동을 통해서 인지적이고 메타인지적인 지리지식과 정의적 태도 함양의 필요성을 학습한 것으로 나타났다.

학생들과 함께 수업을 진행한 교사의 토론과 글쓰기 수업에 대한 의견을 정리하면 다음과 같다.

먼저, 학습자료와 관련된 문제이다. 토론 준비 및 활동자료로 제공된 학습자료의 내용이 다소 어려웠고, 신문 및 방송기사를 정리한 구체적인 지역사례 또한 학생들이 이해하기 어려운 용어들이 많았다. 때문에 토론자들은 자신이 알고 있는 기초적인 내용에 의존하게 되었고, 토론의 근거나 내용은 빈약해졌다.

둘째, 토론방식과 관련된 문제이다. 학생들은 '질문으로 반박하기(교차조사)' 단계를 매우 어려워했다. 또 '질문하기'를 어색하게 생각할 뿐만 아니라, 질문 내용과 방법에 대해 잘 알지 못했다.

셋째, 시간부족의 문제이다. 전체적으로 시간이 부족했지만, '질문으로 반박하기' 단계에서 매우 부족했다. 이 단계의 시간을 확대하거나 일인당 발언 기회의 증가 등이 대안으로 제시되었다. '활동 정리하기' 단계에서도 많은 학생들이 시간 부족으로 활동지를 완성하지 못했고, 쉬는 시간까지 계속되었다.

마지막으로, 많은 학생들이 글쓰기를 어려워했다는 점이다. 논리적 글쓰기에 대해 사전 안내가 이루어졌음에도 불구하고, 글쓰기 활동 중에도 학생들은 논리적 글쓰기가 무엇인지, 논리적으로 글을 쓰려면 어떻게 해야 하는지 등을 계속 질문했다.

4. 정리

모든 지리수업에서 학습자의 언어활동은 수업계획에서 중요하게 고려되어야 하며, 지리학습을 위한 학습자의 적극적인 말하기와 글쓰기 활동은 특히 필요하다. 최근 지리교육과정의 성취기준에서는 학습자의 토론활동을 주요 학습활동으로 제시하고, 이를 통한 핵심역량 함양을 강조하고 있지만, 지리수업에서 이에 대한 연구와 실천이 매우 부진하다.

이에 본 장에서는 CEDA 방식 토론과 의사전달적 글쓰기를 구조적으로 연계한 수업전략을 개발하고, 이를 일반계 고등학교 1학년 한국지리 수업에서 실행한 과정과 학습장의 학습내용에 대해 관찰하고 분석한 결과를 정리하면 다음과 같다.

먼저, 한국지리 교육과정과 검정교과서 5종을 비교, 분석하고 이를 바탕으로 중단원 '지역격차와 공간적 불평등'을 학습주제로 설명식 수업과 학습자의 토론과 논리적 글쓰기 활동으로 연계되는 3차시 수업을 설계하였다.

둘째, 토론과 글쓰기 활동의 주제는 "우리나라의 지역개발은 상향식 개발전략으로 이루어져야 한다."로 구상하고, 토론에 필요한 참고자료 및 평가 및 채점기준을 개발하였다. 이를 바탕으로 대상학교 담당교사와 워크숍 및 모의수업을 실시하고, 토론시간, 토론방식, 관련 용어 등을 수정, 보완하였다. 토론활동지는 논리적 글쓰기 활동과 연계되는 형식으로 구성하였다.

셋째, 토론과 글쓰기 활동에 대한 지리수업 경험이 없는 일반계 고등학교 1학년 108명을 대상으로 한국지리 수업전략으로 실행하였다. 학생들의 토론활동은 토론준비-토론하기-활동정리하기의 3단계로 진행되었다. 학생들의 토론활동지 성취수준은 양적인 측면에서 97% 정도의 학생들이 우수했고, 이들 중 63% 정도의 학생들은 질적인 측면에서도 보통 이상의 수준으로 평가되었다.

넷째, 토론활동지의 내용을 '옮겨 쓰기' 형식으로 논리적 글쓰기 활동이 이루어졌지만, 토론활동지에 비해 글쓰기 성취수준은 상대적으로 낮게 나타났다. 학생들이 글쓰기는 어려운 활동으로 생각하였으며, 대부분 학생들이 토론활동지 내용을 요약, 정리하는 과정으로 인식하는 경향을 관찰할 수 있었다.

다섯째, 학생들의 토론 근거는, 상향식과 하향식 지역개발의 장단점, 상대측의 토론태도, 오개념 등으로 나타났다. '상향식 지역개발'에 찬성하는 입장에서 제시한 근거가 좀 더 다양하고 타당했으며, 반대측은 상대적으로 불리한 경향이 나타났다. 토론 후, 반대측 학생들의 입장 변화 현상이 뚜렷하게 나타났으며, 학생들은 절충식이라는 제3의 개발전략을 제시하였다. 이는 학생들이 토론활동에 적극적으로 참여했으며, 그에 따른 인식변화를 반영하는 것이다.

마지막으로, 학생들의 토론활동을 통한 학습내용은 인지, 기능, 태도영역 모두에서 뚜렷하게 나타났다. 학생들은 글쓰기 활동을 통해 토론내용과 자신의 생각을 종합적·논리적으로 정리하면서, 인지적이고 메타인지적인 지리지식과 정의적 태도 함양의 필요성을 학습한 것으로 나타났다.

본 연구는 한국지리 수업에서 토론과 글쓰기 활동의 당위성과 지리학습의 타당성을 확인했다는 점에서 실제적 의미를 갖는다. 이에 본 연구에서 제시된 수업전략은 시간부족, 질문과 토론방식, 학습자료 및 학습내용, 글쓰기에 대한 인식 등과 관련된 문제를 수업내용과 방식의 차원에서 정교화 하는 일이 계속되어야 한다. 아울러 지리교사는 학습내용을 설명하는 사람에서 학습을 위한 수업설계자로 인식 전환이 필요하다.

학생들의 토론과 글쓰기 활동이 지리수업에서 누적적으로 실행되고 그 경험이 공유되면, 지리교과의 영역특수적이고 고유한 수업모델로 의미를 갖게 될 것이다. 나아가 학습자에게는 인지적, 정의적 지식은 물론 역량함양의 실제적 경험을 제공하는 지리수업을 실행하게 될 것이다.

· **참고문헌** ·

강인애, 2001, '프로젝트 코리아'의 사례를 통한 가능성 탐색, 교육마당, 21(2), 32-37.

강창숙, 2002a, 지리개념 발달과 상보적 교수-학습, 한국지리환경교육학회지, 10(2), 41-60.

_____, 2002b, 협동적 상호작용을 통한 지리개념 발달과 근접발달영역에 관한 연구: 중학생의 수도권 개념을 사례로, 대한지리학회지, 37(4), 425-441.

_____, 2002c, 성별차이와 gender 특성이 지리 학습에 미치는 영향, 사회과교육연구, 9(2), 245-257.

_____, 2004, 지리 수업에서 나타나는 성별 차이와 젠더 특성, 대한지리학회지, 39(6), 971-983.

_____, 2005a, 영국의 국가교육과정에서 제시하는 사고기능과 TTG전략(Ⅰ), 대한지리학회지, 40(1), 96-108.

_____, 2005b, 중학생의 '지도 읽기' 탐구활동에서 나타나는 지리적 메타인지, 한국지역지리 학회지, 11(2), 263-277.

_____, 2005c, 중학생의 사회과부도 자료 활용에서 나타나는 이해 특성, 한국지도학회지, 5(1), 21-29.

_____, 2007, 교생들이 관찰 경험한 중학교 지리 수업, 한국지역지리학회지, 13(2), 201-219.

_____, 2008, 중학생들의 '북부지방'에 대한 이해 특성과 지역 이미지, 한국지리환경교육학회지, 16(2), 79-96.

_____, 2014, 예비교사의 사회과 수업실습에서 나타난 언어상호작용의 관찰과 분석, 사회과 교육연구, 21(3), 67-83.

_____, 2015, 고등학교 지리수업에서 나타나는 예비교사와 학생의 상호작용 관찰과 분석, 사회과교육연구, 22(3), 31-51.

강창숙·김완수, 2018, 지리수업에서 CEDA 토론 전략 탐색, 한국사회교과교육학회 연차학술대회, 217-232.

강창숙·김일기, 2001, 지리개념의 발달과 학습에 대한 인지심리학적인 고찰, 대한지리학회지, 36(2), 161-176.

강창숙·박승규, 2004, 지리적 사고력 신장을 위한 기능의 상세화, 한국지역지리학회지, 10(3), 579-591.

경기도 부천교육지원청 중등교육과, 2010, 부천 중등학생토론대회 협의자료.

고은정, 2000, 대학수학능력시험 지리 문항 분석, 이화여자대학교 석사학위논문.

공은애·강창숙, 2016, 대학수학능력시험 지리 문항에서 제시되는 그래프의 유형과 특징, 한국지리환경교육학회지, 24(1), 119-137.

교육과학기술부, 2011a, 사회과 교육과정, 교육과학기술부 고시 제 2011-361호 [별책 7].

교육과학기술부, 2011b, 초·중등학교 교육과정 총론, 교육과학기술부 고시 제 2011-361호 [별책 1].

교육과학기술부, 2012a, 초·중등학교 교육과정 총론, 교육과학기술부 고시 제 2012-14호 [별책 1].

교육과학기술부, 2012b, 사회과 교육과정, 교육과학기술부 고시 제 2012-3호 [별책 7].

교육부, 1997, 사회과 교육 과정, 교육부 고시 제 1997-15호 [별책 7].

교육부, 1998, 초등학교 교육과정 해설: 국어, 도덕, 사회.

교육부, 1999, 중학교 교육과정 해설: 국어, 도덕, 사회.

교육부, 2000, 고등학교 교육과정 해설: 사회.

교육부, 2015a, 초·중등학교 교육과정 총론, 교육부 고시 제 2015-74호 [별책 1].

교육부, 2015b, 사회과 교육과정, 교육부 고시 제 2015-74호 [별책 7].

교육부, 2017, 2015 개정 교육과정 총론 해설(고등학교).

교육인적자원부, 2007, 사회과 교육과정, 교육인적자원부 고시 제 2007-79호 [별책 7].

구정화, 1995, 사회과 동위개념의 효과적인 학습방법 연구, 서울대학교 박사학위논문.

권순덕, 1999, 지리학습의 개별화를 위한 비판적 사고 기능의 선정과 메타인지의 계획·실행·평가과정에 관한 연구, 지리·환경교육, 7(1), 213-236.

권정화, 2001, 부분과 전체를 넘어서: 지역 지리 교육의 내용 구성을 위한 논의, 사회과 목표 및 내용체계 연구 공개 세미나 자료집, 21-29, 한국교육과정평가원.

길현주, 2001, ARCS 모형이 사회과 동기 유발에 미치는 효과 연구, 서울대학교 석사학위논문.

김남숙·정진경·박광배, 1997, 한국 성역할 검사의 수정점수 및 분류기준 산출, 한국심리학회지(사회 및 성격), 11(2), 77-90.

김도남, 2002, 상호텍스트성을 바탕으로 한 읽기 지도 방법 연구, 한국교원대학교 박사학위논문.

김도남, 2009, 읽기 상호텍스트성의 기제와 교육, 한국초등국어교육, 40, 5-38.

김두일 손명원, 2009, 방송 영상물의 배경을 활용한 지형 단원 수업 방안: 영화, 드라마, 예능 프로그램을 중심으로, 한국지역지리학회지, 15(4), 494-509.

김봉주, 1992, 개념학: 의미론의 기초, 한신문화사.

김상학, 1987, 중학교 사회1 교과서 자료 분석연구, 충남대학교 석사학위논문.

김수미, 1992, 수학교육에서의 메타인지 개념에 대한 고찰, 대한수학교육학회, 2(2), 95-104.

김수미, 1996, 메타인지 개념의 수학교육적 고찰, 서울대학교 박사학위논문.

김순천, 1999, 지리학습에서 시각자료의 활용과 평가에 관한 연구, 경북대학교 석사학위논문.

김언주·구광현, 1999, 신교육심리학, 문음사.

김연식·김수미, 1996, 메타인지 개념의 수학교육적 고찰, 대한수학교육학회 논문집, 6(1), 111-123.

김연옥·이혜은, 2003, 사회과 지리교육연구, 교육과학사.

김영아, 2004, 대학수학능력시험 지리교과 문항 분석, 한국교원대학교 석사학위논문.

김영주, 2003, 고등학교 지리 교과서 시각 자료 분석: 6차 및 7차 세계지리 교과서를 중심으로, 이화여자대학교 석사학위논문.

김유리, 2009, Keller의 ARCS 모델에 따른 기술·가정 교과서의 기술 영역 내용분석, 충남대학교 석사학위논문.

김일기·박시영, 2004, 고등학교 사회(지리영역)교과서와 한국지리 교과서의 비교, 분석, 교원교육, 19(2), 30-47.

김재완 역, 2006, 지리교수법의 이론과 실제, 한울아카데미.

김재헌, 2008, 제7차 교육과정에 의한 대학수학능력시험의 경제지리 문항 분석, 동국대학교 석사학위논문.

김주현·한신·정진우, 2013, 2007 개정 7학년 과학 교과서에 나타난 지구과학의 동기유발 요소 분석, 과학교육연구지, 37(1), 11–22.

김지훈·이자원, 2011, 2007년 개정교육과정 중학교 사회교과서 시각 자료 분석 연구: 중1 사회 지리영역 단원을 중심으로, 교육연구, 51, 65–103.

김창환, 2011, 수정된 Angoff 방법을 활용한 교과서 검정 심사에서의 분할점수 설정, 한국교육, 38(4), 141–162.

김태령, 2004, 대학수학능력시험 지리문항의 타당성 분석: 한국지리 문항을 중심으로, 전북대학교 석사학위논문.

김태현·남궁곤·양유석, 2003, 외교정책 신념체계와 국가 이미지에 관한 실증 사례 연구: 한국인들의 북한 이미지를 중심으로, 한국정치학회보, 37(3), 151–175, 한국정치학회.

김한승, 2007, 고등학교 지리교과에서 효과적인 그래프활용에 대한 연구, 서울대학교 석사학위논문.

김혜숙, 2006, 고등학교 초임과 경력지리교사의 실천적 지식 비교 연구, 사회과교육, 45(3), 91–113.

김혜욱, 2006, 한·일 중학교 사회교과서 삽화 분석: 지리영역을 중심으로, 연세대학교 석사학위논문.

김효정·김대제, 2015, 2009 개정 중학교 3학년 생물분야의 동기유발 요소 분석 및 동기유발을 위한 교수–학습 자료 제시, 과학교육연구논총, 30(2), 49–67.

김희온, 1992, 중학교 사회1 교과서 삽화자료의 분석, 충남대학교 석사학위논문.

남호엽, 2001, 한국 사회과에서의 민족정체성과 지역정체성의 관계, 한국교원대학교 박사학위논문.

리지영·김영성, 2000, 중학교 사회과부도 지리부문의 내용과 체제 비교, 지리학연구, 34(1), 13–25.

목진돈, 2008, 중학교 사회 교과서의 삽화자료에 대한 분석: 3학년 지리영역을 중심으로, 영남대학교 석사학위논문.

문용린, 1988, 학교학습에서의 경쟁과 협동, 이용걸 교수 정년기념논문집, 교육과학사.

박기순·이두원, 2004, 2004 전국대학생 토론대회 백서, 부패방지위원회·한국커뮤니케이션학회.

박병오, 2009, 대학수학능력시험 세계지리 평가문항의 분석: 2005–2009학년도, 고려대학교 석사학위논문.

박상윤·강창숙, 2013, 2007 개정 중학교 사회1 교과서 지리영역 시각자료의 유형과 기능, 사회과교육연구, 20(2), 61–76.

박상준, 2009, 사회과교육의 이론과 실제, 교육과학사.

박선미·김혜숙·이의한, 2009, 우리나라 학생들의 학교급별 도해력 발달수준 분석: 2005–2007년 국가수준 학업성취도 평가를 중심으로, 대한지리학회지, 44(3), 410–427.

박인순·조철기, 2009, 지리를 통한 표현적 글쓰기 전략의 적용과 효과, 중등교육연구, 57(3), 1–28.

박재문, 1998, 지식의 구조와 구조주의, 교육과학사.

박재희·강창숙, 2015, 고등학교 사회교과서 지리 영역 텍스트의 상호텍스트성 분석, 사회과교육연구, 22(1), 145–163.

박현진, 2002, 지리교과에서 그래프 활용에 관한 연구, 한국지리환경교육학회지, 10(3), 29–42.

박형준, 1999, 동료간의 협동적 상호작용이 경제개념발달에 미치는 효과에 대한 연구: '화폐' 개념을 중심으로, 서울대학교 박사학위논문.

배선학, 2015, 수능 한국지리 문항에서의 지도활용과 출제 지역의 공간 분포 현황 분석, 대한지리학회지, 50(1), 91–103.

배원자, 1989, 개념학습에 관한 전형모형, 고전모형 및 사례모형을 사회과에 적용한 학습효과, 중앙대학교 박사학위논문.

배희철·김용호 역, 2012, 비고츠키 생각과 말, 살림터.

변정민, 2008, 토론을 활용한 설득의 글쓰기 전략 연구, 화법연구, 12, 269-297, 한국화법학회.

부재율, 2015, 북마크 방법에서 분할점수 결정을 돕기 위한 측정학적 정보 제공: 조건부 측정 오차, 분류 일관성, 분류 정확성, 초등교육연구, 26(1), 293-308.

L. S. 비고츠키·A. R. 루리야 저, 비고츠키 연구회 역, 도구와 기술: 어린이 발달, 살림터.

서영언, 2014, 초등 사회과 수업에서 그래프 자료 읽기 학습 실행연구: 4학년 1학기 사회 교과, 경인교육대학교 석사학위논문.

서울대학교 교육연구소, 1998, 교육학 대백과사전 ③, 하우동설.

서태열, 1993, 지리 교육과정 내용 구성에 대한 연구, 서울대학교 박사학위논문.

서태열, 1996, 한국 학생의 위계적 포섭관계에 대한 이해의 발달단계, 지리학논집, 22-1, 281-189.

서태열, 2005, 지리교육학의 이해, 한울아카데미.

손명철·라영숙, 2003, 제7차 중학교 사회 1 교과서〈북부 지방의 생활〉내용 분석, 백록논총, 5(2), 51-66.

손정희·남상준, 2012, 사회 교과서 지리 영역 시각자료의 문법 구조에 따른 아동의 읽기 양상 연구, 한국지리환경교육학회지, 20(2), 19-35.

송언근, 2009, 지리하기와 지리교육, 교육과학사.

신명선, 2011, 국어 교과서의 텍스트적 특징에 대한 통시적 연구, 텍스트언어학, 30, 73-110.

신윤철·임동원, 1993, 교과서의 삽화가 갖추어야 할 조건: 바른 생활 교과서의 삽화 분석, 진주교육대학교 초등교육연구, 3, 5-20.

신지연, 2011, 고등학교 사회 교과서의 텍스트언어학적 분석: 지리 영역을 중심으로, 텍스트 언어학, 31, 149-174.

신형욱·이재원, 2011, 교과서의 텍스트 언어학적 고찰: 텍트스 언어학의 과제와 한계, 텍스트 언어학, 30, 135-160.

신희주·박태화, 2003, 중학교 사회과부도 활용도 분석, 지리학연구, 37(3), 213-225.

심승희, 2011, 지도 퍼즐을 활용한 초등 위치 학습에 대한 연구, 한국지리환경교육학회지, 19(2), 1-17.

안자은, 2003, 제7차 교육과정 초·중·고 세계지리단원 학습자료 분석, 연세대학교 석사학위논문.

양명희, 2011, 고등학교 사회 교과서의 텍스트언어학적 분석, 텍스트언어학, 31, 175-200.

양정호, 2011, 중학교 사회 교과서의 텍스트언어학적 이해: 정치 영역을 중심으로, 텍스트언어 학, 31, 201-224.

예경희, 1971, 해방이후 중·고등학교 지리교육의 변천, 경북대학교 석사학위논문.

오경록, 2006, 중학교 1학년 영어교과서 상호분석, 고려대학교 석사학위논문.

오정옥, 2005, ARCS 수업 전략이 사회과 학습동기 및 학습태도에 미치는 영향 분석, 부산교육대학교 석사학위논문.

오정준, 2005, 대학수학능력시험 지리문항의 내용 타당도에 관한 소론, 한국지리환경교육학회지, 13(2), 235-246.

옥한석·차옥이, 2003, 학생의 일상적 개념을 활용한 지리학습 동기유발 방안연구, 한국지리환 경교육학회지, 11(1), 43-52.

J. Tuner 저, 유승구 역, 1993, 인지발달과 교육, 학문사.

윤옥경, 2004, 북한 지역에 대한 초·중등학교 학습자료 개선 방향, 한국지리환경교육학회지, 12(2), 327-341.

이경미, 2007, 중학교 1학년부터 고등학교 1학년까지의 영어 교과서 삽화분석, 숙명여자대학교 석사학위논문.

이경민, 2007, 고등학교 세계사 교과서 삽화자료 분석, 서강대학교 석사학위논문.

이경한, 1988, 아동의 공간 인지 능력의 발달에 관한 연구: 인지도 분석을 중심으로, 지리교육논집, 20, 67-83.

이경한, 1998, 지리수업전략으로서 개념지도의 이용 가능성에 관한 논의, 지리·환경교육, 6(1), 1-14.

이경한, 2001, 대학수학능력시험 사회탐구영역의 지리문제설계 및 정교화 과정, 지리환경교육, 9(2), 63-72.

이달석, 1991, 메타인지가 학업성취도에 미치는 효과, 교육학연구, 29, 39-55.

이동엽·권영락·김정효·박진용, 2015, 미래 교과서 위상 및 역할 연구, 교육학연구, 53(3), 161-193.

이두원, 2006, CEDA 찬·반 논쟁의 커뮤니케이션 전략 연구: 효과적인 입론, 교차조사, 반박을 중심으로, 커뮤니케이션학연구, 14(1), 90-123.

이명희, 2007, 교과서 연구의 의의와 방향, 한국교과서연구학회지, 1(1), 21-36.

이성균·이봉우, 2008, 과학 교과서에 사용된 그래프의 유형 및 특징 분석, 국제과학영재학회지, 2(2), 123-128.

이성만, 2005, 상호텍스트적 관계 속의 텍스트: 텍스트 개념정립에서 상호텍스트성 개념의 역할에 관한 연구, 언어과학연구, 33, 221-241.

이성만, 2007, 텍스트이해에서 상호텍스트성의 역할, 언어과학연구, 41, 171-187.

이성영, 2006, 국어교과서를 구성하는 텍스트들의 유형, 한국초등국어교육, 32, 283-304.

이소라·강창숙, 2017, 한국지리 교과서에 나타난 동기유발 전략 분석, 사회과교육연구, 24(1), 105-121.

이승환, 1999, 지리교과서 그래픽자료의 비교 연구: 제5,6차 교육과정을 중심으로, 이화여자대학교 석사학위논문.

이원기, 2012, 2005~2010학년도 대학수학능력시험 한국지리 평가문항의 분석, 공주대학교 석사학위논문.

이은주, 2004, 초인지와 지리학습에 관한 연구, 고려대학교 석사학위논문.

이은희, 2011, 국어 교과서의 텍스트성 연구: 단원 구성 체제를 중심으로, 텍스트언어학, 31, 253-278.

이정애, 2013, CEDA 토론이 설득적 글쓰기에 미치는 효과, 연세대학교 석사학위논문.

이정찬, 2013, 글쓰기 교육을 위한 과학 텍스트 분석 연구, 우리말교육현장연구, 7(2), 97-127.

이지윤, 2003, 7차 교육과정의 『사회』교과서 분석: 도시단원을 중심으로, 성신여자대학교 석사학위논문.

이진봉·이기영, 2007, 지구과학 교과서에 사용된 그래프의 유형 및 특징 분석, 한국과학교육학회지, 27, 285-296.

이진봉·이기영·박영신, 2010, 고등학생들과 예비교사들의 지구과학 그래프 해석 능력 및 인식, 한국지구과학학회지, 31(4), 378-391.

이진우, 2006, 한국과 일본의 고등학교 지리교과서 비교 분석, 성신여자대학교 석사학위논문.

이혁규, 1996, 중학교 사회과 교실 수업에 대한 일상생활 기술적 사례연구, 서울대학교 박사학위논문.

이훈구·전우영, 1998, 한국 대학생의 북한 및 북한 내 하위집단에 대한 고정관념, 통일연구, 2(1), 203-217, 연세대학교 통일연구원.

이희연, 1995, 지도학-주제도 제작의 원리와 기법, 법문사.

이희연, 1999, 공간구조의 개념과 공간구조 변화 메카니즘에 관한 소고, 지리·환경교육, 7(2), 583-609.

임덕순, 1986, 지리교육론, 보진재.

임덕순, 1992, 우리國土전체와 각 地域(Ⅱ): 각 지역의 이해, 법문사.

임덕순, 2002, 메타인지와 그의 지리교육 적용, 교육연구논총, 23(3), 21-38.

장상호, 1996, 발생적 인식론과 교육, 교육과학사.

장승수, 1996, 공부가 가장 쉬웠어요, 김영사.

장영진, 1992, 중학생의 공간이해와 지도읽기 능력 분석, 서울대학교 석사학위논문.

장의선, 2004, 지리교과 내용과 학습스타일의 상관성 연구: 고등학교 2학년 학생을 대상으로, 한국지리환경교육학회지, 12(1), 83-98.

장의선, 2010, 세계지리의 다문화 교육적 가치에 관한 연구: 대학수학능력시험 문항 분석을 중심으로, 사회과교육, 49(2), 185-201.

전우택, 2007, 사람의 통일, 땅의 통일, 연세대학교 출판부.

전혜인, 2003, 탐구형 지리평가 문항에서 활용되는 자료의 특성에 관한 연구: 대학수학능력시험 한국지리 문항을 중심으로, 한국지리환경교육학회지, 11(2), 51-63.

정경석, 2013, 학업 수준별 고등학생들의 수학 학습동기 및 교과서와 익힘책의 동기유발 요소 분석, 고려대학교 석사학위논문.

정다해, 2014, 중학교 사회과 수업에서 나타나는 학습동기 유발의 양상 분석: Keller의 ARCS 이론을 중심으로, 한국교원대학교 석사학위논문.

정동주, 1995, 중학교 사회(지리) 교과서에 인용된 도표 지도 사진의 비교연구: 1차 5차 교육 과정을 중심으로, 국토지리학회지, 26(1), 19-29.

정문성·전정옥, 2002, ARCS 동기설계 수업이 사회과 수업환경에 미치는 영향, 교육문화연구, 251-268.

정문숙·이영하, 1994, 수학적 문제해결 과정 중 탐구 단계에서 나타나는 메타인지에 관한 연구: 중학교 2학년 우수아를 대상으로, 한국수학교육학회지 시리즈 A, 33(2), 235-249.

정새미, 2002, 대학수학능력시험 지리문항 분석: 선택과목 세계지리를 중심으로, 경희대학교 석사학위논문.

정성혜·황경숙, 2014, CEDA 토론 학습을 적용한 사회과 수업 사례 연구, 교육연구, 61, 49-75, 성신여대 교육문제연구소.

정진경, 1990, 한국 성역할 검사(KSRI), 한국심리학회지(사회), 5(1), 82-92.

정진경, 1994, 여성학 방법론: 심리학 연구의 여성학적 접근방법, 한국여성학, 10, 283-306.

제29차 세계지리학대회 조직위원회, 2000, 한국지리, 교학사.

조성욱, 2004, 지리교육에서 지명학습의 의의와 도입방안, 지리과교육, 6, 79-94.

조성욱, 2005, 지리 교육에서 지역규모 인식, 한국지리환경교육학회지, 13(1), 139-149.

조은지, 2001, 중학교 사회1 교과서에 나타난 삽화 자료 분석, 성신여자대학교 석사학위논문.

조재영, 1996, 수학 교수활동 과정에서 학생의 메타인지적 능력 신장 방안 탐색, 한국교원대학교 박사학위논문.

조재옥, 2014, ARCS 동기유발 모형을 적용한 대학 교양영어 학습 연구, 교양교육연구, 8(6), 111-141.

조준범, 2008, 제7차 중등교육과정 지리영역 교과서의 시각자료 체계성에 관한 연구, 상명대학교 석사학위논문.

조철기·권정화, 2006, 영국 지리교육계의 포스트모더니즘 도입 논쟁과 그 함의, 한국지리환경교육학회지, 14(1), 1-12.

조희연, 2000, 메타인지 개념의 음악교육적 고찰, 서울대학교 석사학위논문.

주추미, 1998, 고등학교 지리부도 주제도 분석을 통한 학습 능률 향상 방안, 한국교원대학교 석사학위논문.

진춘자, 2004, 주제도 효율성과 학습자 이해 특성에 관한 연구, 서울대학교 석사학위논문.

차홍석, 2017, CEDA 토론수업을 통한 지리교수법 향상 방안: 고등학교 세계지리 학습주제 '젠트리피케이션'을 사례로, 상명대학교 석사학위논문.

최낭수, 1998, 지도교육을 통해서 본 도해력의 중요성, 지리·환경교육, 6(1), 15-30.

최성희, 1987, 국민학교 교과서 삽화의 기능에 관한 조사연구, 이화여자대학교 석사학위논문.

최영은, 2006, 제7차 교육과정 고등학교 세계지리교과서 시각자료 분석, 상명대학교 석사학위논문.

최원회, 1998, 교과영역에서의 사고수업방법 개발: 구성주의적 접근, 대한지리학회지, 33(4), 635-654.

최정미, 2004, 한국과 오스트레일리아의 10학년 사회과 교과서 지리내용 비교·분석, 이화여자대학교 석사학위논문.

최혜순·강창숙, 2008, 사회교과서 지리 영역 구성자료에 대한 학습자의 이해 특성: 전문계 고등학생을 사례로, 사회과교육연구, 15(3), 65-87.

하현숙, 2005, 5-7차 교육과정에 따른 대학수학능력시험 세계 지리문항 분석, 이화여자대학교 석사학위논문.

한경은, 2009, ARCS 전략에 기반한 이러닝 콘텐츠 설계 및 적용: 초등학교 3학년 사회과를 중심으로, 경인교육대학교 석사학위논문.

한경찬, 2011, 대학수학능력시험(2006~2010년) 한국지리 평가문항에 나타난 지리도해력 분석, 교과교육연구, 3(2), 151-175.

한국교육과정평가원, 2005, 대학수학능력시험 10년사 Ⅰ.

한국교육과정평가원·한국교육개발원, 2004, 대학수학능력시험 개선 방안 연구.

한국교육평가학회, 2004, 교육평가 용어사전, 학지사.

한성일, 2004, 유머 텍스트의 상호텍스트성, 텍스트언어학, 17, 309-332.

한순미, 1993, 귀납적 추론과제에서의 아동의 근접발달대 측정, 숙명여자대학교 박사학위논문.

한순미, 2000, Vygotsky와 교육: 문화-역사적 접근, 교육과학사.

한희경, 2013, '장소를 촉매로 한' 치유의 글쓰기와 지리교육적 함의: '나를 키운 장소'를 주제로 한 적용 사례, 대한지리학회지, 48(4), 589-607.

함경림·이종원, 2009, 그래프 특성이 학습자의 그래프 이해에 미치는 영향, 한국지리환경교육학회지, 17(1), 17-28.

함수곤, 2002, 새로운 교과서의 기능, 교과서연구, 39, 8-13.

허인숙, 2000, 개념도(Concept Map)를 통한 학습자의 인지구조 변화에 관한 연구: 사회과 '분배' 개념을 중심으로, 서울대학교 박사학위논문.

허혜경, 1996, Vygotsky의 근접발달영역이론에 기초한 교수-학습방법, 교육학연구, 34(5), 311-330.

허혜경, 1996, 개별화 수업에 있어서 교사의 역할, 교육과정연구, 14(3), 123-141.

홍미화, 2011, 2007 개정 사회교과서 적용에 따른 초등 교사의 사회 수업 변화: 초등학교 4 학년 사회교과서 활용을 중심으로, 사회과교육연구, 18(2), 125-142.

황병원, 1998, 지리 교수 전략으로서 개념도 활용: 고등학교 한국지리 '도시'단원의 성취도를 중심으로, 서울대학교 석사학위논문.

황성선, 2004, 제7차 교육과정 『한국지리』 교과서의 구성체계와 내용 분석, 공주대학교 석사학위논문.

황해익, 2000, Vygotsky의 사회 문화적 이론과 교육적 시사, 황정규 편, 현대 교육심리학의 쟁점과 전망, 교육과학사.

황홍섭·김응교, 2003, 제7차 초등 사회과 교과서에 나타난 사진자료 분석: 인간과 공간 영역을 중심으로, 부산교육대학교 교육대학원 논문집, 5, 27-49.

齋藤 毅, 1988, 1970年代以降のわか國における地理敎育硏究の一潮流, 地理學評論 61(Ser.A, No.8).

田中耕三, 1996, 地名과 地圖의 地理敎育, 古今書院.

Anderson, L. W. and Sosniak, L. A.(eds.), 1994, *Bloom's Taxonomy: A Forty-year Retrospective: Ninety-third Yearbook of National Society for the Study of Education Part II*, Chicago: The National Society for the Study of Education.

Anderson, L. W., 2002, A Revising Bloom's Taxonomy, *Theory into Practice*, 41(4), 210-261.

Anderson, L. W., Krathwohl, D. R., Airasian, P. W., Cruikshank, K. A., Mayer, R. E., Pintrich, P. R., Raths, J. and Wittrock, M. C.(eds.), 2001, *A Taxonomy for Learning, Teaching, and Assessing: A Revision of Bloom's Taxonomy of Educational Objectives,* New York: Longman.

Armento, B. J., 1991, Changing Conceptions of Research on the Teaching of the social studies. in Shaver, J. P.(ed.), 1991, *Handbook of Research on Social Studies Teaching and Learning,* New York: Macmillan.

Auster, C. J. and Ohm, S. C., 2000, Masculinity and Femininity in Contemporary American Society: A Re-evaluation Using the Bem Sex-Role Inventory, *Sex Roles*, 43(7/8), 499-528.

Balchin, W. G. V., 1976, Graphicacy, *The American Cartographer*, 3(1), 33-38.

Balchin, W. G. V., 1985, Graphicacy comes of age, *Teaching Geography*, 11(1), 8-9.

Banks, J. A., 1977, *Teaching Strategies for the Social Studies: Inquiring, Valuing and Decision-Making.* 최병모 외 공역, 1995, 사회과 교수법과 교재연구, 교육과학사.

Beaugrande, R. A. and Dressler, W. U., 1981, *Einführung in die Textlinguistik*, Tübinger: Niemeyer.

Bem, S. L., 1981, Gender schema theory: A cognitive account of sex typing, *Psychological Review*, 88(4), 354-364.

Bennett, W. J., 1987, *What works: Research About Teaching and Learning,* Washington DC: U. S. Government Printing office.

Berk, L. E. and Winsler, A., 1995, *Scaffolding children's learning: Vygotsky and early childhood education.* 홍용희 역, 1995, 어린이들의 학습에 비계설정-Vygotsky와 유아교육, 창지사.

Blaut, J. M., 1997a, Piagetian Pessimism and the Mapping Abilities of Young Children: A Rejoinder to Liben and Downs, *AAAG*, 87, 168-177.

Blaut, J. M., 1997b, The Mapping Abilities of Young Children: Children Can, *AAAG*, 87(1), 152-158.

Boden, M., 1994, *PIAGET*, London: Haper Collins Pub. 서창렬 역, 1999, Piaget, 시공사.

Brown, A. N., 1987, Metacognition, executive control, Self-regulation, and other more mysterious mechanism, 65-116. in Weinnert, F. E. and Kluwe, R. H.(eds.), *Metacognition, Motivation and Understanding*, N.J.: Lawrence Erlbaum Associates Pub.

Butt, G., 1996, 'Audience-centred' Teaching and Children's Writing in Geography, in Williams, M.(ed.), *Understanding Geographical and Environmental Education*, London: Cassell.

Butt, G., 1997, Language and learning in geography. in Tilbury, D. and Williams, M.(eds.), *Teaching and Learning in Geography*, Routledge, London.

Clarke, J. H., 1990, *Patterns of Thinking: Intergrating Learning Skills in Content Teaching*, Boston: Allyn and Bacon.

Cox, 1988, Sills in School Geography: From Teaching to learning. in Gerber, R., et al.(eds.), *Developing Skills in Geographical Education*, Brisbane: IGU(ERIC No ED 317470).

Damon, W., 1984, Peer Education: the Untapped Potential, *Journal of Applied Development Psychology*, 5, 331-343.

Darvey, C., 1996, Advancing Education through Geography: A Way Forward. in Gerber, R., and Lidstone, J., *Development and Directions in Geographical Education*, Clevedon: Channel View Pub.

Duchastel, P. C., 1978, *Illustrating Instructional Texts, Educational Technology*, 18(11), 36-39.

Feldman, D. H. and Fowler, R. C., 1997, The Nature(s) of Developmental Change: Piaget, Vygotsky and the Transition Process, *New Ideas in Psychology*, 15(3), 195-210.

Feng, S. L. and Tuan, H. L., 2005, Using ARCS Model to Promote 11th Graders' Motivation and Achievement in Learning about Acids and Bases. *International Journal of Science and Mathematics Education*, 3(3), 463-484.

Fien, J., Gerber, G. and Wilson P.(eds.), 1984, *The Geography Teacher's Guide to the Classroom*, Macmillan. 이경한 역, 1999, 열린 지리수업의 이론과 실제, 형설출판사.

Flavell, J. H., 1971, Stage-related properties of cognitive development, *Cognitive psychology*, 2(4), 421-453.

Flavell, J. H., 1976, Metacognitive Aspects of Problem Solving, 231-236. in Resnick, L. B.(ed.), *The Nature of Intelligence*, New York: John Wiley.

Flavell, J., 1985, *Cognitive Development*, Prentice-Hall. 서봉연·송명자 공역, 1999, 인지발달(개정판), 중앙적성출판사.

Forman, E. A. and Cazden, C. B., 1985, Exploring Vygotskian Perspectives in Education: The cognitive value of peer interaction. in Wertsch, J. V.(ed.), *Culture, Communication, and Cognition: Vygotskian Perspectives*, New York: Cambridge Univ. Press.

Friel, S. N., Curcio, F. R. and Bright G. W., 2001, Making Sense of Graphs: Critical Factors Influencing Comprehension and Instructional Implications, *Journal for Research in Mathematics Education*, 32(2), 124-158.

Garofalo, J. and Lester, F. K., 1985, Metacognition, Cognitive Monitoring, and mathematical Performance, *Journal for Research in mathematics Education*, 16(3), 163-176.

Genette, G., 1993, *Palimpseste*, Frankfurt: Suhrkamp.

Gershmehl, P., 2008, *Teaching Geography*, New York: The Guilford Press.

GESP, 1994, *Geography For Life: National Geography Standards*.

Ghaye, A. L. and Robinson, E. G., 1989, Concept Maps and Children's Thinking: A Constructivist Approach. in Slater, F.(ed.), *Language and Learning in the Teaching of Geography*, London: Routledge.

Ghaye, A. L., and Robinson, E. G., 1989, Concept Maps and Children's Thinking: A Constructivist Approach. in Slater, F.(ed.), *Language and Learning in the Teaching of Geography,* London: Routledge.

Gillmartin, P. and Patton, J. C., 1984, Comparing the sexes on spatial abilities: map-use skills, *AAAG.*, 74, 605-619.

Goldberg, J. and Helfman, J., 2011, Eye tracking for visualization evaluation: Reading values on linear versus radial graphs, *Information Visualization*, 3(1), 182-195.

Gonzalez, B. and Gonzalez, E., 1997, Equal opportunity and the teaching of geography. In Tilbury, D., and Williams, M.(eds.), *Teaching and learning geography*, London: Routledge, 117-129.

Graves, N. J., 1980, *Geography in Education(2nd).* 이희연 역, 1984, 지리교육학개론, 교육과학사.

Graves, N. J., 1982, *New Unesco Source Book for Geography Teaching*, Essex: Longman/Unesco in Education(2nd). 이경한 역, 1995, 지리 교육학 강의, 명보문화사.

Graves, N. J., 1984, *Geography in Education(3rd)*, London: Heinemann Educational Books.

Gredler, M. E.(ed), 2000, *Learning and Instruction: Theory into Practice*, New Jersey: Prentice-Hall.

Grows, D. A.(ed.), 1992, *Handbook of research on mathematics teaching and learning*, New York: Macmillan Pub.

Hardwick, S. W., Bean, L. L., Alexander, K. A. and Shelly F. M., 2000, Gender vs. Sex Differences: Factors Affecting performance in Geographic Education, *Journal of Geography*, 99, 238-244.

Hart, R. A. and Moore, G. T., 1973, The development of spatial cognition a review. in Downs, R. M. and Stea, D.(eds.), *Image and Environment*, London: Arnold.

Hauenstein, A. D., 1998, A *conceptual framework for educational objectives: A holistic approach to traditional taxonomies*. Lanham, MD: University press of America. 김인식·박영무·이원희·최호성·강현석·최병옥·박창언·박찬혁 공역, 2004, 신 교육목표분류학, 교육과학사.

Hedegaard, M., 1996, The zone of proximal development as basis for instruction. in Daniels, H.(ed), *An Introduction Vygotsky*, London: Routledge.

Hill, B., 1993, *The Value of Competitive Debate as a Vehicle for Promoting Development of Critical Thinking Ability. CEDA Yearbook 14*, 1-22.

Holthuis, S., 1993, *Intertextualität, Aspekte einer rezeptionisierten Konzeption*, Tübingen: Niemeyer.

Keller, J. M. and Song, S., 1999, *The design of appealing courseware*. Keller, J. M. 저, 송상호 역, 1999, 매력적인 수업설계, 교육과학사.

Keller, J. M.(ed.), 2009, *Motivational design for learning and performance*. 조일현·김찬민·허희옥·서순식 공역, 2013, 학습과 수행을 위한 동기 설계: ARCS 모형 접근, 아카데미프레스.

Keller, J. M., 1983, Motivational design of instruction. In Reigeluth, C. M.(ed.), *Instructional-design theories and models: An overview of their current status*, Hillsdale: Lawrence Erlbaum Associates.

Keller, J. M., 2007, Development and use of the ARCS model of course ware design. in David Johnassen(ed.), *Instructional designs for microcomputer courseware*, New York: Lawrence Erlbaum Publisher.

Kitchin, R. M., 1996, Are there sex differences in geographic knowledge and understanding? *The Geographical Journal*, 162(3), 273-286.

Krathwohl. D. R., 2002, A revision Bloom's taxonomy: An overview, *Theory into Practice,* 41(4), 212-218.

Kristeva, J., 1967, Bachin, das Wort, der Dialog und der Roman. in Ihwe, J., 1972, *Literaturwissenschaft und Linguistik*, Bd II(2), Frankfrurt: M. Athennaum, 345-375.

Kunen, S., Cohen. R. and Solman, R., 1981, A levels-of-processing analysis of Bloom's Taxonomy, *Journal of Educational Psychology*, 73, 202-211.

Lambert, D. and Balderston, D.(eds.), 2000, *Learning to Teach Geography in the Secondary School*, Routledge, New York.

Lambert, D. and Balderstone, D.(eds.), 2010, *Learning to Teach Geography in the Secondary School*, Routledge, New York.

Leat, D. and Chandler, S., 1996, Using Concept mapping in Geography Teaching, *Teaching Geography*, 21(3), 108-112.

Leat, D.(ed.), 2002, *Thinking Through Geography*, Cambridge: Chris Kington Pub.

Leat, D., 1997, Cognitive acceleration in geographical education. In Tilbury, D., and Williams, M.(eds.), *Teaching and learning geography*, London: Routledge, 143-153.

Levie, W. H. and Lentz, R., 1982, Effects of Text Illustrations: A Review of Research, *Educational Communication and Technology Journal*, 30(4), 195-232.

Levin, J. R., 1981, On Functions of Pictures in Prose. in Pirozzolo F. J. and Wittrock, M. C.(eds.), *Neuropsychological and Cognitive Process in Reading*, N.Y.: Academic press, 203-228.

Libbee, M. and D. Young. 1983. Teaching writing in geography classes, *Journal of Geography*, 82(6), 292-293.

Liben, L. S. and Downs, R. M., 1997, Can-ism and Can'tianism: A Straw Child, *AAAG*, 87(1), 159-167.

Lisbeth Dixon-Krauss, 1996, *Vygotsky in the Classroom: Mediated Literacy Instruction and Assessment*, New York: Longman Pub.

Liven, L., 1981, Spatial representation and behavior: multiple perspectives. In Liven, L., Patterson, A. M. and Newcombe, N.(eds), *Spatial representation and behavior across the life span*, New York: Academic Press.

Lloyd, B., 1983, Cross-Cultural studies of Piaget's theory. in Modgil, S., Modgil, C. and Brown, G.(eds.), *Jean Piaget: An interdisciplinary critique*, Boston: Routledge and Kegan Paul.

Mahood, W., Biemer, L. and Lowe, W. T., 1991, *Teaching social studies in middle and secondary schools*, New York: MacMillian.

Marsden, W. E., 1976, Principles, Concepts and Exemplars and the Structure of Curriculum Units in Geography, *Geographical Education*, 2, 424-426.

Martin, F. and Bailey, P., 2002, Evaluating and using resources. in Smith M.(ed.), *Aspects of Teaching Secondary*

Geography: Perspectives on Practice, London: The Open Univ., 187-199.

Miller, D., 1992. Teacher benefits from using impromptu writing prompts in algebra classes, *Journal for Research in Mathematics Education*, 23(4), 329-340.

Moll, L. C.(ed), 1992, *Vygotsky and Education: Instructional implications and application of sociohistorical psychology*, Cambridge: Cambridge Univ. Press.

Naish, M. C.(ed.), 1982, Mental Development and the Learning of Geography. in Graves, N. J.(ed.), *New UNESCO Source Book for Geography Teaching*, Longman/UNESCO.

National Research Council, 1997, Geography's perspectives, in *Rediscovering Geography: New Relevance for Science and Society*, 28-46. Washington, D.C.: National Academy Press.

Nichols, A. and Kinniment, D., 2003, *More Thinking Through Geography*, Cambridge: Chris Kington Pub.

Nicolopoulou, A. and Cole, M., 1993, Generation and Transmission of Shared Knowledge in the Culture of Collaborative Learning: The Fifth Dimension, Its Play-World and Its Instructional Contexts. in Forman, E. A., Minick, N. and Ston, C. A.(eds.), *Contexts for Learning: Sociocultural Dynamics in Children's Development*, New York: Oxford Univ. Press.

Novak, J. D. and Gowin, D. B., 1984, *Learning How to Learn*, New York: Cambridge Univ. Press.

Patterson, L. M. and Slinger-Friedman, V., 2012, Writing in Undergraduate Geography Classes: Faculty Challenges and Rewards, *The Journal of geography*, 111(5), 184-193.

Postigo, Y. and Pozo, J. I., 2004, On the Road to Graphicacy: The learning of graphical representation systems. *Educational Psychology*, 24(5), 623-644.

Pozzer, L. L. and Roth. W. M., 2003, Toward a pedagogy of photographs in high school biology textbooks, *Journal of Research in Science Teaching*, 40, 1089-1114.

Prior, F., 1959, *The Place of Maps in the Junior School*, Dissertation for the diploma in Psychology of childhood, Univ. of Birmingham.

Robert, J. M., 2001, *Designing a New Taxonomy of Educational Objectives*, California: Corwin Press.

Rose, G., 1993, *Feminism and geography: the limits of geographical knowledge*, Cambridge: Polity Press.

Roth, Wolff-Michael, Pozzer-Ardenghi, L. and Jae Young Han, 2005, *Critical Graphicacy*, Netherlands: Springer. 한재영·강창숙·오연주·김용진·홍준의 역, 2015, 비판적 도해력, 푸른길.

Salter, K., 1995, Significant new materials for the classroom, *The Journal of Geography*, 94(4), 444-453.

Satterly, D., 1964, Skills and Concepts involved in Map Drawing and Map Interpretation. New Era 45, Reprinted in Bale, J., Graves N. J., and Walford, R., 1973, *Perspectives in Geographical Education*, Edinburgh: Oliver and Boyd.

Self, S. M., Gopal, S., Golledge, R. G. and Fenstermaker, S., 1992, Gender-related difference in spatial abilities, *Progress in Human Geography*, 16, 315-342.

Shi Xuan, 1996, Meaningful Learning In Geographical Education. in Joop van der Schee et al.(eds.), *Innovation in Geographical Education: Proceedings 208,* Nederlandse geografische studies.

Sibley, S., 2003, *Teaching and Assessing Skills in Geography: Professional Development for Teachers*, Cambridge

318

Univ. Press.

Slater, F.(ed.), 1989, *Language and Learning in the Teaching of Geography*, London: Routledge.

Slater, F., 1982, *Learning through Geography: An Introduction to Activity Planning*, London: Heinemann Educational Books.

Slater, F., 1996, *Learning Through Geography*, National Council for Geographic Education.

Slinger-Friedman, V. and L. M. Patterson, 2012, Writing in geography: Student attitudes and assessment, *Journal of Geography in Higher Education*, 36(2), 179-195.

Stoltman, J. P., 1991, Research on Geography Teaching. in Shaver, J. P.(ed.), *Handbook of Research on Social Studies Teaching and Learning*, New York: Macmillan.

Tharp, R. G. and Gallimore, R., 1992, Teaching mind in society: Teaching, schooling, and literate discourse. in Moll, L. C.(ed.), *Vygotsky and Education: implications and application of sociohistorical psychology*, Cambridge Univ. Press.

Thornton, S. J., 1991, Teacher as Curricular-Instructional Gatekeeper in Social Studies. in Shaver, J. P., *Handbook of Research on Social Studies Teaching and Learning*, New York: Macmillan Publishing Company, 239-240.

Torney-Purta, J., 1988, *Political Socialization*, Paper presented at the National Conference on citizenship for 21st century, ERIC, No. Ed 307186.

Torney-Purta, J., 1990, *Measuring Performance in Social Studies in an Authentic Fashion,* Paper presented at the Annual Meeting of the American Educational Research Association, ERIC, No. Ed 347120.

Torney-Purta, J., 1992, Cognitive Representations of the Political System in Adolescents: The Continuum from Pre-Novice to Expert. in Haste, H. and Torney-Purta, J. V.(eds.), *The Development of Political Understanding: New Perspective*, San francisco: Jossey-Bass.

Tudge, J., 1992, Vygotsky, the zone of proximal development and peer collaboration: Implication for classroom practice. in Moll, L. C.(ed.), *Vygotsky and education: Instructional implications and application of sociohistorical psychology*, Cambridge Univ. Press.

Vygotsky, L. S., 1962, *Thought and Language*, Hanfmann, E. and Vakar G.(eds. and trans), MIT Press. 신현정 역, 1985; 1995, 사고와 언어, 성원사.

Vygotsky, L. S., 1978, *Mind in society: The development of higher psychological processes.* 조희숙·황해익·허정선·김선옥 역, 1994, 사회 속의 정신: 고등심리 과정의 발달, 성원사.

Waugh, D., 2000, Writing geography textbooks, in Fisher, C., and Binns, T. (eds.), *Issues in Geography Teaching*, London: Routledge Falmer, 93-106.

Weeden, P., 1997, Learning through maps. in Tilbury, D., et al.(eds.), *Teaching and Learning Geography*, London: Routledge.

Wells, G., *Learning and Teaching "Scientific concepts": Vygotsky's Ideas* Revisited, http://www.oise.utoronto.ca/~gwells/scient.concepts.txt/2000-08-01.

Werner, W., 2000, Reading authorship into texts, *Theory and Research in Social Education*, 28(2), 193-219.

Werner, W., 2002, *Reading visual texts, Theory and Research in Social Education,* 30(3), 401-428.

Wertch, J. V., 1985, *Vygotsky and the social formation of the mind,* Cambridge: Harvard Univ. Press.

Wertsch, J. V., 1984, The zone of proximal development: Some conceptual issues. in Rogoff, B. and Wertsch, J. V.(eds.), *Children's learning in the zone of proximal development,* San Francisco: Jossy-Bass.

Widdowson, J. and Lambert, D., 2006, Using geography textbooks. in Balderston, D.(ed.), *Secondary Geography Handbook,* Sheffield: The Geographical Association.

Woolfork, A. E., 1995, *Educational Psychology.* 김아영 외 5인 공역, 1997, 교육심리학, 학문사.

Zacks, J., Levy, E., Tversky, B., and Schiano, D. J., 1998, Reading Bar Graph: Effects of Extraneous Depth Cues and Graphical Context, *Journal of Experimental Psychology,* 4(2), 119-138.